THE JOINT BOOK

木工接合

为木家具选择正确的连接方式

［美］泰利·诺尔◎著　丁玮琦◎译　王敬源◎审订

北京科学技术出版社

免责声明：由于木工操作过程本身存在受伤的风险，因此本书无法保证书中的技术对每个人来说都是安全的。如果你对任何操作心存疑虑，请不要尝试。出版商和作者不对本书内容或读者为了使用书中的技术而使用相应工具造成的任何伤害或损失承担任何责任。出版商和作者敦促所有操作者遵守木工操作的安全指南。

著作权合同登记号　图字：01-2017-6797

图书在版编目（CIP）数据

木工接合：为木家具选择正确的连接方式 /（美）泰利·诺尔著；丁玮琦译．—北京：北京科学技术出版社，2019.10（2023.6 重印）

书名原文：The Joint Book

ISBN 978-7-5714-0298-3

Ⅰ．①木… Ⅱ．①泰… ②丁… Ⅲ．①木工—基本知识 Ⅳ．① TS68

中国版本图书馆 CIP 数据核字（2019）第 091357 号

策划编辑：刘　超　田　恬
责任编辑：刘　超
营销编辑：葛冬燕
责任校对：贾　荣
封面制作：异一设计
图文制作：天露霖文化
责任印制：李　茗
出 版 人：曾庆宇
出版发行：北京科学技术出版社
社　　址：北京西直门南大街 16 号
邮　　编：100035
电　　话：0086-10-66135495（总编室）
　　　　　0086-10-66113227（发行部）
网　　址：www.bkydw.cn
印　　刷：北京利丰雅高长城印刷有限公司
开　　本：720 mm × 1000 mm　1/16
字　　数：260 千字
印　　张：12
版　　次：2019 年 10 月第 1 版
印　　次：2023 年 6 月第 4 次印刷
ISBN 978-7-5714-0298-3

定　　价：69.00 元

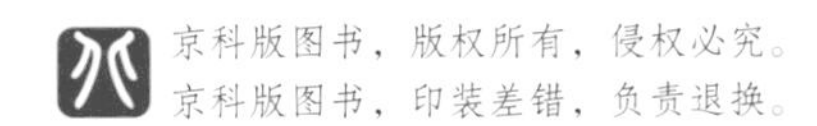

前言

6 年前，我在北京宜家买了一套桌子组件，并把一个个零部件一步步组装成完整的桌子，组装的过程带给我巨大的成就感。看着并不复杂的图纸，我仿佛听到一个声音在召唤：快来，自己做家具！

6 年前，昆山老王买了套五室六厅的大房子，他并没有着急入住，而是决定自己动手，完成整套房子的实木装修。

3 年前，一个雨天，没有病人，百无聊赖的揭阳尊宝医生决定自己打个鞋柜。

……

不同的职业，不同的缘起，阻挡不了共同的爱好，揭阳尊宝医生、昆山老王、北京的我，还有装修工贵阳不贰作、自己开木工厂的济南劈柴大师、沈阳骑手力叔叔，玩大漆过敏不悔改的面师傅等人，相继走上了木工之路。

每个人都是从零开始的。没有传统的木匠师傅传帮带，木工的学习和进阶之路充满艰辛。为了构建自己的木工知识体系，改变自身木工技能一穷二白的面貌，每个人都投入了大量的时间和金钱，买书、上网查资料、一点点实践和摸索，并终于在缘分的指引下在“玩个木头”碰面了。“玩个木头”就像一个深邃的漩涡，把天南海北的木工爱好者席卷而来；“玩个木头”还像一个大熔炉，把这些职业和性格迥异的人们组织在一起，线上侃侃而谈，交流木艺心得，线下喝酒聊天，切磋木工经验。

在这里，他们会把高端刨子的照片发出来，显摆自己土豪；他们也会上传劣质凿子的照片，各种吐槽；他们会向大家耐心演示牧田电木铣的操作流程，也会分享测试杂牌带锯的心得。在这里，精美的木旋作品收获赏识与赞叹，无缝拼接的拼板重新唤起人们对实木家具的渴望。在这里，有人会不辞劳苦，拍摄高清的细节照片、制作无死角的流程视频，与大家分享经验，切磋技艺，也有人现身说法，把自己走过的弯路条条陈列，提醒后来者引以为鉴。

木工爱好者都走过类似的路。第一步，找木头。原木、板材，进口的、本地的，网上买、山上捡，可谓八仙过海，各显神通。个中苦乐，唯局中人才可体会一二。第二步，找工具。锯子用来截断下料，刨子用来净料归方，凿子用来打眼，锤子用来敲打榫头，这些工具都是完成木工操作的必备工具。走到这一步，你就可以获得组成木工作品的部件，只要再向前迈出关键的一步：完成木工接合，就能获得一件完整的木工作品。

这本书将向你集中展示这关键的一步。书中阐述了木工接合的基本思想、使用的基本工具，以及可以完成的接合类型，上至复杂漂亮的燕尾榫，下至简单牢固的圆木榫和实用快捷的五金件连接，适用不同场合的、满足不同制作工艺的、对应不同预算条件的各种接合方式任君选择。最重要的是告诉你，你不是在完成每个部件后才开始考虑接合的，在你开始构思作品时，对接合的选择和设计就已经开始了。

如果学习木工是一场旅行，在这个传统技艺和知识传承日益衰微的领域，旅人要想深入了解木性，设计连接方式，不断攀登木工技艺的高峰，北京科学技术出版社可以为你提供能量的源泉，支撑你走得更快，走得更远，抵达心中向往的境界。

如果木工是一门艺术，木匠通过锯、刨、刀、凿创作每个部件，并巧妙地将其组装连接，做出充满艺术感染力的成品，展现木头的实用之美与自然之美，“玩个木头”能为你提供随意挥洒的画笔，助力你更加酣畅淋漓地表达心中的艺术理念，收获造物的喜悦。

还在等什么，早点加入我们吧。

优质木工工具供应商

玩个木头资深粉丝

老雷

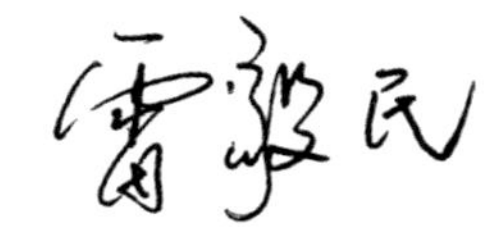

目 录

第一章 准确和有序

第二章 设计接合件

第三章 边缘接合与嵌接接合

第四章 搭接接合和封装接合

第五章 榫卯接合

第六章 斜接和斜面

第七章 燕尾榫

第八章 圆木榫和饼干榫

第九章 紧固件、五金件和可拆卸接合件

第一章

准确和有序

测量和标记

标记工具

只要配备了特定的工具，测量一个给定的距离、将其准确地标记在木料上是一件很简单的工作。使用铅笔、锥子和划线刀等基本工具就可以在木料表面准确地画出所需的结构尺寸，并且绘图的公差可以精细到只有一两张名片的厚度。

当铅笔尖变钝的时候，画出的标记线就会变得更宽，精确性就会下降；划线锥自始至终都能够画出细窄的标记线，但在横向于纹理画线的时候，得到的线往往会轮廓不清；划线刀能够画出最为精细的标记线，并能避免木屑进入到接合部位。

划线刀能干净利落地切断表层木纤维，防止撕裂木料（造成表层木料的损失），因此即使横向于纹理也能画出清晰的标记线。此外，划线刀还留下了一条细小的切痕，可以为工具提供引导。一把优质的划线刀具有略带锥度的横截面和细长的刀尖（类似于雕刻刀），可以进入部件的边角画线。

测量工具

除非被精确定位，否则即使是最精细的画线也是没有意义的。

测量工具的作用就在于此。直尺上的刻度有助于精确地定位划线刀的刀尖。保持直尺的刻度边缘接触木料表面可以最大限度地保证标记的准确性。

木工操作往往需要同时准备一盒钢卷尺和一把钢直尺：钢卷尺用来测量较长的部件，钢直尺较轻、较短，用来测量较小的部件。不同品牌的钢卷尺和钢直尺的质量参差不齐，因此应尽量购买同一品牌的产品。使用前应检查钢尺的刻度值是否匹配。

设计工具

划线规和切割规属于设计工具，可以用钢针在木料表面划出平行于木料边缘的线。一个可移动的靠山可以调整画线与木料边缘之间的距离。

专用的榫规具有两根钢针，能够同时画出两条平行线，可以用来为榫卯接合件或其他接合件画线。两根钢针之间的距离是可以调节的，榫规的靠山也是可以调节的。

所有的这些工具在使用之前都需要进行微调。

操作者应仔细选择，避免糟糕的设计导致无法或很难准确调节靠山和钢针的设置，带来不必要的麻烦。

刻度标记

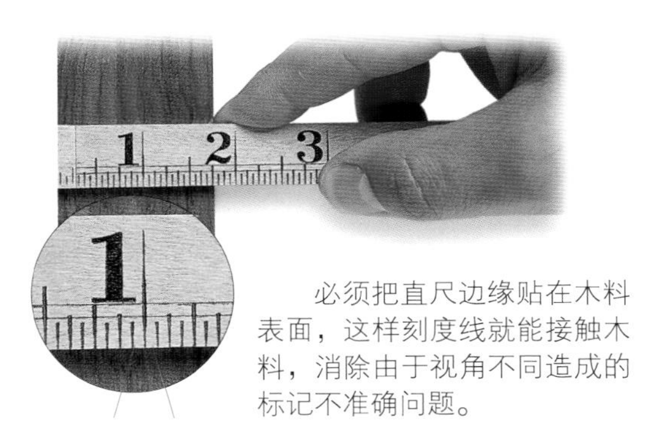

必须把直尺边缘贴在木料表面，这样刻度线就能接触木料，消除由于视角不同造成的标记不准确问题。

打开所有的钢卷尺和钢直尺，比较它们的刻度是否能够对齐，以及它们完全打开的长度是否相同。

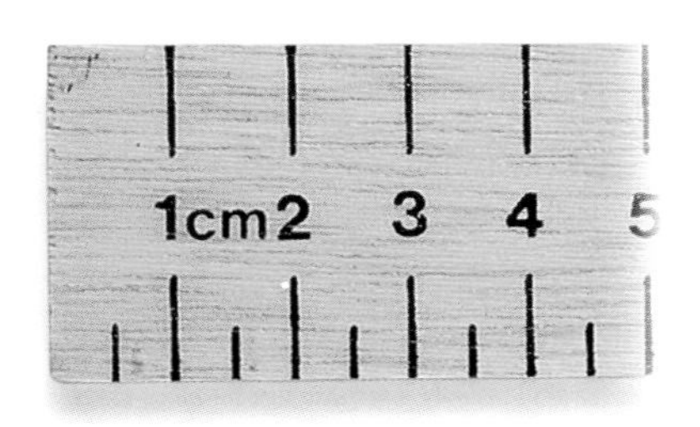

避免使用那些通过画线而不是刻线标记刻度的木直尺，因为它们的刻度线本身太宽，准确度不高。

画线工具

不同画线工具画出的线的宽度和模式存在差别，会影响设计的准确性。

划线刀能够画出最精细的线

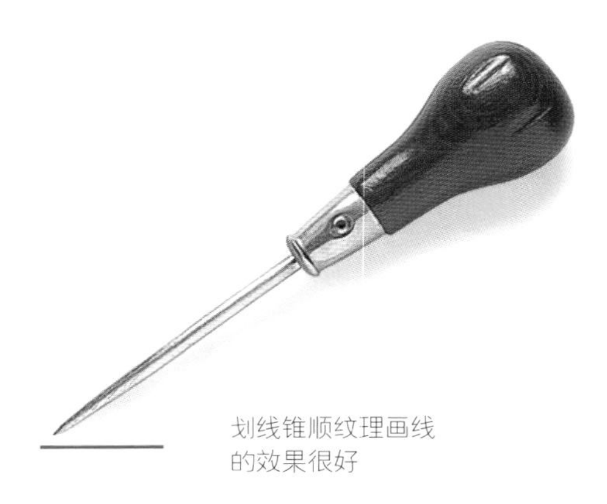

划线锥顺纹理画线的效果很好

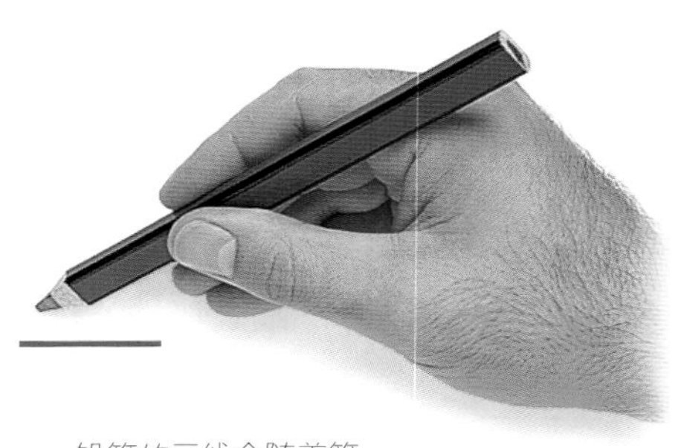

铅笔的画线会随着笔尖的尖锐程度变化

划线规和切割规

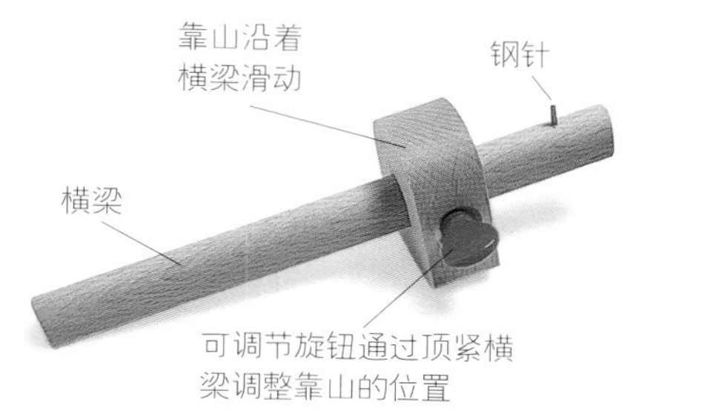

基本的划线规具有一根圆柱形钢针和一个可调节靠山，靠山可以沿木料边缘滑动，钢针则按照设定距离标记出平行于木料边缘的线。

切削规具有一把楔入到横梁中的小刀，除了可以切割细窄的条状木皮，还能够横向于木料纹理画出清晰的标记线。

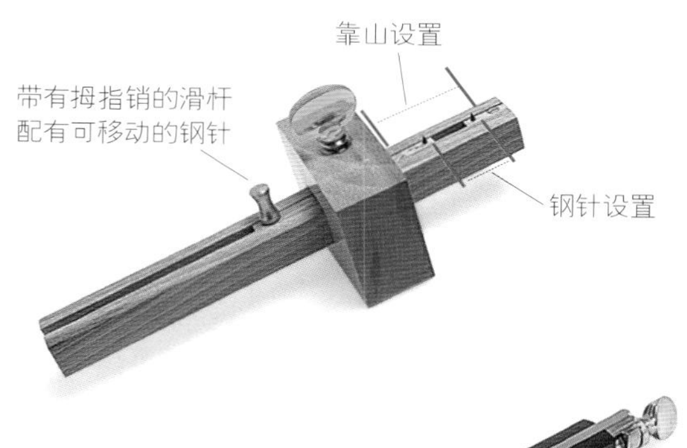

榫规的固定钢针和可移动钢针能够同时画出两条平行线，但在图中的型号上，靠山和可移动钢针的设置都要通过拧紧调节旋钮来完成。

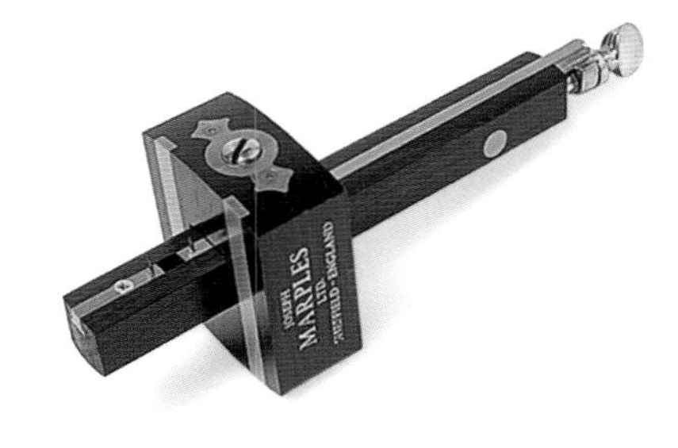

一个蝶形螺丝可以调节钢针沿横梁前后移动，但是靠山的调节螺丝需要使用另一个工具来拧紧。

这个榫规上的蝶形螺丝用来设置两根钢针之间的距离，另一个旋钮用来调节靠山的设置，以定位在木料上的平行线。

直角尺和角度尺

方正是木工的基础，运行流畅的门、抽屉和紧密匹配的接合件都离不开方正的切割。一把精确的直角尺可能是木匠拥有的最重要的工具了。不幸的是，在今天的工具市场上，产品质量发生了很大变化，并不是所有的“直角尺”都是名副其实的直角尺。

直角尺

对于设计工具，“一分钱一分货”的真理体现得尤为突出。木匠可以在华丽的木制直角尺与黄铜木工直角尺之间进行选择，或者跨界选择为机械师设计的高精度直角尺。

除了一两个致力于工具精度的昂贵的品牌，绝大多数的木制直角尺和黄铜直角尺不够精确，可能只有它们的内角才是方正的。工程师（Engineer）品牌的组合角尺非常昂贵，但其 12 in（300 mm）的长度的误差在 0.001 in 或 0.002 in 之内。同时它们比木工直角尺的功能更加多样。即使是最简单的、带有可滑动刀片的绘图者（Patternmaker）的双直角尺，也同时具有划线规、深度规、迷你水平仪和高度规的功能，所以购买这样的工具是物有所值的。大多数五金店以低廉价格出售的组合角尺都是仿制的工程角尺。

像其他工具一样，直角尺也可以在购买之前进行测试并修正。对那些昂贵品牌的制造商来说，将不够方正的直角尺返厂校正是值得的。而那些廉价工具的制造商则不会提供这种服务，你必须把这些工具送到专门的工具店进行校正。

角度工具

绘制角度的基本工具是 T 形角度尺或斜角规。这种工具经过设置后能够匹配图上的或实际存在的角度，并将其转移到部件或机器上。因为这种工具的角度是可变的，所以除非刀片或主干不是直的，精度一般不存在问题。斜角规有几种不同的设计，比如刀片固定在主干上的类型和主干可以沿刀片上的槽滑动的类型，以及设置完成后不同的紧固方式。对这些属性的选择都属于个人喜好和易用性的问题，不涉及精确性问题。

为建筑师设计的三角尺不是特别昂贵，但足够精确，可以在工房中提供参考标准。三角尺可用于精确绘图，也可以用来帮助设置斜角规或其他工具。

木工直角尺

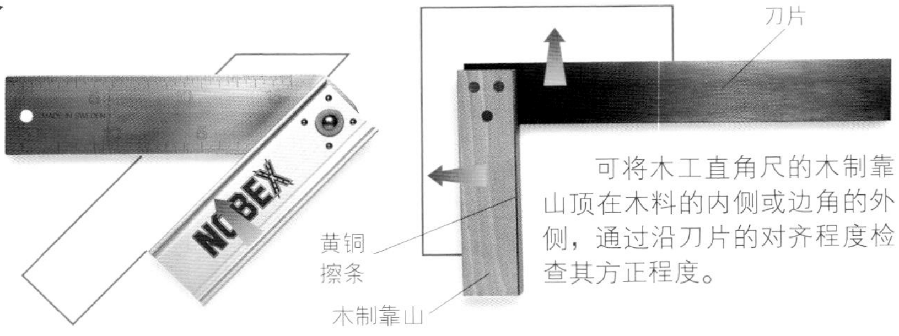

木工斜角尺的功能仅限于检查和绘制45° 角。

可将木工直角尺的木制靠山顶在木料的内侧或边角的外侧，通过沿刀片的对齐程度检查其方正程度。

角度绘制工具

斜角规的刀片和主干在末端由一个枢轴固定，并能围绕其旋转。

用螺丝固定斜角规的刀片可以最大限度地减少干扰，但是，必须在手边准备一把螺丝刀，便于随时调节。

可滑动的T形角度尺可以使刀片延伸到不同的长度，定位杆或蝶形螺母拧紧器可以延伸到主干之外发挥作用，调节刀片的可用长度并加以固定。

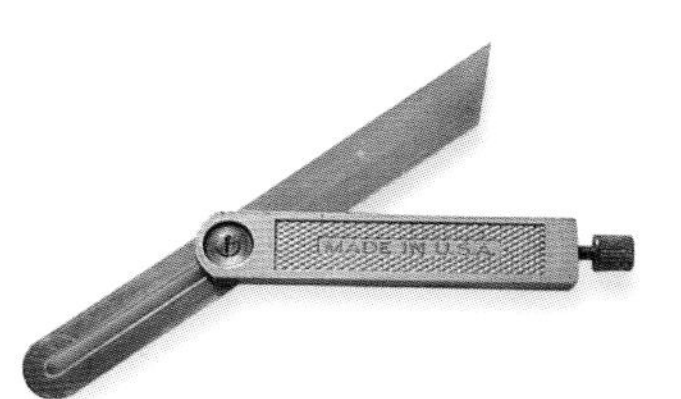

位于斜角规主干末端的蝶形螺母是用来拧紧刀片的，不会干扰设置或者改变设置角度。

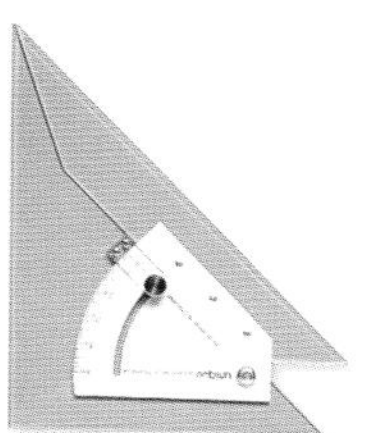

可调节的和固定角度的建筑师三角尺足够精确，可用来设置机械和绘制角度。

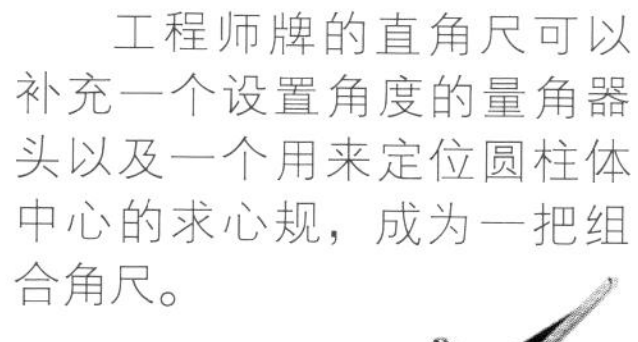

工程师牌的直角尺可以补充一个设置角度的量角器头以及一个用来定位圆柱体中心的求心规，成为一把组合角尺。

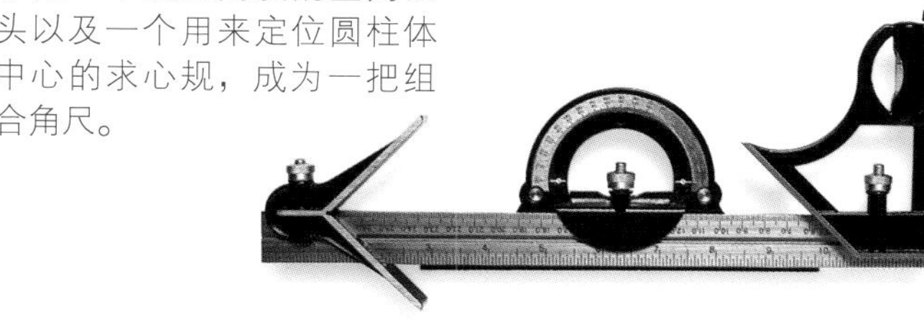

“绘图者”版本的双直角尺，具有可滑动的刀片和气泡水平仪，可以检查部件内外的方正程度。

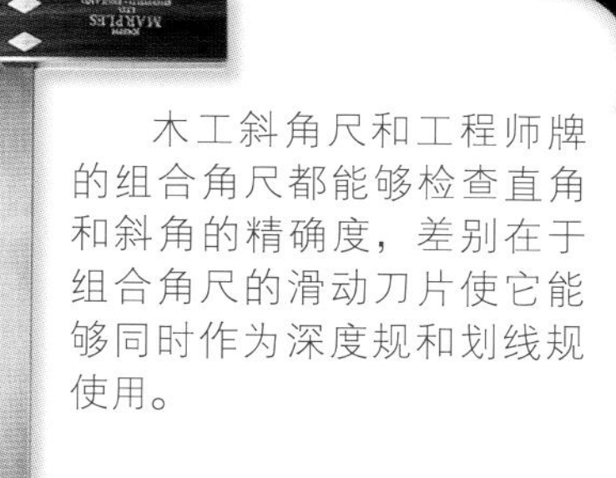

木工斜角尺和工程师牌的组合角尺都能够检查直角和斜角的精确度，差别在于组合角尺的滑动刀片使它能够同时作为深度规和划线规使用。

准确夹紧和组装

即使做工很好，但如果来自夹子的压力方向存在偏差，接合件的组装还是可能出现偏离。人们通常会在胶合的准备工作上投入大量的时间和精力，但夹紧工作需要更加小心在意，并投入更多的耐心和精力。

夹紧

如果夹具的施力表面与木料的表面不平行，导致压力无法垂直作用于木料表面，或者夹具的长边没有平行于距离最近的木料边缘，胶合部件就会滑动，组件就会变形。夹紧木料的过程就像用手指按压海绵：如果木料太薄不能有效分散压力，或者使用的夹具太少导致承压点周围的区域发生偏转，都不能获得良好接合必需的接触。

把废木料块垫在木料与夹具之间可以很好地分散夹具的压力，同时还可以避免夹具在木料表面留下压痕。但是，如果垫块的尺寸与需要胶合的区域的厚度、宽度或面积不匹配，垫块就会使问题变得更糟。

干接测试

在涂抹胶水之前，应先对所有组件进行干接测试。这样可以避免在胶水即将凝固的最后1分钟重新组装导致的手忙脚乱。干接测试还为你提供了机会，来确定需要使用的夹具及其数量，制作垫块，并把胶水和其他需要的材料准备好放在手边。此外，不要忘记准备涂抹胶水用的滚筒或刷子、需要插入垫块和木料之间的蜡纸以及清理用的抹布。

夹紧之后，应当在胶水湿润仍然允许调整的时候尽快检查组件组装的方正程度。这件工作需要使用卷尺或内对角测量器（见下页）来完成。如果两条对角线的测量值相同，表明组件组装得足够方正。

压力分布

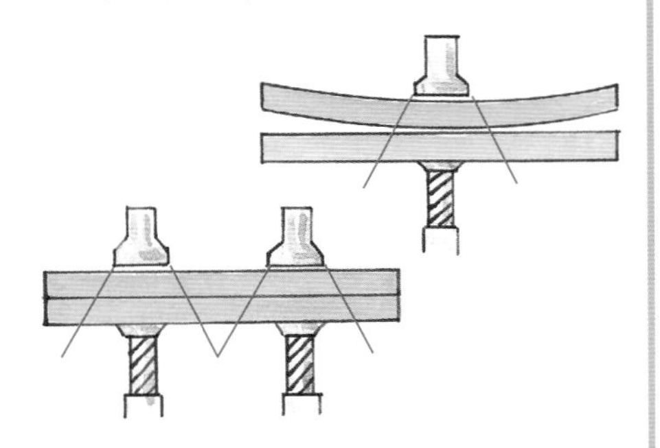

当木料很薄或者没有足够的夹子时，压力不能均匀地分布，可能导致木料的边缘翘起。

正确夹紧夹具

钳口的施力表面应与木料表面平行，这样压力才能垂直于受力面，不会使组件出现变形或滑动偏离正确位置。

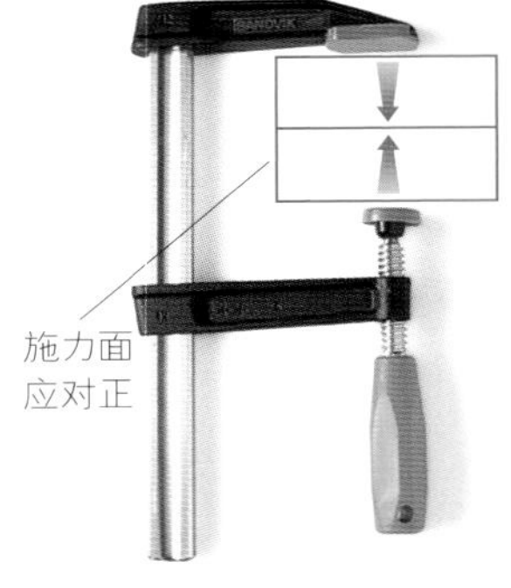

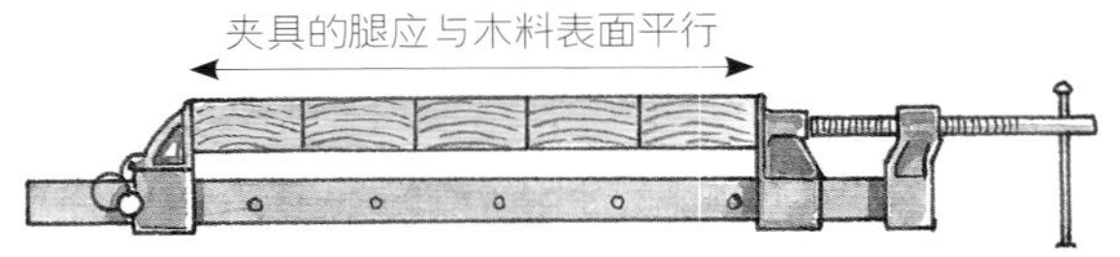

检查组件是否方正

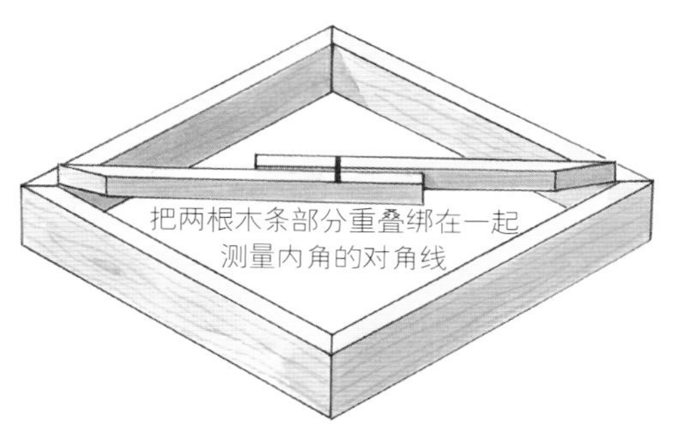

无论是用卷尺从一个内角延伸到其对角的位置，还是使用内对角测量器直接测量对角线，只要内角的两条对角线长度相同，则表明组装得足够方正。

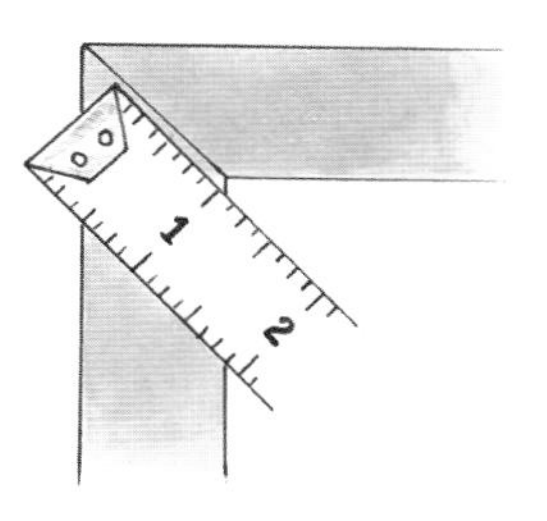

用刻度卷尺从一个内角的顶点沿对角线测量到另一个内角的顶点

制作和铺设垫块

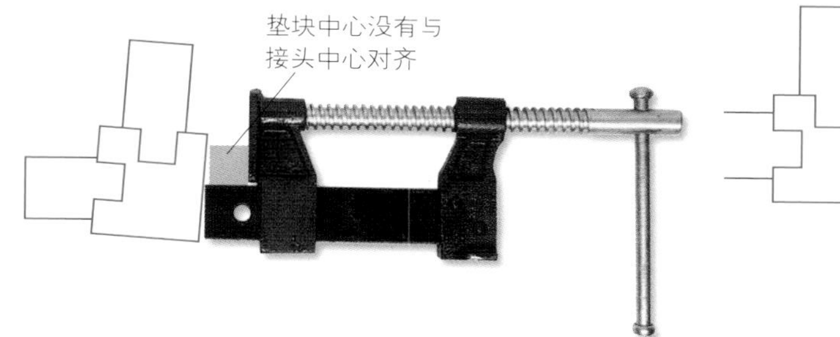

如图所示，如果垫块相对于图中支撑腿和挡板组件的位置过低，接合就无法保持方正，接头存在被从整个组件中拉出的风险。

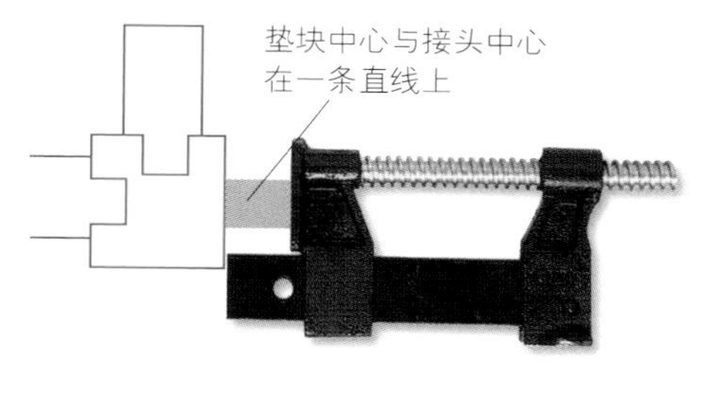

如图所示，一个正确大小的垫块应与与其对正的部件厚度相同，使压力正对接头分布。

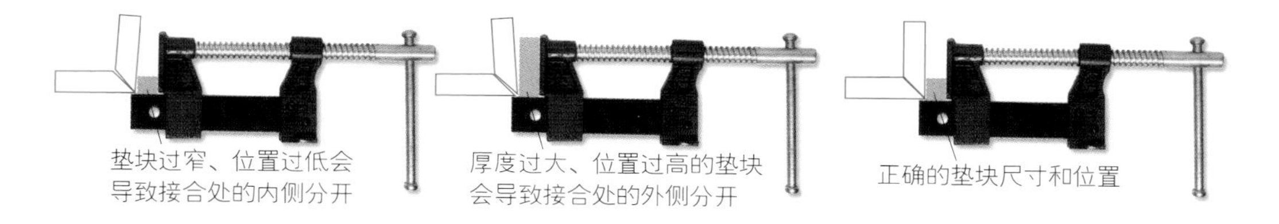

夹上垫块可以分散压力并防止损坏木料表面，但像图中那样，如果垫块过窄、位置过低，会导致接合处的内侧分开。

如图所示，如果垫块厚度过大，超过了接合件自身的厚度，它就会把接合件向内推，从而导致接合处的外侧分开。

如图所示，垫块厚度与接合件厚度相同，并调高到正对接合件的位置，这样压力的方向与挡板的走向一致，接合件可以实现方正的接合。

第二章

设计接合件

木制部件的基本取向

在任何普通接合结构的设计中，接合件通过机械方式、黏合剂或者同时使用两种方式连接在一起。接合件的位置关系本身并不是接合，而是为了满足材料、结构和美学方面的需求，从基本取向中衍生出来的特定接合类型及其所包含的各种接合方式。

平行取向

将木板边对边拼接起来可以增加木板的整体宽度，此时的木板就属于平行取向。这种方式不仅能够充分利用窄木料，而且可以将宽木料分割后重新组装，从而最大限度地减少木料的龟裂和杯形形变。平行取向还利用木料的纹理样式增强了设计的灵活性。

I 形取向

I 形取向是将木板端面对端面连接起来的方式，可以增加整个木板的长度。嵌接接合就是从 I 形取向衍生而来的，被广泛用于木框架的制作和造船工艺，偶尔也会用在家具上，用来制作实用部件或用于装饰。

交叉取向

交叉取向包含各种面对面搭接方式的接合结构，它们常被用于轻型框架的连接。中国风的窗格作品把这种取向提升到了艺术的高度。相比之下，接合程度较深的边缘搭接，其用途和精美程度有限，主要用于制作可拆卸的胶合板结构或是装鸡蛋的抽屉隔板。

L 形取向

L 形取向在框体、边角和框架结构的接合中最为常见。有三种方法可以将木料按照 L 形取向接合在一起：端面与侧面接合、端面与正面接合以及侧面与正面接合。强化的对接和斜接接合、榫卯接合、搭接接合、盒式或指接接合、半边槽接合、燕尾榫接合等多种接合方式都是从这种取向衍生出来的。

T 形取向

这种木料取向衍生了榫卯接合和搭接接合。最好将其视为封装接合结构，无论开出的是横向槽、半边槽还是燕尾槽。T 形接合可以是端面与侧面接合、端面与正面接合以及侧面与正面接合。

成角度的取向

成角度的取向本质上是对其他取向的修饰和补充。它从各种接合和取向方式中挑选所需的元素进行组合，以 90° 和 180° 之外的任何角度完成接合。因此，衍生出了斜向嵌接、角度搭接和桶壁接合等接合方式。

如果你使用的木料属于上述取向，可以参考下一页的内容选择合适的接合方式。

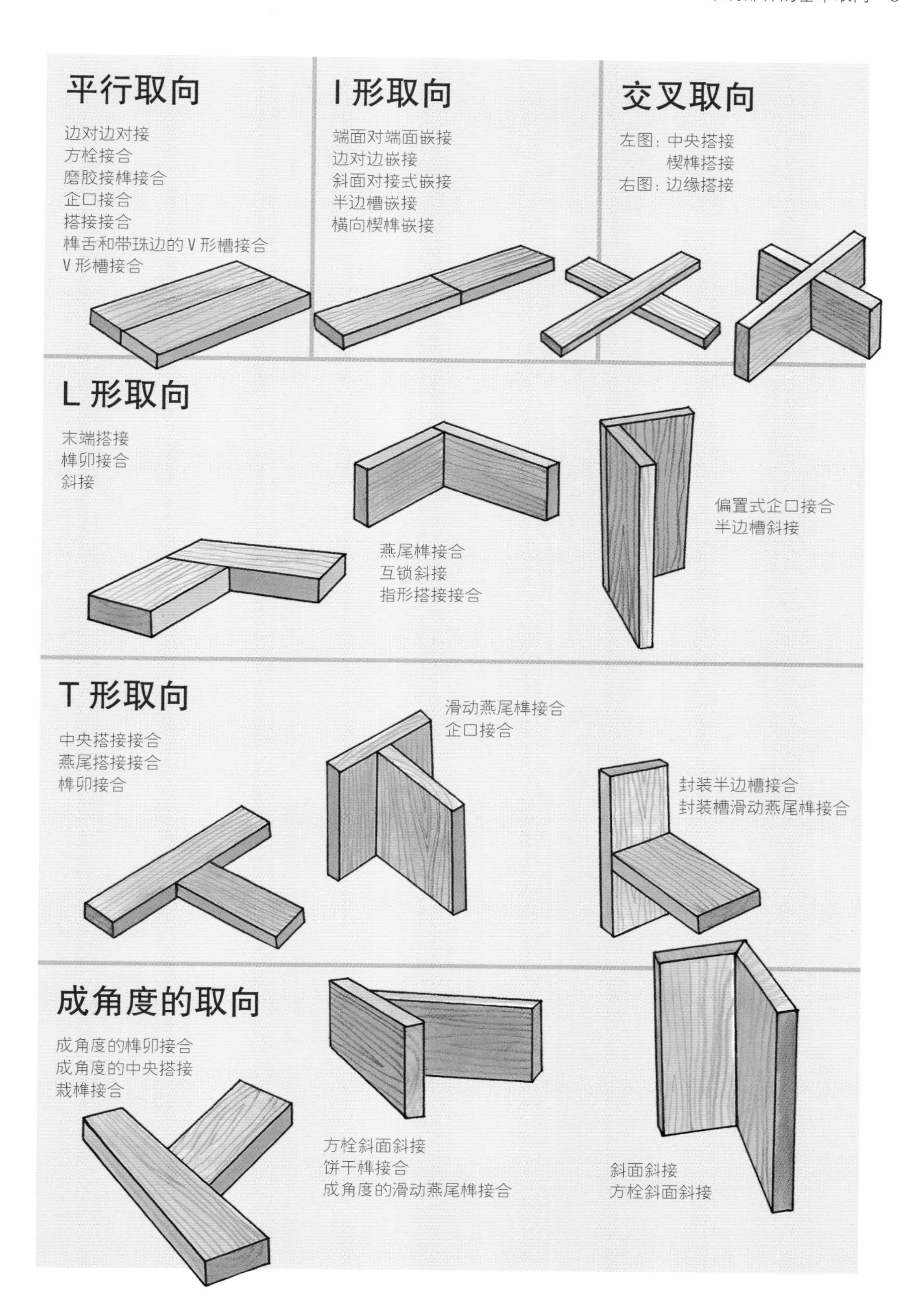
平行取向
边对边对接
方栓接合
磨胶接榫接合
企口接合
搭接接合
榫舌和带珠边的V形槽接合
V形槽接合
I形取向
端面对端面嵌接
边对边嵌接
斜面对接式嵌接
半边槽嵌接
横向楔榫嵌接
交叉取向
左图：中央搭接
楔榫搭接
右图：边缘搭接
L形取向
末端搭接
榫卯接合
斜接
燕尾榫接合
互锁斜接
指形搭接接合
偏置式企口接合
半边槽斜接
T形取向
中央搭接接合
燕尾搭接接合
榫卯接合
滑动燕尾榫接合
企口接合
封装半边槽接合
封装槽滑动燕尾榫接合
成角度的取向
成角度的榫卯接合
成角度的中央搭接
栽榫接合
方栓斜面斜接
饼干榫接合
成角度的滑动燕尾榫接合
斜面斜接
方栓斜面斜接

接合要素

每个木工接合件至少由两个基本部件组合而成，它们相互匹配并机械互锁，或者可以通过形成胶合表面完成接合。随着接合件变得更加复杂，需要对其组成部件进行修饰和强化，以提高接合强度或增加设计感，但基本的接合结构仍保持不变。

接合要素分为两类。一类是锯切要素，可以使用手锯或电锯在木料的端面或边缘通过一次切割完成。另一类是铣削要素，它构成了加工接合部件过程的一部分，涉及调整部件尺寸、移除废木料和将木料切割成形。

锯切

锯切部件，包括方正的、成角度的或复合角度的，通过与其互补的部件对接在一起，可以形成宽大的接合件、斜接的边角以及六边形的盒子等结构。虽然这些部件通常是通过锯切完成的，但有时也可以使用手工刨、电动工具或电木铣来制作。

铣削

铣削要素包括L形半边槽、各种形状的插孔或插槽以及U形的顺纹槽、横向槽和边缘横向槽（切口）。底部平整的U形凹槽具有各自的特征：顺纹槽平行于纹理方向，横向槽垂直于纹理方向，边缘横向槽是切入木板边缘做出的。不同的接合类型将其与其他切口结合起来，形成了满足各种设计要求的接合件——方正切口的榫头和凹槽构成了榫卯结构；横向槽和方正的木板端面构成了搁板所需的横向接合件；半边槽和横向槽构成了T形接合件所需的搭接结构，等等。

事实上，使用各种工具和手段切割接合件，修饰它们，并将其与其他要素结合起来，就是木工接合的全部内容。

锯切要素

当锯片的刃口与木料表面成90°，同时锯切线路与木料的切入端或边缘成90°角时，就可以产生方正的切口。

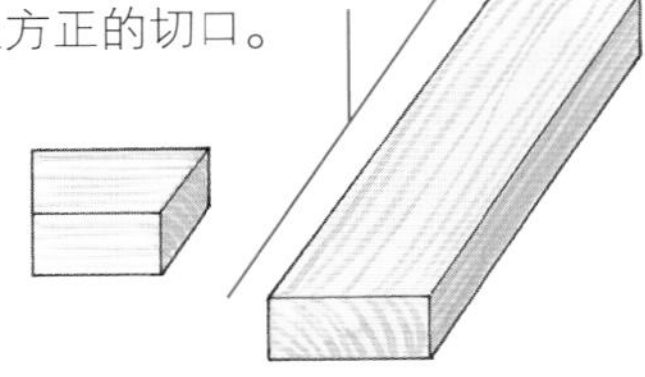

成角度的切口要么是锯片与木料表面没有成90°角切割形成的，要么是因为锯切线路没有与切入端保持90°角形成的。

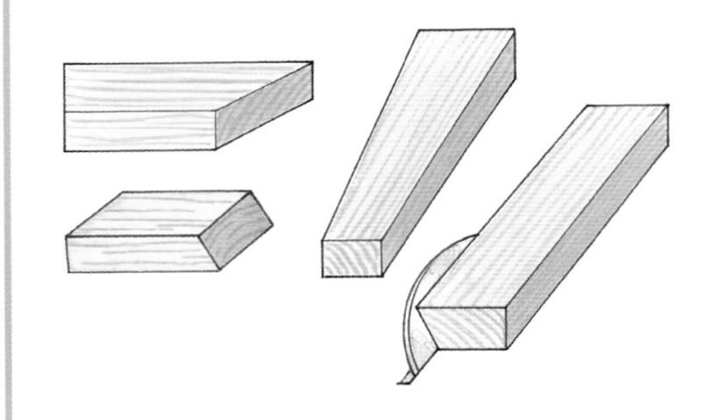

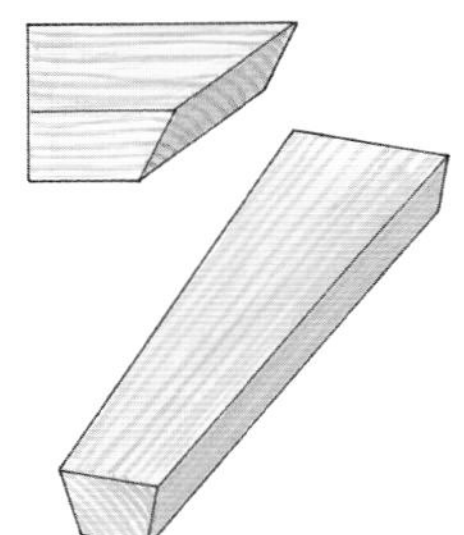

如果锯片角度和锯切线路都没有与相应平面成90°角，这样切割得到的就是复合角度的部件。它们是锯片角度和锯切线路以任何其他角度组合的结果。

铣削要素

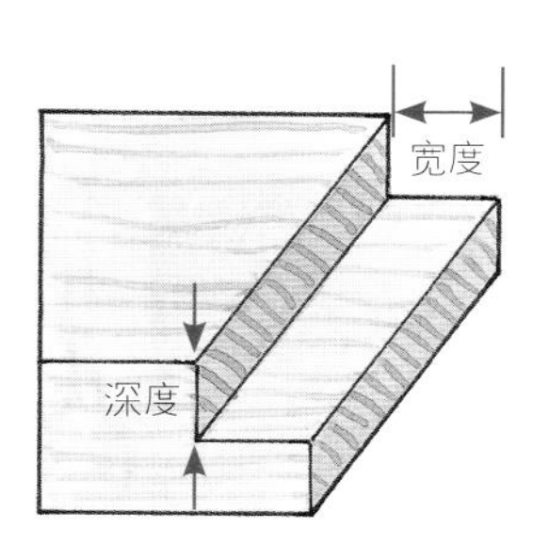

在木料的端面或侧面切割出的 L 形台阶式切口称为半边槽，其深度和宽度可以根据需要进行调整。

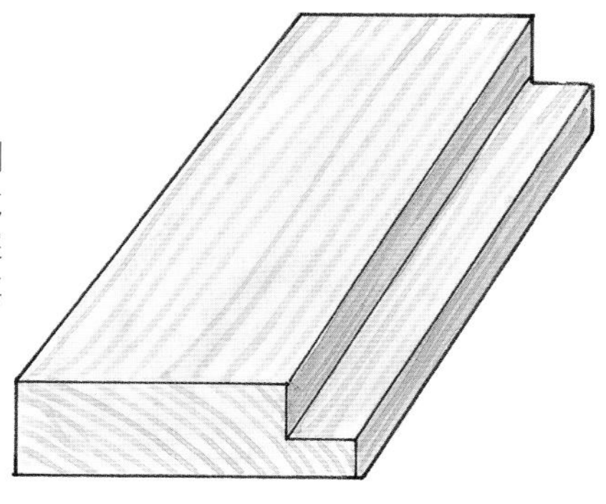

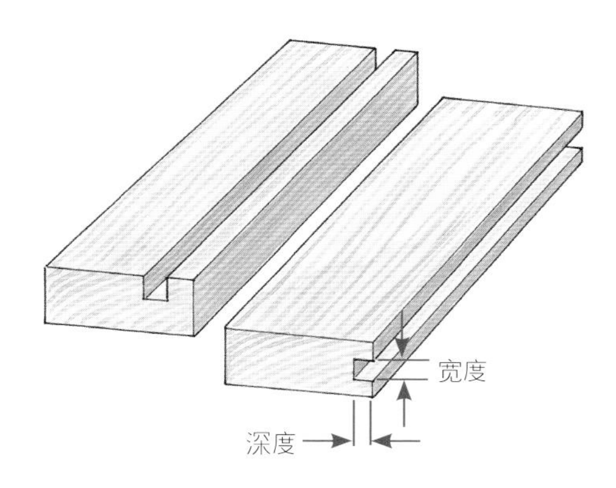

顺纹槽是底部平整的 U 形凹槽，槽的走向总是平行于木料表面的纹理。

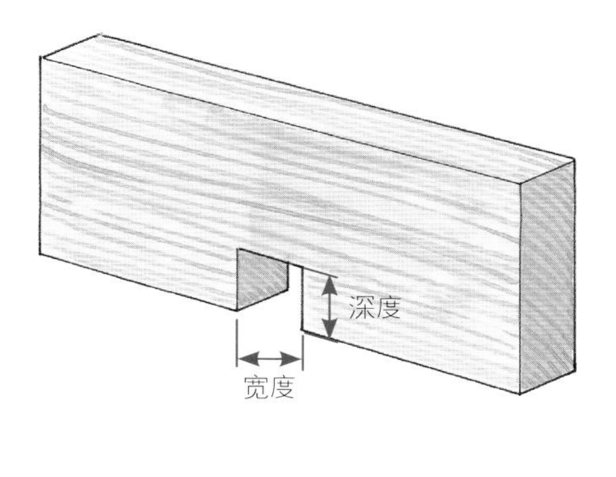

切入木板边缘的横向槽被称为切口或边缘横向槽，通常比在板面上切割的横向槽更深。

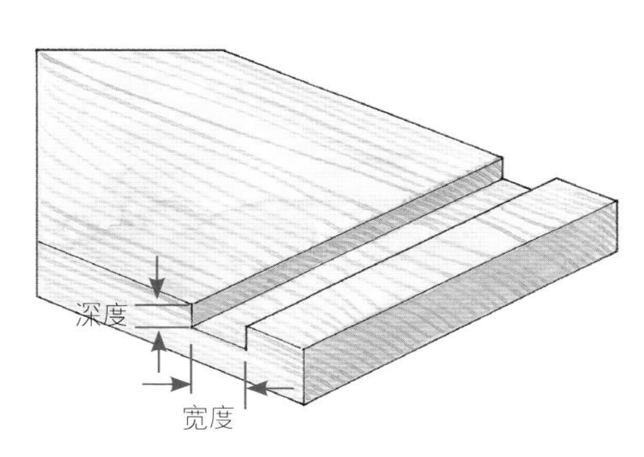

横向槽类似于顺纹槽，也是一种底部平整的 U 形槽，但是槽的走向是与木料纹理垂直的。横向槽有时会被切割得很宽，被称为沟槽。

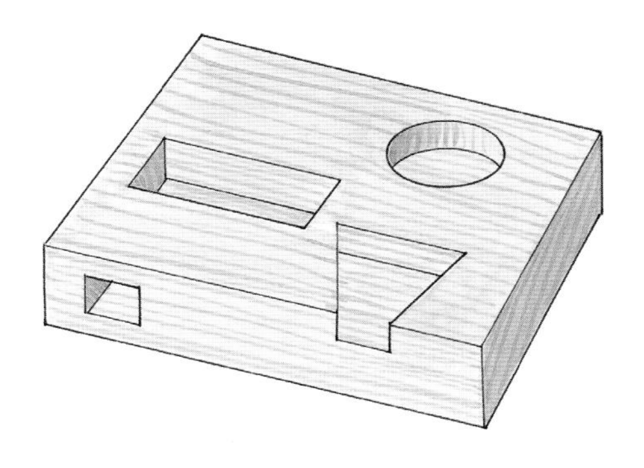

插槽的形状多样，在木板上的位置也各不相同，每一种都有专门的名称，并服务于不同的接合用途，这些将在后面的章节中详细介绍。

木材料与接合件的设计

在设计木制接合件时，要记住的最重要的事情是：实木的尺寸是不稳定的。可以把木材的细胞结构简单地比作一束吸管，它们会随着环境相对湿度的变化，吸收或排出水蒸气，以保持木材与环境之间的水分平衡。这种木材水分含量的波动性变化会导致木板在横向于纹理的方向，也就是宽度方向产生明显的膨胀和收缩，而沿长度方向的变化则可以忽略不计。除非通过设计来解决这个问题的，否则木材的形变很可能会破坏接合甚至木材本身。

木材形变的预测

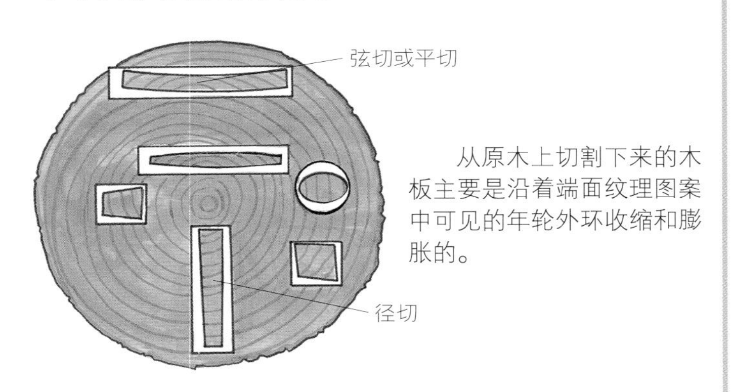

从原木上切割下来的木板主要是沿着端面纹理图案中可见的年轮外环收缩和膨胀的。

形变

当一个部件的长纹理横向于另一个部件的纹理与其接合在一起时，木材形变就会对接合构成威胁，并导致接合部件的尺寸冲突。这种情况经常出现在L取向、T取向和交叉取向的接合件中，这些取向中的两个部件的长纹理是彼此垂直的。

纹理和木材形变

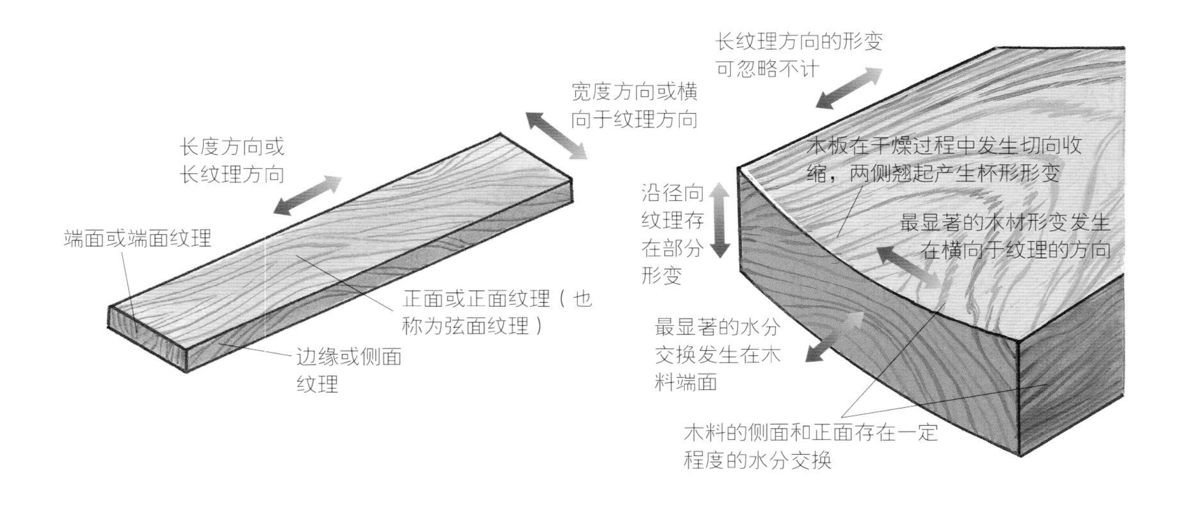

影响木材形变的因素包括树种、硬木或软木的分类，以及心材和边材的差异。预测木材形变的关键在于每块木板的端面纹理。

以树木的年轮为参照，木材的形变更多发生在切向而非径向，或者说形变更多发生在沿着年轮的方向而不是穿过它们的方向。当湿木材干燥时，切向收缩会改变木板在圆木上的原始走向。这种走向很容易通过木板端面的年轮模式确定。

通常弦切板端面的年轮更倾向于平行于木板的厚度方向而非其宽度方向。径切板的端面年轮几乎是垂直于木板的宽度方向的。根据经验，弦切板沿宽度方向的收缩幅度是径切板的2倍，同样，弦切板沿宽度方向膨胀时可能的尺寸变化幅度也是径切板的2倍。

纹理

木料通常容易在横向于纹理的方向被破坏，但如果木板太薄，或者由铣削产生的脆弱的短纹理区域不能将木料固定在一起，那么木板更可能在顺纹理的方向出现断裂。负责任的设计可以减少或消除这样的问题。

接合强度与纹理的关系

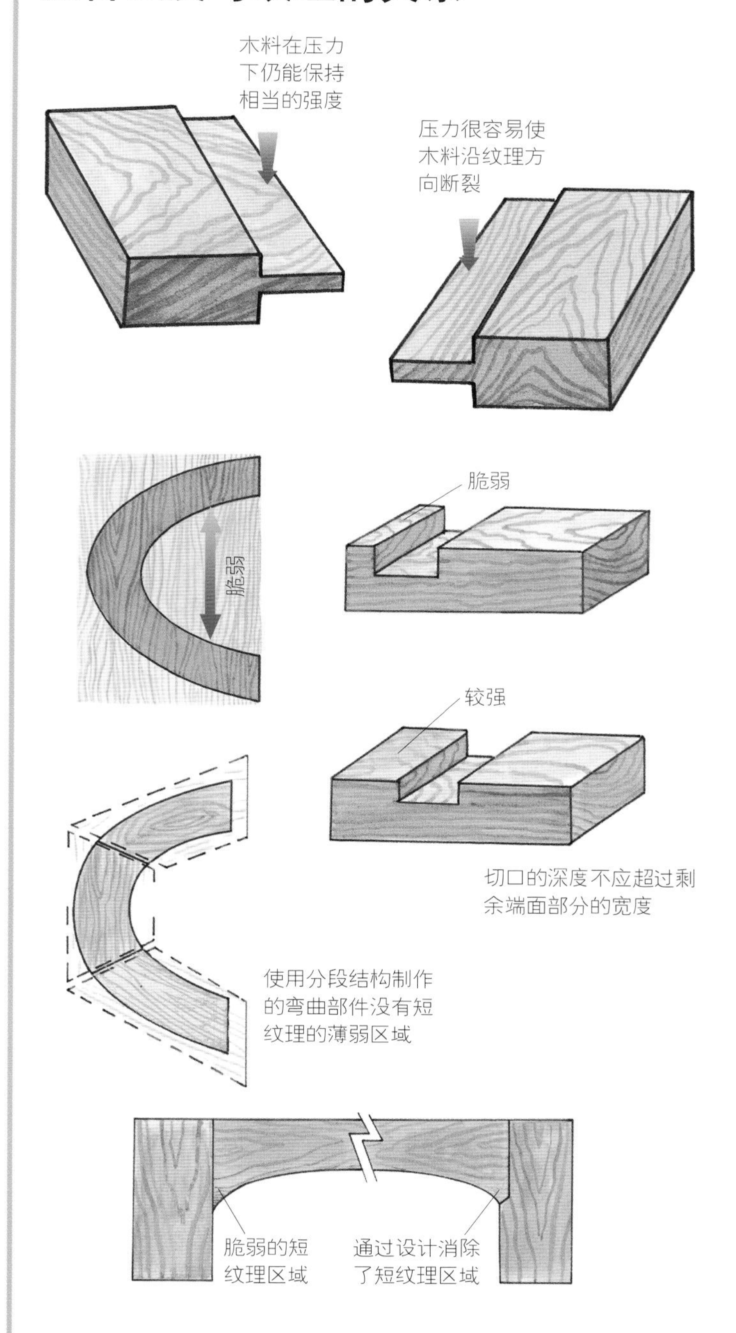

在切割弯曲部件时，纹理横向穿过的木料区域较为脆弱；合理的接合设计降低了拱形门框断裂的风险。

适应木材形变的策略

保持纹理方向一致，则形变方向也会保持一致。长纹理沿框体结构连续排列可使木材形变一致；保持侧板纹理垂直排列可以防止侧板收缩把门夹得更紧；长纹理在底板的横向分布可以防止底板收缩把抽屉夹得更紧。

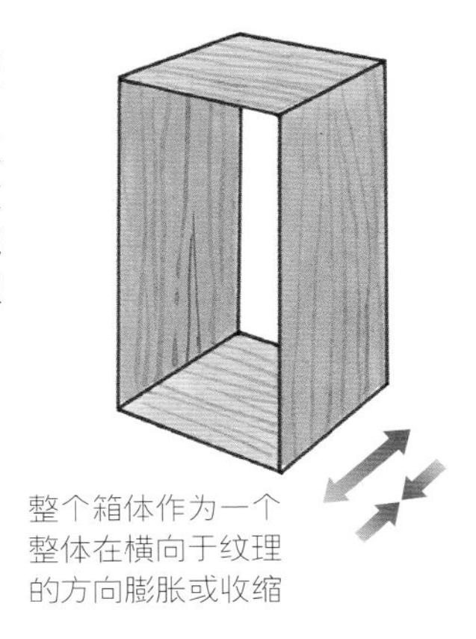

设计纹理彼此垂直的接合件消除形变冲突。滑动燕尾榫形成的互锁结构能够保持面板的案板式端面处于平齐状态，且无须使用胶水。在环境湿度变化时，一个中央销可以在面板自由形变的同时保持面板端面平齐。

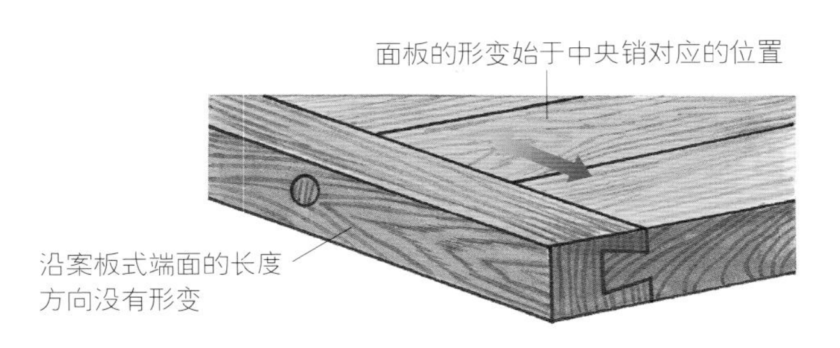

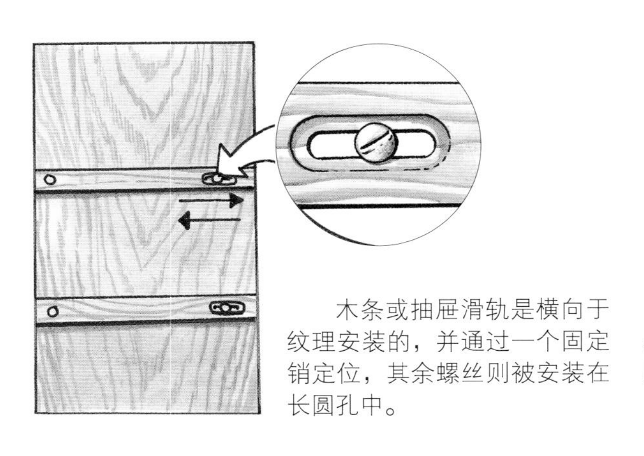

木条或抽屉滑轨是横向于纹理安装的，并通过一个固定销定位，其余螺丝则被安装在长圆孔中。

最大限度减少木材形变的策略

合理布置纹理走向以减少形变

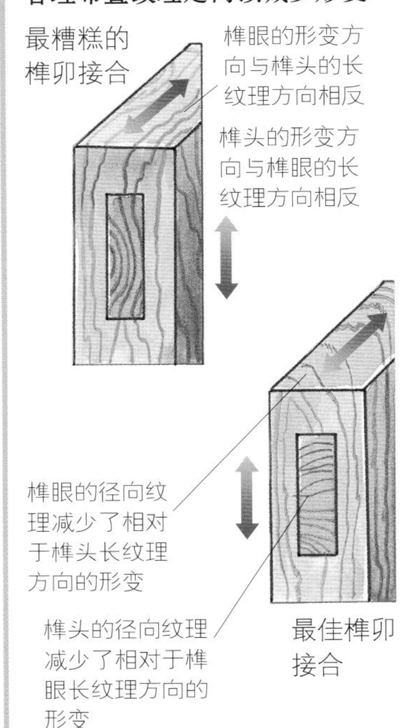

采用经典的设计方案

在经典的抽屉设计方案中，坚实的底板只连接在前面的凹槽中，这个凹槽允许沿宽度方向的横向纹理在较低的背板下膨胀，使空气可以从凹槽上方逸出，避免在关闭抽屉时产生活塞效应。

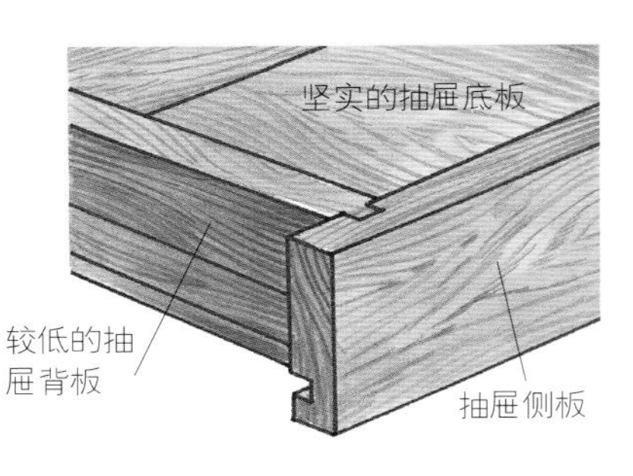

选择一种稳定的木材或裁板方式

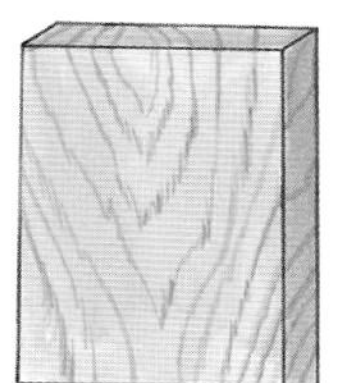

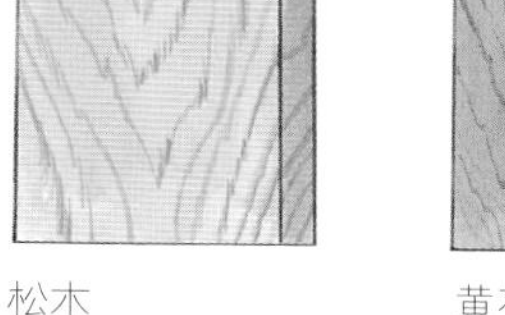

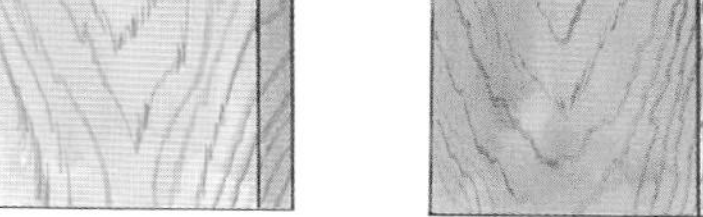

松木

黄花梨木

在宽度同样是 18 in（450 mm）的情况下，新松木板要比新黄花梨木板沿宽度方向的形变多出 3/8 in（9.0 mm）。

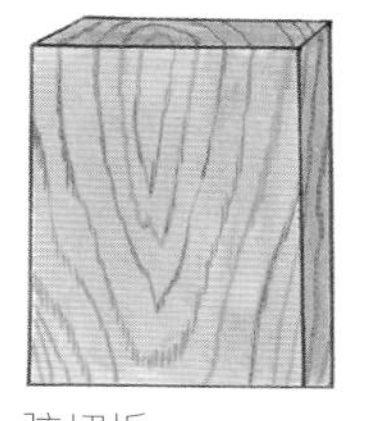

弦切板

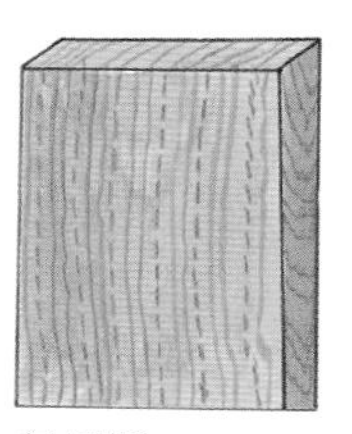

径切板

一般来说，普通的弦切木板沿宽度方向的形变大约是同一树种径切木板的 2 倍。

为木板的所有表面做同等的表面处理可以均衡木板的形变，并减少极端的水分交换情况。如果只为木板的一侧做表面处理，将会出现木板的两侧与环境水分交换不均衡的情况，导致木板出现杯形形变。

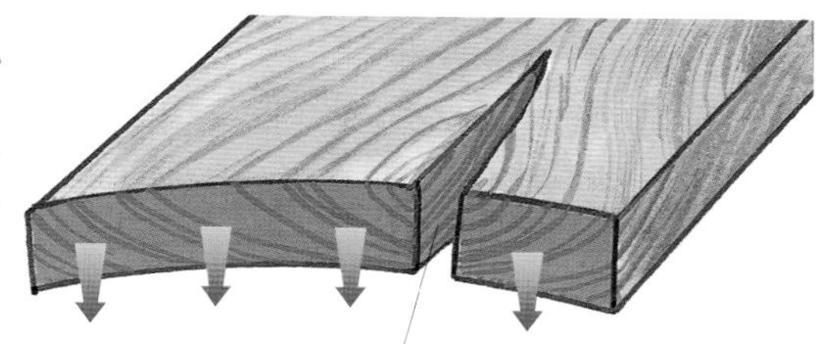

木板未经密封的端面释放水分发生收缩的幅度比其余部分更为明显，因此未经密封的端面容易出现端裂

限制木材形变的策略

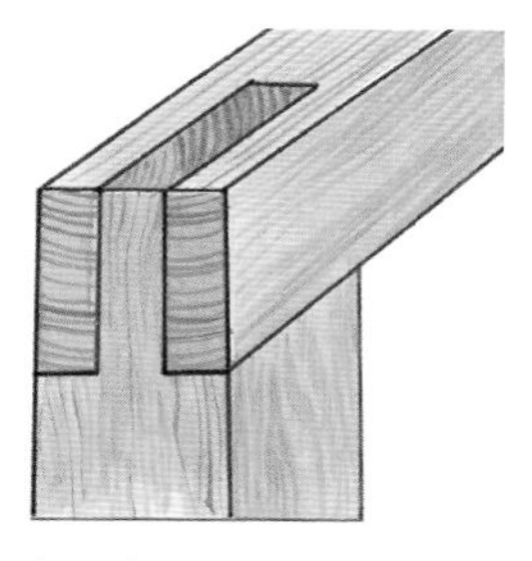

分而治之

如果接合件内侧的胶合面面积与木板厚度密切相关，胶水可以抑制木材的形变。

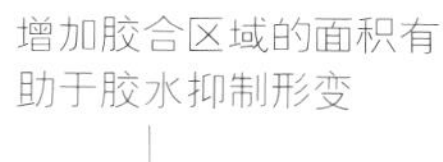

增加胶合区域的面积有助于胶水抑制形变

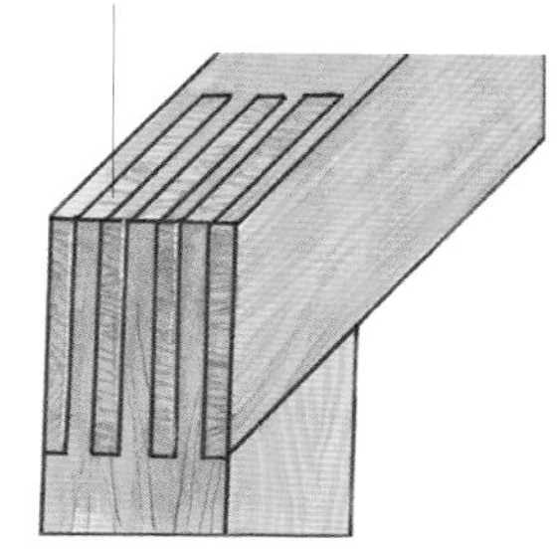

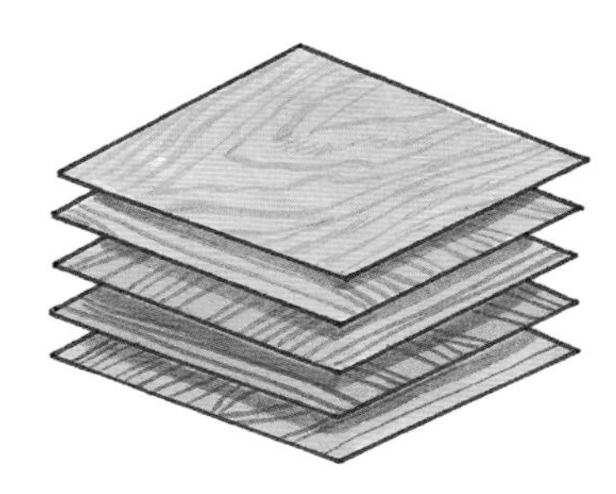

相互制约

胶合板层以纹理方向交替的方式排列，形成了结构稳定的胶合板。有关木材形变和胶水的信息，请参阅第 18 页。

接合样式的选择

一些人认为，工匠应该围绕结构进行设计；另一些人则觉得，结构是围绕设计构建的。实际上，这两种方法是相互影响的。设计决定了可能使用的接合方式，或者经过修改后使用可以克服结构缺陷的接合方式。

在根据木料的基本取向制作接合件并将其投入使用之前，需要首先对接合件的受力情况进行分析。这件工作并不需要工程学学位，只要了解作用于接合件的机械应力和相应的解决方案就可以了。作用于组件的压力可能导致的问题很容易预测，并能够通过选择正确的接合方式得到解决。

实用性、经济性和作品的审美优先级都会影响设计对接合样式的选择。某些风格样式似乎只是为了展示精心制作的接合部件，而在另外一些风格样式中，作品的整体外观占据了主导地位，通常会使用隐藏式的组装技术。精心制作接合件很耗时间，而且从结构的角度来说，它们并不总是必要的，从功能的角度来看也并不经济合理。总之，可见的和隐藏式的接合方式种类繁多，足以满足各种需求。

把接合样式与木材的选择结合起来，可以有效地将木料纹理和图案作为设计重点，作为重要元素，或者减少纹理对作品整体的视觉干扰。

经济性再一次削弱了美学效应，因为特定的切割方式会在铣削过程中浪费更多的木料，成本更加高昂。

作用于接合件的力

拉力

拉力倾向于把接头分开，消除其负面影响的最好的方式是设置机械阻力。这既可以是接合件的固有特征，也可以是钉入木楔或销钉后获得的附加特征。

剪切力

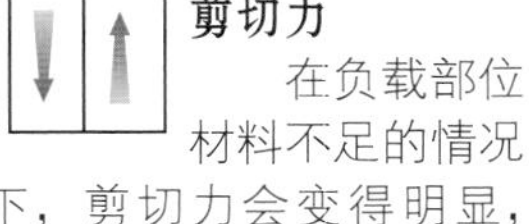

在负载部位材料不足的情况下，剪切力会变得明显，并成为影响结构稳定性的因素，但通常剪切力是指存在于胶合线上的推/拉应力。这种应力可以通过接合或者钉入销钉或加固螺丝得到机械释放。

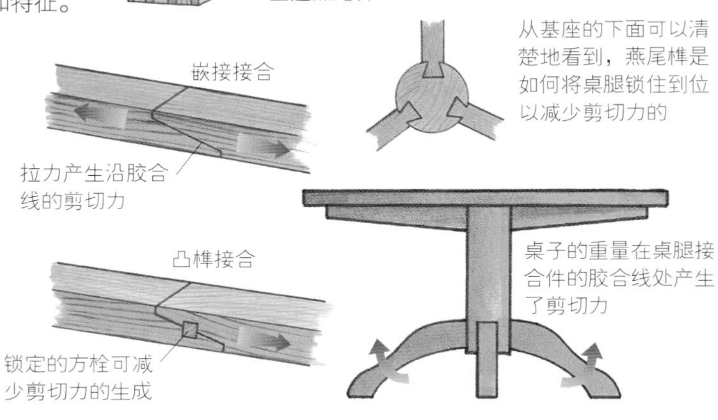

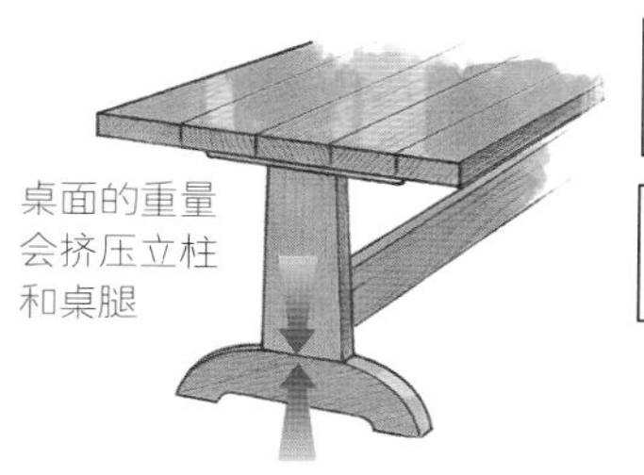

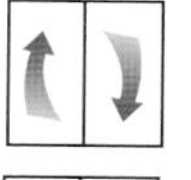
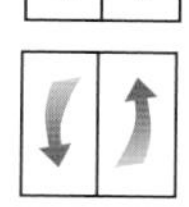

弯曲或扭曲

随着接头刚性的提高，接头的抗弯性能也随之得到提高。

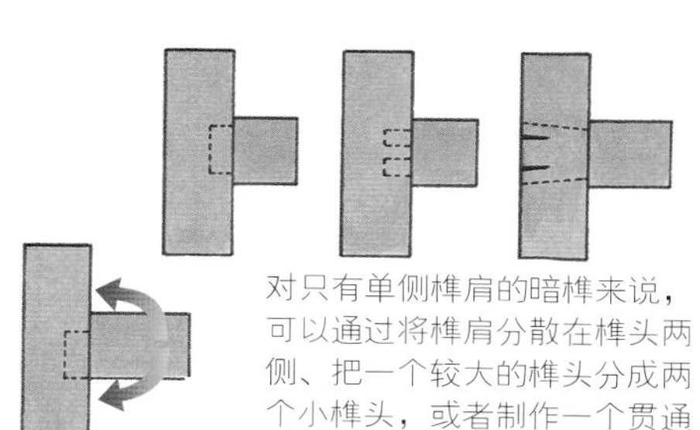

对只有单侧榫肩的暗榫来说，可以通过将榫肩分散在榫头两侧、把一个较大的榫头分成两个小榫头，或者制作一个贯通榫头，然后用木楔对其进行加固的方式来提高暗榫刚性。

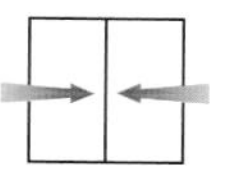

压缩

通过按照设计尺寸制作在负载下不弯曲的部件，或者使用任何足够致密、不会在接合线处被压缩的木料来制作部件，可以消除压缩系数。

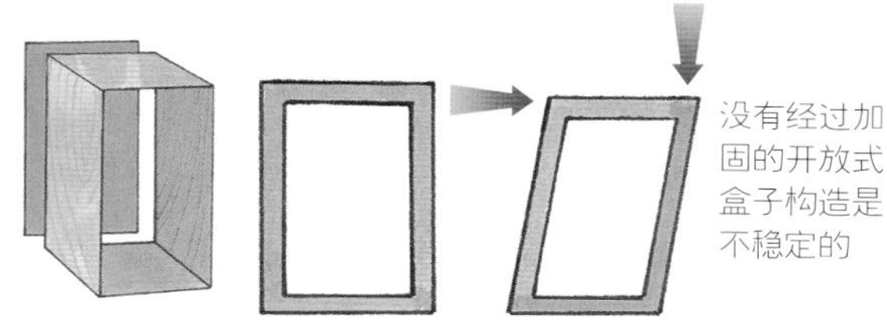

背板、底板或面框结构可以最大限度地减少箱体结构的变形

在桌子上增加或强化框架结构——比如在两腿之间安装更宽的挡板或加入横档——可有效防止结构扭曲。

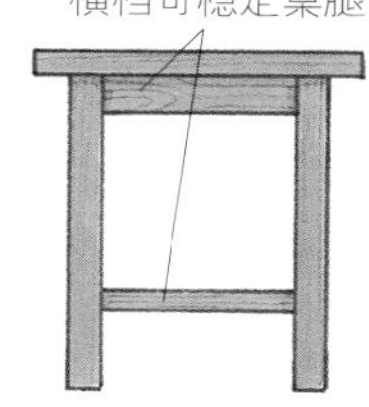

接合风格

相同的基本接合结构，通过隐藏或展现，其外观可以发生巨大的变化。

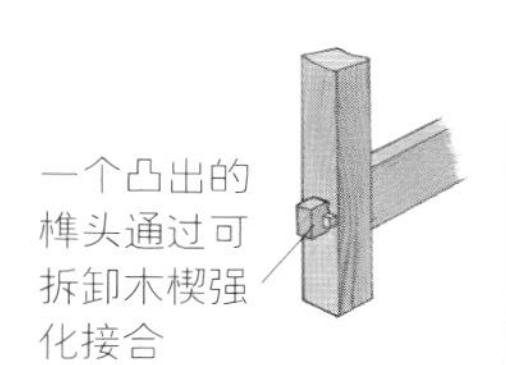

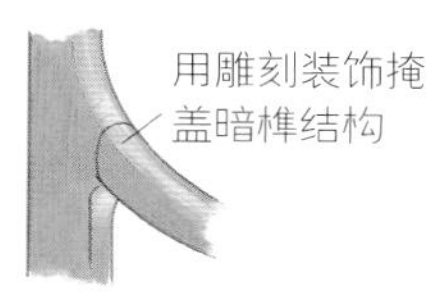

接合和纹理样式

边缘接合匹配木板的排列方式可以产生各种各样的视觉效果。

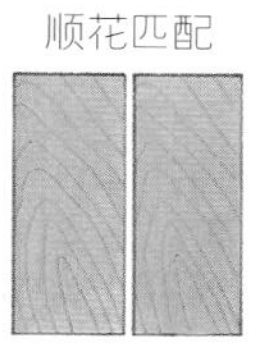

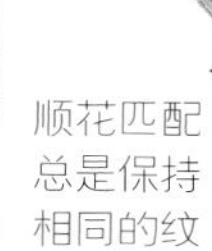

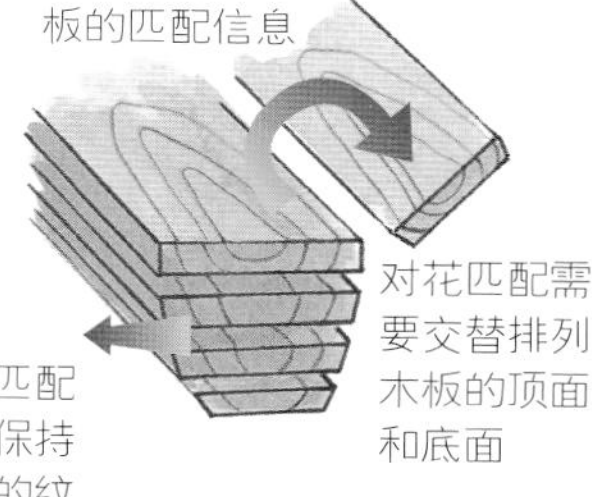

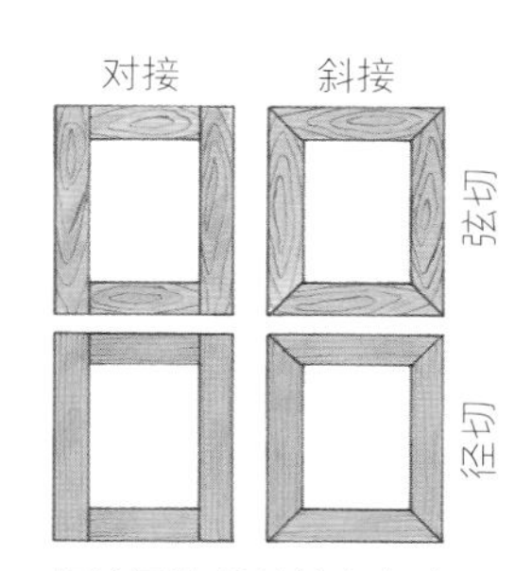

无论是选择的接合方式，还是用原木切割木板的方式，都可以改变门框的视觉效果

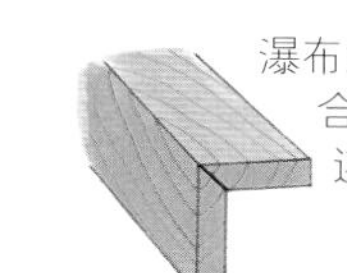

瀑布式纹理，一种两块木板通过长斜面接合在一起，使纹理图案以一定的角度连续延伸的方式

胶水和黏合

根据所用原料（动物来源、植物来源或矿物来源）对胶水进行分类，并不像胶水是通过溶剂挥发、化学反应还是热定形来实现固化那么重要。了解这些过程的木匠可以驾驭它们以延长装配时间或加快干燥进程。当溶剂是水时，因为胶水中的水分导致的木料暂时性的膨胀或扭曲是可以提前预测、加以避免的，甚至可以根据需要强化接合部件，这些是成功的饼干榫接合所需要的。

胶合是一门复杂的学问，但对木工操作来说无须搞得过于复杂，只需一些基础知识即可。少数几种胶水已经能够满足大多数的需求了。通用胶水之外的胶水，其用途通常包括：用来胶合油性的、富含树脂的木料，特别是致密的木料；用来在湿润或潮湿的环境中完成胶合；用于把石头或金属这样的无孔材料黏合到木料上；用于模型制作或维修时的即时黏合；用于弯曲层压操作（使用一种不会在应力作用下流动或拉伸的非塑料胶水）；提供装配的可逆性，以进行预期的修复；提供较长的“开放”时间以完成复杂的胶合操作。

胶合的目的是在配对的接合部件之间形成连续的胶膜，将其固定在一起，直至胶水干燥并固化到足以安全使用的程度。有些胶水固化速度很慢，无法在几天内形成全效的黏合强度。胶水的涂抹量、涂抹方法、夹紧前的开放时间、夹紧时间、干燥时间以及固化时间会因选择的胶水类型和品牌而异，因此只有遵循制造商的产品说明才能取得最佳效果。软木通常比硬木更容易黏合，因为硬木密度较大，胶水渗透困难。此外，在过度夹紧的位置，胶水层被挤压得过薄也会影响胶合效果。

木料纹理和黏合强度

在将木板的端面胶合到任何其他纹理表面时，黏合强度都会大大降低，因此对接接合应依靠接合本身在各部件之间形成的长纹理面来实现结构的稳定。

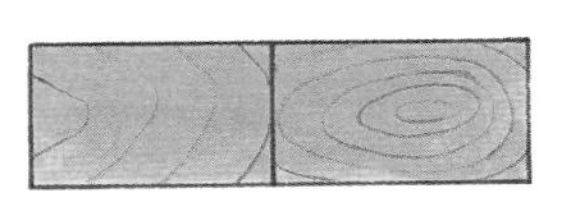

胶合时保持配对部件的长纹理彼此平行可以获得与木料本身一样牢固的黏合效果。但如果将配对部件的长纹理彼此垂直进行胶合，即使胶合的强度足够，当木料发生形变时还是会产生空间阻碍。

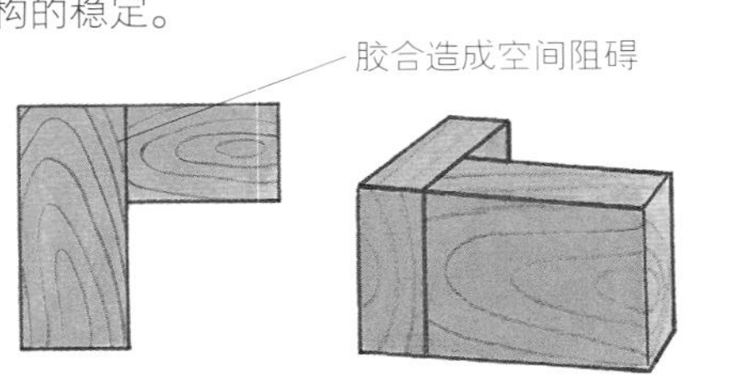

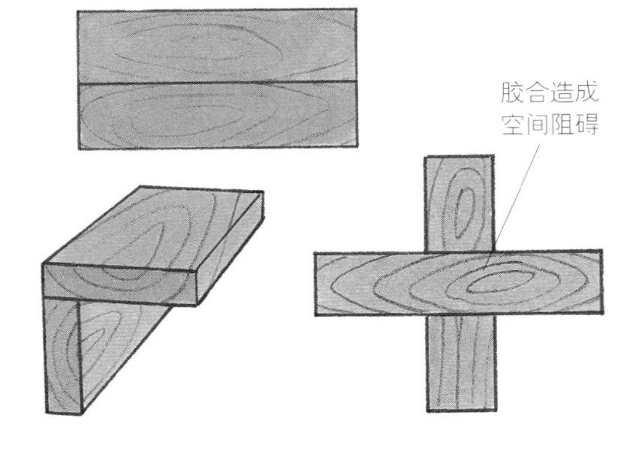

纹理方向

待黏合部件的纹理方向的排列与接合结构的设计同等重要，因为长纹理面与长纹理面接触才能形成强大的胶合效果，而端面任何位置的胶合效果都很差。当木板中的水分含量波动时，胶水有助于抑制木材形变，从而增加木材内部的应力。在横向于纹理胶合的接合处，无论空间阻碍和持续的木材形变多么微小，都会对胶合线施加应力。随着时间的推移，微小但持续的应力以及木材因挤压和干燥产生的收缩会加剧并最终导致胶水层或木料的破坏，造成接合松动。表面处理产品，尤其是像清漆和聚氨酯这样能够形成薄膜的产品，可以显著减少水蒸气的渗透，从而保护胶合面。

胶水水分和接合

水基的胶水会在胶合线处造成木料膨胀。如果在胶水中的水分消散之前将接头刨平，那么随后的水分流失会导致接头收缩。

正确夹紧

所有的接合面都应紧密贴合，同时夹具施加压力的方向最好作用在能够使长纹理面紧密接触、形成最强胶合的位置。

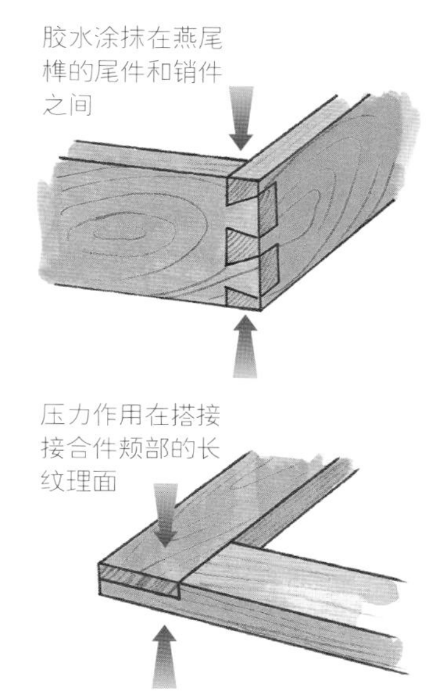

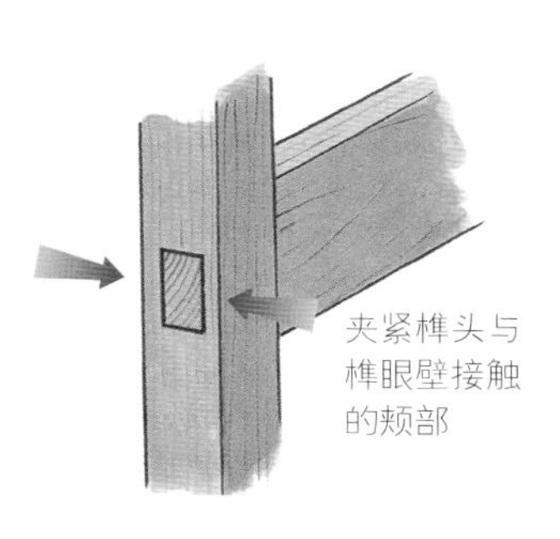

接合失败

错误的水分含量

如果一件作品最终所在的环境的湿度与建造它时所在的环境湿度明显不同，那么之前匹配合适的接合件可能会出现收缩或膨胀超过胶水或材料承受范围的情况。这种情况同样会出现在在潮湿的地下室组装木工作品，然后将其带到集中供暖的二楼的时候，其后果类似于把一件家具从热带搬到干燥的沙漠中。

表面预处理不到位

现代胶合理论认为，必须将待胶合的配对表面刨削得干净平整才能使其实现充分的、端正的接触，并形成均匀的胶水层。胶合表面的凸起会妨碍配对表面完全接触，凹陷处则会造成胶水的“聚集”。粗糙表面的毛刺会破坏胶膜。油性木材的表面含有某些化学物质，需要使用特殊的胶水，或者用丙酮擦拭后才能获得良好的胶合效果。

胶水信息表

	PVA（白胶）	脂肪族树脂（黄色胶）	干皮胶	聚氨酯
黏合木料和木材料	是	是	是	是
黏合无孔材料	否	否	是	是
准备或混合	否	否	是	否
固化方式	溶剂挥发	溶剂挥发	溶剂挥发	水分催化
开放时间	平均水平	平均水平	高于平均水平	平均水平
夹紧时间	平均水平	平均水平	无均值	平均水平
抗水性	否	否	否	是
防水性	否	否	否	是
打磨特性	否：会形成胶粒	是	是	是
孔隙填充	否	否	是	否
可逆性 / 可修复性	是	否	是	否
热塑性（蠕变）	是	是	否	否
黏合油性或富含树脂的木料	是 **	是 **	是 **	是
用水清洁	是	是	是	否
溶剂清洁	否	否	否	是
成本	低	低	低	中等
健康 / 安全问题	否	否	否	潜在的皮肤敏感性；烟雾

注：* 表示不适用于结构性胶合；** 表示需要预先用丙酮擦洗；*** 表示只适合水基胶水。

间苯二酚甲醛	尿素甲醛（塑料树脂）	环氧树脂	氰基丙烯酸酯（强力胶）	接触型胶合剂
是	是	是	是	是 *
否	否	是	是	是
是	是	是	否	否
催化	催化	催化	水分催化	溶剂挥发
高于平均水平	高于平均水平	高于平均水平	数秒	高于平均水平
高于平均水平	高于平均水平	高于平均水平	无	无
是	是	是	是	是
是	否	是	否	否
是：粉尘有毒	是：粉尘有毒	是：困难	是	否
是	否	是	是	否
否	否	否	否	是
否	否	否	否	是
是 **	否	是	是	否
是	是	否	否	是 ***
否	否	是	是	是
高	中等	高	非常高	高
甲醛气体烟雾	甲醛气体烟雾	干燥前有毒；刺激性	黏合皮肤，刺激眼睛	有毒烟雾，易燃

第三章

边缘接合与嵌接接合

边缘接合

边缘接合并不能完全避免木材形变的影响。不过，形变问题与作品的整体设计更为相关。比如，在黏合面板或平板时需要考虑许多因素。在黏合平板时，是把所有木板的心材面朝上放置，还是使心材面交替上下排列，这不仅是个人喜好的问题，也是一个在木匠之间一直存在争论的问题。木板端面的水分流失更为明显，这会导致木板收缩、开裂甚至接合失败，不过，可以通过进行表面处理或者制作“弹性”接合件的方式解决这个问题。一块组装好的面板的端面会自动隐藏在框架-面板结构中，但是对于桌面或其他顶板，需要仔细考虑，是否需要为端面增加一个可以提升其美观程度或稳定性的封边条，因为封边条会引入横向于纹理的结构。

企口接合增加了边缘接合的强度以及胶合面的面积。

木材形变和边缘接合件的胶合

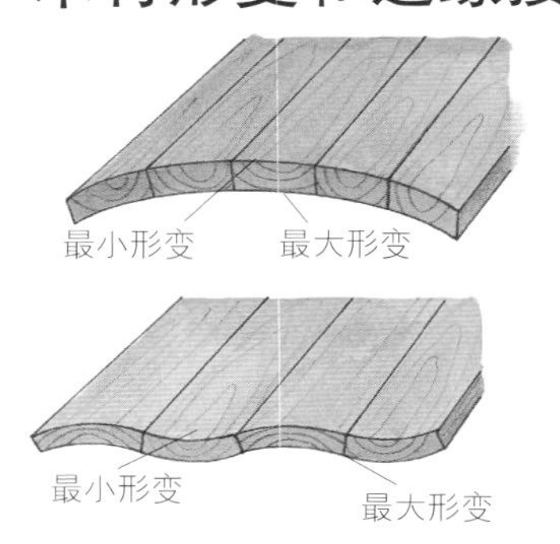

心材面统一朝上排列的边缘接合的木板会作为一个整体发生形变（见上图），但是心材面交替上下排列的木板，相邻拼板之间的形变方向是相反的，会产生类似搓衣板的外观效果。

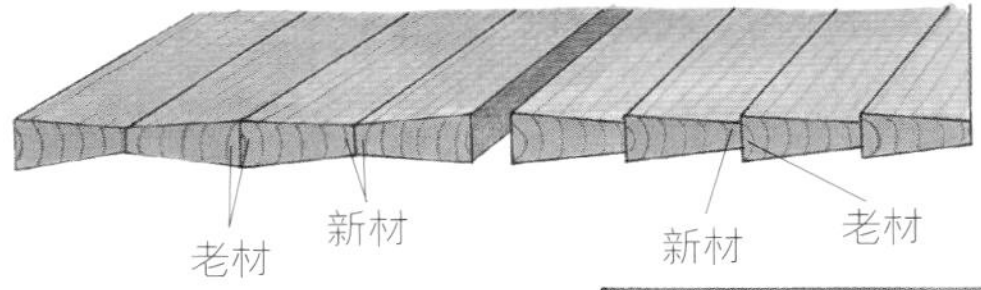

在边缘接合时，靠近树木中心的较老的木材与年轮外环的较新的木材的收缩和膨胀幅度是不同的，这样的拼接会产生缺陷，在实践中通常很少使用。

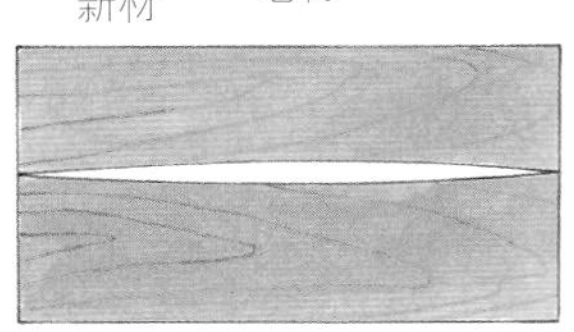

在夹紧时，弹性接合件中的 1/32 in（0.8 mm）的空隙会在末端压紧，并消除水分损失的潜在影响，因此端面的收缩可以释放作用在木料和胶水层的张力，而不是形成张力。

直尺和锥面专用夹具

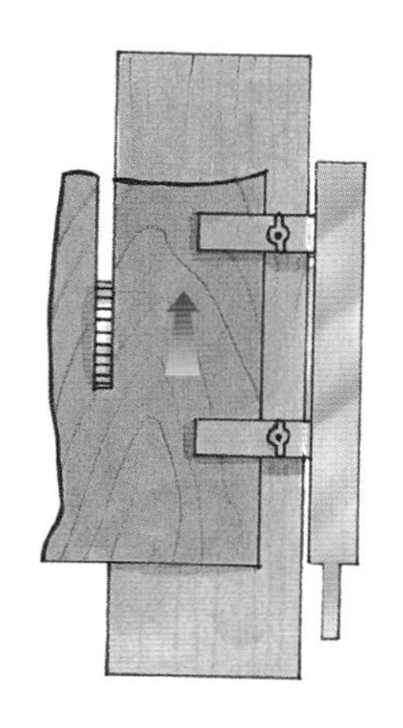

把一块边缘弯曲的木板悬挂固定在一块可滑动的胶合板托板上，用台锯将其锯切平直。

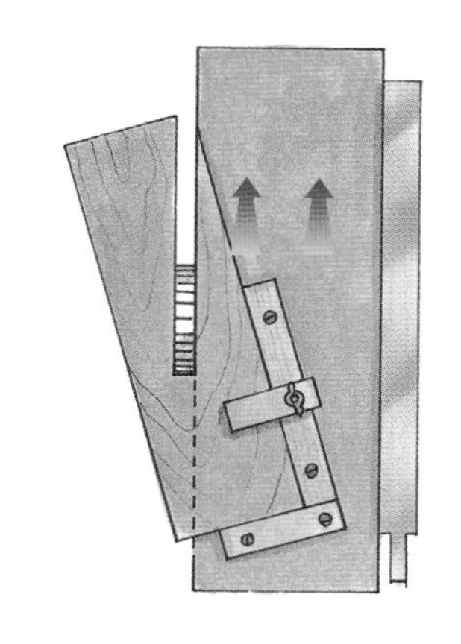

要在前端进行有锥度的切割，需要将标记的斜线与托板的边缘对齐，并加入一个靠山固定木板，或者在托板上开出槽口，使托板匹配木板的轮廓进行固定。

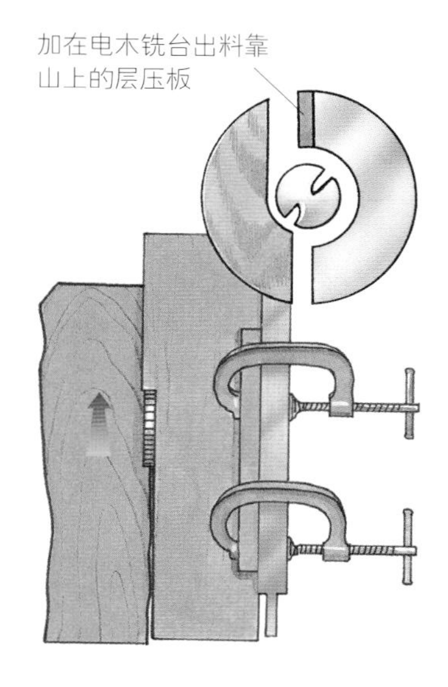

这种带有与锯片厚度相当的插入物的固定夹具可以以边缘接合的方式连接一块木板，就像一台具有轻微偏置的靠山的电木铣那样。

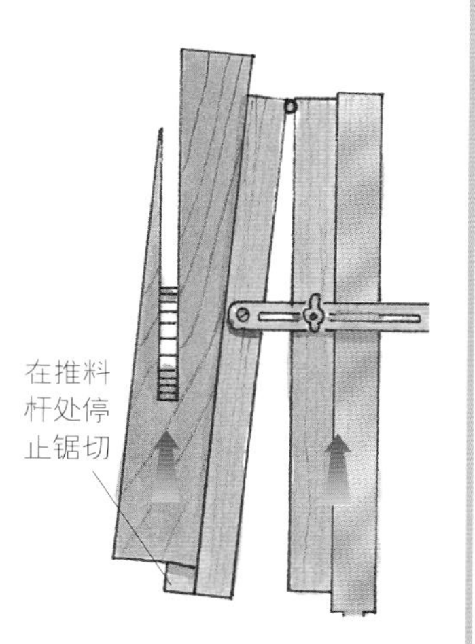

可调节的锥度夹具有一个铰链、一个带有蝶形螺母的滑动调节器、一个手柄以及一个可用于安全切割内角的木质推料杆。

沿宽度方向夹紧

边缘接合件的夹紧不需要昂贵的夹子，但是为了保持面板的平整，需要采取措施横向夹紧木板，比如交替夹紧拼板的顶部和底部，或者在木板端面使用一个螺栓夹板或临时木条来保持板面的平整。

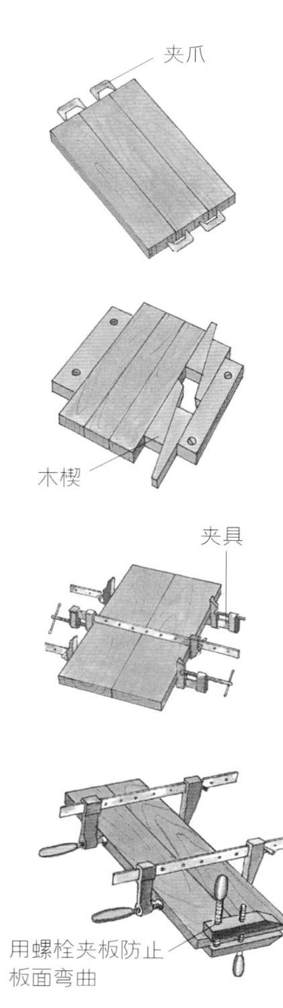

平板对接的胶合

对接式的边缘接合强度足够，能够满足大多数沿宽度方向的胶合。它也是为数不多的存在“弹性”或预置张力的边缘接合方式之一，即使后来端面收缩也不会把接合件拉开。这种接合方式要求所有木板表面平整、边缘平直，所以其成功的关键在于如何用手工或电动工具精确地加工木板表面并得到准确的木板尺寸。

边缘接合件可以用手工刨刨平，然后黏合，只需在胶合面涂抹胶水，并将其对正进行摩擦，无须使用夹具。但是摩擦接合的接合件不具备弹性，因为没有经过夹紧处理，边缘接触没有发生。摩擦接合适用于长度 3 ft（0.9 m）以下的木板，所以可以使用刨削台进行边缘接合。这个过程需要使用可以快速黏结的胶水，比如动物胶，或者白色或黄色的木工胶。

在胶合木板时，注意端面纹理是如何交替的。这有助于最大限度地减少木板的扭曲。

成功的边缘对接要求木板表面必须方正，尺寸必须精确。

制作步骤

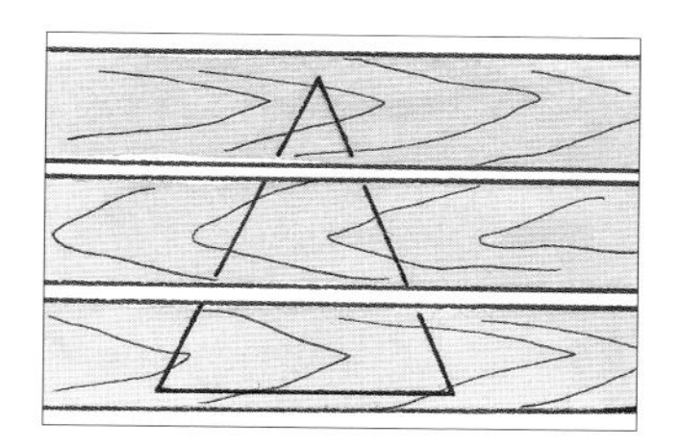

1 将每块窄木板纵切到不超过最终宽度 1/4 in（6 mm）的尺寸，然后将其长度锯切到位，或者保留足够的富余量，在胶合之后再进行修整。排列好木板的纹理样式，做出标记，以确保每块木板位置准确。

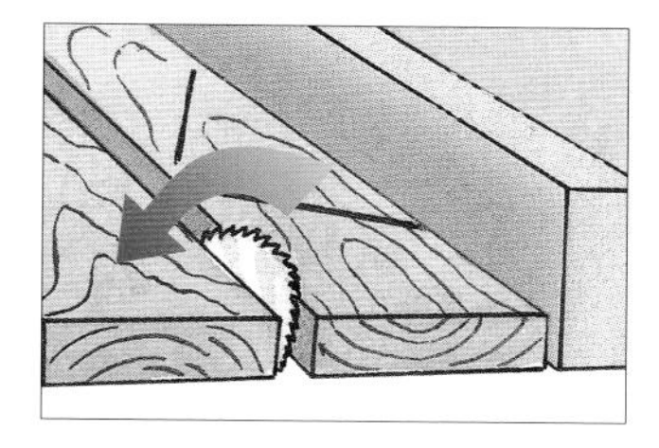

2 在完成初步的纵切之后，修整木板的每条边，使其接近最终尺寸，并在锯切每块窄板两侧时交替使其基准面朝上和朝下，以抵消任何由于锯片设置导致的锯切不方正的问题。

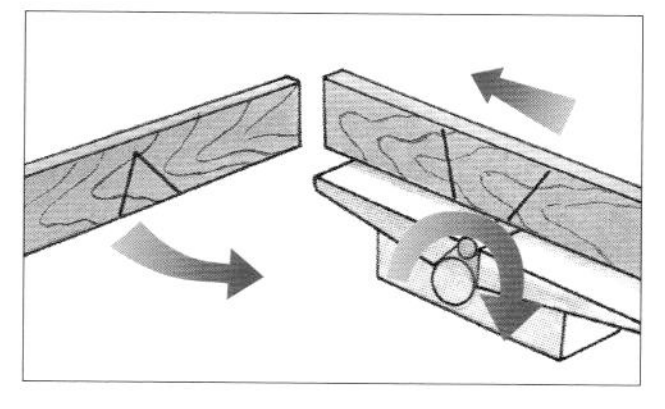

3 用平刨将每块窄板处理到成品尺寸，注意始终顺纹理方向进料，以避免撕裂木纤维。此时不需要交替改变木板基准面的朝向。精确设置靠山以获得最佳的纹理走向。

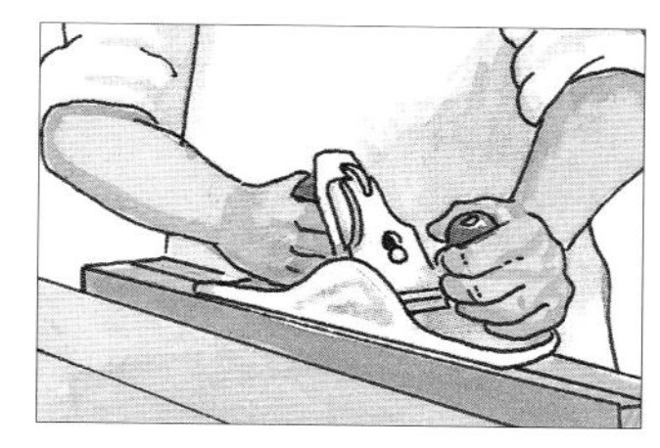

4 用夹子将配对的木板边缘靠紧固定在一起，轻轻刮削以去除之前的加工痕迹。或者用细短刨刨削出 1/32 in（0.8 mm）深的凹面，用于弹性接合件。

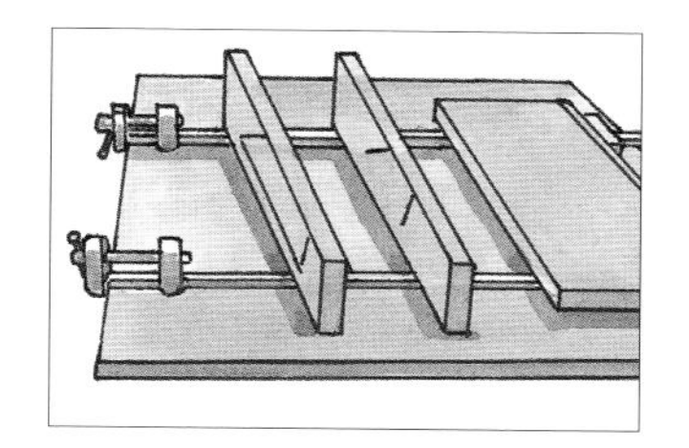

5 在平整的表面上设置夹具组装木板，检查木板的排列顺序以及是否匹配。然后将每块窄板立起，在其侧面涂抹胶水，进行拼接。在拼板的两侧夹上木条可以保护木板边缘。

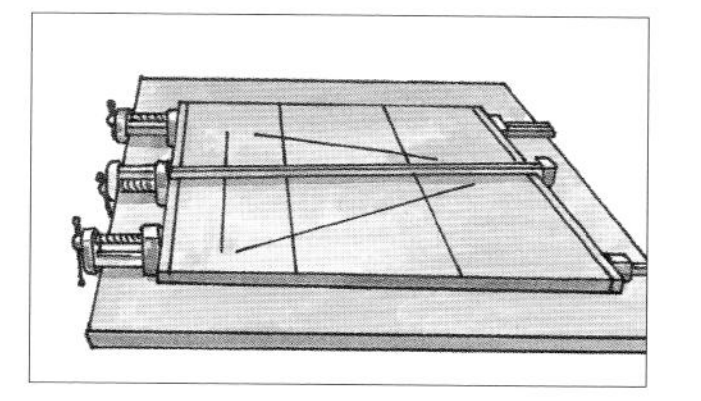

6 将螺丝与拼板的边缘对齐，并将夹具合理分配在拼板上下两面。交替拧紧夹具，防止组件因受力不均散开。待胶水凝固后，把拼板端面修整方正。

变式

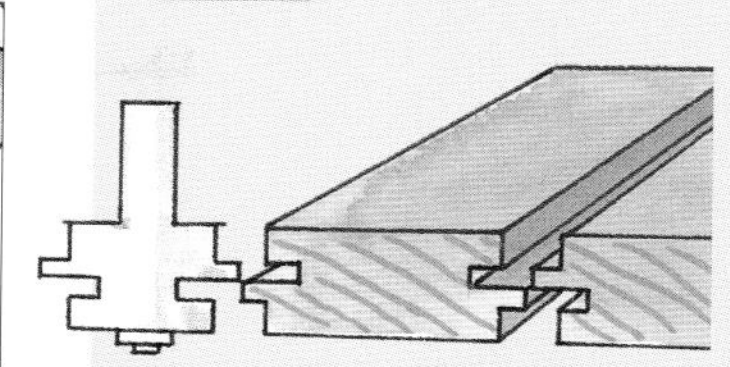

机械互锁的边缘接合

手持电木铣或台式电木铣配备的胶合接合铣头加工出的接头不仅可以增加胶合面面积，而且可以在完成胶合后使木板边缘保持平齐。使用企口接合件（见第 29 页）、搭接接合件（见第 28 页）或方栓接合件（见第 27 页）可以获得相同的接合效果。

手工刨削摩擦接合件

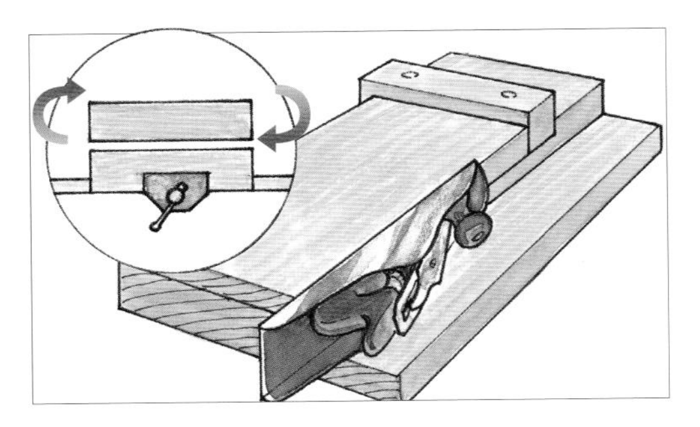

1 刨削木板边缘并检测其平直程度，相对于用台钳固定的木板压紧并旋转另一块木板，以找到可能导致木板摇动的凸起，或造成端面摩擦的凹陷。

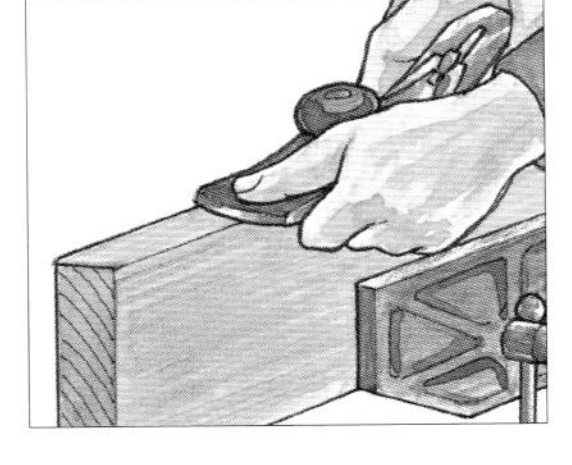

2 检查木板边缘是否方正，并通过一个顶紧木板的转向节稳定手工刨，修正任何细小的偏差，将凸起的部分刨平，直到可以沿木板的整个长度进行刨削。

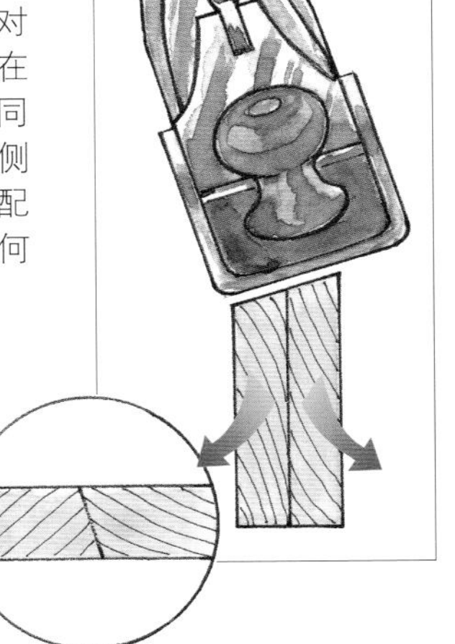

3 另一种方法是，将两块木板对齐，并用台钳夹在一起，用手工刨同时刨削两块板的侧面。通过侧面的配对，可以抵消任何偏离 90° 的偏差。

4 无论使用哪种边缘接合方法，只要没有技术问题，都可以把一把直尺跨过接缝平贴在拼板表面。

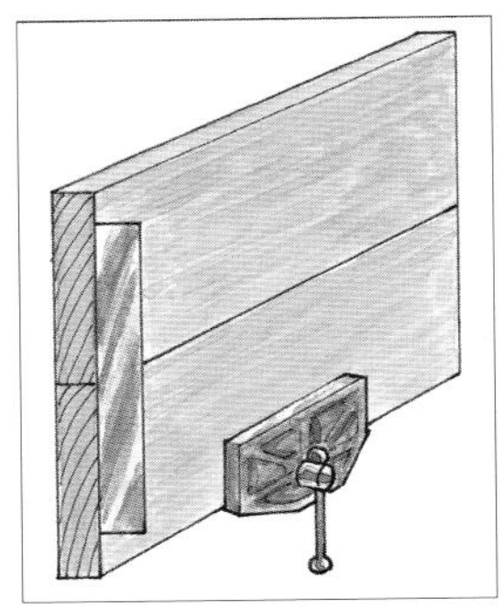

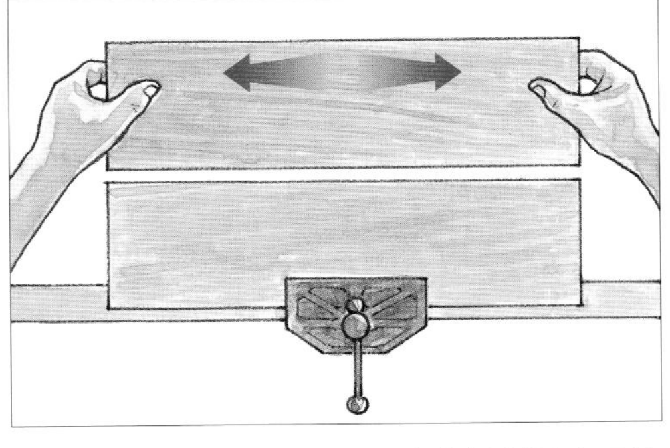

5 如果木板较薄，可将两块木板侧面（已涂抹胶水）相对，平放在一起摩擦；如果木板较厚，则可以用台钳夹紧一块木板使其侧面（已涂抹胶水）朝上，然后将另一块木板的侧面与之接触并来回滑动，直到胶水将其粘住。

6 如果木板较薄，那么在胶水干燥之前不宜移动拼板。在可以将拼板从台钳中安全取下时，还需要把它们靠在支撑物上继续静置，直至胶水完全凝固。

方栓接合

使用方栓是一种加固边缘接合件的快捷方法。如果以基准面作为参考，这个过程几乎不需要计算或设计布局，就可以得到基准面完美对齐的精确接合。方栓还可以在胶水凝固之前防止木板之间侧向滑动。人造材料非常适合制作方栓。尺寸精确的美森耐（Masonite）纤维板与标准铣头的宽度最为匹配。尺寸不太精确的胶合板可能需要使用尺寸较小的铣头切割两次才能做出尺寸匹配的凹槽。人造材料不仅可以做出单根长度连续的方栓，而且不存在纹理方向的问题。用实木切割方栓时，其长度则受到木板宽度的限制，可能需要几根较短的方栓连接起来才能获得与单一的人造材料方栓相同的长度。方栓切割完成后，一定要在测试槽中检测其是否匹配。

通过使用具有对比效果的材料，可以制作出有吸引力的细节。

制作步骤

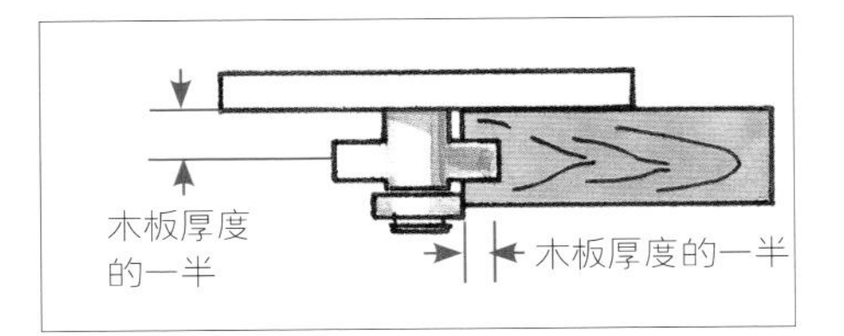

1 根据每块木板的基准面定位铣头的位置。在每个侧面居中的位置开出凹槽，其深度约为木板厚度的一半。

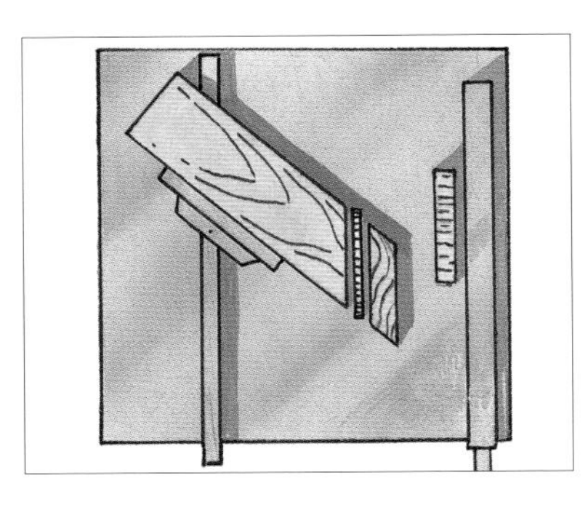

2 方栓材料的厚度应与凹槽的宽度匹配，一般为木板厚度的三分之一到一半。纵切得到的横纹木条的宽度应略小于凹槽深度的 2 倍。

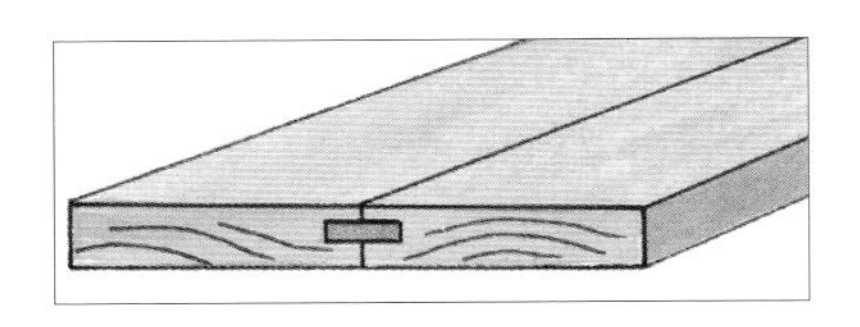

3 测试匹配度：方栓太宽无法形成紧密的接合；尺寸刚好的方栓则会由于胶水中的水分导致膨胀，带给凹槽明显的应力。测试没有问题后，沿方栓和凹槽涂抹胶水，组装并夹紧。

变式

戴帽方栓

当接合件装入成品中并贯穿整块木板时，戴帽方栓可以通过匹配或形成对比效果改善成品接合部位的外观。

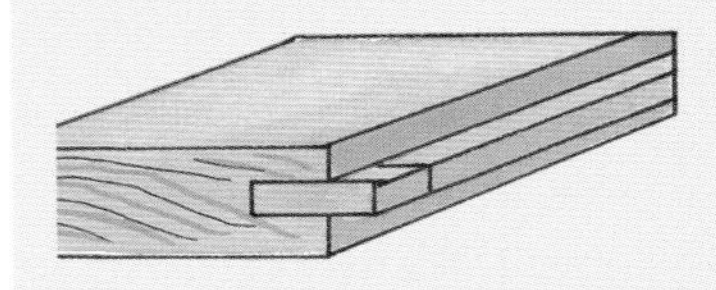

止位方栓

采用止位方栓可以隐藏接合件或者方栓，使它们不会因为边缘塑形而暴露。

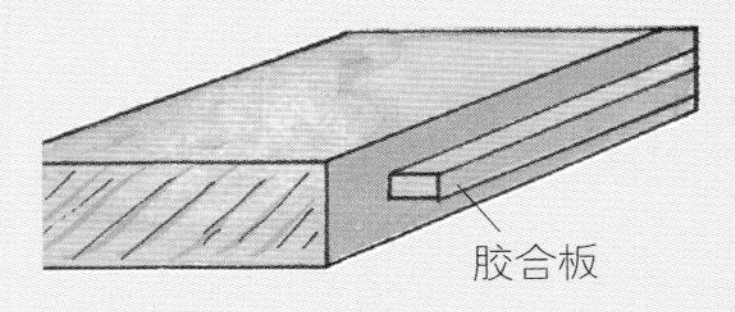

搭接接合

搭接是通过两个配对的半边槽将两块木板拼在一起的接合方式，它也有助于增加胶合面积。槽口的深度应该是木板厚度的一半。

搭接接合的每块木板都必须足够宽，以包含半边槽的深度。使用组合刀头铣削，接合件的槽口处会暴露出额外的长纹理胶合面。搭接还有助于保持两块木板的表面平齐，对弯曲的木板来说，除非在木板的中心施加向下的夹紧力，否则这个优势就会消失，但这在胶合很大的木板时是很难做到的。

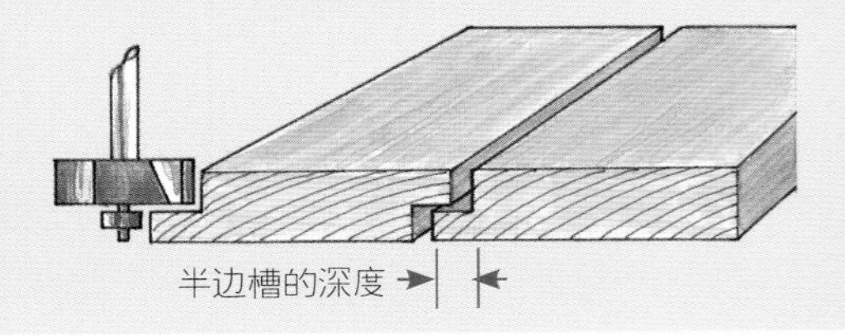

企口接合

榫舌就像一个固定在部件上的方栓，可以加固和对齐接合件，但在加工之前需要进行计算。为了制作榫舌，必须把木板纵切得更宽一些。即使没有特殊的开槽工具或组合刀头，也可以用台锯制作出像样的接头，但需要安装具有耙式方正锯齿的两用锯片或纵切锯片，因为它们在加工时可以形成平整的锯缝底部。很难在弯曲的木板上对齐凹槽，或制作出均匀的榫舌，除非使用压板和指板保持木板顶紧靠山。为了操作稳定或防止铣头接触金属靠山，可以添加一个较高的木制靠山。

企口接合被用于制作高质量的地板和护墙板已经有几个世纪了。

变式

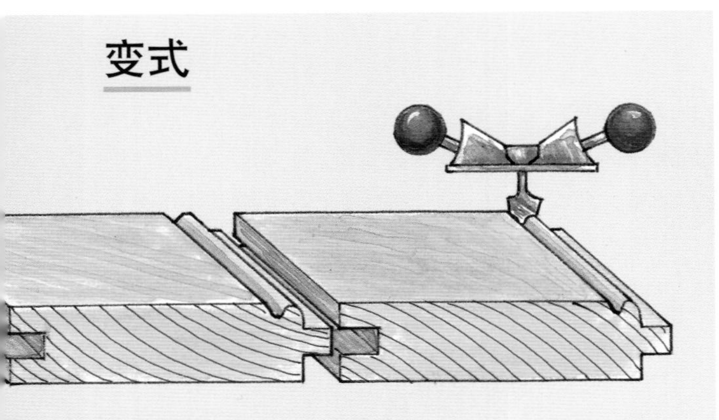

榫舌和珠边

在制作家具的组装镶板时，在企口接合件的边缘上加入一个珠边装饰，不仅可以增加观赏性，还能够在处理其他困难区域的木材形变问题时提供一种干接的选择。

带有珠边的榫舌结构常见于护墙板中。使用电木铣、线脚刨或刮刀很容易在企口接合件上加工出珠边。

V 形槽

没有榫舌结构的边缘常见于垂直表面，因为榫舌结构可能会沉积碎屑。V 形槽或任何类似的细节都能突显接头。这种结构在黏合之前很容易切割，但在涂抹胶水后通常都会挤出胶水。将台锯锯片设置为 45° ，或者使用手工刨或电木铣切割倒角都能制作出体现镶板细节的 V 形槽。

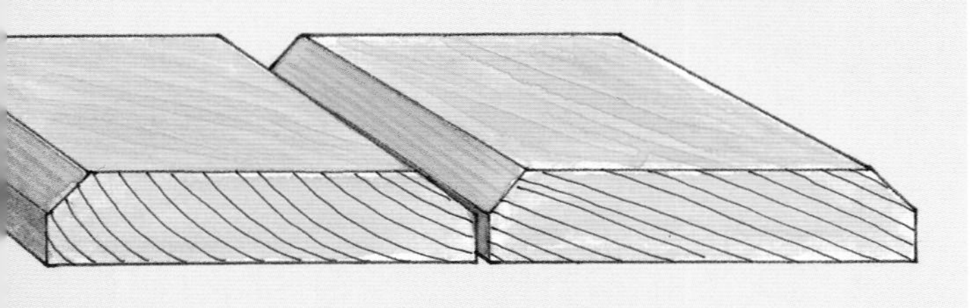

制作步骤

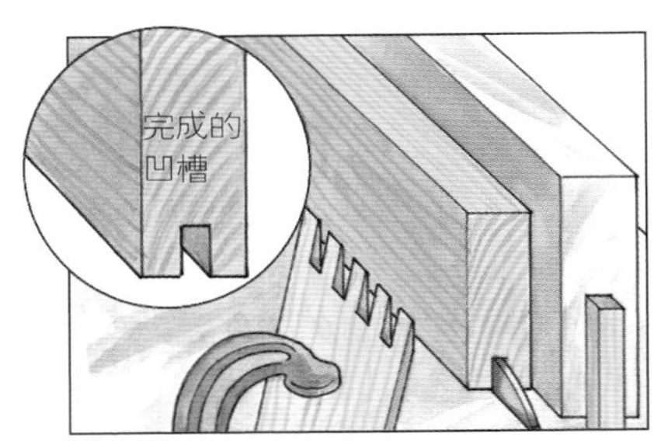

1 将耙形齿锯片抬高，高度为木板厚度的一半，并按照锯片厚度尺寸的三分之一设置靠山与锯片的距离。从前向后完成第一次切割，然后将木板前后对调，通过第二次切割得到凹槽的另一侧。

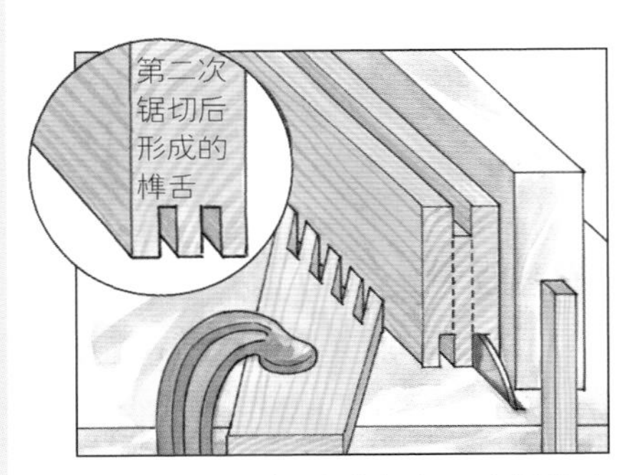

2 稍微降低锯片的高度，这样做出的榫舌就不会太长了。调整靠山靠近锯片，在凹槽延长线的外侧锯切，形成榫舌的一侧，然后将木板前后对调再次锯切，形成榫舌的另一侧。

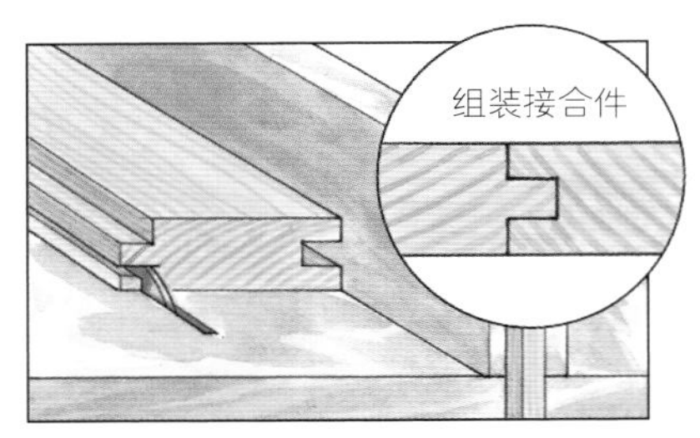

3 测试榫舌与榫槽是否匹配。放低锯片，并设置靠山，沿榫舌的肩线切掉废木料，并如图所示完成组装工作。

嵌接接合

需要胶合的基本的小角度嵌接（或胶接）接合件具有合适的长纹理面，可以获得良好的胶合效果。简单按照 8:1 的比率制作斜面部件并将其胶合成一个整体，从理论上讲，其强度与一块完整的木板是相同的。与边缘接合一样，没有完美的解决方案来定位实木嵌接部件端面的年轮方向，要么使相邻端面的年轮以相反的方向交替排列，要么按照相同的方向进行排列。嵌接接合件并不是简单的胶合接合件，同样需要处理以得到胶合所需的长纹理面。我们也可以模仿它们的木框架结构祖先，引入合适的接合方式，通过互锁和销钉固定的方式将接合件固定在一起。当将嵌接接合件用于结构部件时，另一个组件应能够提供直接的或就近的支撑，如有必要，应提供一个位置隐藏装饰性不强的接头。为了获得设计要求的视觉效果，只能手工加工的精致的嵌接接合件是所有木工接合结构中最具挑战性和最令人惊叹的。

这是嵌接接合结构的最终加强版。对接的末端避免了传统嵌接接合件尾端的材料非常薄、强度较弱的问题，但达到如此完美的匹配度需要极其小心地操作和非常精确的切割。

首尾嵌接

虽然将木板首尾相接胶合在一起并不能形成很好的接合，但这种接合方式非常实用。在只能通过胶水获得极高接合强度的情况下，需要使用环氧树脂胶。使用任何胶水时都应先涂抹一层胶水，使其进入木料纹理中填充孔隙，这样随后涂抹的胶水才会留在胶合表面。

嵌接接合件可以具有一定的角度，就像使吉他的弦钮从吉他颈部向后倾斜那样：将两个部件的斜面朝上对齐，然后将一个斜面黏合到另一个斜面的背面，形成所需的角度。按照需要的角度绘制出部件的全尺寸轮廓图，以确定滑动斜面的角度，用于部件画线。

首尾嵌接对于延长壁脚板、护墙板的顶部横木和框缘很有用。

制作步骤

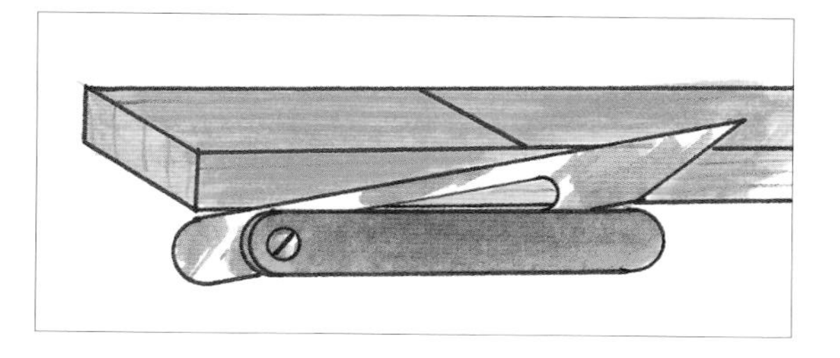

1 按照木板厚度尺寸的 8 倍在每块板的侧面做出标记，然后垂直于侧面画出一条横贯基准面的线，将滑动斜面的比率设置为 8:1，并在两个侧面上画出斜线。

2 如果木板的宽度限制用锯直接沿锐角斜面锯除废木料然后再将其刨平的操作，那么可以从顶角开始刨削，直到使整个斜角延伸到基准面的垂直画线上。操作时应倾斜手工刨，以防止其撕裂木料。

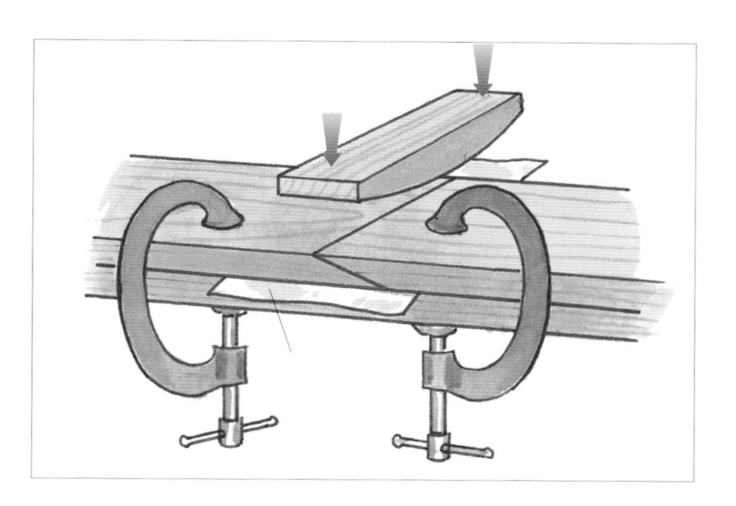

3 在胶水可能渗出的位置垫上蜡纸，固定部件并防止其滑动，同时夹紧接合件。如果接合件较宽，可以用一个冠状木条向接合件的中心部位施加压力。

制作技巧

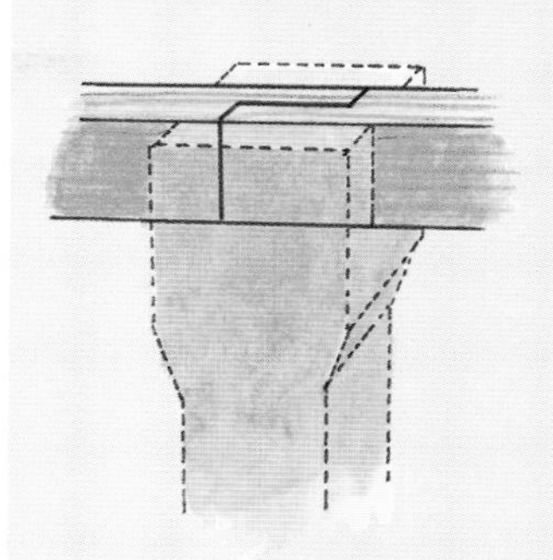

隐藏接缝

用于延长挡板的半搭接或其他轻型嵌接接合件的难看的接缝，可以被支撑并隐藏在桌腿内侧。

成角度的接合面

任何形成一定角度的嵌接接合面都能提高接合件抗弯曲和剪切的性能，但在加工前必须用划线刀精确地画线，锯切出尺寸略大的部件，经过刮削得到最终尺寸后，才能实现接合件的紧密匹配。

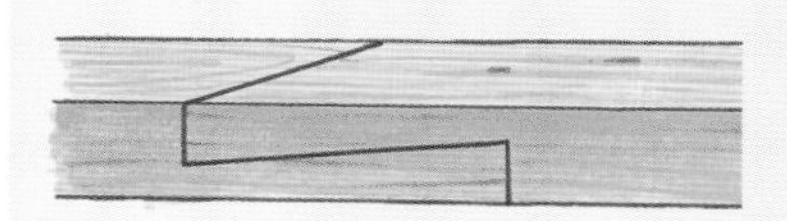

边与边嵌接

边与边嵌接是一种实用的接合方式，可以用它来加长木板。具体操作是：先把木板沿对角方向斜切，然后沿着切割面稍稍滑动半块木板，胶合，待胶水凝固后，纵切去掉多余的木料，得到需要的木板宽度。对这种单纯依靠胶水维持接合强度的接合方式来说，方栓可以引入机械强化和另一个胶合面，因此无须再为增加胶合面积以极小的角度切割斜面。胶合时最好先涂抹一层胶水，以防止因胶水渗入木料孔隙中而出现缺胶的情况。

如果是延长结构性木料的长度，则应用钉子、螺丝或固定板加固接合件。

制作步骤

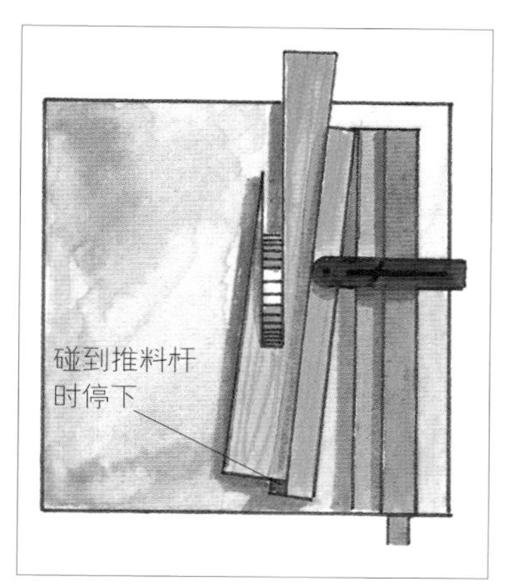

1 为了获得牢固的胶合接合，胶合面的比率应为8:1，也就是锥度角的长边尺寸达到木板宽度的8倍，或者，如果木料具有良好的胶合特性，可以设置夹具，为非承载结构切割20°以下的任何角度。

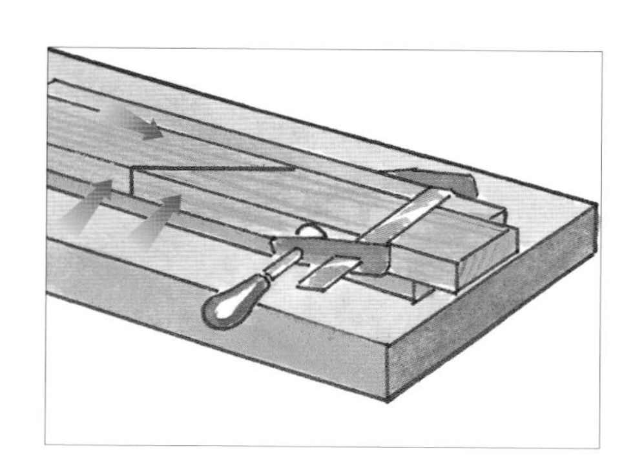

2 涂抹胶水，将其中一个组件夹在不粘胶滑板的靠山上，然后把配对组件压在胶合面上，将两个组件夹住并顶紧靠山，直到胶水凝固。

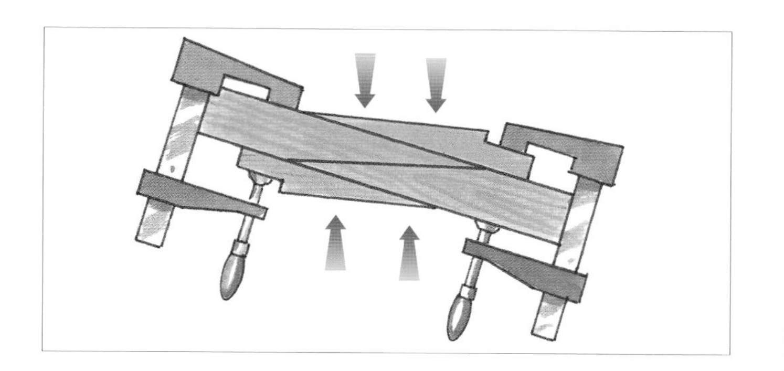

3 或者，用带有缺口的夹板夹紧成对的组件，创造出平行的夹紧面。在两个组件之间加入一片饼干榫，或者用一个无头的固定销以暗榫的方式榫接两个组件，可以防止组件滑动。

制作技巧

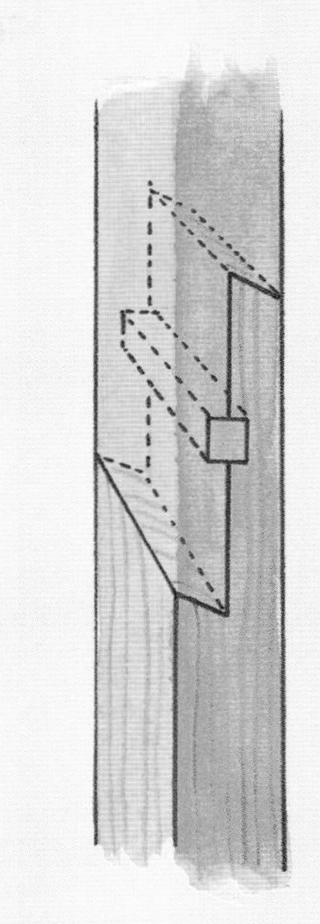

插入的方栓

成角度的端面抗弯曲的能力强，将一根方栓横向插入两个对齐的横向槽（横向通过位置较低的锯片锯切得到的）中，可以提高接合件的抗张和抗剪切的性能。

斜挎嵌接

斜挎嵌接接合件制作起来并不简单。这种接合件具有耐弯曲、易于加固和可以用横木条装饰的优点，并具有适合胶合的良好的长纹理面。在制作嵌接接合件时，搭接表面的长度没有固定要求。这种接合方式可以改善接合部件的力学性能，在某些设计中可以真正实现平行纹理胶合以提高接合强度，而不同于那些只能依靠胶水提供接合强度的斜向纹理部分。

但嵌接接合件的强度取决于嵌接件的长度，所以从原则上讲，基于美学的判断和用途定位是最好的。无论如何，都应使用划线刀精确标记其轮廓。首先用锯锯切掉大部分废木料，然后用肩刨或凿子继续清理至画线处。

斜挎嵌接是一种制作难度很大的接合方式，但由于这种接合方式包含一个锁紧设计，所以比标准的首尾嵌接结构具有更高的强度。

制作步骤

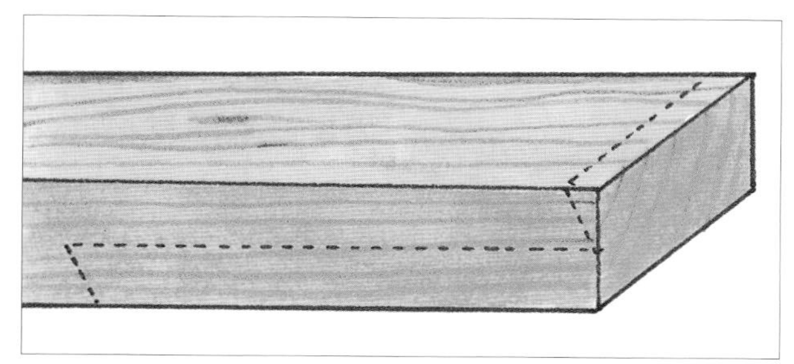

1 在木板的侧面精确画出中心线，画线的长度至少要达到木板厚度的 4 倍。在这条中心线的两端，以 70° 的角度在木板侧面画出两条平行线。

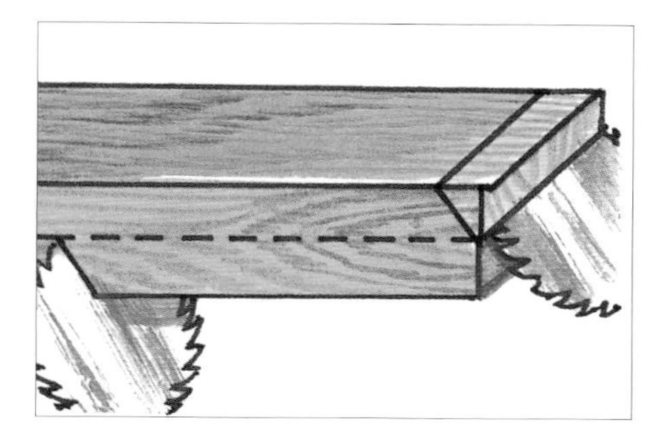

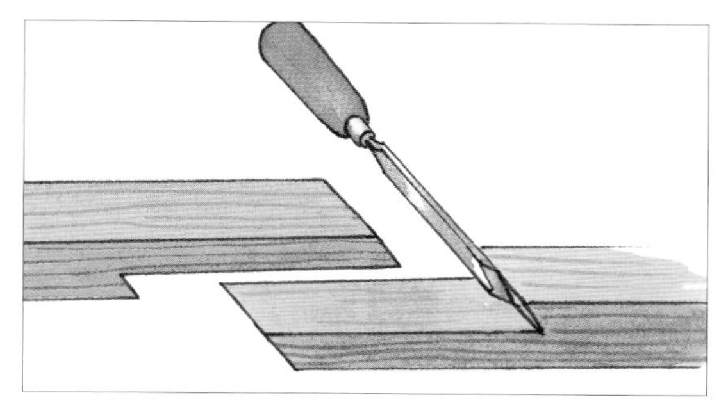

2 将锯片设置为 70° ，如果可能，可同时锯切两个斜面，使用斜角规来修整端面，然后放低锯片，横向锯切出多个止位于中线的锯缝。

3 使用手锯、带锯或台锯沿中线锯切掉废木料，并用凿子沿肩部修整内侧的边角，然后把一对接合件滑动对接在一起。

第四章

搭接接合和封装接合

搭接接合

形成搭接接头的半边切口基本上属于半边槽或横向槽，其中较宽的横向槽有时被称为沟槽，较深的横向槽则被称为切口。在木板正面切割的半边槽可用于框架搭接，用来支撑框架或框架结构的面板。在边缘切割的切口的深度为木板宽度的一半，经常用于交叉的横档、窗框装饰线、纸糊木框、椅背、窗格以及抗扭箱型隔板结构中。框架搭接结构中的大胶合面都是顺纹理的，可以形成强力胶合，但总是存在空间冲突。边缘切口搭接结构中的顺纹理接触面很小，木料由于沿宽度方向的切口插入导致强度变弱，在未经加固时很容易断裂。

T 取向的框架搭接结构是基本的端面搭接和中央搭接的简单组合。

边缘搭接属于轻型结构，可用于胶合板结构中，其交替的纹理走向可以增加结构强度。框架搭接结构有两种基本形式：端面搭接是依靠在木板端面切割的半边槽搭接在一起的结构；中央搭接是通过在木板长边的某个位置切割的切口实现搭接的结构。端面搭接和中央搭接（半边槽和横向槽）以不同的方式组合在一起可以形成所有基本的 L 形角接、T 形搭接和十字形框架搭接结构。

槽口类型

半边槽

普通横向槽

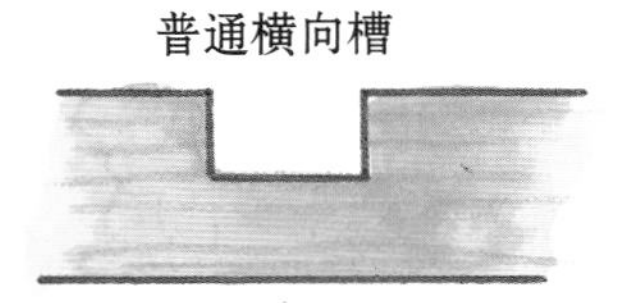

切口

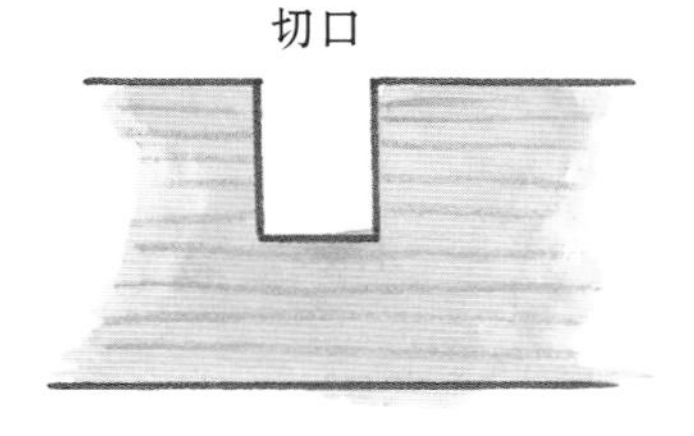

用于搭接结构的 3 种基本槽口类型。

搭接接合件

端面搭接的接头只有单个肩部，是按照木板厚度的一半切割深槽口形成的。

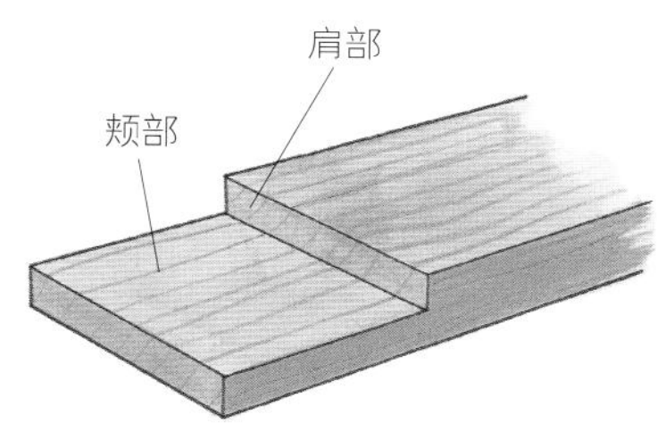

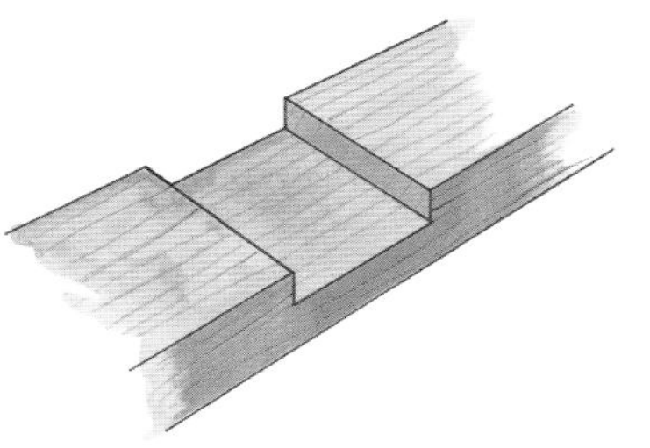

具有成对肩部的中央搭接接合件是在木板正面长度方向的任何位置切割横向槽或沟槽形成的。

边缘具有较深切口的木板构成了边缘搭接或边缘对搭接合结构的半边。

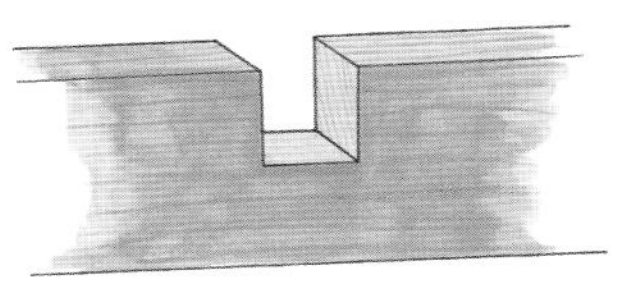

搭接接合的类型

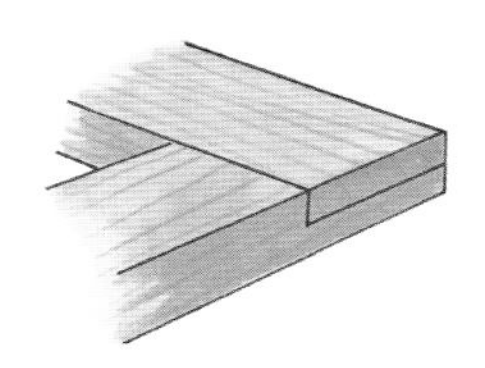

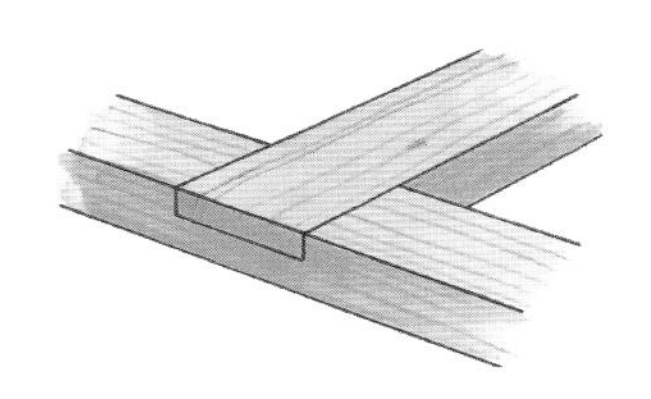

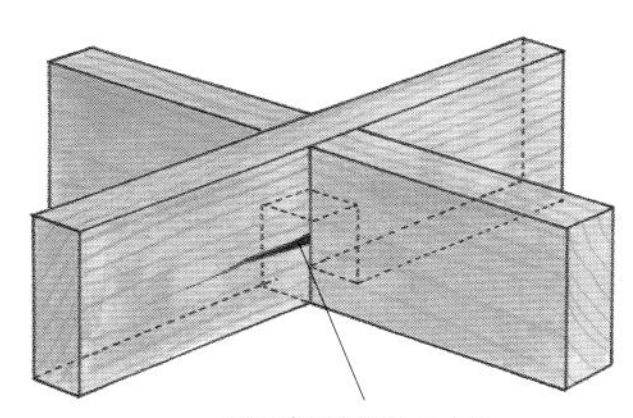

在木板正面切割凹槽，并以L形、T形或十字形取向完成组装的构造被称为框架搭接。这种结构具有出色的黏合强度以及抗弯曲的肩部。

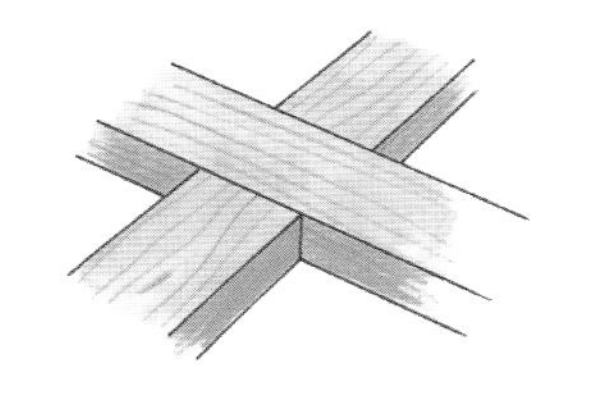

在木板边缘开出切口的搭接方式被称为边缘搭接，但缺少支撑的端面对接部分存在结构强度偏弱和胶合强度不足的问题。

组装搭接部件

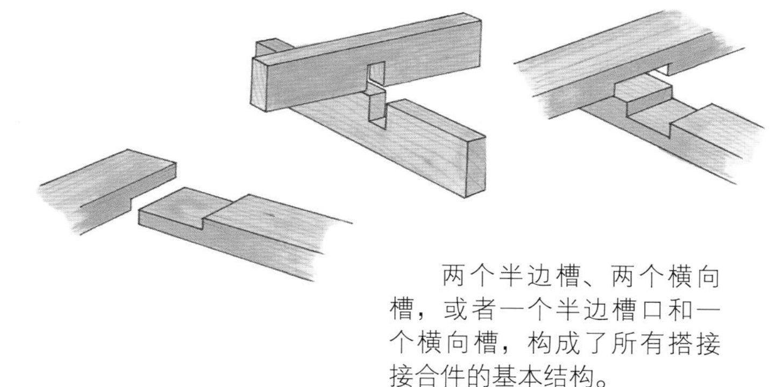

两个半边槽、两个横向槽，或者一个半边槽口和一个横向槽，构成了所有搭接接合件的基本结构。

搭接接合的应用

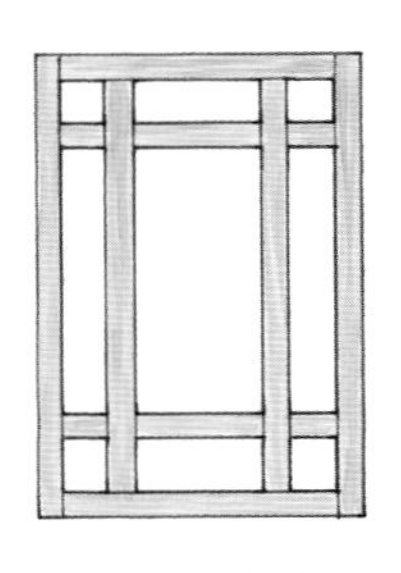

在窗户、门、户外家具和露台等结构中，直线的和成角度的搭接是适合装饰性的格子结构的非常好的接合方式。

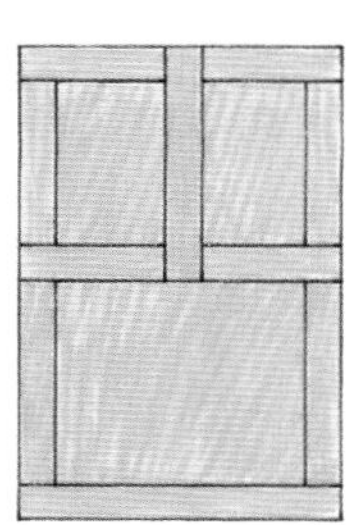

完全可以用搭接接合件完成整个传统风格的门的组装，并能得到与榫卯结构相同的接合强度，但在视觉上，门的正面和背面呈现出的线条不一样。

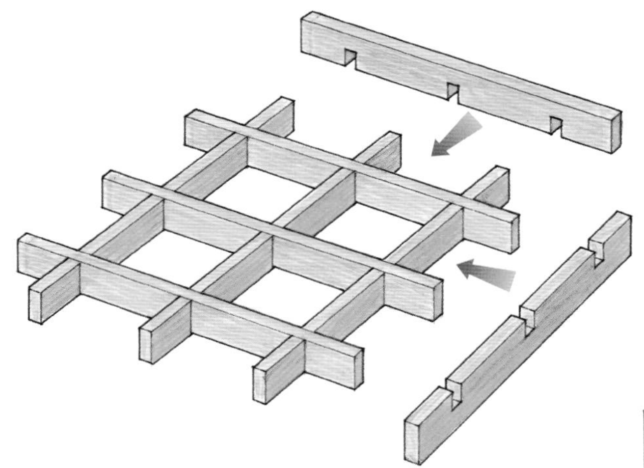

用切口夹具配合台锯制作抗扭箱形隔板，或者用手锯锯切切口，然后再用凿子修整切口底部，去除废木料。

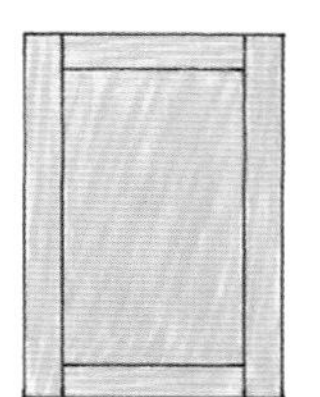
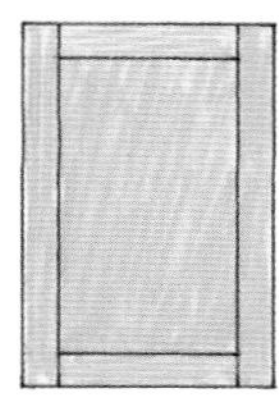
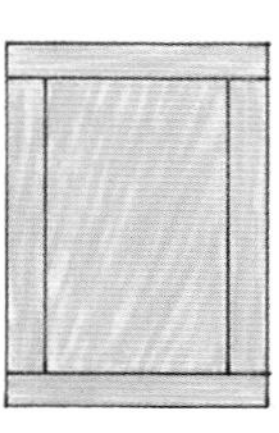
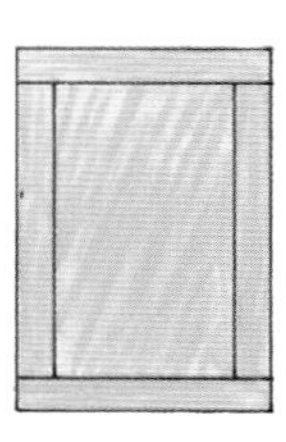

对于一侧突出的门，以搭接的方式接合顶部的成对组件可以将设计重点从垂直方向转移到水平方向。

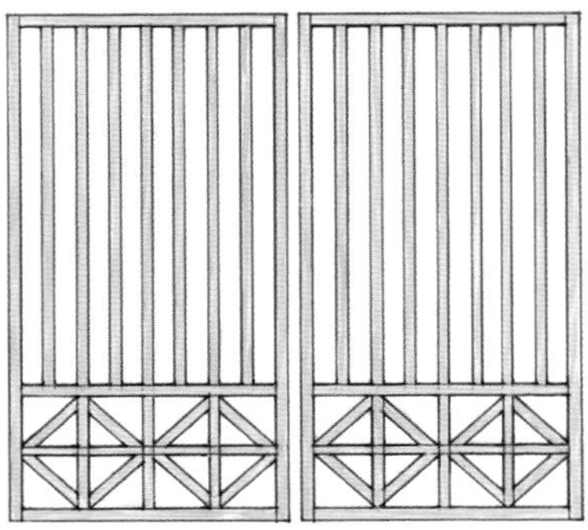

传统的日式纸糊木框的格子结构是由直边的和成角度的搭接接合件连接在一起构成的，这种结构通常用软木制作，并需要将配对组件夹在一起用手锯同时锯切。

制作搭接接合件的工具

用于手持工具的夹具

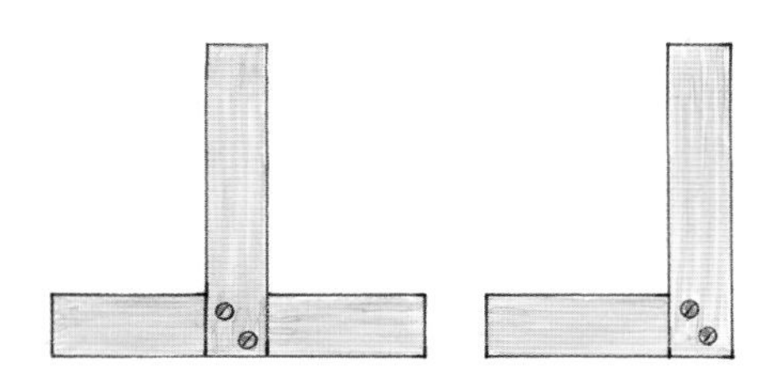

一把平滑的直尺可以笔直地引导工具通过部件。作为一种基本的木工工具，直尺在制作搭接接合件时特别有用。

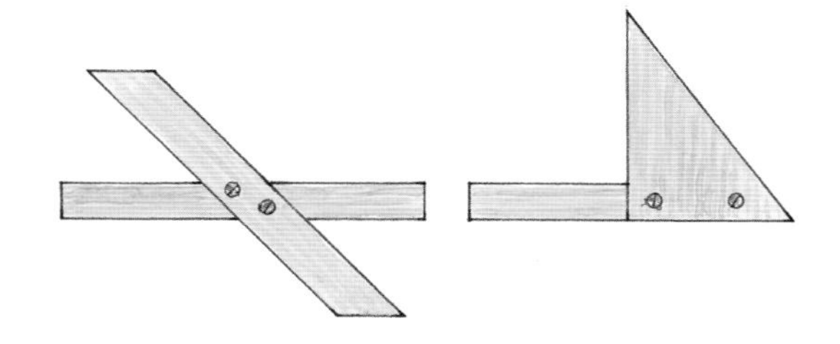

在使用电木铣、手工刨或锯进行操作时，需要使用角度靠山引导切割。这种靠山很便宜，制作也很容易，可以使用量角器头、滑动斜面和全尺寸的部件图来设定角度。

铣削方法

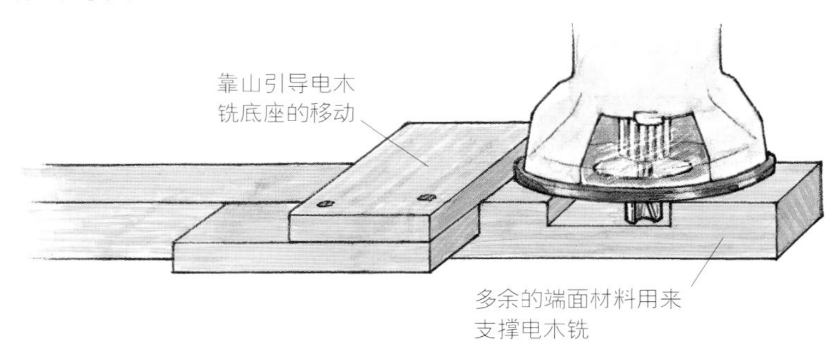

一个定制的方正靠山可以引导电木铣的底座制作端面搭接件。多余的端面材料用来支撑电木铣，并在铣削完成后切掉。

为了连续切割多个横向槽或切口，需将部件放在靠山下方滑动，引导承压轴承直边铣头铣削槽口，并在碰到支撑电木铣、与肩线对齐的止位块时停下。

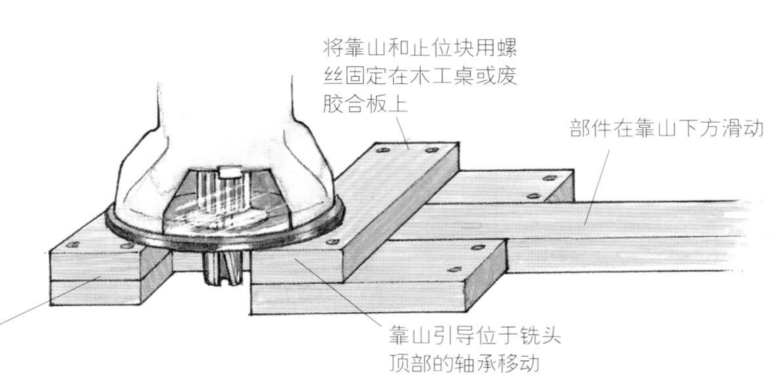

台锯和电木铣台的夹具

有两种基本的滑动夹具——一种是用于斜角规槽的可调节夹具，一种是跨越可移动靠山的夹具——可以支撑垂直部件，从而锯切或铣削出端面接合件的颊部。

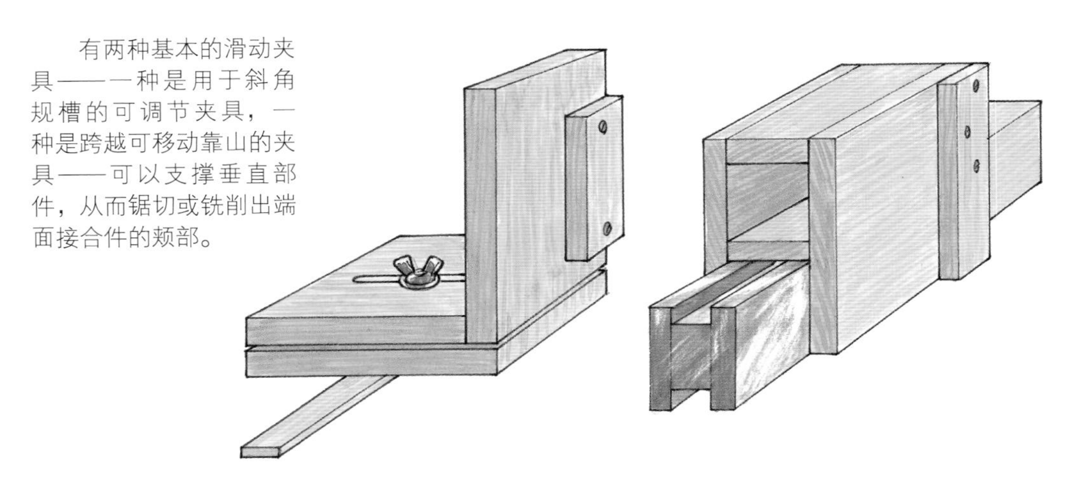

用于斜角规的夹具

有两种夹具可以辅助切割多个边缘切口：一种跨在斜角规槽上，并具有可调节的靠山，另一种则是连接在斜角规上使用（参阅第 53 页“用台锯制作指接榫接合件”）。

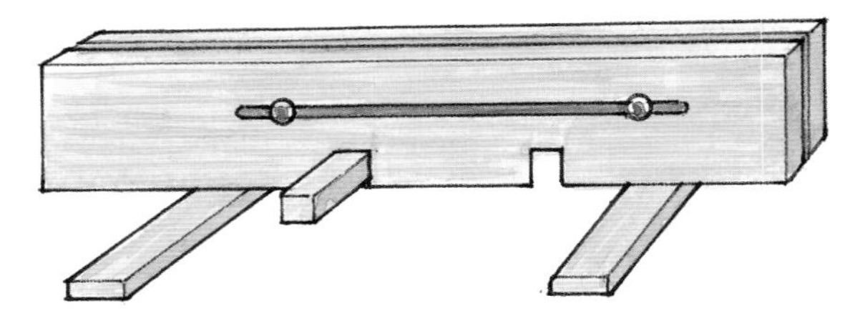

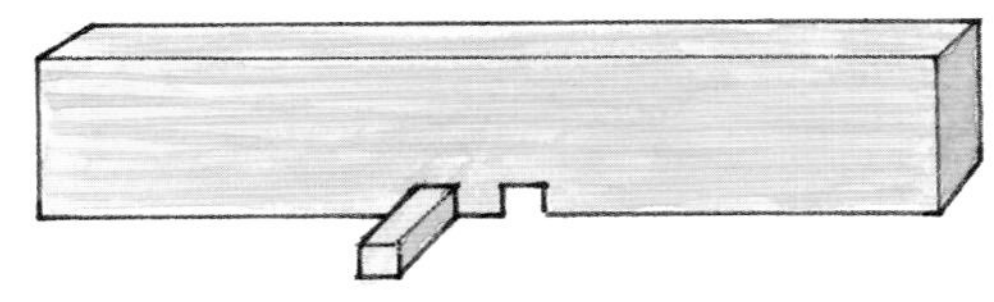

搭接接合件的胶合

为了获得良好的胶合效果，通常需要在夹具的钳口内侧垫上一块木块以分散压力，使木料的长纹理面充分接触。

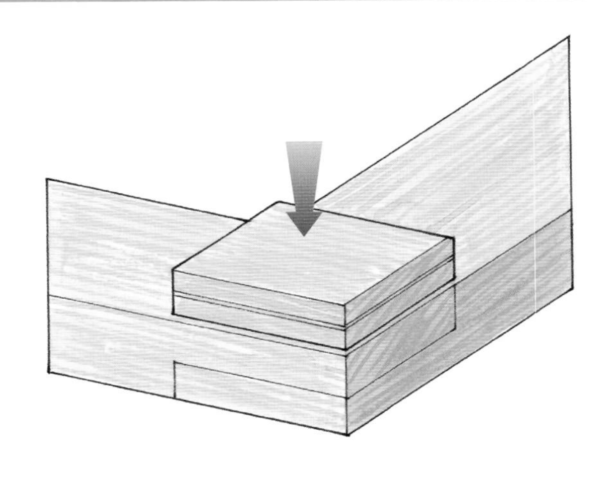

端面搭接

一个端面搭接件与另一个端面搭接件组合在一起可以形成L形角接，与中央搭接件组合起来则可以形成T形搭接。对齐切口的最安全的方法之一，是将一个垫块固定在锯片前方的靠山上（参见第44页“使用台锯的制作步骤”）。注意在锯切完成之前将垫块拿开，最好在开始锯切前将其拿掉。颊部和肩部可以用电木铣切割，一个电木铣台可以为你提供方便。如果需要很多结构相同的部件，则需要设置一个夹具来辅助重复切割，避免频繁地夹紧和松开靠山。如果接合件可能受到来自侧向的压力，钻孔并拧入埋头螺丝可以加固接合件。

端面搭接是一种简单的框架接合结构，制作起来非常快，但其不应承受任何侧向的压力。

制作技巧

胶合

你可以用搭接结构来增加较弱的端面斜接部件的胶合强度。由于它们具有宽大的长纹理胶合面，所以如果不需要抵抗相当大的张力，单纯的胶合搭接结构强度已经足够了。

斜接

单个（不成对）斜角搭接件可以改变端面搭接的外观以满足设计需要，但也减少了胶合面积，从而削弱了接合强度。

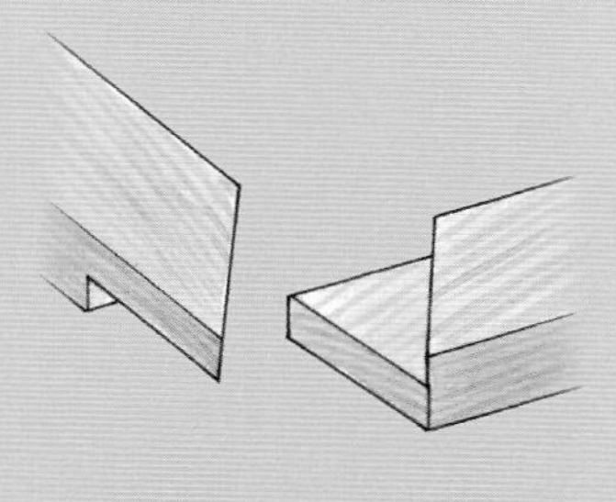

使用台锯的制作步骤

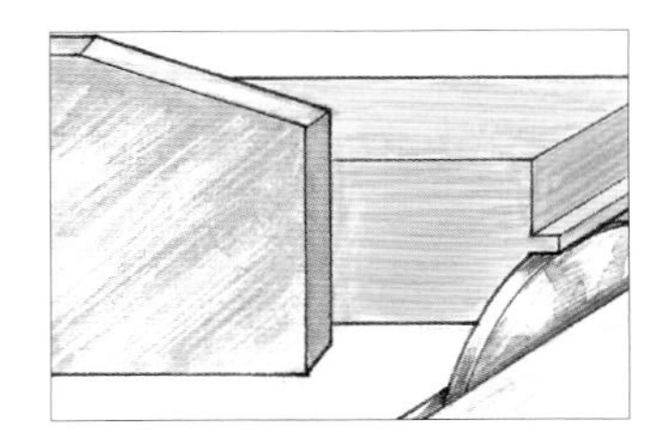

1 将锯片设置在较低的位置，轻轻切削部件的末端，每完成一次切割就将部件翻转，并逐步抬高锯片，直至切除部件的中央凸起。

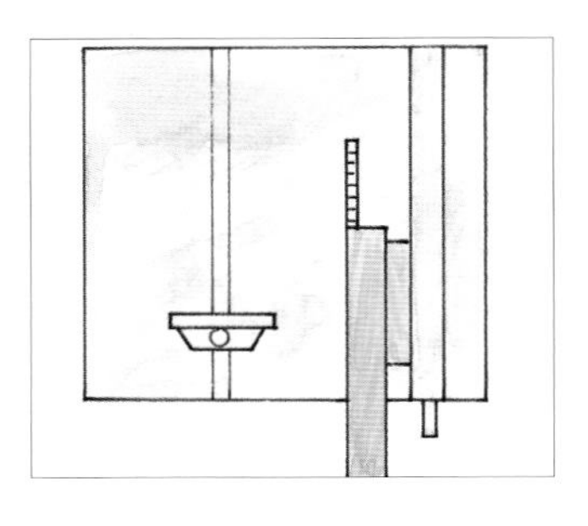

2 将木料和一块废木料靠在一起顶住靠山，然后滑动整个组件，直到木料边缘与锯片的锯齿外侧对齐。

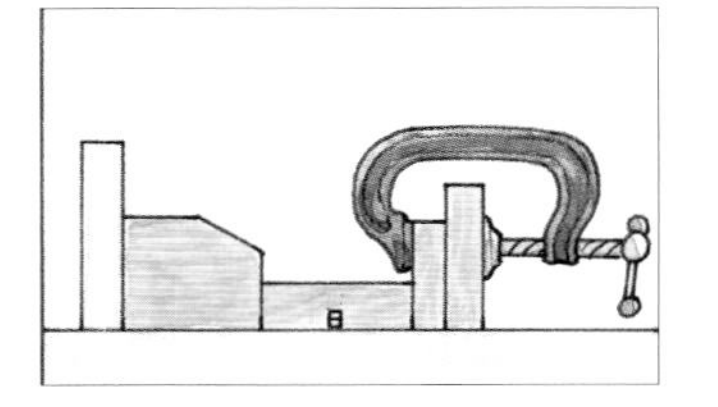

3 锁定靠山，把废木料固定在锯片前方。把木料顶在废木料上，用量规推动木料完成切割。

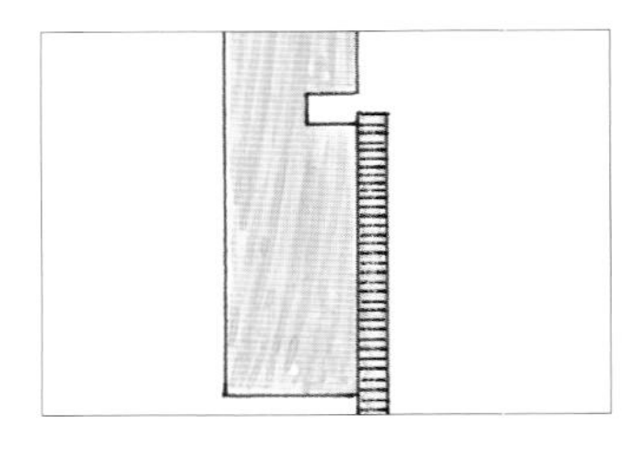

4 锯切出所有部件的肩部，然后抬高锯片，使其可以切入切口中，但要确保它不会划伤新的肩部。

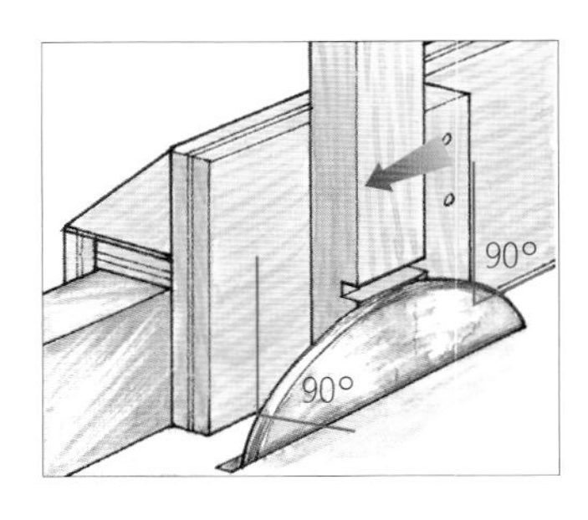

5 将木料支撑在与台锯的台面成90°角的位置，并向内移动靠山，直到锯片与肩部的切口对齐，并清除任何螺丝。

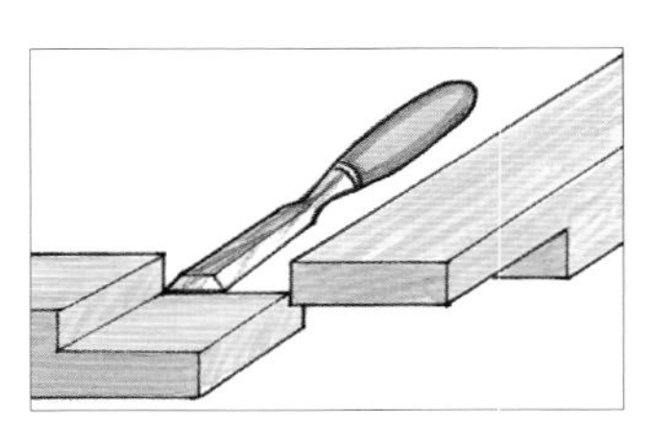

6 使用夹具辅助切除颊部的废木料，如果加工后的部件内侧边角处留有小的凸起，需要用凿子将其清理干净。最后完成组装。

使用带锯的制作步骤

沿木板的宽度方向画一条肩线，并将其延伸到侧面的中线位置。用带锯切入肩线附近的废木料中，并设置一个限位块控制切割深度，去除废木料，露出颊部。

使用电木铣的制作步骤

1 为电木铣配备直边铣头，铣削掉一些部件侧面的废木料，然后翻转木板铣削另一侧。就这样交替铣削，同时逐步抬高铣头，直至切割到部件侧面的中线位置。

2 将一根方形端面的防滑木条固定在废胶合板上，用其固定部件并完成进料，通过将部件顶紧靠山滑动来回通过铣头，铣削得到接头。

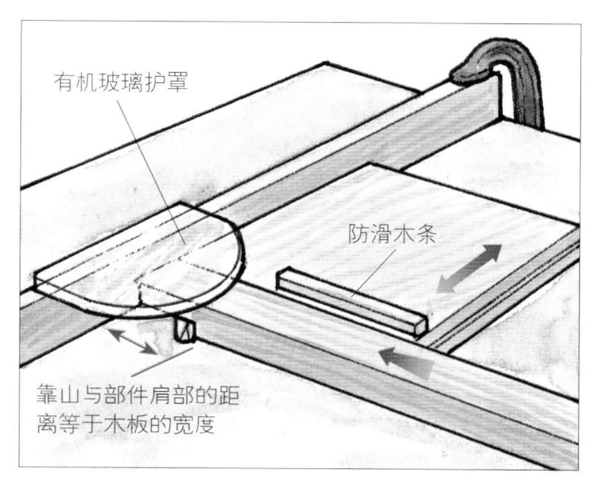

制作技巧

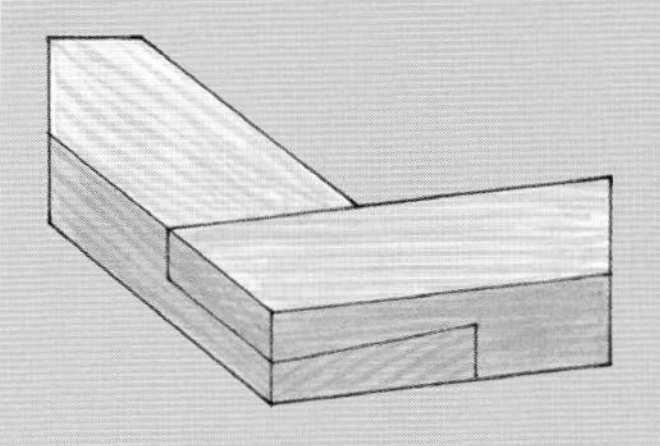

切割颊部

稍稍倾斜锯片，首先通过设置限位块，以正常方式（侧面平贴台面）切割出一个部件的颊部，然后将该部件的配对部件竖直立起并固定，锯切得到另一个颊部。这样做可以强化承重的框架搭接件，就像玻璃门框架那样。

制作燕尾榫搭接

将一个燕尾榫一分为二，并在其配对部件的背面雕合带有角度的肩部，这是增强胶合线抗张性能的另一种方法。

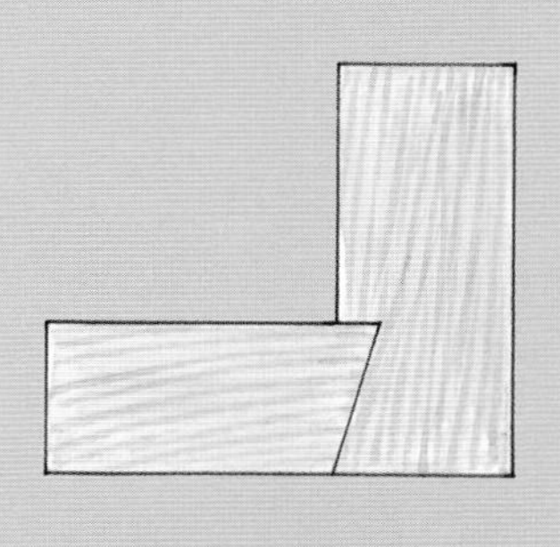

中央搭接

有很多方法可以去除中央搭接件两肩之间的废木料。可以用手锯或电锯在废木料区域锯切出多个比木板厚度的一半稍浅的锯缝，以削弱材料强度，然后就可以用凿子、手工刨或电木铣轻松地清理掉残留废木料，得到光滑整齐的颊部。另一种方式是用手持电木铣或者电木铣台去除颊部的废木料，不过后者需要使用斜角规或可滑动的夹具辅助固定接合部件。可能没有其他接合件需要像半接榫一样去除如此之多的木料。一个组合刀头可以有效地去除废木料，但有些类型的刀头不会留下完全平整的底部，或者铣刀外牙会在胶合线附近留下更深的划痕。废木料部分的切割不能直抵中线，必须与其保持一点距离，然后用手工工具或电木铣清理到位。

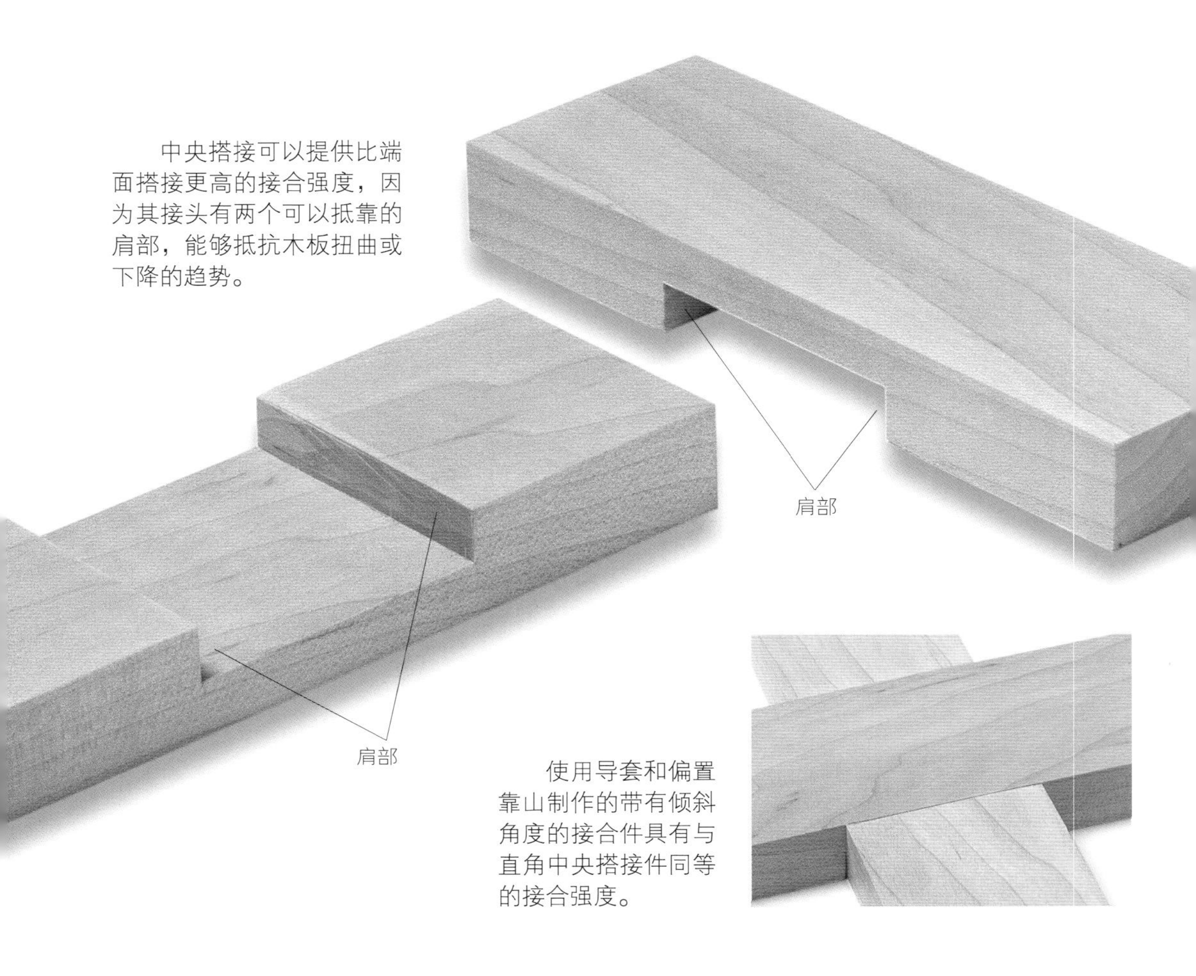

中央搭接可以提供比端面搭接更高的接合强度，因为其接头有两个可以抵靠的肩部，能够抵抗木板扭曲或下降的趋势。

使用导套和偏置靠山制作的带有倾斜角度的接合件具有与直角中央搭接件同等的接合强度。

手工制作步骤

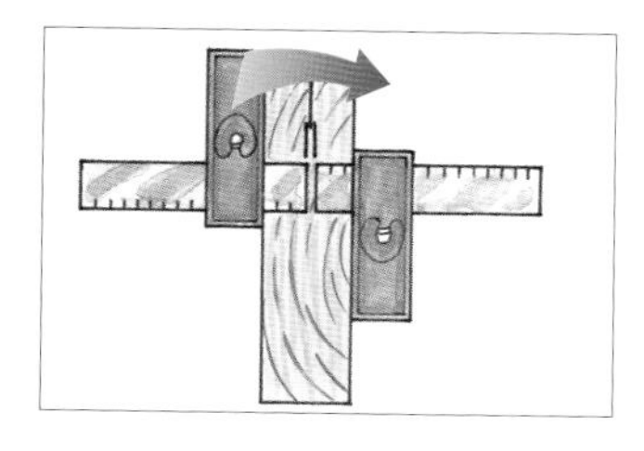

1 在靠近木板端面中线的位置画一条线，然后将直角尺翻转到木板的另一侧，在对应位置再画一条与之前的画线平行的线，连接两条线的末端，找到中线的准确位置，定位划线刀，在木板的端面和侧面画出中线。

2 如有必要，可以把木板放在斜切辅锯箱中操作，延伸并锁定垂直角度的锯片，并保持其锯切的深度线稍高于木板端面的中线。

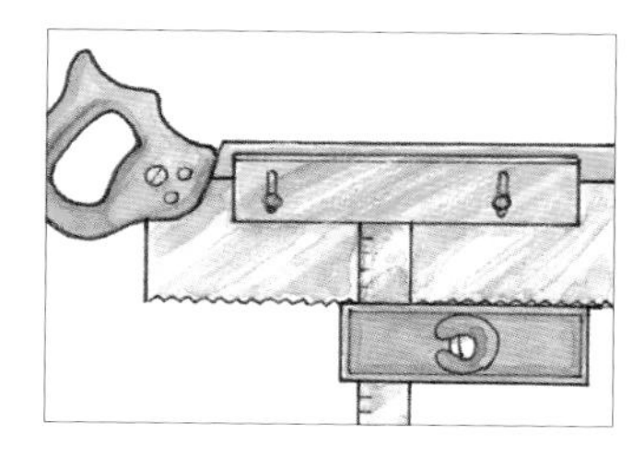

3 调整锯片的深度限位块以设置锯片的锯切深度。可以暂时用遮蔽胶带覆盖直角尺的靠山，以防止其被锯齿划伤。

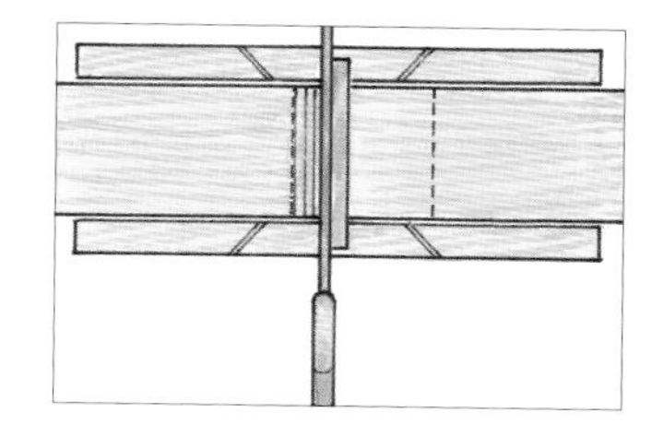

4 接合部位的肩部宽度应与木板的宽度一致，使用垂直角度的锯片横向锯切，在两条肩线之间的废木料上锯出一系列的锯缝。

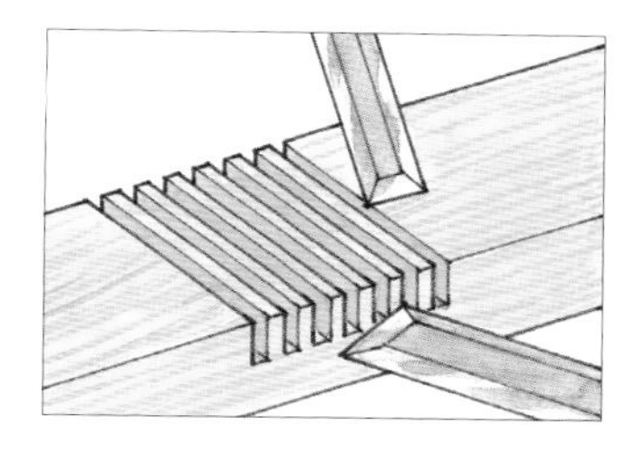

5 用凿子把废木料分段切掉，小心削平每一条木脊，留下平整的底部，并去除肩部的锯切痕迹。

6 如果可能，使用具有牛鼻刨刀的肩刨或槽刨将肩部修整方正，并沿木板侧面的中线修平底部，以获得最佳胶合面。

变式

中央搭接

完全闭合的中央搭接接合件经常用于嵌入式的框架-面板结构的接合（从外表看不到接合部位的端面），或只用于稳定性的框架横梁。但是对于缺少肩部的闭合部件，其抗扭曲能力赶不上两个开半对搭和具有肩部的部件。一组对半分开，并通过燕尾形末端搭接在一起的接合件（比如燕尾形的中央搭接或T形搭接）具有很高的抗应力和抗扭曲能力，非常适合制作坚固的框架结构，也可以作为中央立柱为封边搁板这样的结构提供稳定的支撑。

制作技巧

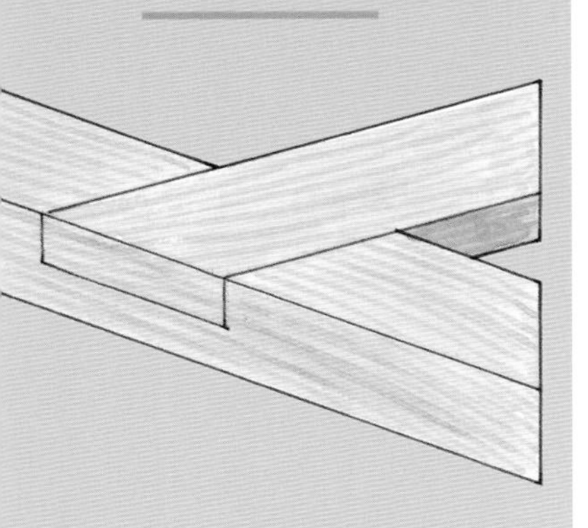

全搭接

在这种结构中，一个部件的整个厚度嵌入到另一个部件的正面；正面的横向槽贯穿整个木板的宽度——当木板较薄的部分在另一面继续延伸时，这种结构尤其有用。

燕尾榫搭接

在搭接件的端面切割单燕尾或双燕尾的接头，并以其作为模板标记出配对搭接件的肩部，以提高T形搭接件的抗张性能。

使用电木铣的制作步骤

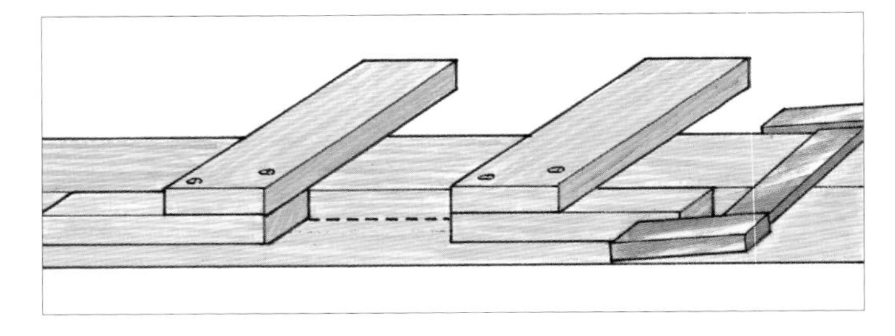

1 画出接合件的中线和肩线，将两块边缘方正的定制的电木铣引导板对齐肩线并使其横跨木板，然后将其夹紧。

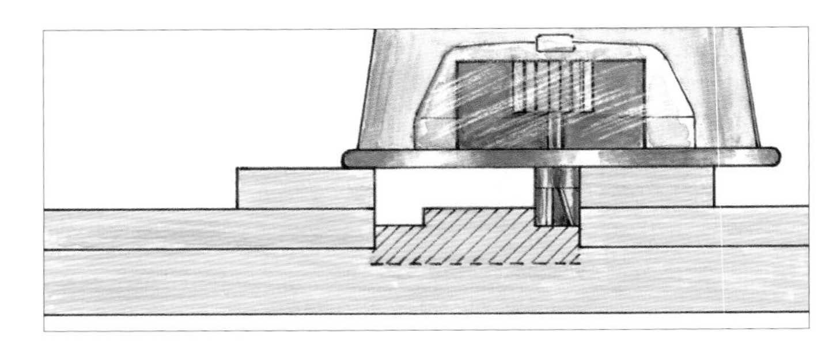

2 引导电木铣上的上盖轴承直边铣头顶住引导板，从左向右轻轻铣削出肩线，然后将其中间的废木料清除。

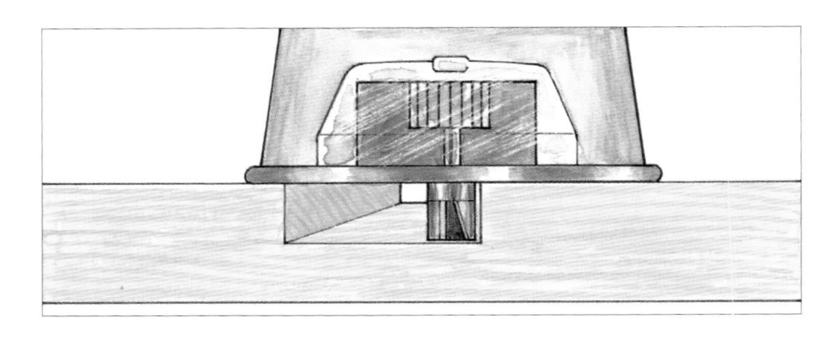

3 如果铣头较短无法铣削到中线位置，可以把引导板拿掉，以新铣削出的肩部引导轴承铣头继续轻轻铣削，直至接合件的底部。

带角度的 T 形搭接

如果注意力不够集中，很容易在切割带角度的中央搭接件时出现角度方向偏离的情况。可以使用摇臂锯铣削这种接合件，也可以在一个成角度靠山的帮助下使用手持电木铣进行制作。在可滑动靠山夹具的帮助下，也可以用台锯切割 T 形部件的颊部。由于 T 形部件的端面不再是方形的，而是成一定角度的，所以夹具上的支撑块必须向远离刀刃的方向倾斜同样的角度，才能保持 T 形部件的斜接端面平贴台锯的台面。

使用台锯斜角规稳定搭接件，并在肩线之间横向移动锯片，切出多条锯缝，然后清除肩线之间的废木料。也可以用组合刀头去除肩线之间的废木料，但要特别小心，不要让部件从台面上抬起。

小心设计并完成这种接合件，你会得到一个外观吸引人的、牢固的接合件。

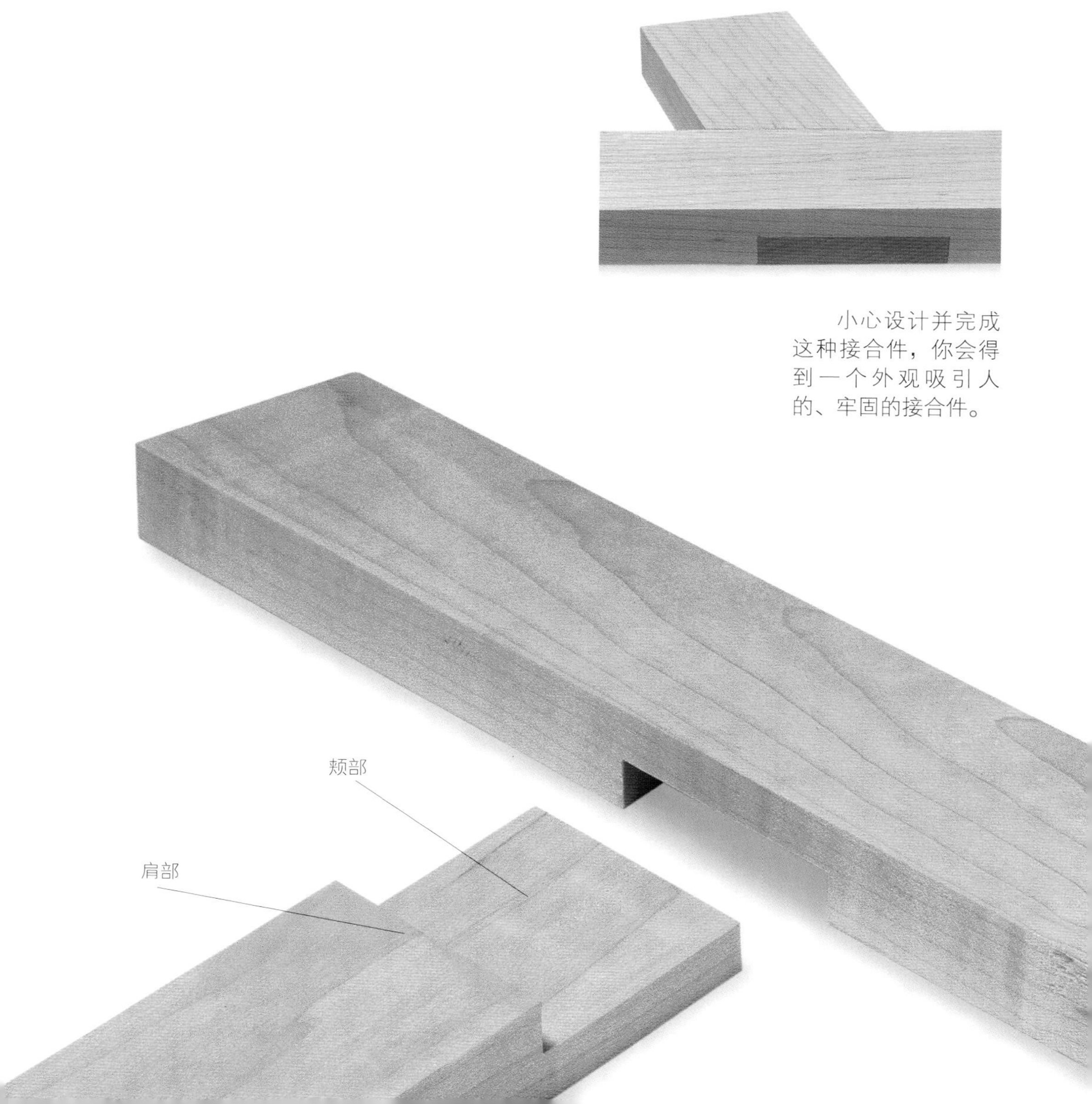

使用摇臂锯的制作步骤

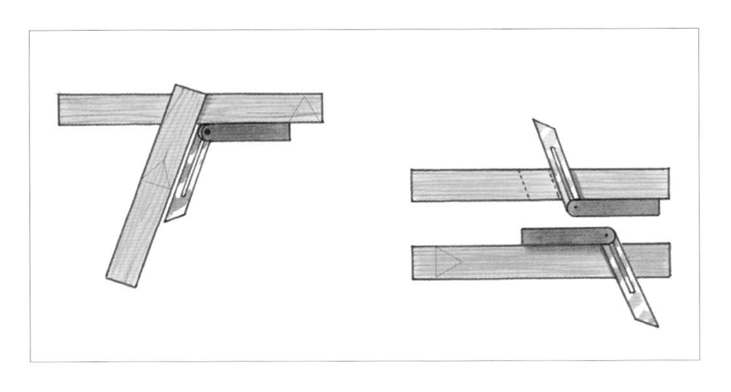

1 在部件的正面标记出成角度的肩线的位置，然后使用设置好的斜角规将画线延伸到部件的侧面和背面。

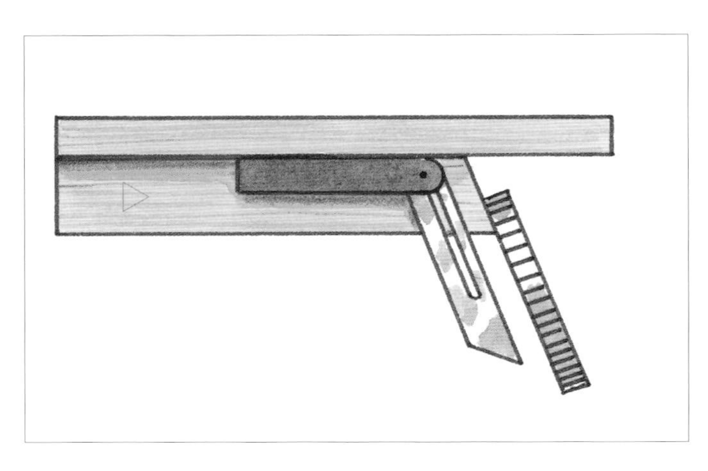

2 以同样的角度设置摇臂锯的锯片，并将T形部件切割到预定长度。

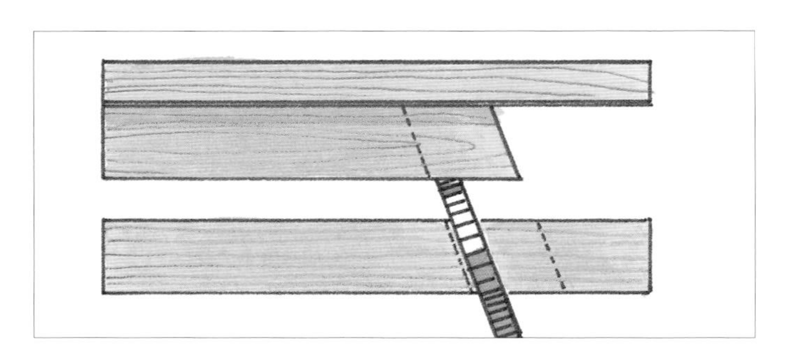

3 将锯片提升到木板侧面的中线高度，并沿肩线切开，然后通过在肩线之间横向移动锯片锯切出一系列锯缝的方式将废木料去除。

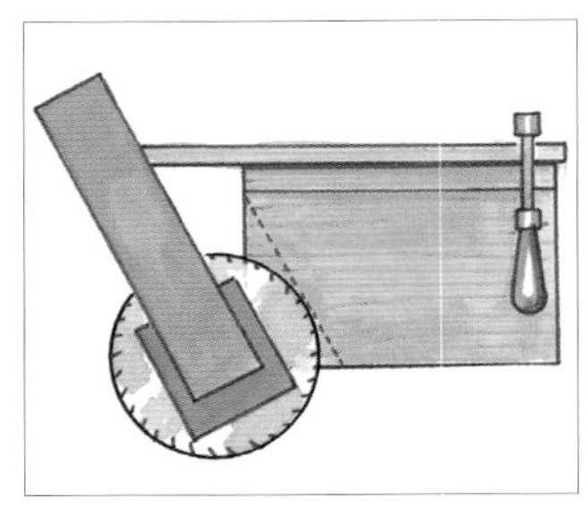

4 将锯片旋转到水平位置，并夹上一个高度合适的台面将部件垫高，防止锯片切到靠山。在它上面标出锯片外径的切割路径。

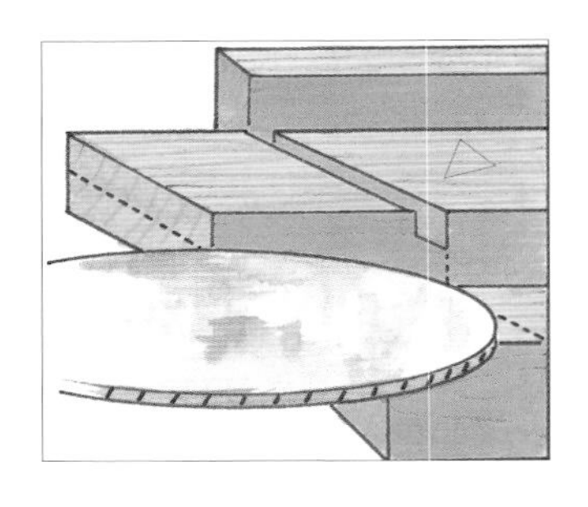

5 抬高锯片，沿中线切入颊部的废木料侧。拉动锯片切透颊部，这样做锯片不会越过标记切到肩部。

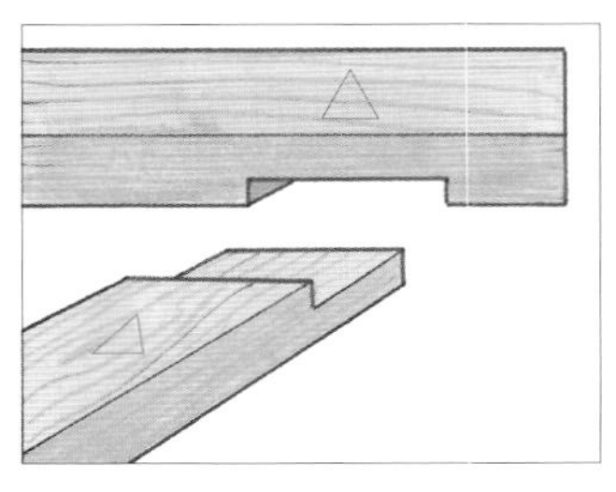

6 用凿子或肩刨清理颊部，保持中央搭接部件正面朝上进行组装。

需要夹具辅助切割的边缘搭接

如果有两个以上的切口需要切割，用来制作边缘切口的夹具就非常有用了。这种夹具需要配合台锯或电木铣台使用，无论选择哪种机器，在刀头经过之处的部件背面，木料的撕裂是很难控制的，这一点在处理质地较软的或纹理粗糙的木料时尤其明显。在部件和靠山之间垫上一块废木板会好很多，或者先在较厚的木料上将所有的切口切割到指定宽度，然后再用手工刨、平刨或锯处理木料，使木料的厚度达到与切口宽度匹配的程度。

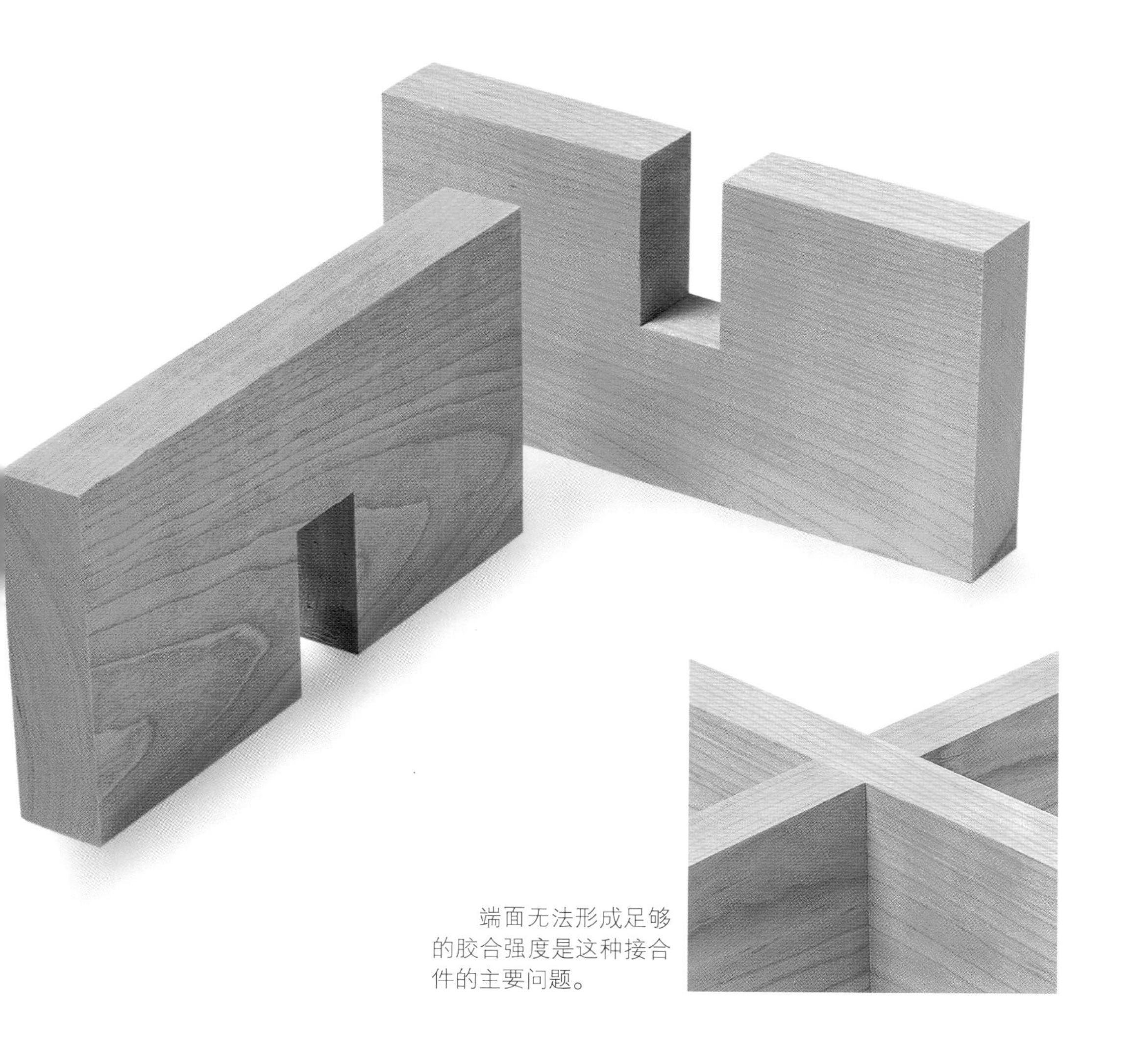

端面无法形成足够的胶合强度是这种接合件的主要问题。

变式

成角度搭接件和边缘搭接件的变式

要找到角度交叉榫的角度，需要首先在纸上画一个正方形，或者从一块胶合板的一角起始，画出 X 结构的实际高度和宽度，然后在此基础上使用建筑师三角尺或可滑动的 T 形角度尺画出交叉角度。用木销或插头螺丝穿过接合件可以对接合件进行加固。另一种加固接合件的方法是加大接合件肩部的尺寸，就像处理带有肩部的成角度搭接件那样。

成角度的交叉搭接

用木销加固的成角度交叉搭接件可以为休闲桌提供良好的支撑，而成角度的边缘搭接件则可以让桌腿和椅子腿之间的横档沿对角方向运行。

狭窄的成角度搭接

减少角度搭接件的宽度可强化中央搭接件的强度，因为后者需要去除的木料减少了，同时肩线基部对抗扭曲的能力得到了加强。

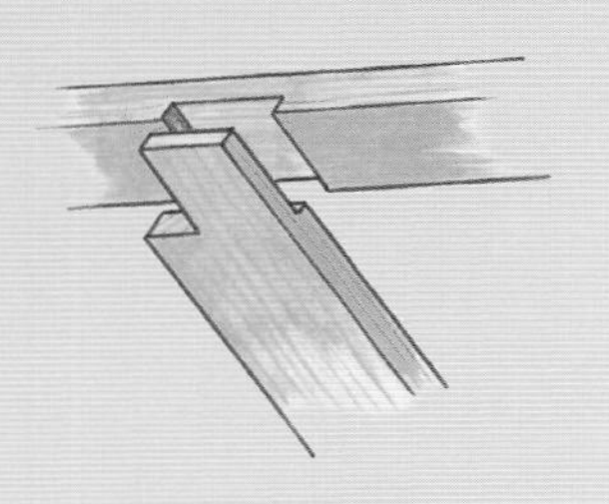

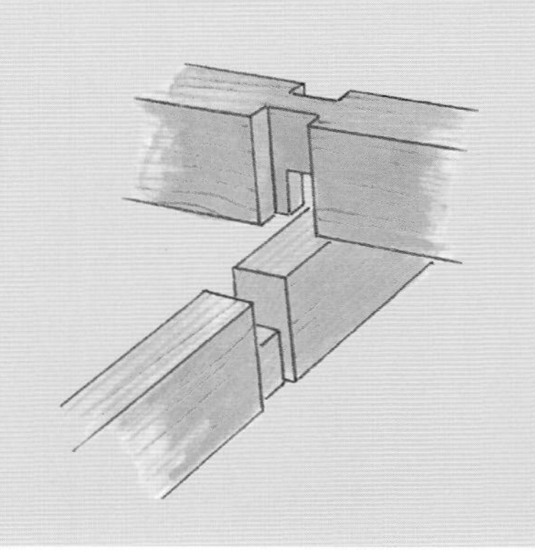

使用横向槽

在一个组件的厚度方向开出次级横向槽，可以增强边缘搭接件的抗扭曲能力，产生将边缘搭接与托榫接合关联在一起的效果（参见第 66 页“榫卯接合”）。

制作步骤

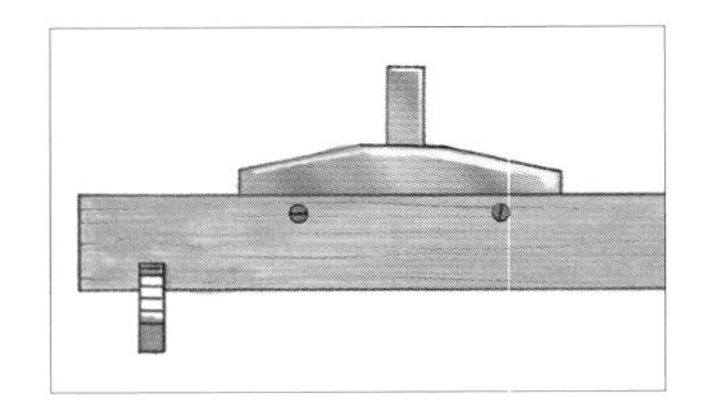

1 保持木料厚度与安装在台锯上的铣刀或组合刀头匹配，并使用斜角规按照木料厚度尺寸的一半切下一块废木料，切出一个切口。

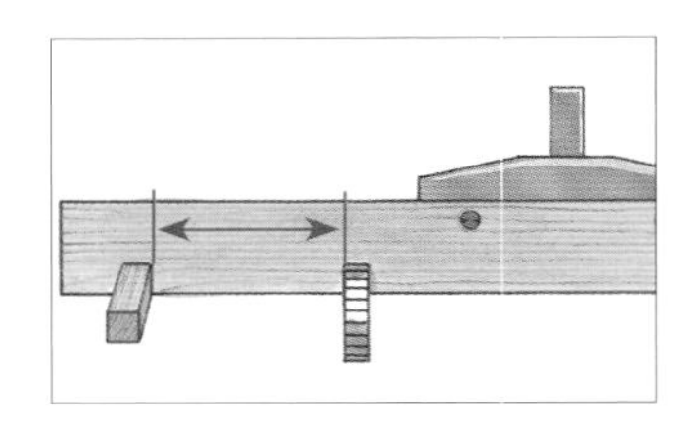

2 在切口处安装一个引导木条，将切下的废木料夹在斜角规上，按照所需的间距切割第二个切口，然后用螺丝将废木料拧在斜角规上，并松开夹具。

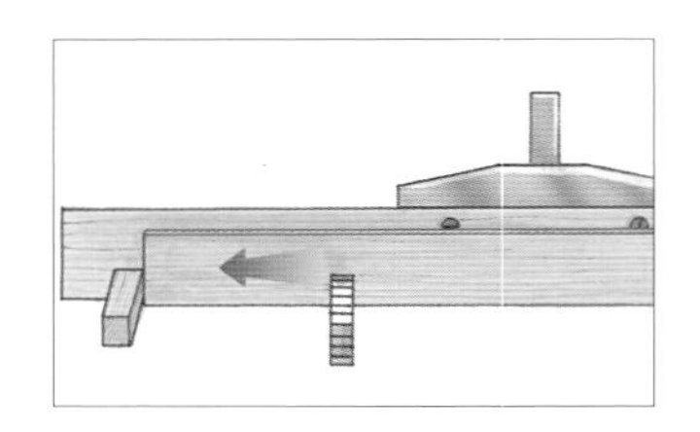

3 用木料端面顶住引导木条切割第一个切口。将第一个切口安装在引导木条上再次切割，移动木料，切割出每一个新切口。

用台锯制作指接榫接合件

指接榫接合，也叫作指形搭接或箱式接合，是由机械加工衍生出来的设计。从美学角度看，如果指接榫的宽度与木料的厚度一致，其厚度是木料厚度的一半，或者与切口高度一致，指接榫与切口的尺寸比例最佳。如果达到了摩擦匹配，指接榫之间的额外的长纹理胶合表面可以使指接榫获得与燕尾榫匹敌的接合强度。

与使用夹具加工边缘搭接件一样，在台锯上加工指接榫接合件同样存在撕裂木料的问题。指接榫接合件的切口开口方向是与纹理平行的，而不像在其他的边缘接合件中是横向于纹理的，因此，撕裂只会出现在切口的顶部，而不会出现在切口两侧。横向于木板画一条穿过切口顶部的线可以有效防止撕裂木料。

这种接合件也被称为梳状接合件，主要用于工业化的家具生产中。它几乎与燕尾榫接合件一样牢固，但制作起来则要简单得多。

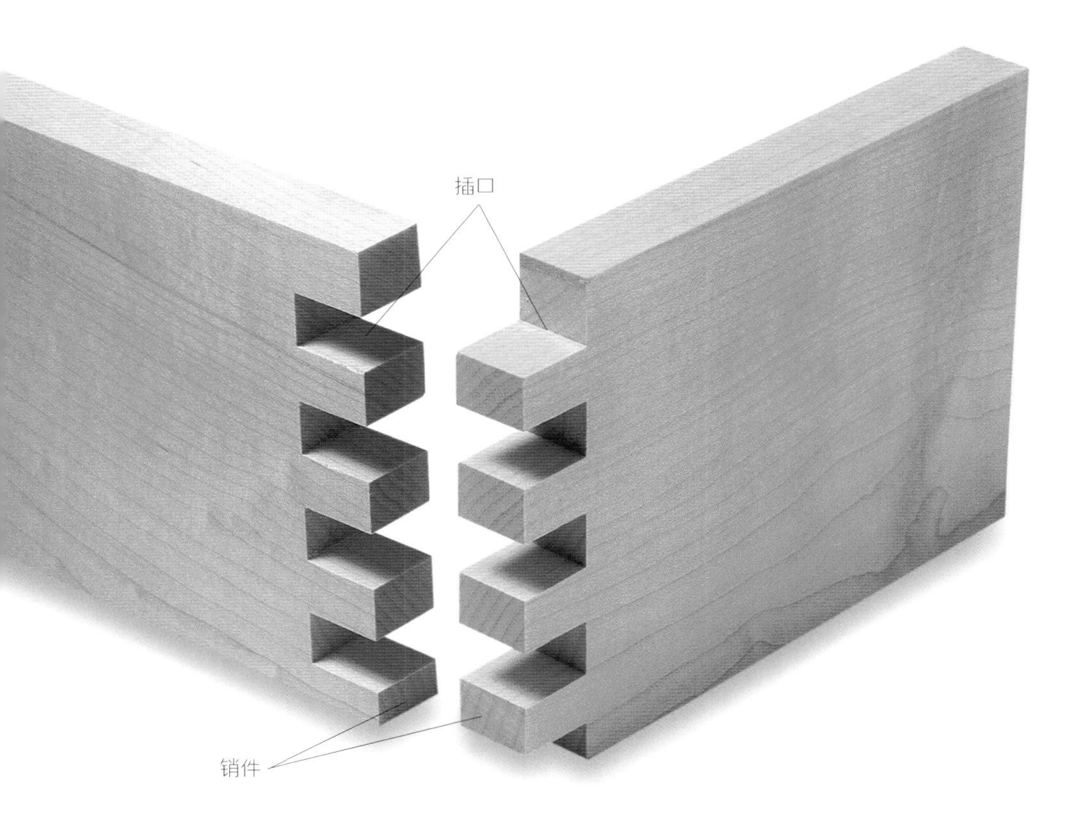

变式

指接榫接合件的种类

指接榫接合件的装饰效果是人们选择这种接合结构的主要原因，手指互锁的样式非常吸引人。一位著名的木匠曾经在他的桌面两端使用这种铰接结构来附加活动翻板。他把待胶合木板的端面交错插入桌面，制作出指接榫和切口，然后组装，把活动翻板的交错末端插入。

制作步骤

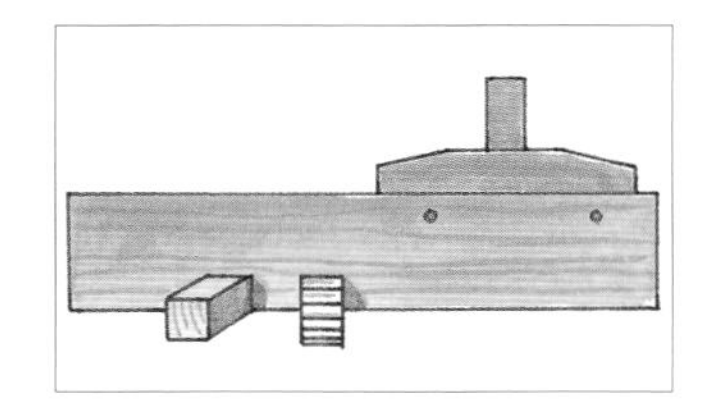

1 为斜角规制作一个类似于边缘搭接中使用的夹具，使夹具与引导木条、切口以及横向槽宽度的间距匹配，并使切口的高度尺寸略小于木料的厚度。

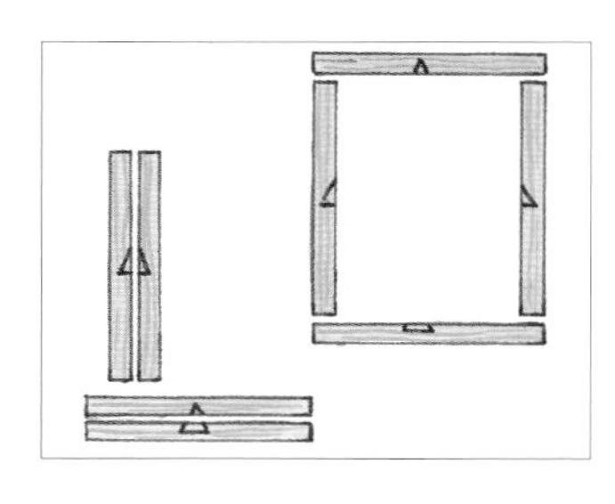

2 选择外表面标记各个部件，以区分部件侧面与部件的正面和背面，并指示出用于顶住引导木条的参考边。

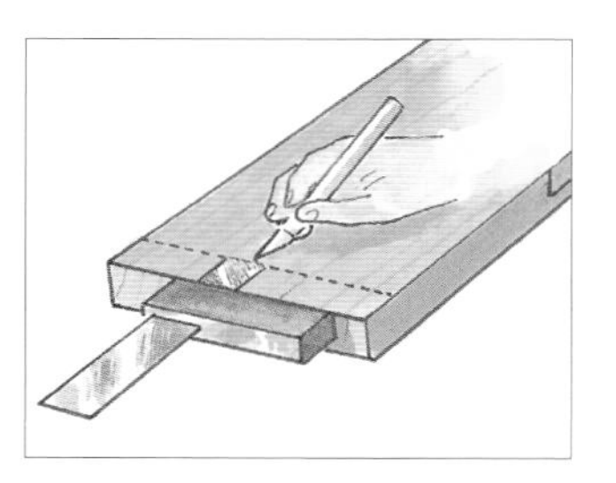

3 保持参考边靠近操作者，通常在靠近左手边的端面处，按照比木板的厚度尺寸稍大的数值作为间距，横向于纹理画线。

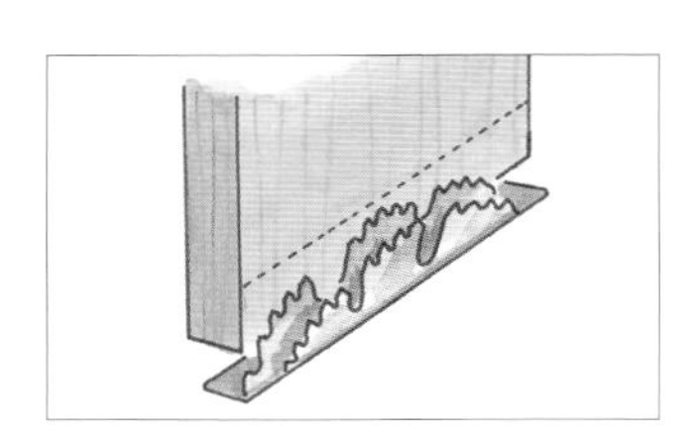

4 设置横向槽的高度，使其到达画线处，这样在装配完成后，指接榫会略微突出，需要经过打磨处理平整，因此切割出的坯料应略长于成品的最终长度。

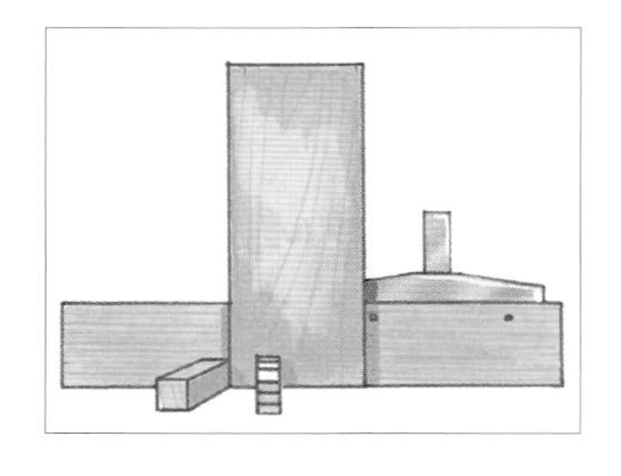

5 用引导木条顶住一个侧面的参考边，保持画线的面朝向夹具，锯切切口，然后检查新的切口与指接榫的宽度是否完全相同。

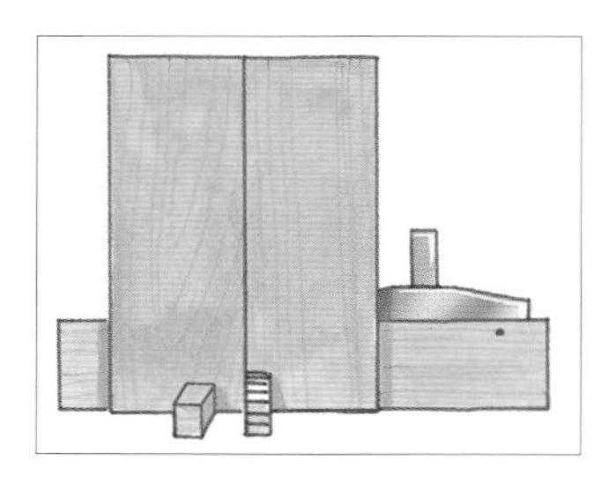

6 将木板翻转，并插在（通过切口）引导木条上，然后对接另一块正面或背面朝前的木板（保持画线朝向内侧），以在其参考边上切割一个切口。

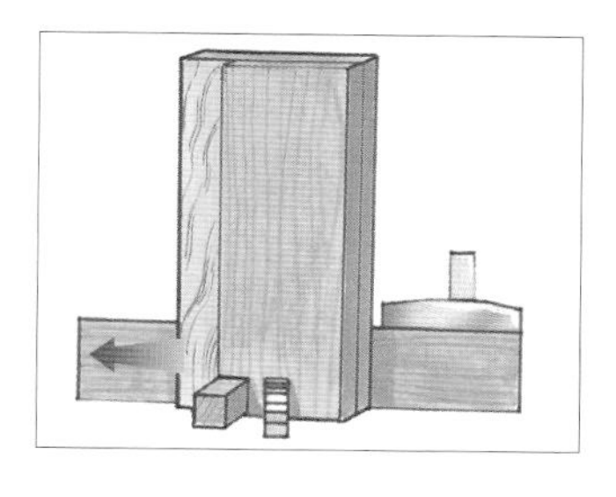

7 为了使切口配套，向后转动左侧木板，将其切口插在引导木条上，然后将右侧木板沿切口对接到引导木条上，把两块木板作为整体进料，以切割其他切口。

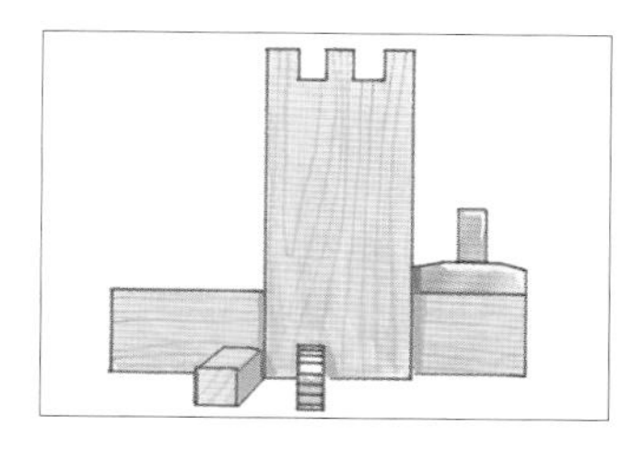

8 保持参考边朝向引导木条，交替轮换木板的上下端面重复锯切，确保每个部件的两端都是以指接榫或切口结构起始的。

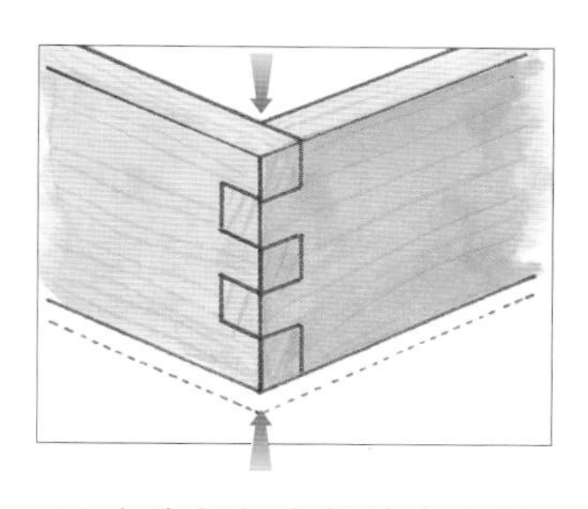

9 去除任何底部的废木料，将切口修整到指定宽度。最后一根指接榫较宽或较窄都会带来问题，导致胶合之后，夹紧力会全部作用在指接榫的长纹理面上。

变式

切口深度变式

如果切口的深度尺寸超过了木料的厚度，指接榫的接头会向外凸出，形成一种装饰性的效果，如果为每个接头的末端倒角，则这种装饰效果可以得到进一步的强化。

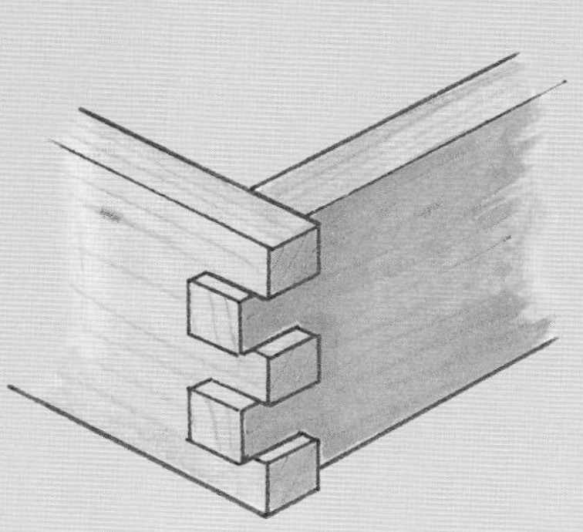

外圆角变式

在完成指接榫接合件的胶合后，可以手动或者用电木铣将边角修圆，以获得更好的手感和外观。

铰接接合变式

干接组件，穿过其中心钻孔，然后将接头修圆，在孔中插入一根打蜡的木销或黄铜销钉，制成一个木铰链，用来连接盒盖。

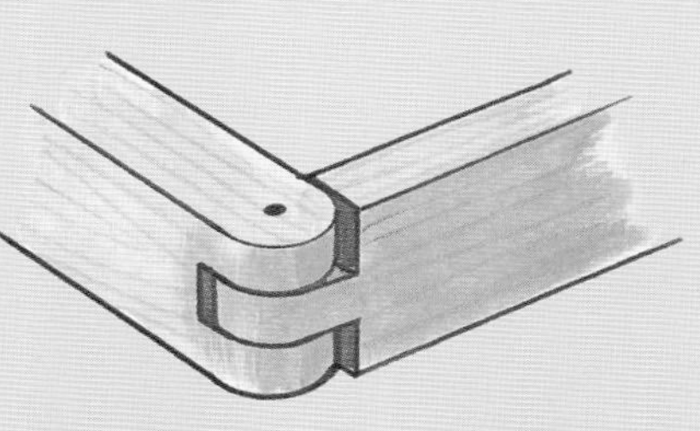

封装接合

尽管封装接合件与搭接接合件具有相同的基本切口，但其具有隐藏的层次结构，因为它是通过一个部件封装另一个部件构成的，而不是像搭接接合件那样由两个地位相同的部件组成。在接合术语中，封装和被封装之间是有区别的。当一个橱柜背板被插入到半边槽中时，这种接合结构被称为半边槽接合。如果半边槽本身被其他结构封装，那它就是一个嵌套半边槽。基本的封装切口通常是一个横向槽、半边槽或者顺纹槽。

当一个接合件完全把另一个接合件包入（封装）到 U 形的横向槽或顺纹槽，或者一个半边槽的阶梯结构中时，它就构成了一个完全封装结构。如果接合件的一部分被包入——通常是一个榫舌——同时其一侧或两侧榫肩仍支撑在木料表面，横向槽的切割只是用来稳定接合件的，那么这种结构被称为部分封装。

即使肩部能够提高完全封装结构的抗扭曲性能，这种接合方式也不是很牢固。这种结构不仅缺乏机械抗拉性能，而且除非得到改进，否则大多数 T 取向的封装接合件，比如搁板，以及一些 L 取向的半边槽接合件，还缺少长纹理的胶合面。但这种接合件的抗剪切性能使其适合用于搁板结构中，橱柜背板则能够增加整体的稳定性。

燕尾榫常被用来改进被封装的榫舌组件和封装结构本身，以增强封装接合件的抗张性能。其变式种类包括封装接合件和滑动燕尾榫接合件（参见第 128 页燕尾榫接合）。

最常见的封装结构是用来将固定式搁板固定到位的接合件，但封装结构也可以把抽屉导轨和抽屉框架固定在箱体内部、插入柜子的背板，或者，也可以像第 59 页完全封装结构的变式中用销钉加固的半边槽接合件那样，被日本木匠作为抽屉的边角接合件使用。用燕尾榫改进的封装接合件可以从机械角度防止像桌子挡板这样的框架结构中的横向组件出现扭曲，或增强其抗弯性能，以及增强在高大的橱柜侧板被向外推时搁板接合件的抗力。

用于定制封装接头的辅助设备

一个 T 形角度尺的靠山可以引导电木铣铣削横向槽，如果电木铣沿靠山滑动到横梁上，就可以切割横向槽的宽度，对齐靠山和画线。

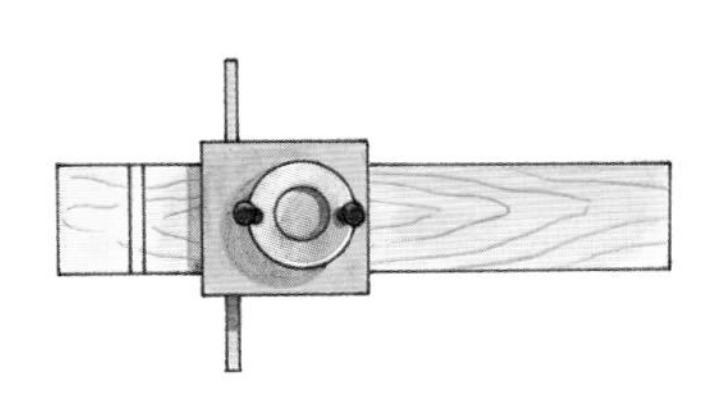

一个带有固定导轨、与铣头宽度匹配的辅助性的电木铣底座可以用来切割等间距的横向槽。

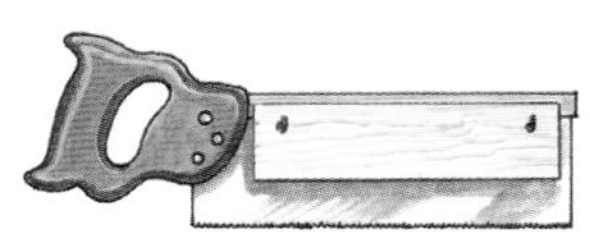

在开榫锯上缓慢（可避免失去锯片的回火特性）钻取两个通孔，用来固定深度限位块，或者可以用小弹簧或 C 形夹来固定限位块。

封装接合件的组成元素

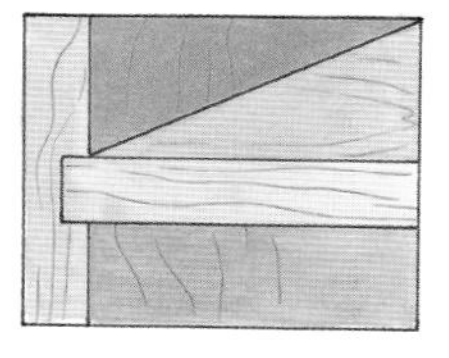

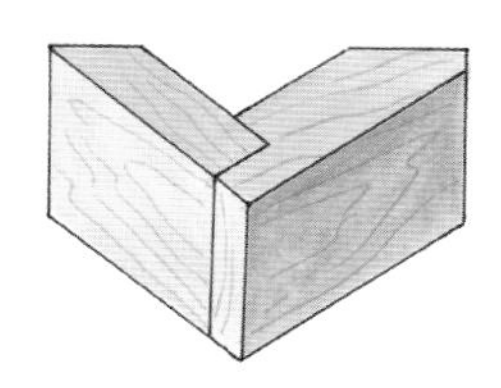

一个完全封装的半边槽缺乏胶合强度，也缺乏抗拉性能。

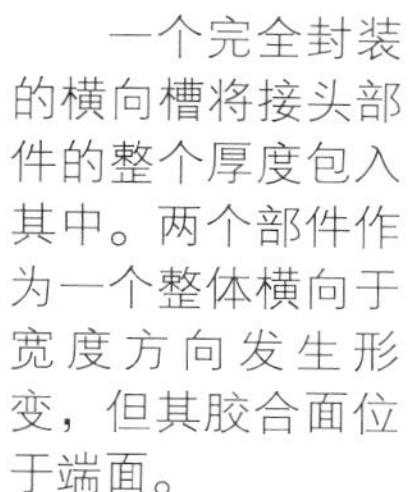

一个完全封装的横向槽将接头部件的整个厚度包入其中。两个部件作为一个整体横向于宽度方向发生形变，但其胶合面位于端面。

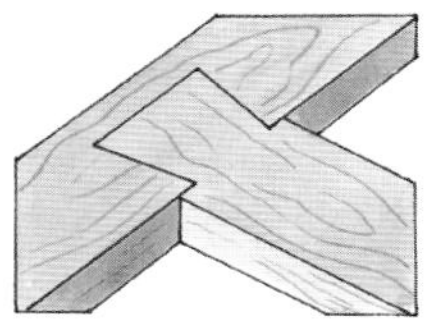

增加抗张性能意味着需要使用其他元素创建一个合适的接头，这里展示的是一个完全封装的燕尾榫结构。

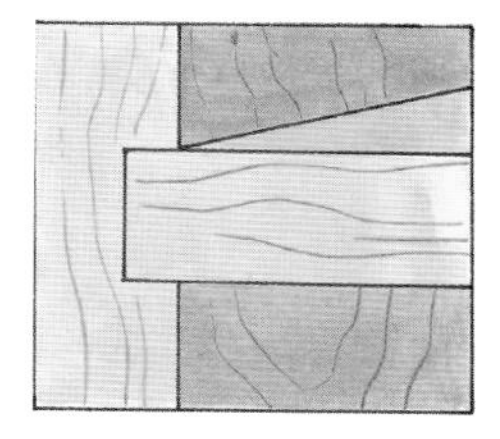

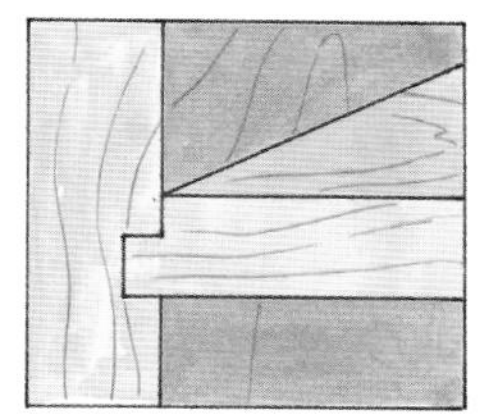

无论是完全封装还是部分封装，贯通式封装结构都会显示出组件与正面部分的交叉外观。

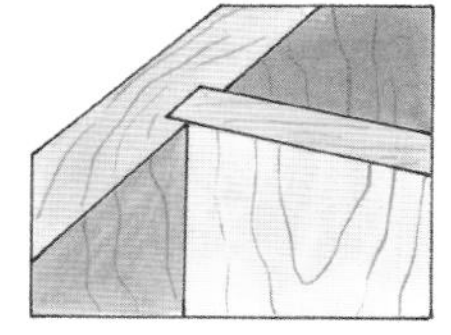

一个完全封装的顺纹槽与纹理的走向相同，被封装的组件的纹理也大体与之平行，所以组件之间没有空间冲突，并具有良好的胶合特性。

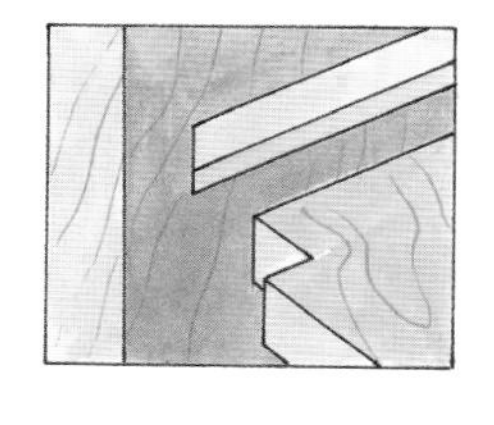

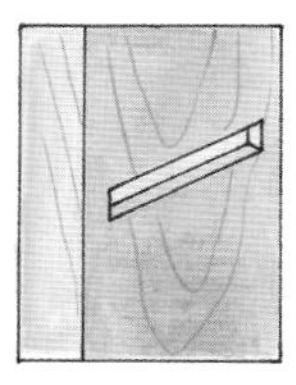

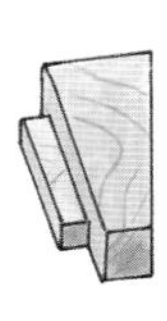

一个止位封装结构距离部件的边缘尚有一段距离，接头组件则被插入到正面稍向后的槽中隐藏起来。

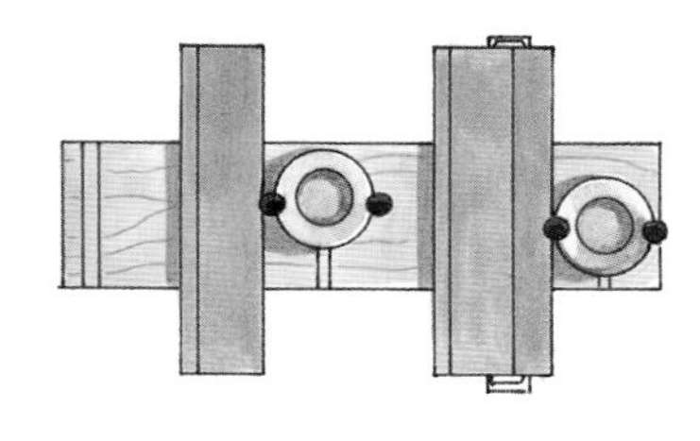

另一个靠山可以引导电木铣铣削等距离的横向槽，插入一个额外的间隔条可以增加搁板之间的空间高度。

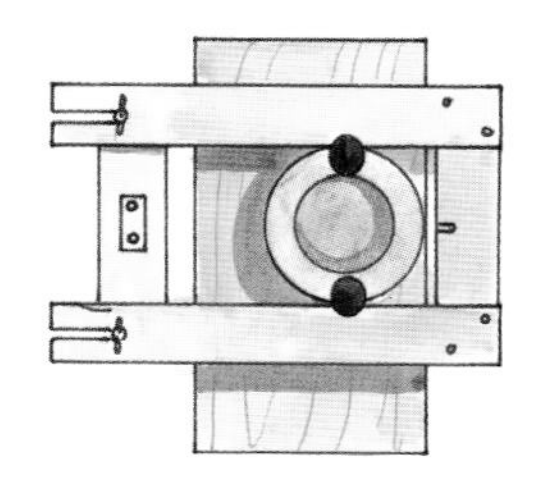

马鞍形夹具适合放在部件正上方。其侧面可以引导电木铣从末端的进入孔起始横向铣削通槽，或者在限位块的作用下铣削止位槽。

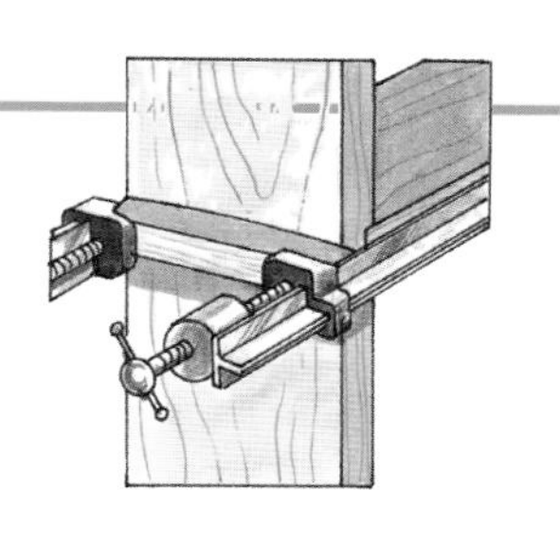

为了将夹紧力转移到长横向槽的中心，可以切割略带凸面的垫板夹在每个搁板的末端，并收紧带夹，使其平行于木板边缘。

手工制作完全封装结构

一个完全封装结构几乎没有抗扭曲的性能，抗拉性能也很弱，所以应根据整体结构的需要考虑，选择这种接合件是否合适。轻敲式的匹配可以使接头获得机械强度和外观上的美感，但这种匹配很容易因为被封装部件的打磨而丧失。由于没有肩部可以覆盖出现在横向槽边缘的任何偏差，因此对被封装部件的精度和平整度要求都非常高。

当一个封装部件的深度超过木板厚度的一半时，部件的结构强度会变弱；深度达到木板厚度的三分之一则是最低要求。如果你打算将抽屉导轨封装在实木结构中，那么需要引入横向于纹理的构造：在箱体前部，需要拧入螺丝固定导轨；在其后部，需要用螺丝搭配长圆孔槽固定导轨，以便于木料形变，注意不要使用胶水。

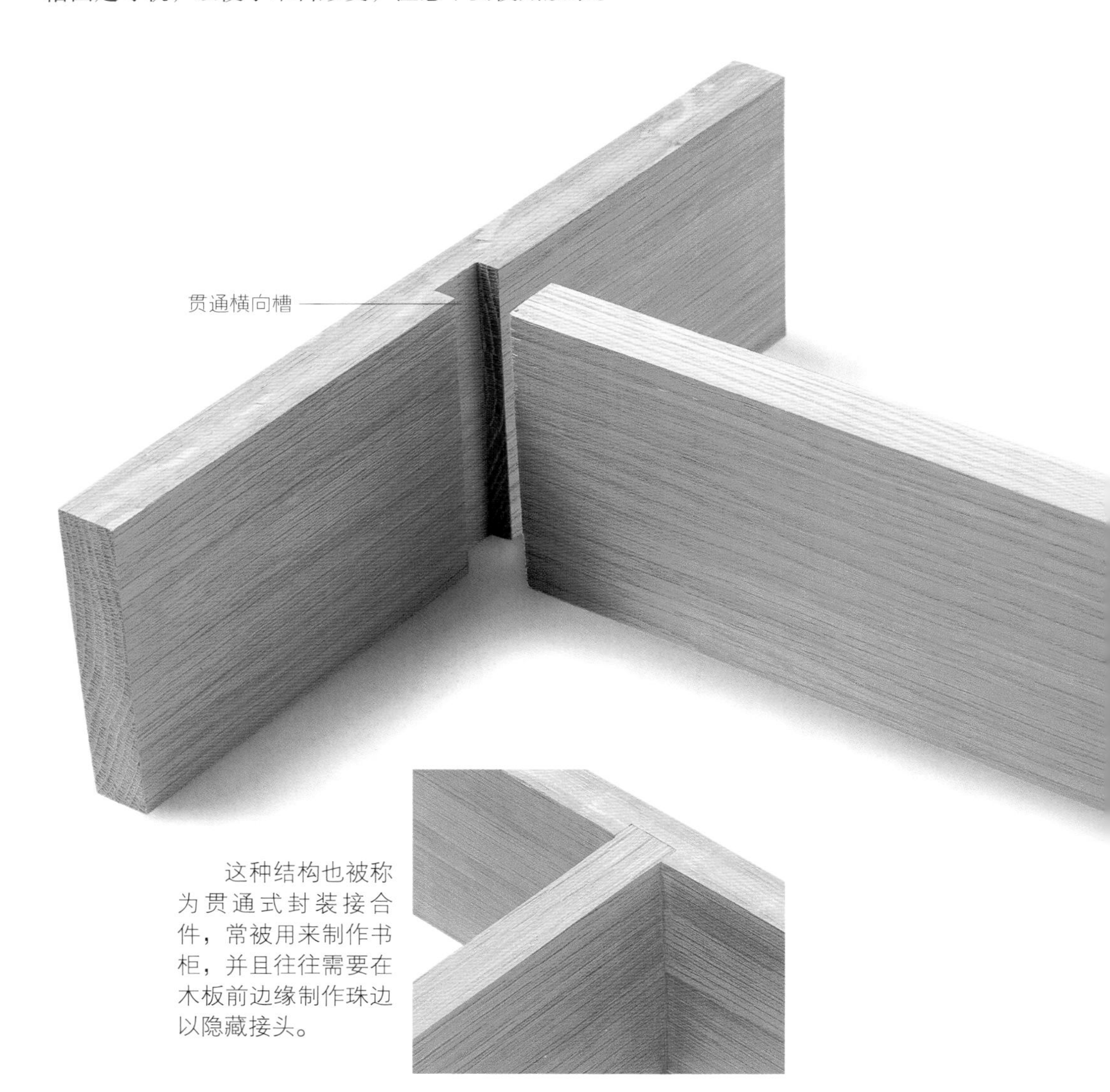

这种结构也被称为贯通式封装接合件，常被用来制作书柜，并且往往需要在木板前边缘制作珠边以隐藏接头。

制作步骤

1 在木板正面标记每个横向槽的一侧肩部，并计划好使废木料落在标记线的同一侧，然后参照相应尺寸在配对部件上画线。

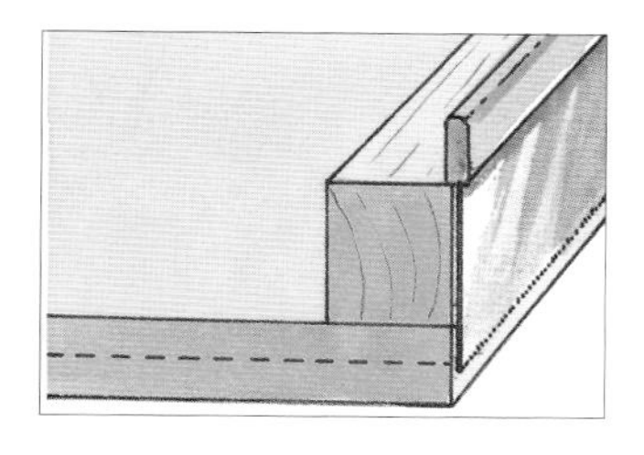

2 切割一块方木，其高度加上横向槽的深度等于锯片从锯齿到刀背的尺寸。

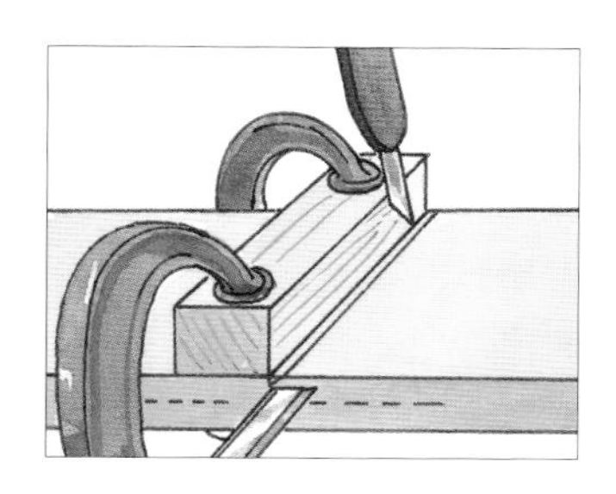

3 将方木垂直于木板的宽度方向夹紧，沿木块在木板表面画线，然后在废木料侧凿出一个窄的引导斜面。

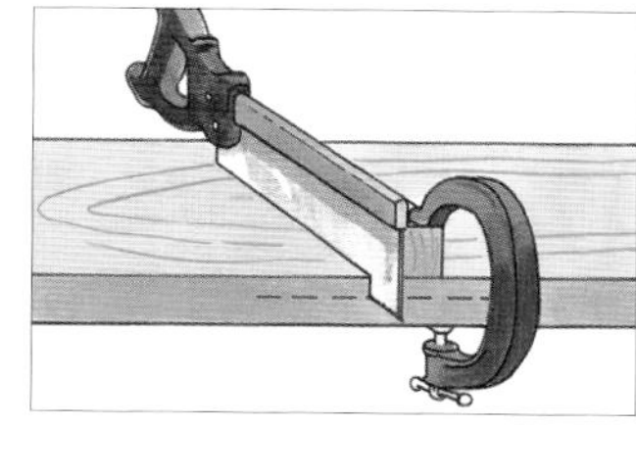

4 将锯片靠住方木块，切入引导斜面，横向于木板锯切，直至锯片背部碰到限位块，此时锯齿到达横向槽的深度线的位置。

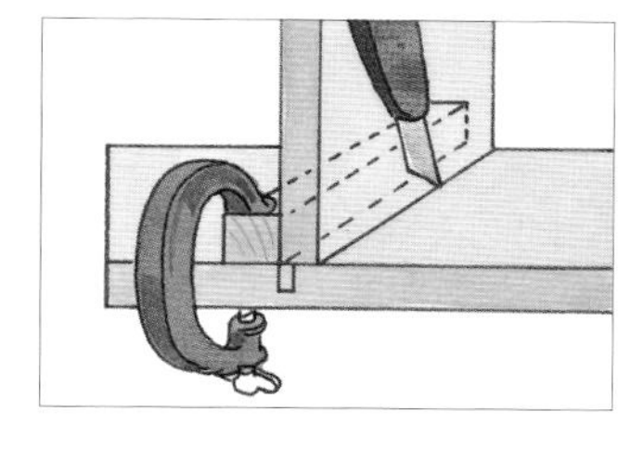

5 用木板的厚度作为标尺，准确画出横向槽的另一侧肩线。

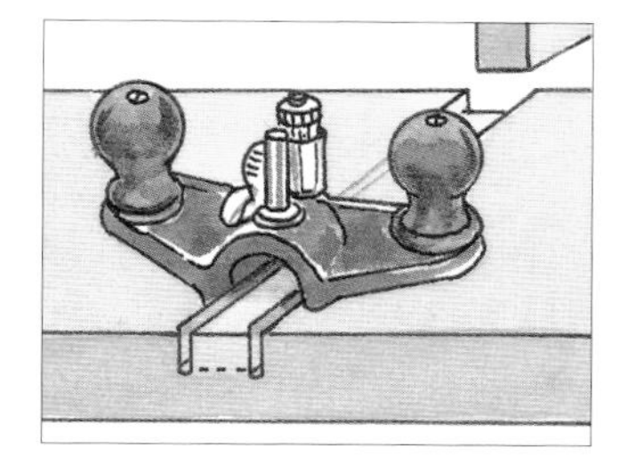

6 把方木块放在第二条画线处对齐，重复上述锯切过程，然后用凿子或平槽刨将横向槽底部刨削平整，并装上搁板。

变式

完全封装结构的种类

增加完全封装结构的抗张能力并不难，但这通常意味着需要从燕尾榫家族借用一些元素。在横向槽的前部几英寸的位置，要把横向槽的U形截面逐渐收窄做成燕尾形的封装槽。搁板端面的一小段也要加工出形状匹配的接头，从侧板后面滑入槽中。如果开槽部件的纹理沿垂直方向延伸，一个完全封装的半边槽可以获得牢固的胶合效果。但是，如果完全封装的半边槽位于转角处，接合件只存在端面的接触，除非得到加固，否则这样的结构在张力存在的情况下是无法紧密贴合在一起的。用销钉加固不失为一种快速有效的方法，抽屉的边角接合就是一个很好的例子。

用台锯制作完全封装结构

出于美观的考虑，有时需要把封装槽的前边缘回撤一些做成止位槽。搁板原本应该被封装在横向通槽中的前角被切断，形成一个小的肩部与封装槽前沿的止位部分匹配。在台锯上切割止位槽是困难和危险的，特别是在需要横向于纹理开槽的时候，很容易在锯片的切口处留下弧形边缘。在切割封装槽之前，先从木板前边缘切下一条薄木条，稍后再将其重新粘回原位，可以解决用台锯锯切横向槽的机械和美学问题。

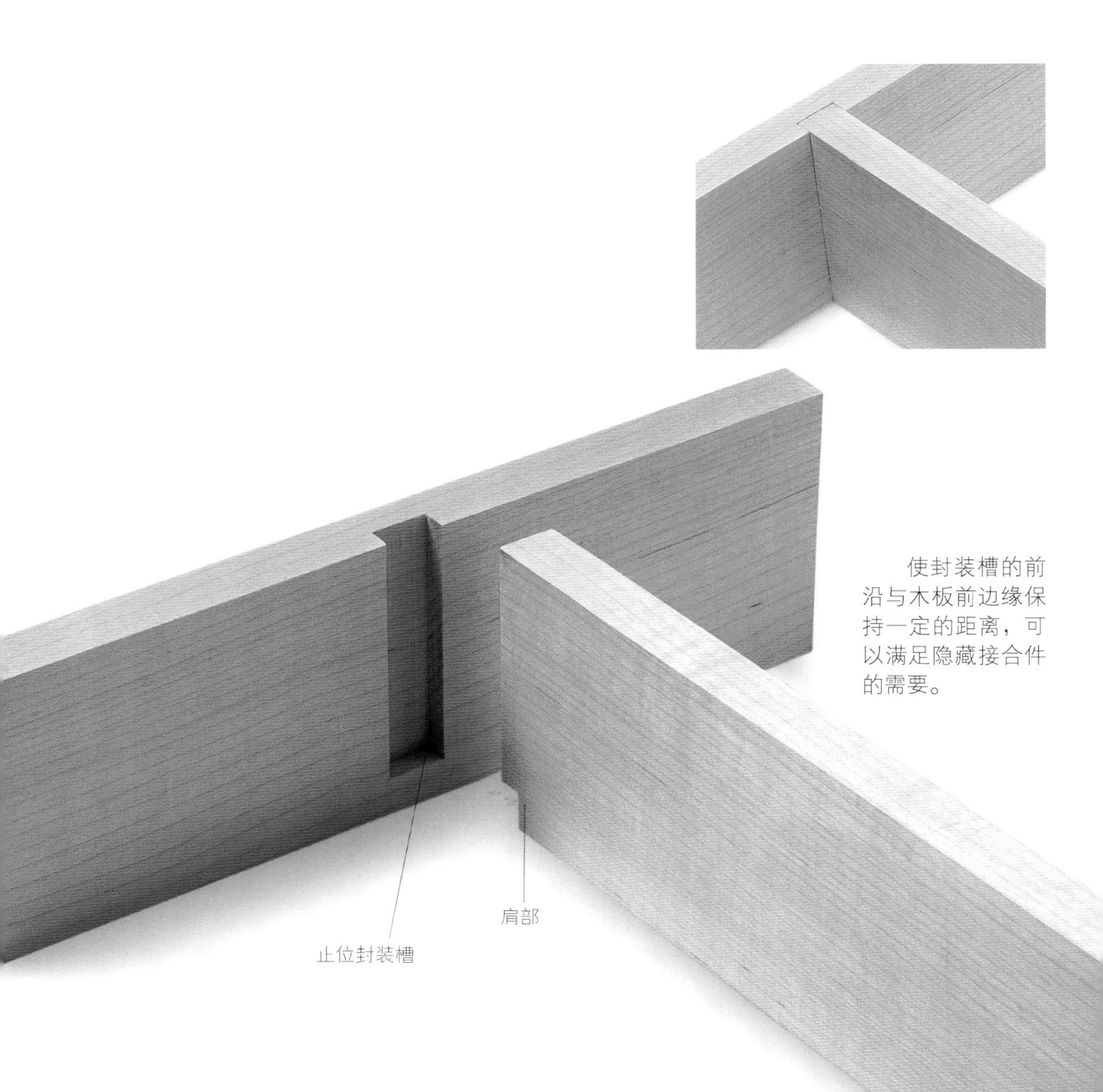

使封装槽的前沿与木板前边缘保持一定的距离，可以满足隐藏接合件的需要。

制作步骤

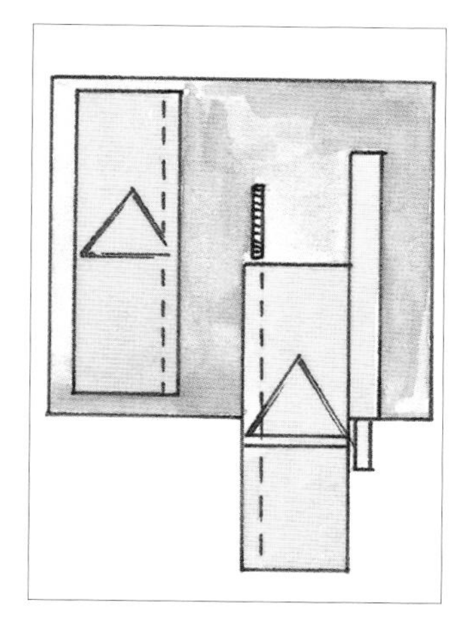

1 在配对部件上画线做出用于重新组装的标记。从它们的前边缘纵切得到薄木条并保存起来，这样在将其粘回原位后，每个部件都可以保持所需的宽度。

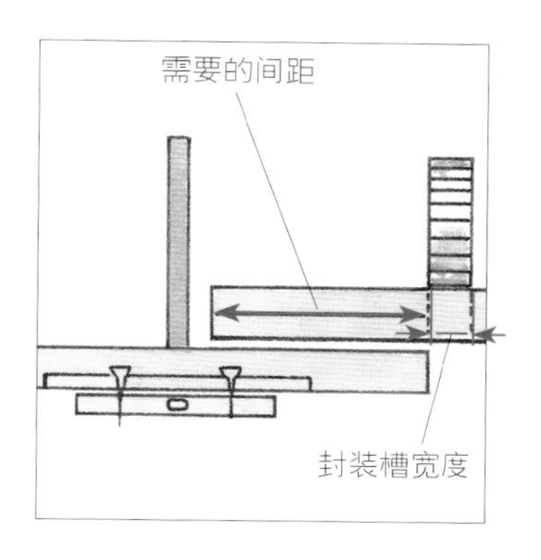

2 将一块废木料作为靠山用螺丝固定在斜角规上，用一个与架子厚度匹配的组合刀头修齐它的端面。然后在需要的深度和间距处放上另一块废木料。

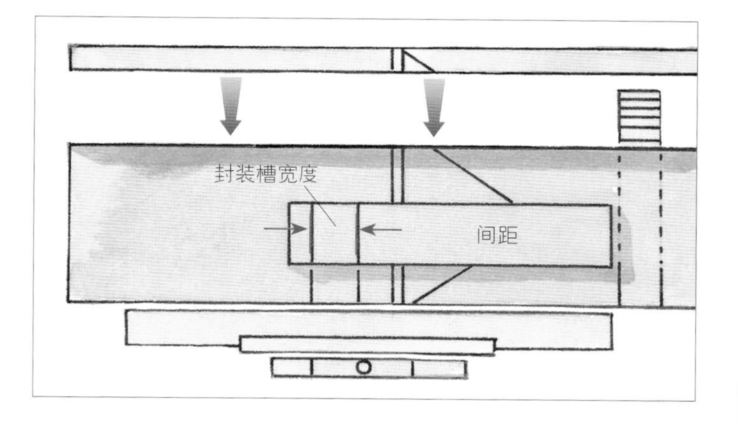

3 使用间隔废木料为封装槽画线，将标记对齐废木料靠山的端面，切割出每一个封装槽。完成切割之后，将边缘薄木条粘回原位，并在搁板部件的前角切割切口以完成匹配。

变式

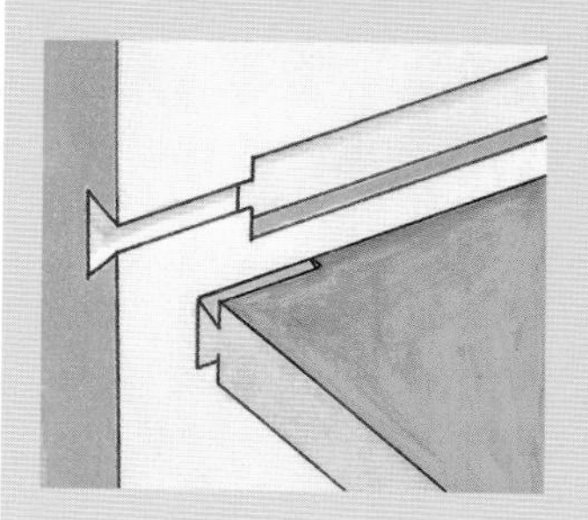

短燕尾榫

把一个完全封装结构的前部制成短燕尾形可以加强接合件的抗张性能，同时避免了采用完整滑动燕尾榫结构的问题。

止位封装槽

要手工制作一个止位封装槽，首先在木板前方钻出一个与封装槽深度相同的平底孔，然后用凿子将其修整方正，为锯子提供操作所需空间。

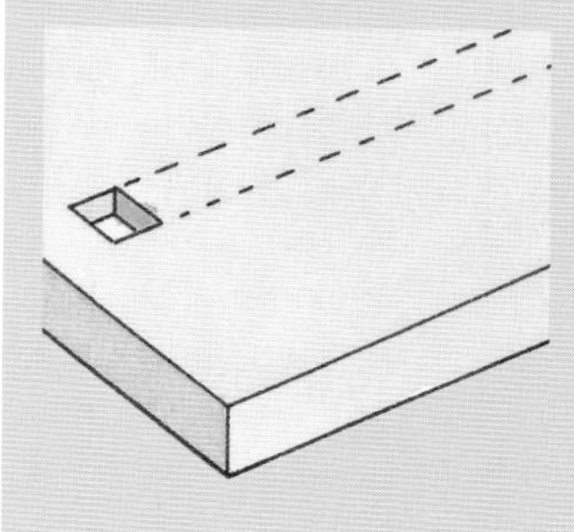

用电木铣制作封装半边槽

为封装接合件设计一个肩部可以提高其抗扭曲的性能，同时满足了组装完全封装结构并获得整齐外观设计的需要。两个肩部就不必要了，因为这样会削弱封装结构的强度。对搁板来说，封装半边槽比完全封装接合件更为合适，但对抽屉导轨这样的箱体内部结构来说，完全封装接合件是更好的选择。如果将其制成封装半边槽，它们缺少用来铣削螺丝槽所需的材料。为了获得更为整齐的外观，在封装这些部件时，可以切割出一个小巧的装饰性肩部以遮盖接合线。抽屉的框架结构使用任意一种接合方式都是可以的。接下来讲述的方法可以使用一个直边铣头切割完全封装的半边槽，无须使用电木铣靠山或任何额外的半边槽铣头。

额外的半边槽增加了这种封装结构的刚性，降低了组件发生扭曲的可能。

制作步骤

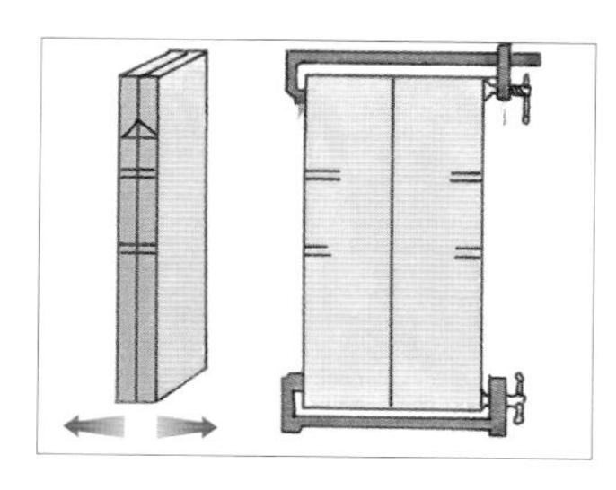

1 选择直边铣头，将其设置到搁板厚度尺寸的三分之二。将两块木板竖起对在一起，标记出封装槽的位置及间距，然后将木板平放对接并夹住，使标记分布在外侧。

2 测量从铣头到基座边缘的距离，并从画线处起始，按照该距离将靠山偏置。按照厚度的三分之一在标记线之间切割第一个封装槽。

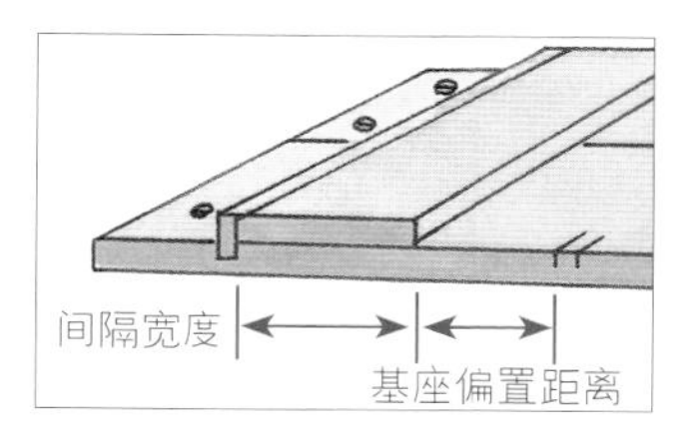

3 在切割出的封装槽中插入一个紧密贴合的导轨，然后测量其内侧面到下一个封装槽的距离，用这个数值减去基座的偏置距离，切割一块宽度与该值相同的木板（间距木板），然后把它固定在导轨上。

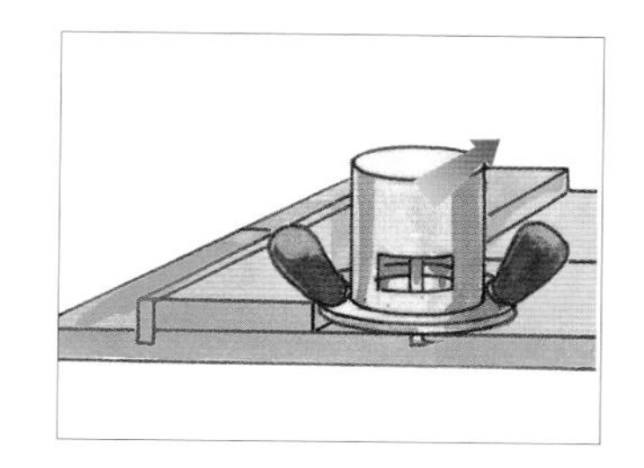

4 用电木铣顶紧靠山，铣削第二个封装槽。将靠山插入新的封装槽中并固定到位，将间距木板同步前移，以这种方式推进，就可以连续切割出每一个封装槽。

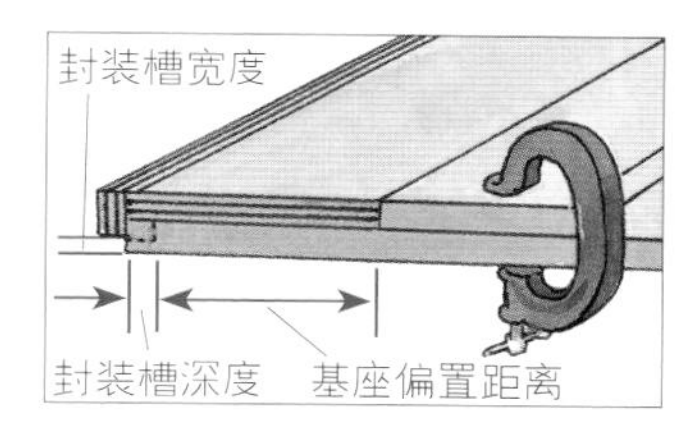

5 制作另一个量具，使其宽度等于基座偏置数值加上封装槽的深度值，并使用它设置一个靠山，在搁板端面切割半边槽的舌部，使其匹配封装槽的宽度。

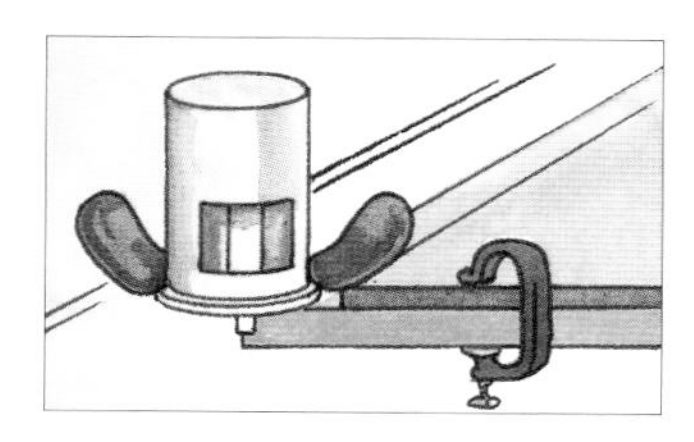

6 在每个端面切割半边槽，这样搁板肩部之间的距离就等于侧板之间的距离，舌部不会让肩部处于受力状态。

变式

封装半边槽的种类

半燕尾或单肩燕尾是最容易制作的封装燕尾结构，但由于它是从部件的后面滑过的，所以在因为胶水出现膨胀，同时封装槽很长的时候，很难把它们滑入槽中。

对某些边角接合件来说，位于木板端面的封装半边槽不如燕尾榫结构牢固，还会为橱柜底板或抽屉拐角带来张力。如果半边槽的短纹理面足够大，且抽屉底板或橱柜背板可以有效减少扭曲，那么封装半边槽不失为一种可用的接合结构。它的近亲，企口接合件，进一步改善了边角封装半边槽隐藏端面的问题。

铣削止位封装半边槽

贯通封装槽的美妙之处在于它们的制作速度更快；缺点是无法隐藏接合件。在部件的前缘切割贯通封装半边槽不能获得漂亮的外观。一个面框可以遮住它，但制作面框需要额外的时间。因此，选择贯通的封装结构或者“更花时间的”止位封装结构就成了一个设计问题。

将切割工具对齐画线，制作止位封装槽，使用马鞍形夹具是很方便的。这种夹具能够更好地控制线路，并在正确的位置停留。它提高了操作的准确性，减轻了工作压力。

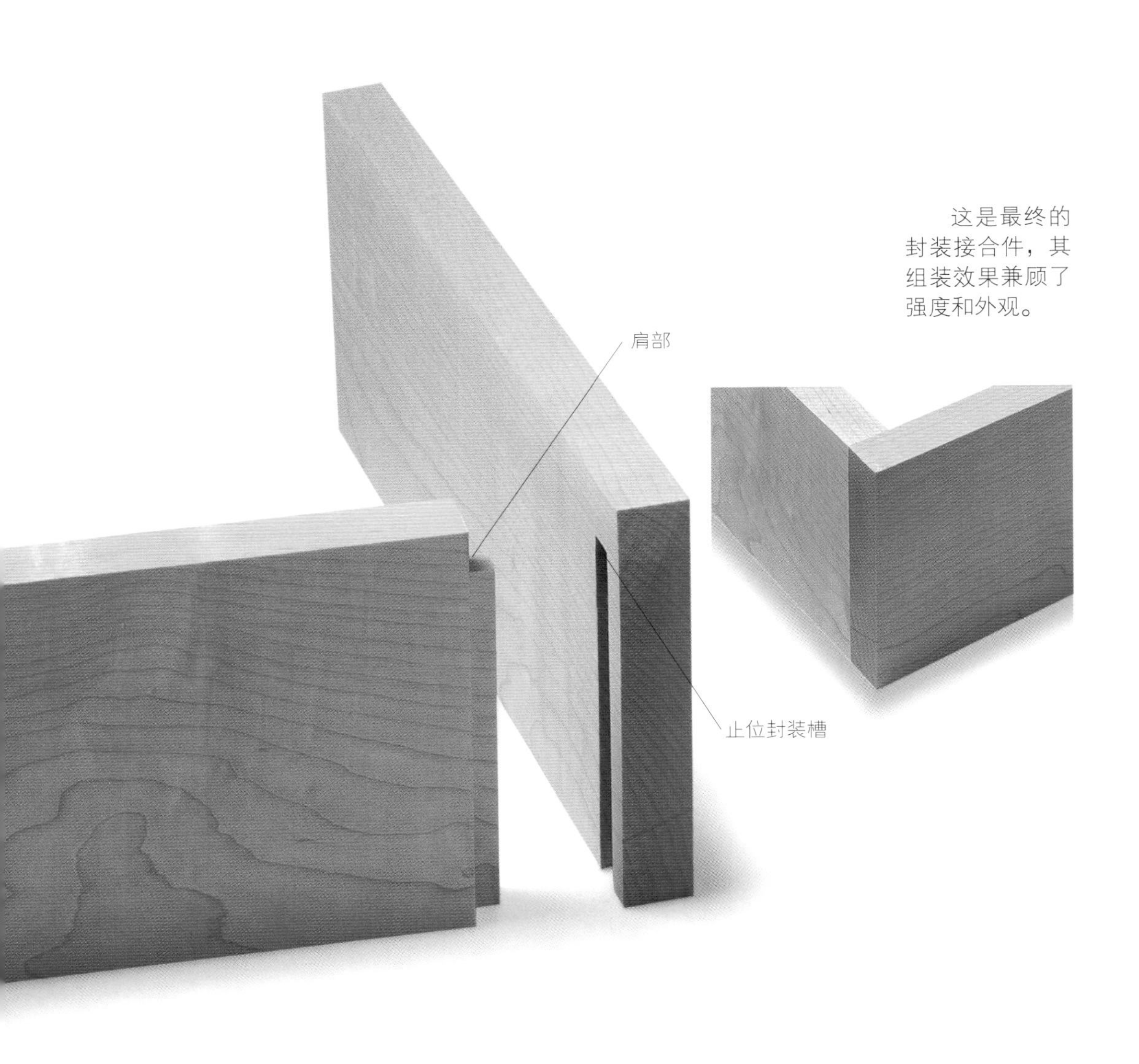

这是最终的封装接合件，其组装效果兼顾了强度和外观。

制作步骤

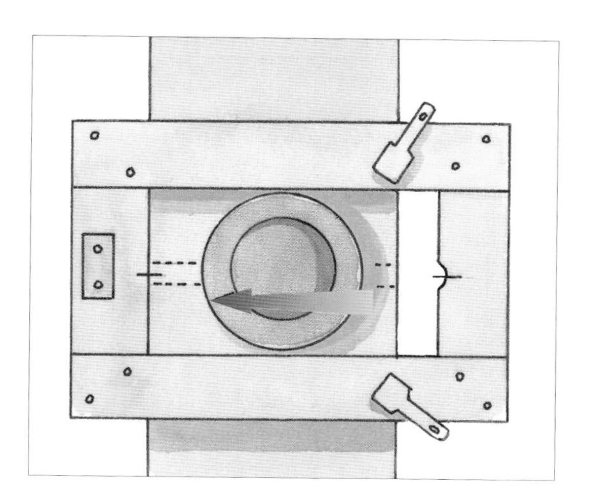

1 将马鞍形夹具的中心线与封装槽的中心线对齐，并设置一个止位木块引导电木铣停在木板前缘的适当位置。

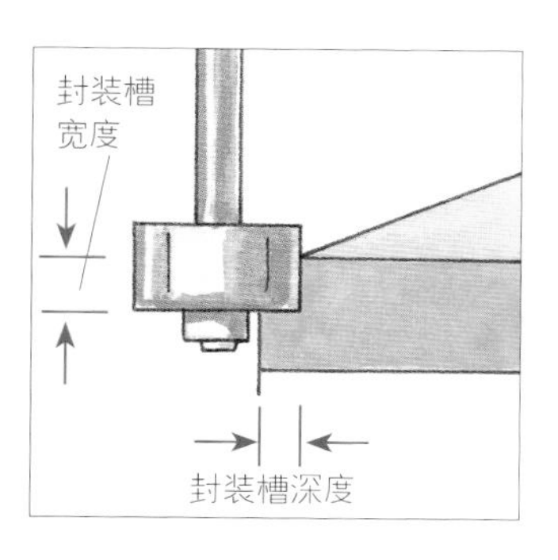

2 使用半边槽铣头切割半边槽，其切割深度等于封装槽的深度，然后继续向下铣削，直到舌片部件的厚度与封装槽的宽度完美匹配。

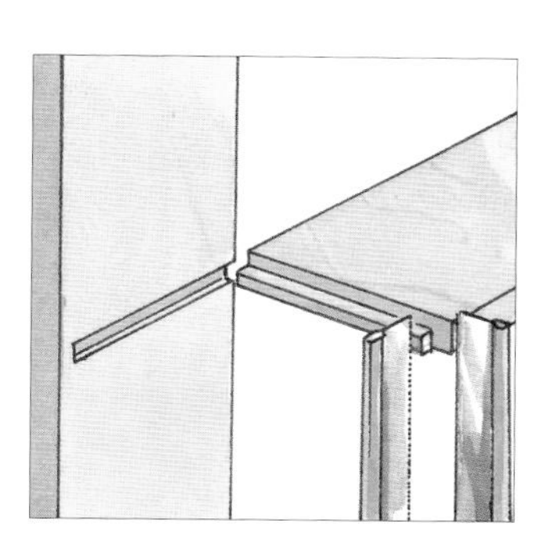

3 锯掉一小段舌片，以匹配止位槽回退的部分，修齐肩部，并测试接合件的匹配效果。

变式

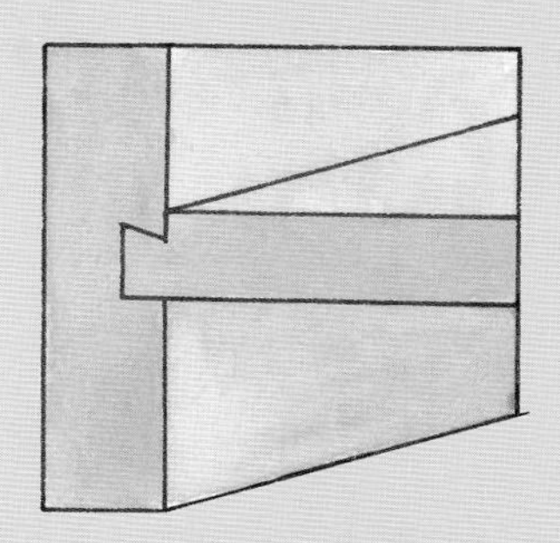

半边燕尾榫

对于可预料的外部力量（比如在很高的箱子上倾斜放置的书产生的向下的力），半边燕尾榫可以加强接头的抗张能力。

抽屉接合件

可以使用封装半边槽接合件把橱柜的顶板和底板安装到橱柜侧板上；如果抽屉正面木板的端面可以被额外的面板遮盖，那么同样可以考虑用这种接合件把抽屉的背板和正面面板安装到侧板上。

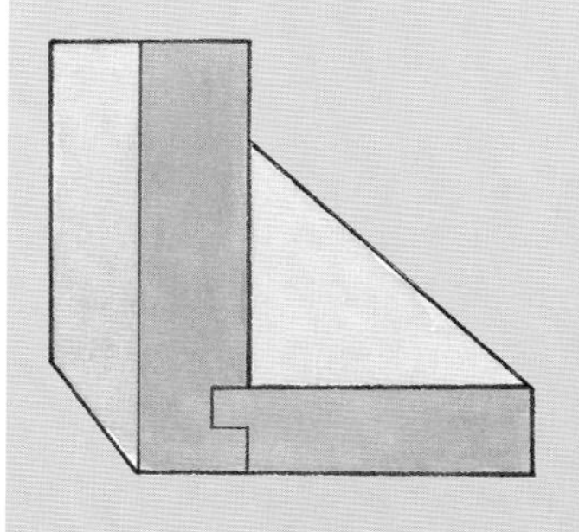

第五章

榫卯接合

榫卯接合件

有两种基本的榫头类型与两种基本的榫眼类型匹配。一种类型是贯通的榫头插入贯通的榫眼中，另一种类型是一根短榫或盲榫插入一个止位榫眼中，这种榫眼的底部仍在木料中，而不是穿过它。榫眼的形状大多是直线形的、圆形的或者是具有圆形末端的长槽。

在榫头上增加肩部有几个目的。它们可以增加接合件的抗扭曲性能，起到稳定接合的作用；它们可以使榫头以及榫眼远离脆弱的端面，或者使榫头远离榫眼部件的边缘；它们可以覆盖接头的边缘，形成深度止位结构。而且榫肩和榫眼都可以成角度制作，为基本的 T 取向或 L 取向的榫卯接合带来变化。

插槽式槽眼结构是榫卯结构的近亲

榫卯接合术语

榫眼就像一个口袋，用来接受突出的榫舌或榫头。

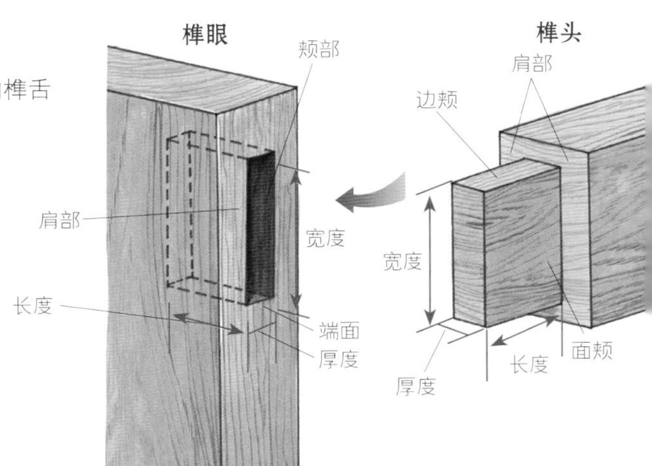

榫眼的基本类型

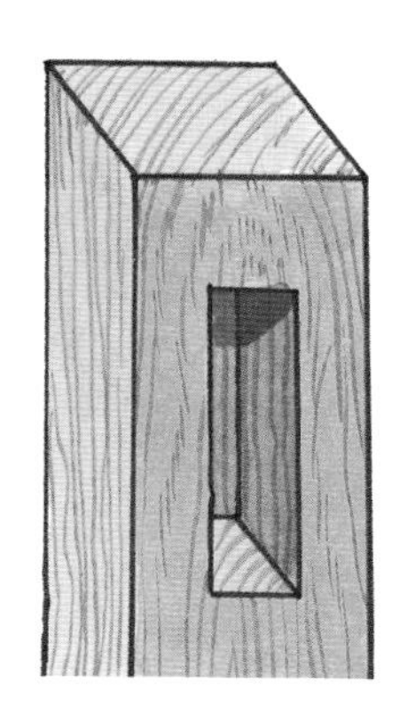

止位榫眼具有平整的底部，它距离开口的对侧面尚有一段距离，因此榫头的端面被木料包围着。

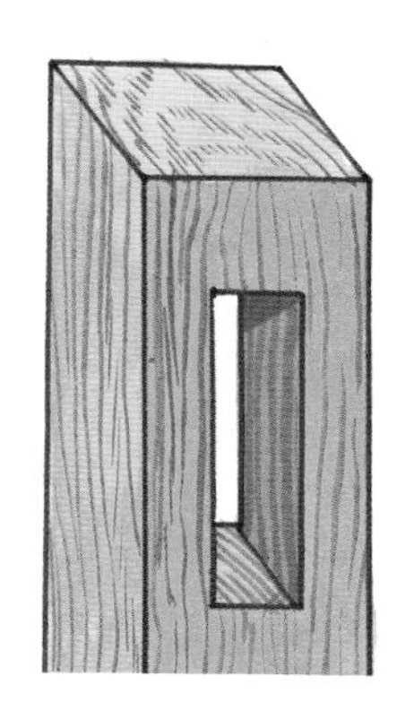

贯通榫眼就是钻透木料形成的孔，与接头组装起来之后，就可以在孔的另一端看到榫头的端面。

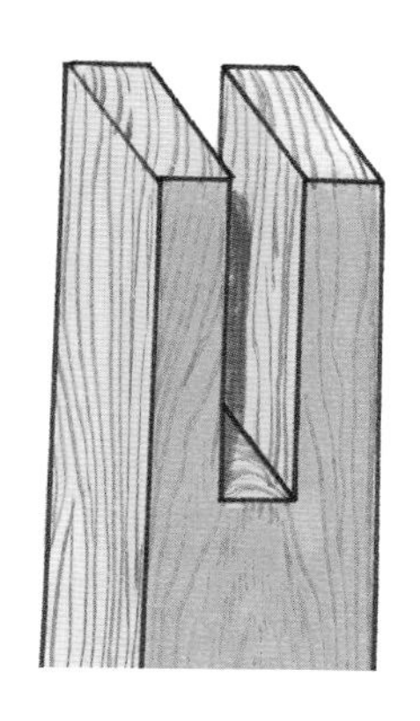

专业的插槽式榫眼结构其实就是在部件端面切割出的较深的槽，用于滑动接头或托榫接头，是榫卯接合结构的近亲。

榫头的基本类型

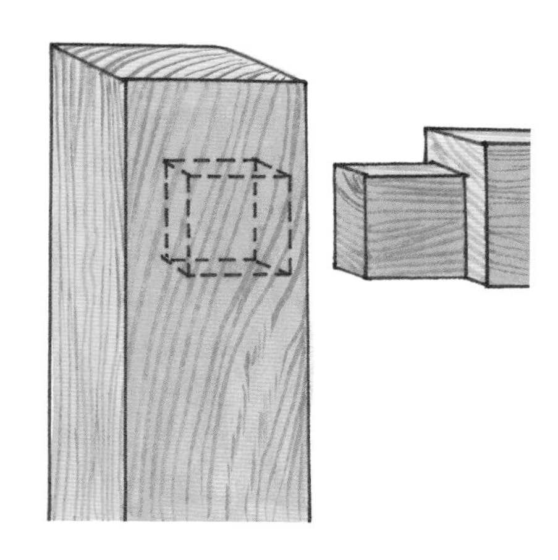

暗榫或短榫由止位榫眼包围，没有穿过榫眼部件。

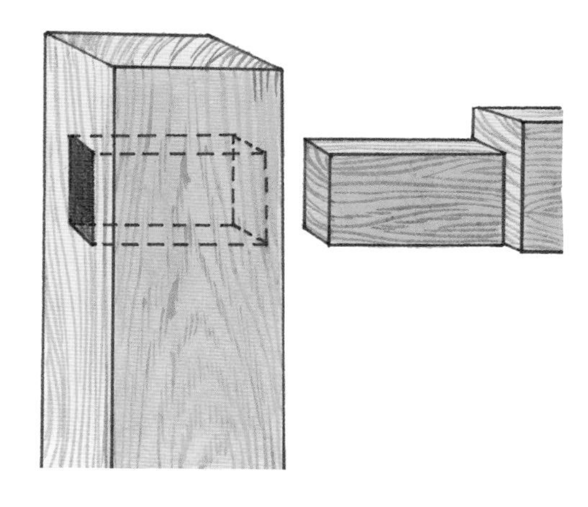

插入贯通榫眼中的贯通榫头至少可以延伸到榫眼部件的对侧面，有时会超出榫眼的范围。

榫肩的基本类型

如果榫头的面颊两侧没有肩部，面颊就会完全裸露，这种榫头常用于板条或薄木板的接合，因为为其切割榫肩反而会削弱接合强度。

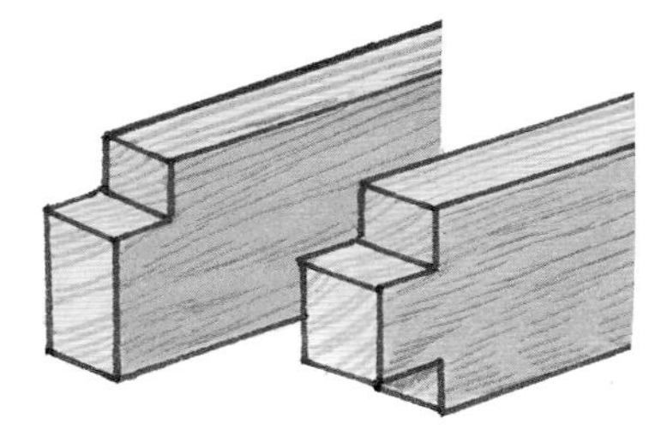

在裸露榫头的一侧或两侧边缘切割榫肩可以增加接合件的抗扭曲性能，通过设定精确的切割长度，可以使榫头停留在需要的深度。

单前肩会使榫头看起来像一个端部搭接接头在特定场景中的偏置应用，但这种榫头仍然被认为是裸露的。

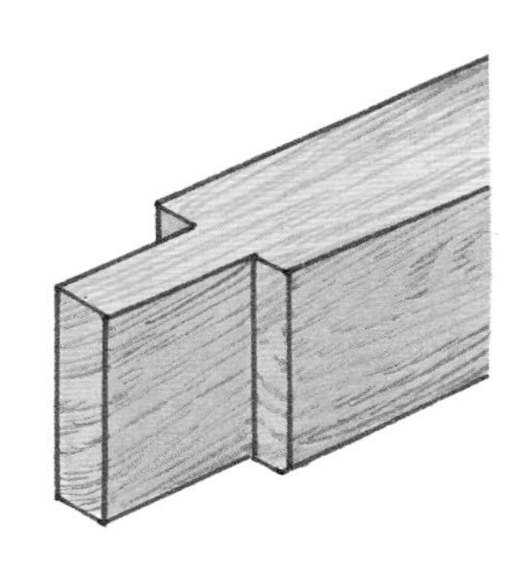

具有两个前肩的榫头可以完美地匹配插槽式榫眼，但对贯通或止位榫眼来说，它缺少边肩以隐藏过长的榫眼末端。

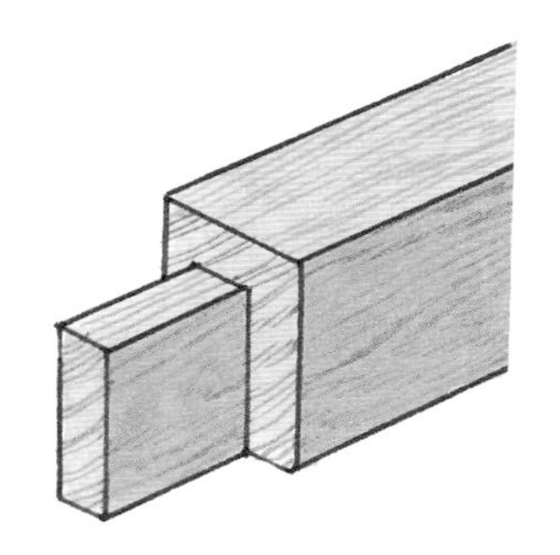

第三个肩部的作用在于使榫头和它的配对榫眼远离框架结构的边角，这样榫眼和榫头可以同时被木料包围在接合结构中。

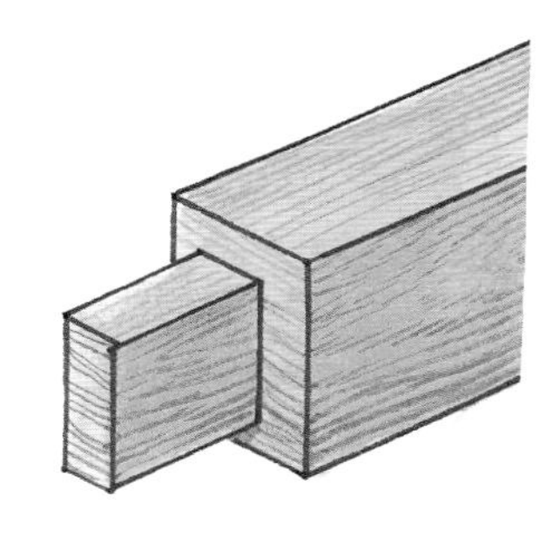

四个肩部很难在整个部件上保持对准，而且从结构层面来说通常也是不必要的，除非在组装后可以将其雕刻或塑造成特定的形状。

接合件家族的演变

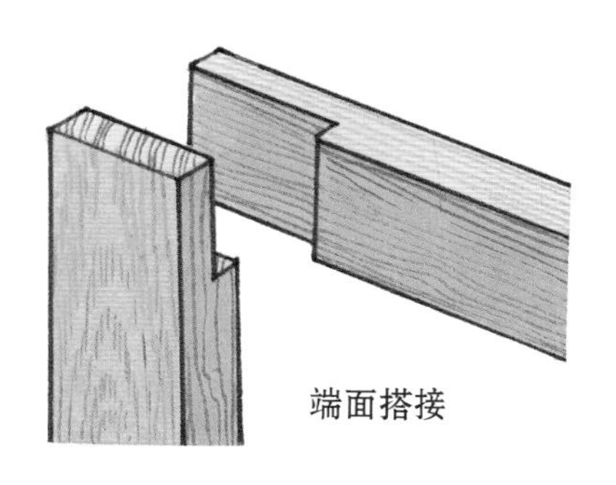

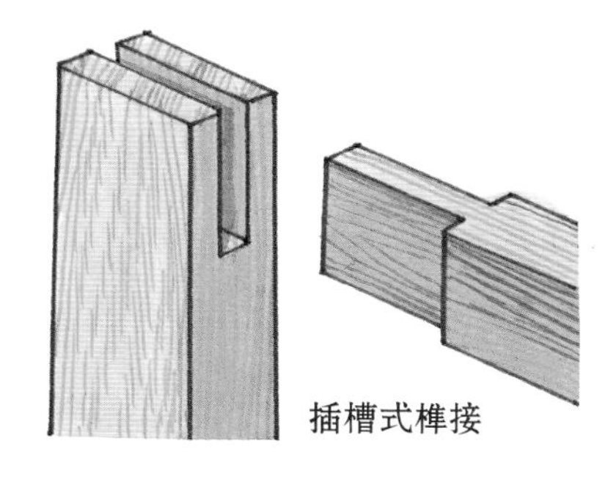

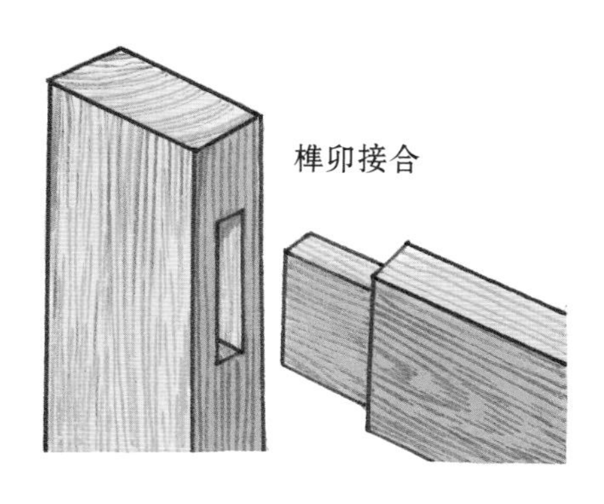

在 L 取向的部件转角处，很容易发现从端面搭接结构到插槽式榫接，再到榫卯接合结构的进化轨迹。

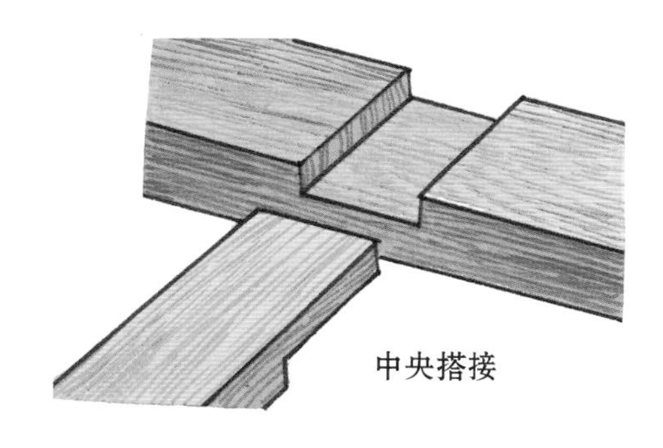

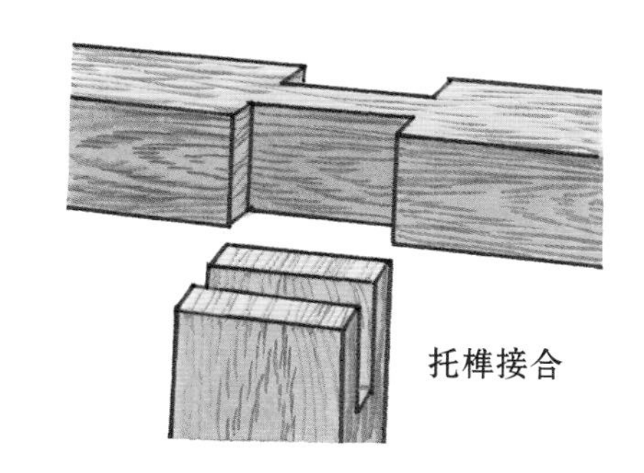

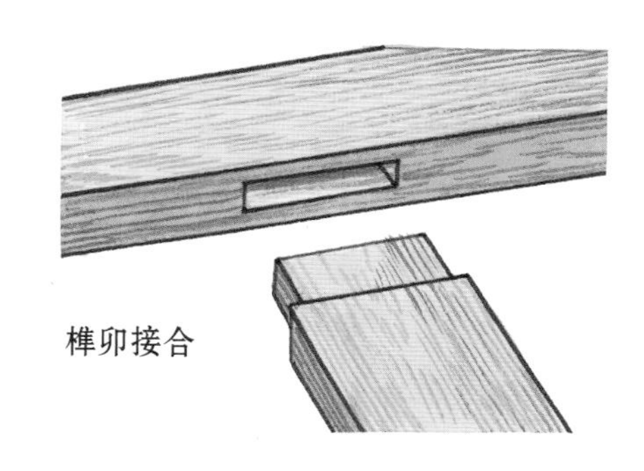

在 T 取向的部件接合处，搭接接头、插槽式的托榫接合以及榫卯接合结构都具有加倍的胶合表面以及抗扭曲能力。

榫卯接合的选择和使用

榫卯结构有数百种不同的变式。在每种设计中，框架结构、支撑腿组件或者框体结构的要求都会发生变化，接合件也需要进行调整以满足设计要求。这些变化考虑了材料因素、榫眼类型以及榫头在结构和风格上的匹配。其他因素还包括满足接合稳定性和设计要求的肩部，以及用来应对压力的强化结构。

榫头在对抗张力方面是最弱的。如果没有黏合剂，很容易把它们从榫眼中抽出来。钉紧或楔入木楔可以防止这种情况发生，并增加接头的机械强度。钉紧很简单：只需用木销、螺丝或者钉子穿入组装好的成对组件，如果需要，可以在表面饰以装饰性的木塞。如果最初没有在榫眼部位涂抹表面处理产品形成保护性涂层，减缓水分交换速率，那么木材在经过多年的反复形变之后，榫眼部件由于钉孔的存在而开裂的风险会大大增加。如果榫眼是张开的，或者榫头是贯穿的（本身就是通过楔子或木片加固的），楔入木楔可以增强接合件的抗张性能，除非木料本身被破坏，否则接合不会失败。

对榫头和肩部进行调整是稳定接合、对抗扭曲的主要策略。有时，单独的榫头设计就可以稳定整个作品。某些榫头的设计已经得到了显著的改进，能够满足特定的需求，比如框架-面板结构中使用的加腋榫，它填补了位于门梃末端的面板凹槽。榫卯结构在支撑腿和横档接合件中的使用历史也很悠久了，从中世纪的旅行搁板桌使用的榫卯接合件（使用木楔加固，不需要胶水，易于拆卸的通榫），到将传统半月形桌的挡板与前腿连接起来的托榫接合件。

加固榫卯接合对抗张力

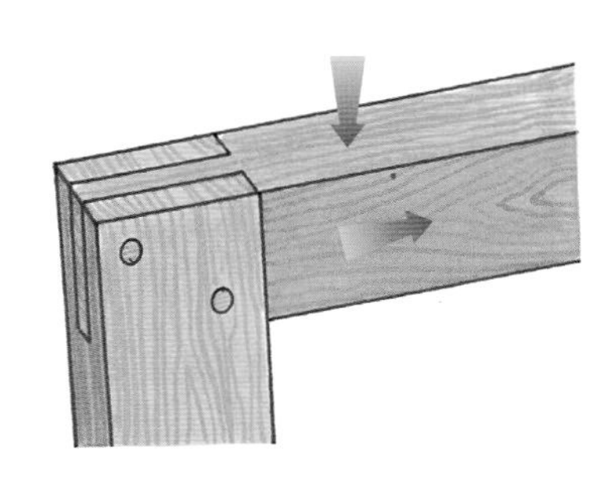

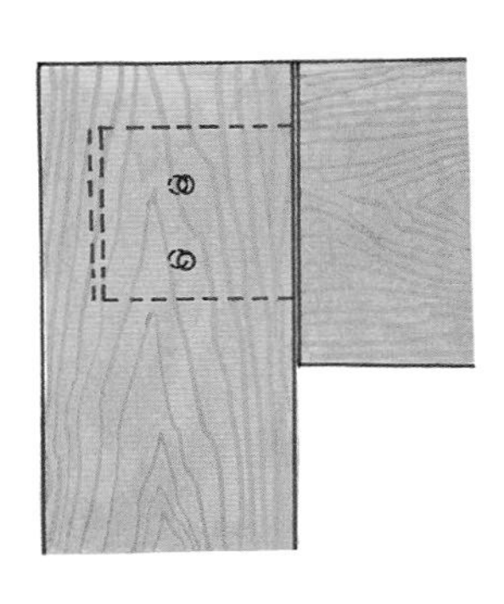

在托榫组件中钉入贯穿组件的木销钉可以增强组件对抗负载和张力的性能。穿过榫卯组件钻取销孔，通过略微偏置销孔将钉子钉入可以拉紧接头。

稳定榫卯接合

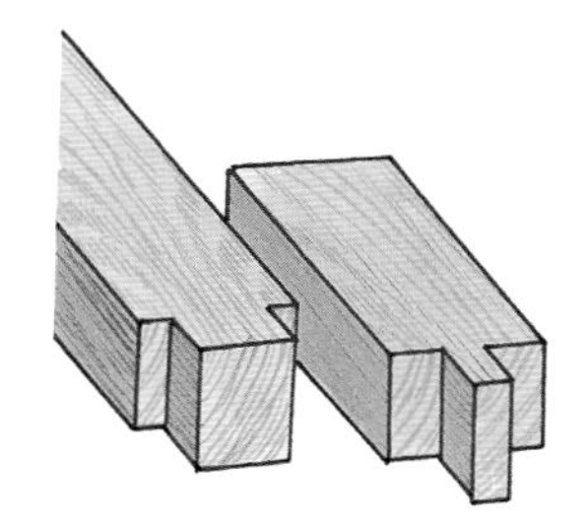

厚榫头可以抵抗扭曲，但需要榫眼部件去掉太多的木料；较薄的榫头强度较弱，且端面面积过大，无法提供有效的胶合表面。

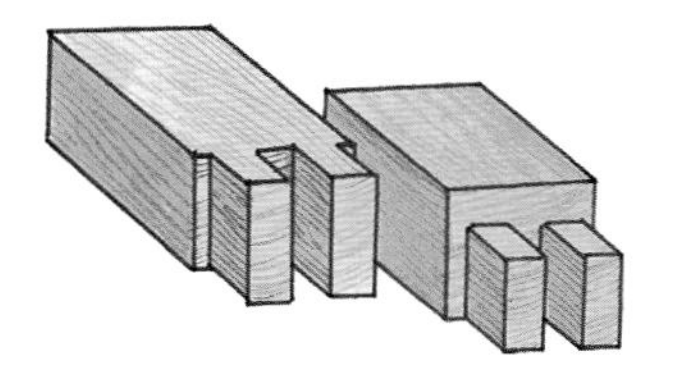

双榫头，其对应的榫眼应该平行于纹理纵向延伸，这样的组合极大地提高了接合件的抗扭曲性能，如果榫头具有边肩效果会更好。

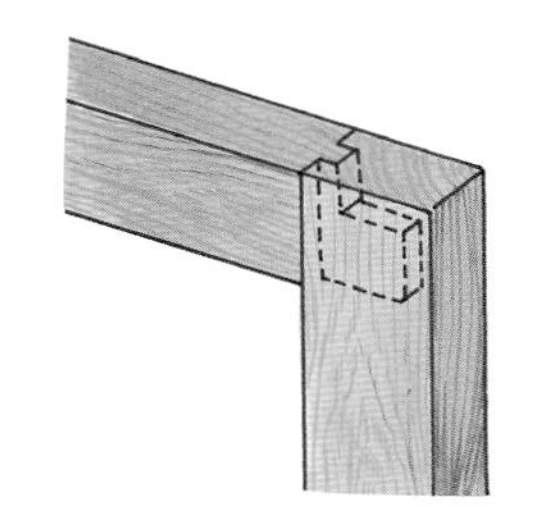

在框架结构中，镶嵌面板的凹槽可以被加腋榫的拱腋填充，并能像榫肩加强接头的抗扭曲性能那样增强框架的强度，同时保留了与原来等面积的端面。

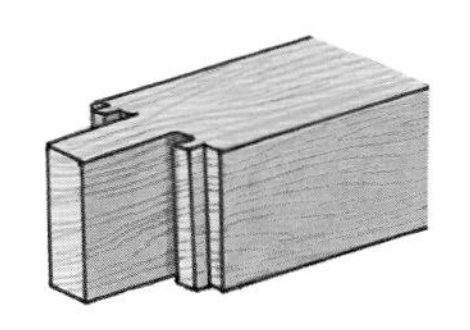

具有凸起结构的榫肩可以通过抑制靠近表面的木材形变来提高接头和木料的稳定性。

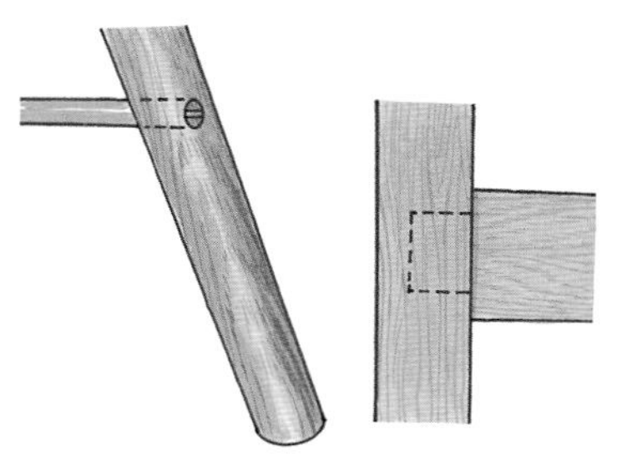

对于缺少榫肩区域的榫接横档部件，可以将其榫头贯穿榫眼部件，然后用木楔加固，以获得额外的抗扭曲性能，形成具有宽大榫肩以及大面积长纹理胶合区域的榫头。

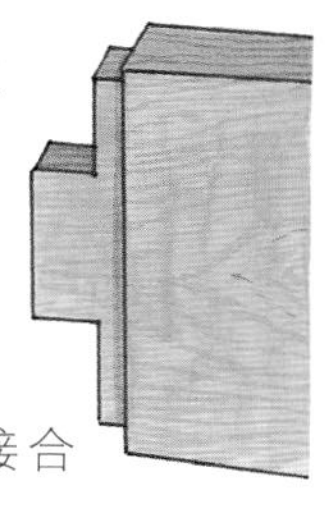

在宽大的榫头上，拱腋可以帮助对抗扭曲并增加胶合表面，同时减少了榫眼部件需要去除的废木料，使接合更加牢固。

用木楔加固榫头的样式

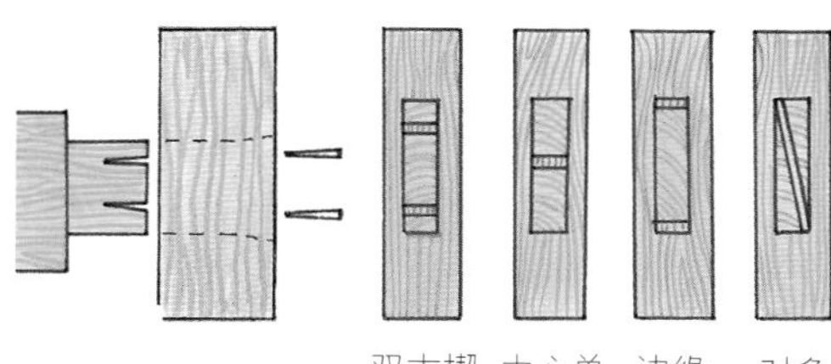

为了收紧或展开榫头，使其不能被抽出，可以在通榫的榫头上开槽插入木楔，有时需要以一定的锥度同步加宽对应侧的榫眼。

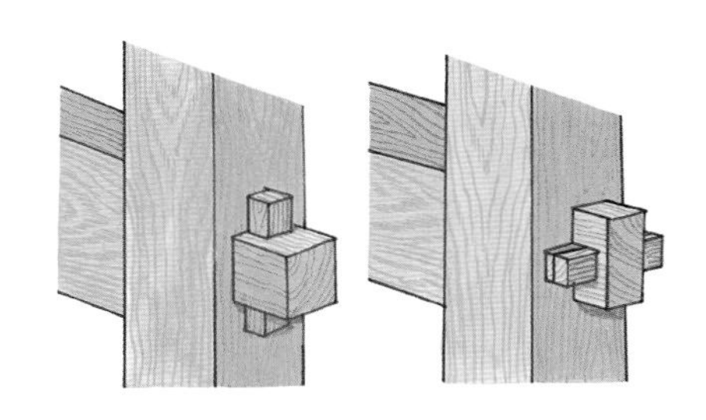

在贯通榫头上开榫眼接收单个或成对的锥形木楔可以加强榫头的抗张性能。这些木楔是可以拆卸的。

箱体结构的榫接

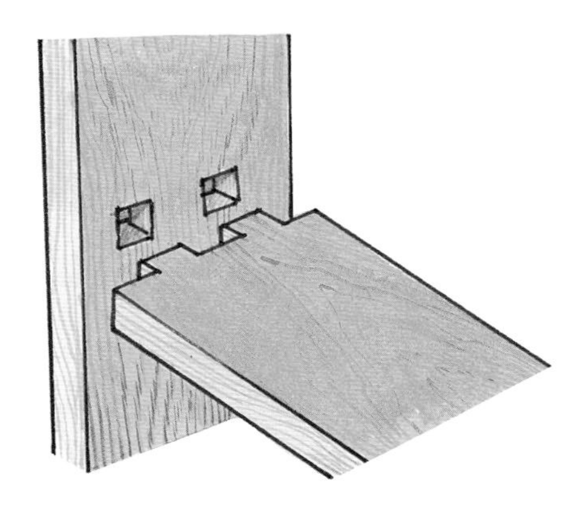

当结构不要求它们保持侧板对抗弯曲时，抽屉的框架横梁通常是通过短粗榫嵌入箱体侧板中的。

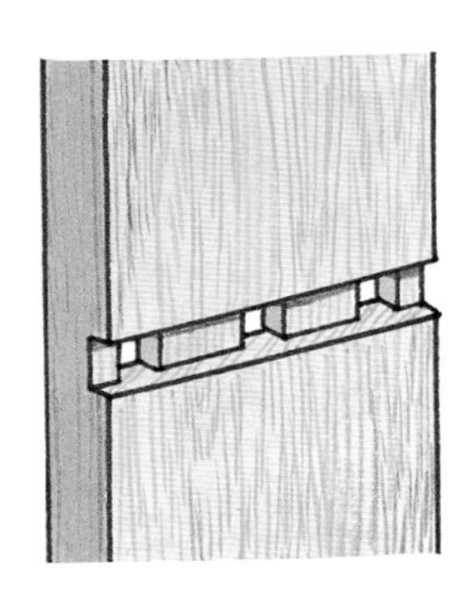

在封装接合的变式中，完全或部分封装的槽充当榫眼，与其配对的榫头则在搁板的端面或舌部切割。

没有面肩的榫头可以穿过榫眼将搁板插入箱体侧板中，并通过木楔加固。

框架结构的榫接

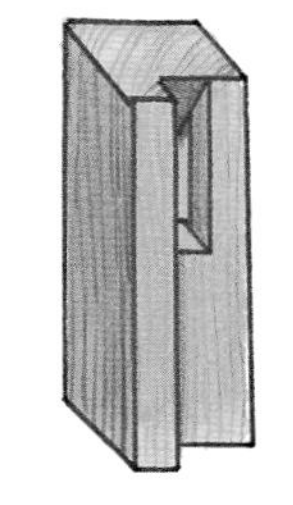

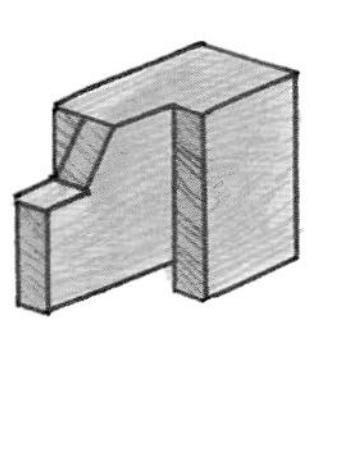

在镶板结构中，一个隐藏的倾斜拱腋是框架榫头的可选方案，同时需要注意将一侧肩部内收以匹配凹槽的深度。

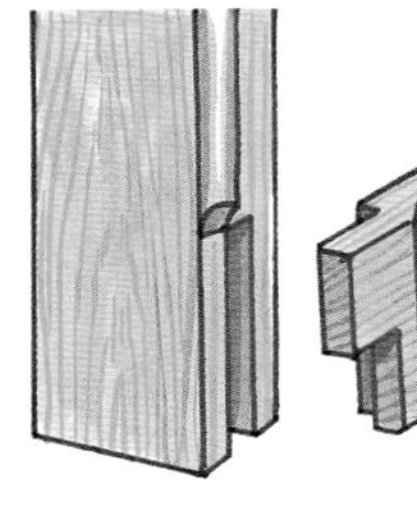

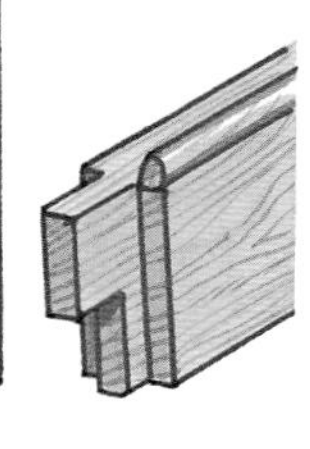

可以在一个有造型的边缘框架上开半边槽或凹槽以镶入面板，但造型边缘必须斜接才能保持内部接合的连续性。

支撑腿组件的榫接

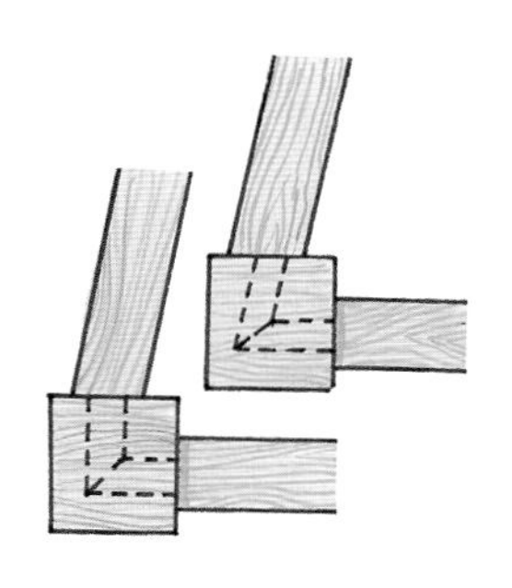

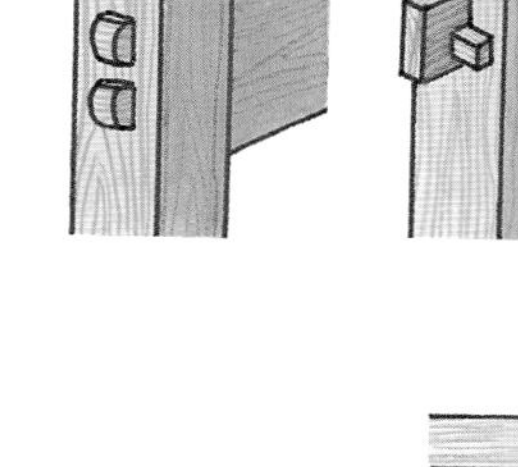

横档的榫头可以延伸到榫眼之外，用于装饰或强化接合结构，就像搁板桌上使用的用木楔加固的贯通榫头那样。

为了使椅面的框架横梁以一定的角度连接到椅背上，可以将榫头制作成倾斜的角度，如果想要保留一些连续的长纹理面，也可以制作有角度的榫眼作为替代。

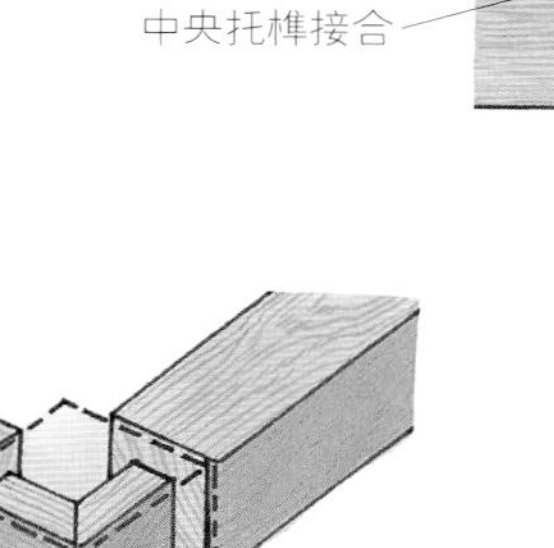

托榫接合可以让横档穿过桌腿中心，或者用来为搁板桌连接一个桌脚。

在桌腿内部，为了避免空间上的冲突，相邻横梁的榫头需要搭接或斜接，但需要一侧面肩保持横档与桌腿表面平齐。同时应该注意，如果榫肩较窄，对应的榫眼壁可能会过薄。

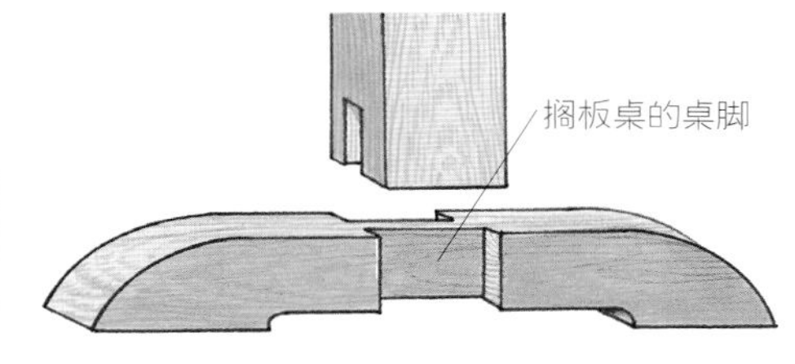

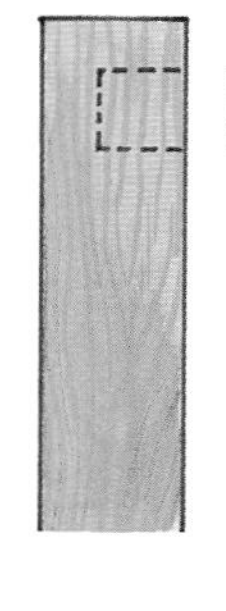

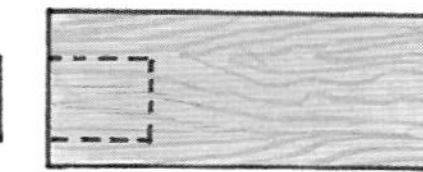

栽榫简化了榫肩的切割和安装。两侧部件的榫眼可以用同一个铣头铣削，榫头可以从一条长木料上切取。

拱形的横梁与门梃相遇的部位会由于短纹理的存在导致强度变弱，可以使榫肩倾斜一定的角度，或者对榫头本身进行改造以满足接合要求。

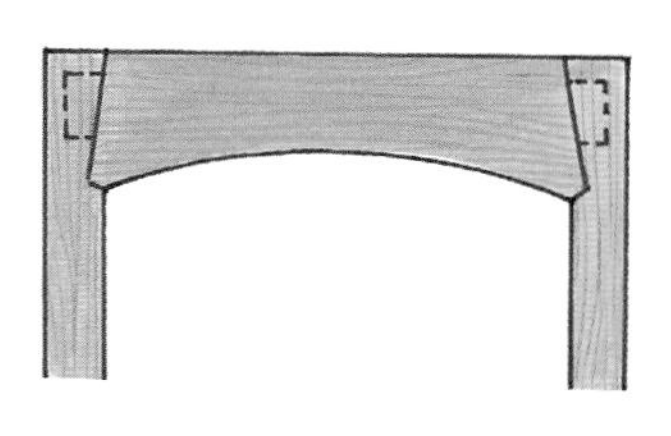

基本榫接

在直纹理区域，榫眼的标准宽度约为木板厚度的三分之一。但这一比例会经常变化，因为榫眼需要与凿切深度最接近三分之一木板厚度的榫眼凿匹配。榫眼过宽，颊部就会较弱；榫眼过窄，榫头的强度就会很弱。所以这个比例只是一般性的指导。要想完全依靠手工准确切割出榫眼需要大量的练习。将标记线画得深一些，这样有利于凿子初次切入木板时干净利落地清除废木料，并为后续的凿切留下一个很好的引导面。在榫眼的废木料中凿切出微小的斜面同样有助于引导凿子完成高质量的切割。

一方面，锯切榫头时首先锯切肩部会削弱榫头的强度，因为如果锯切得太深，长纹理区域会被切断。另一方面，如果一个部件的两端都需要切割榫头，应优先锯切颊部，因为肩部的位置决定了榫头的长度。

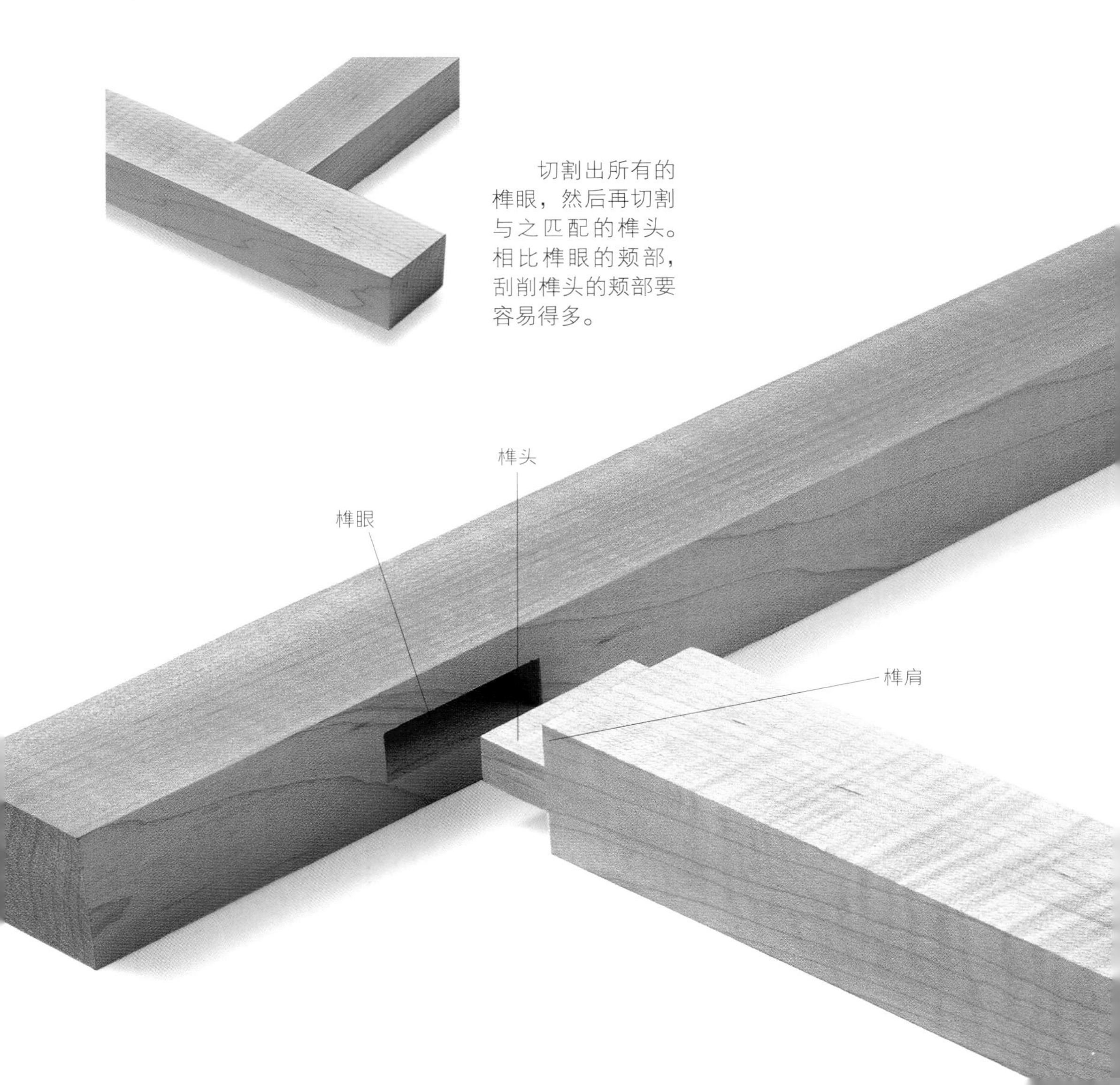

切割出所有的榫眼，然后再切割与之匹配的榫头。相比榫眼的颊部，刮削榫头的颊部要容易得多。

手工制作止位榫眼

1 将修齐的表面和边缘对齐，在榫眼部件上勾勒出榫头的轮廓线。为了防止切割时榫眼距离边缘过近导致木料撕裂，需要暂时留出一段木料作为截锯角。

2 在以榫头部件为模板画出的轮廓线范围内定位榫眼的长度。用划线刀垂直于修齐的表面画出榫眼的两条长度线。

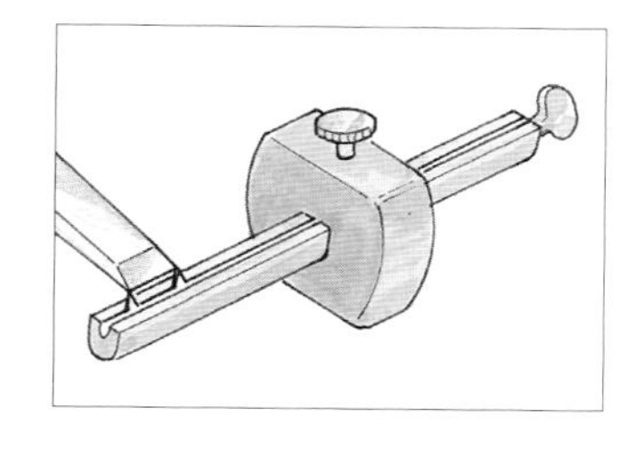

3 将榫规的钢针设置为最接近木板厚度三分之一的凿子的宽度尺寸。榫眼的每侧颊部之外至少应留出木板的四分之一厚度。

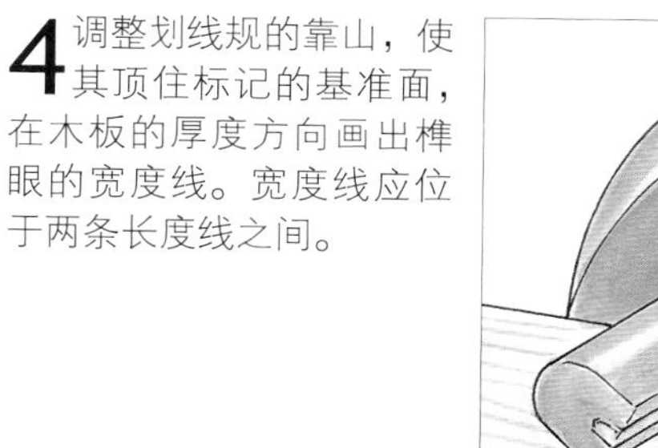

4 调整划线规的靠山，使其顶住标记的基准面，在木板的厚度方向画出榫眼的宽度线。宽度线应位于两条长度线之间。

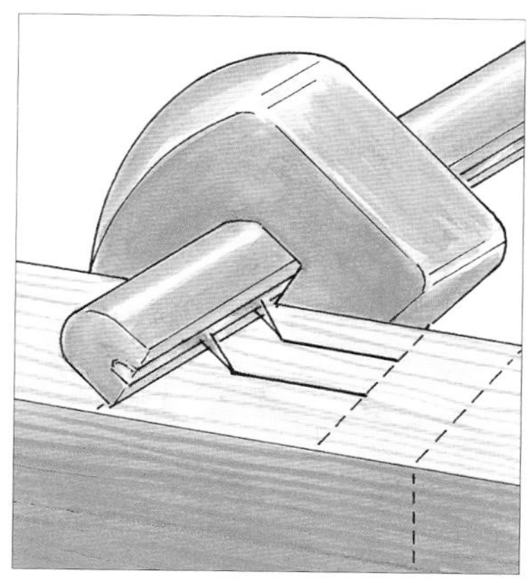

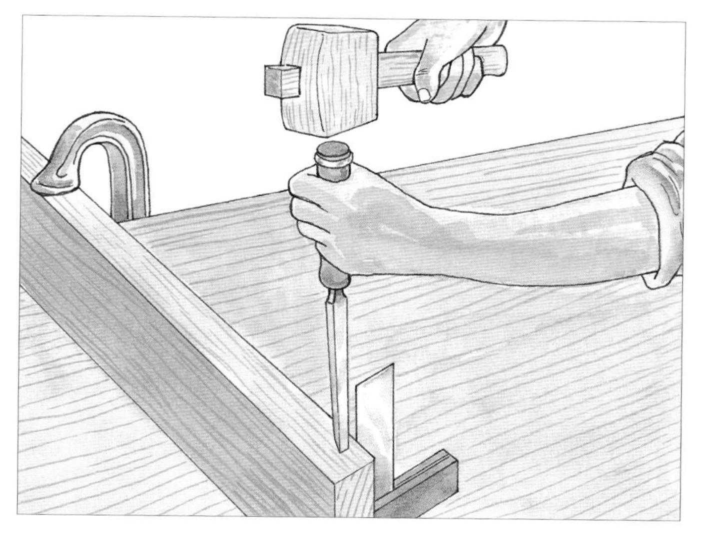

5 把画好线的部件用夹具夹在木工桌的一条桌腿上方。操作者应正对基准面站立，这样有助于通过视觉的辅助保持榫眼凿的侧面和背部垂直于操作面工作。

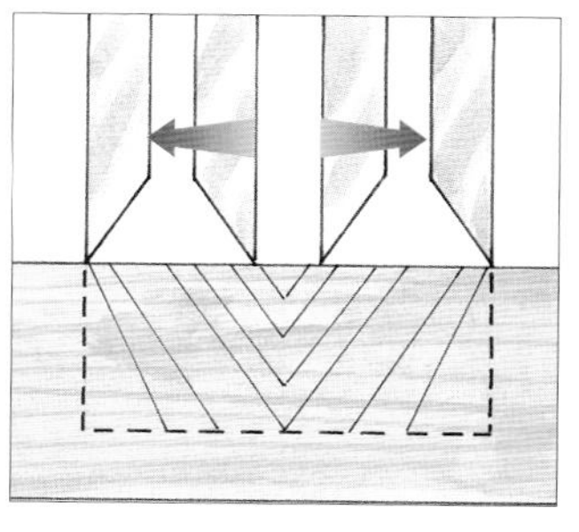

6 一种凿切方式是从榫眼的中心起始切割，并随着凿子向榫眼末端的移动逐渐增加凿切的深度，当凿切推进到榫眼末端时，需要反转凿子进行切割。

变式

其他制作止位榫眼的方法

用榫眼凿清除废木料的另一种方法是，在榫眼区域钻孔去除大部分废木料，然后用台凿清理颊部。布拉德尖刺钻头和平翼开孔钻头效果都很好，但是平翼开孔钻头能够留下平整的底部，易于判断榫眼的深度。

可以将电木铣设置为水平方向开榫眼，一些更为简单的解决方案可以参考下页的内容。钻头必须有能力切割末端，而上螺旋槽则有助于从榫眼中清除木屑。以较浅的深度分几次切割效果最佳。

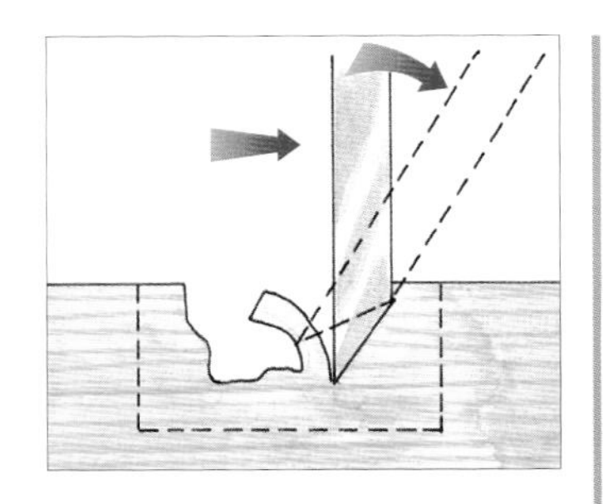

7 在第二种方法中，用凿子部分地向下凿切，并利用杠杆作用沿榫眼的长度方向撬动废木料，逐层深入，直至最后完成榫眼末端的切割。

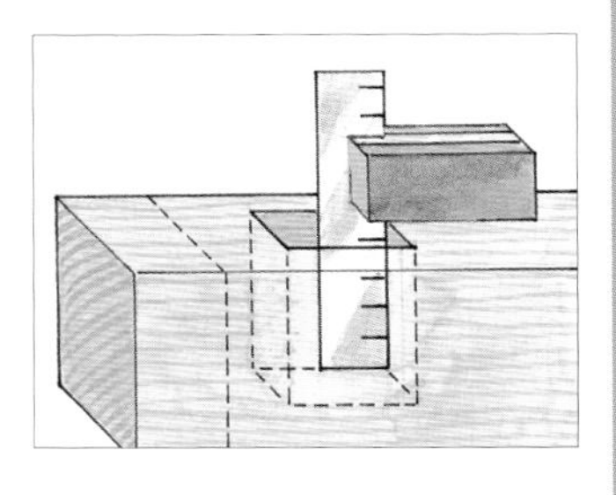

8 用凿子把榫眼底部清理干净，然后插入一把直角尺，检查颊部是否平整方正，深度是否正确。

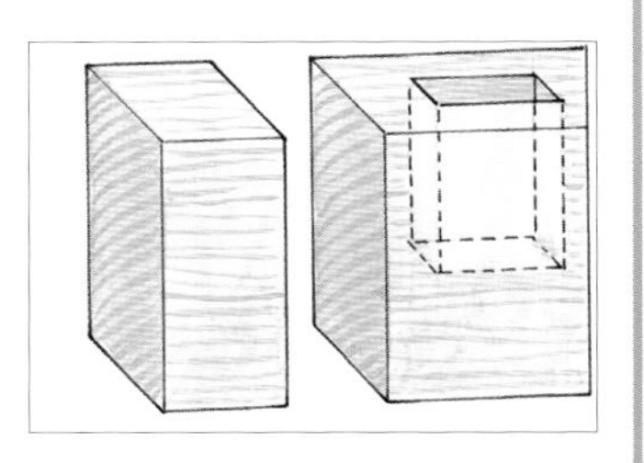

9 最后根据标记线修整榫眼末端，以清理任何撬动木料造成的边缘破坏痕迹。胶合接头，然后锯掉截锯角。

手工制作基本的榫头

1 垂直于经过修整的边缘，横向于木板的基准面画出肩线，然后将画线扩展一周，标记所有肩部和榫头的长度，以匹配榫眼的深度。

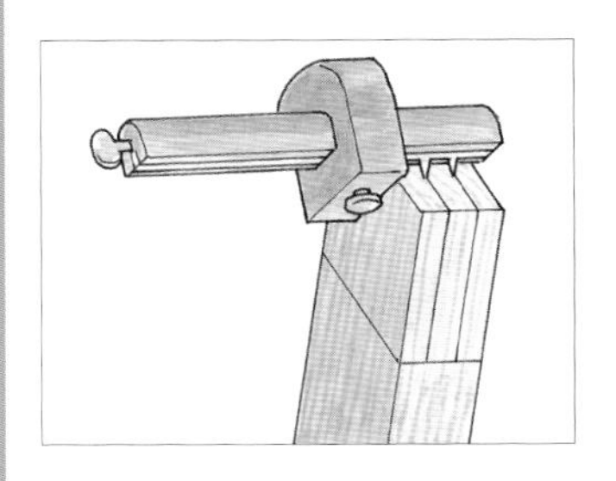

2 按照稍大于榫眼宽度的尺寸设置榫规，调整靠山以定位并围绕部件画出榫头的厚度线。

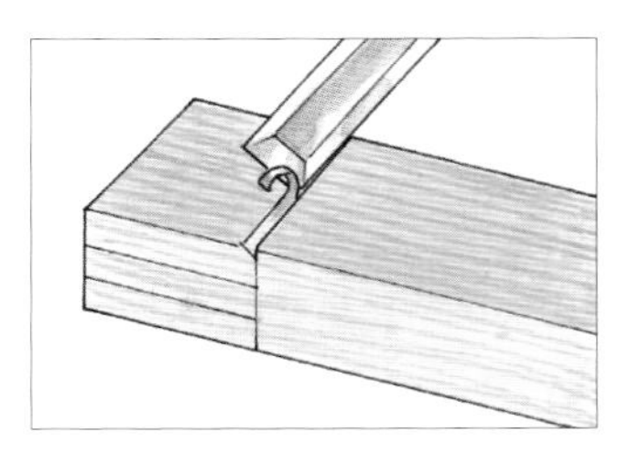

3 把肩线画得深一些，用凿子沿着面肩的废木料侧切削出一个小斜面，用来引导锯片。

4 把部件和木工桌挡头木的防滑条握在拇指和其他手指之间，用食指稳定锯片，然后沿肩线锯切榫头。

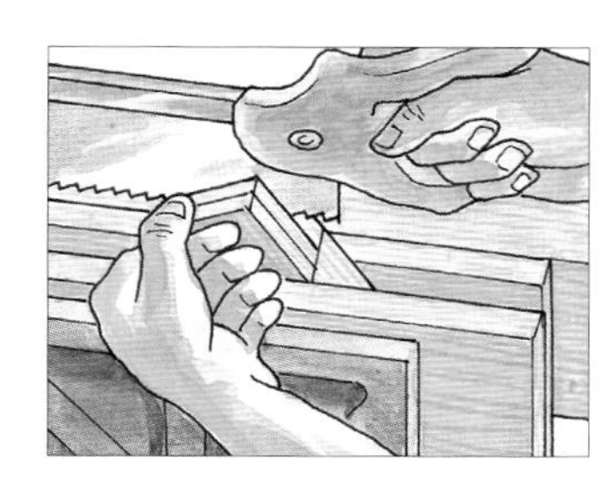

5 把榫头部件立起并使其向外倾斜，夹紧，向下沿标记线锯切，用拇指稳定锯片，使锯缝保持在废木料一侧。

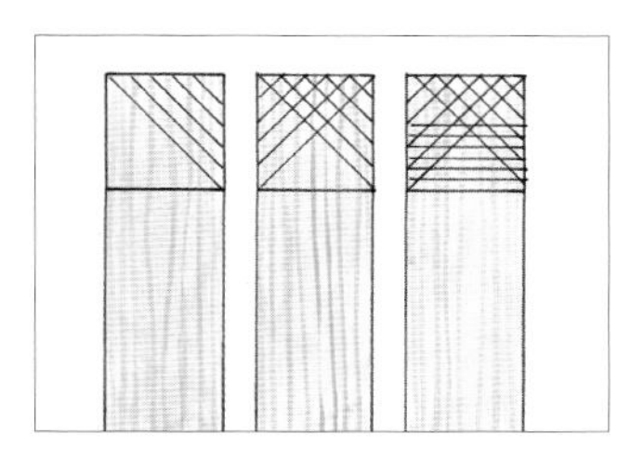

6 第一波锯切形成的锯缝可以为第二波锯切提供引导，然后反转部件用台钳夹紧，进行第二波锯切。第三波锯切则可以去掉残余的木料。

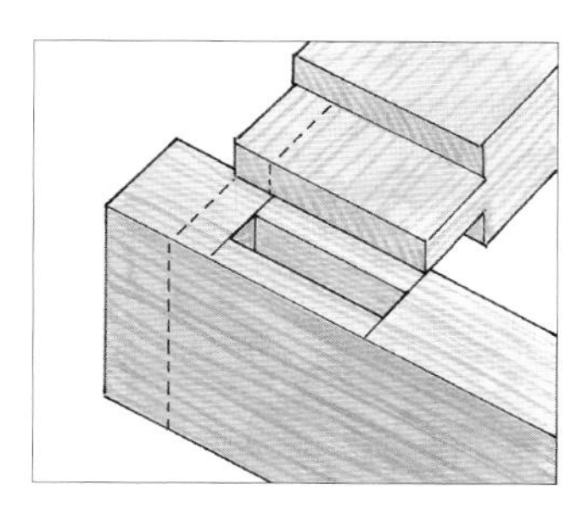

7 将榫头与榫眼画线对齐，并标记出第三个肩部的切割线，以各自的榫眼为参考测量每个连续的部分。

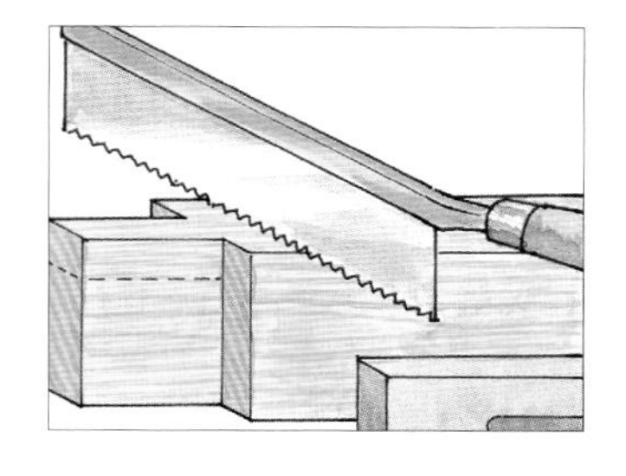

8 向下锯切第三个肩部，直到标记线的位置，注意不要切入面肩部分，然后沿着榫头的纹理继续锯切，移除废木料。

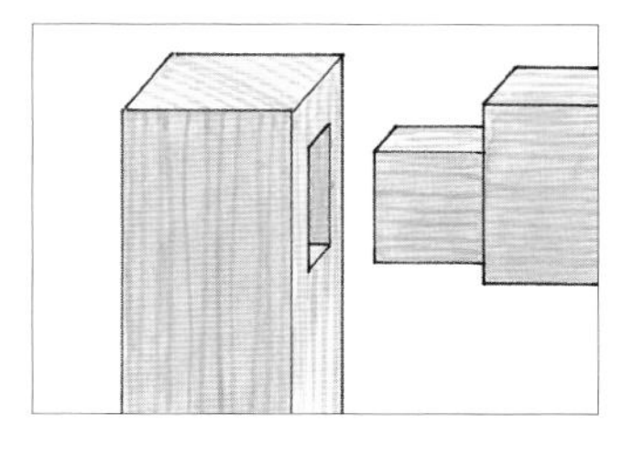

9 用台凿把榫头削切到位，通过手压检验其与榫眼的匹配情况，或者用槽刨将锯切痕迹处理平滑，保证榫肩可以紧贴榫眼部件的表面。

变式

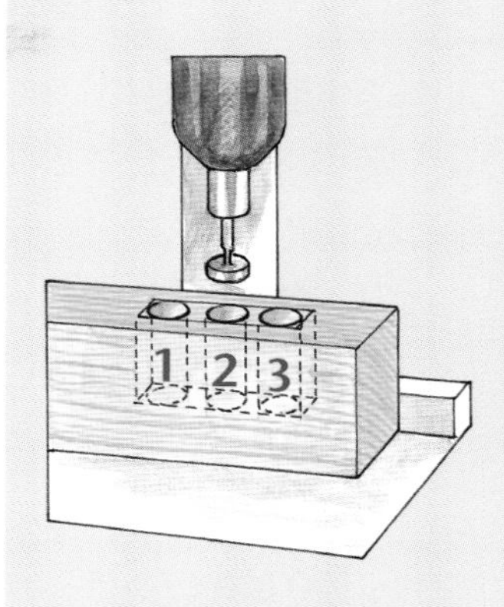

平翼开孔钻

在用平翼开孔钻清除废木料并制作平整的底部时，应先沿榫眼的两端向下钻孔，然后再在中间钻孔。钻孔完成后用钻头和凿子进一步清理去除残留的废木料。

铣削榫眼

用台钳把榫眼部件夹紧，并在部件旁边放上另一块木板与其侧面保持齐平，为电木铣让开线路并提供额外的支撑，引导插入式电木铣完成铣削。

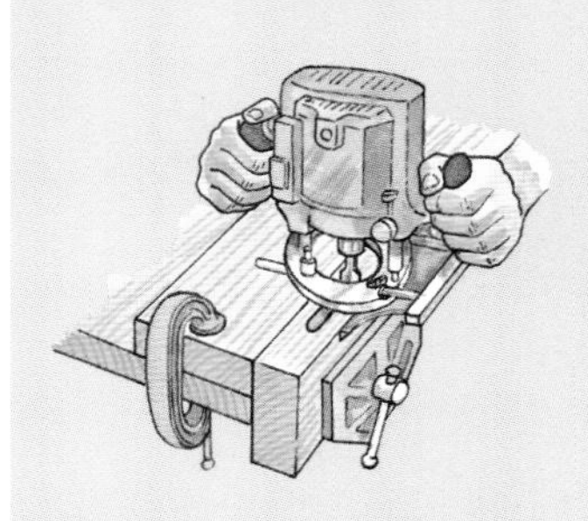

用摇臂锯制作插入式榫眼

用摇臂锯制作插入式榫眼的优势在于，可以将部件水平放置完成操作，这在部件过长或过重，不宜用榫头夹具固定在台锯上垂直切割的时候非常有用。根据原则，榫眼宽度不会超过木板厚度的三分之一，首先在木板的端面测量并画线，然后将画线延伸到两个侧面，根据榫头的宽度标记出肩线。

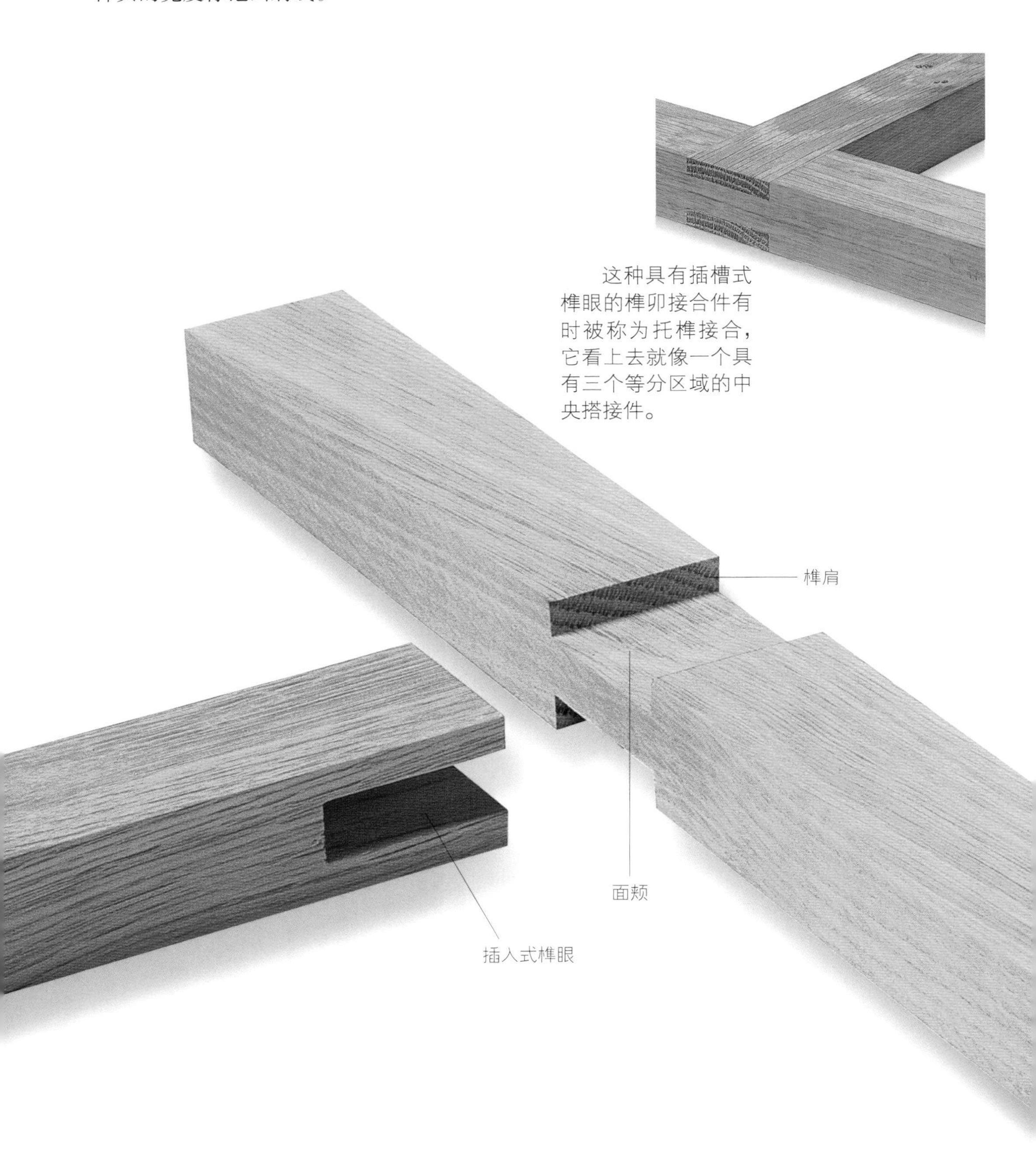

这种具有插槽式榫眼的榫卯接合件有时被称为托榫接合，它看上去就像一个具有三个等分区域的中央搭接件。

制作步骤

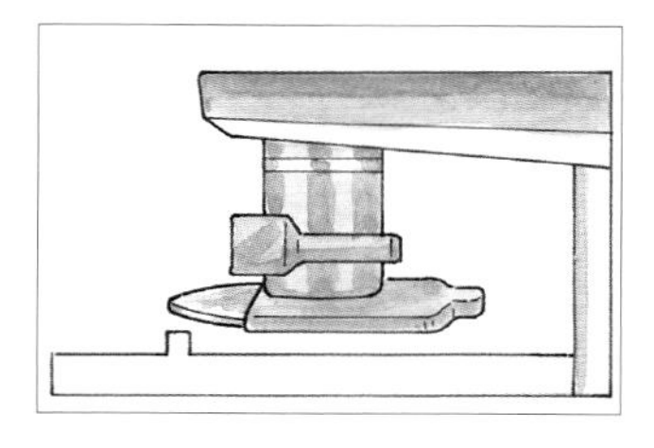

1 按照榫眼的宽度尺寸在水平位置锁定一个组合刀头，使刀片的外径与锯片靠山的前缘精确对齐。

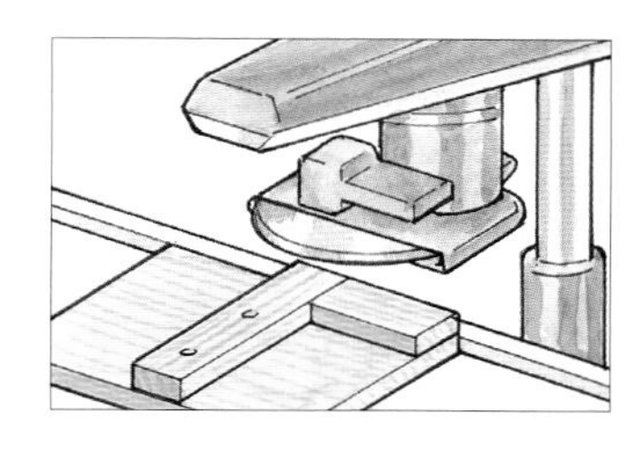

2 用胶合板废料制作一个可滑动的夹具：切割一段木条，然后垂直于它加入另一块边缘方正的木条作为靠山，以防止手滑动碰到锯刃。

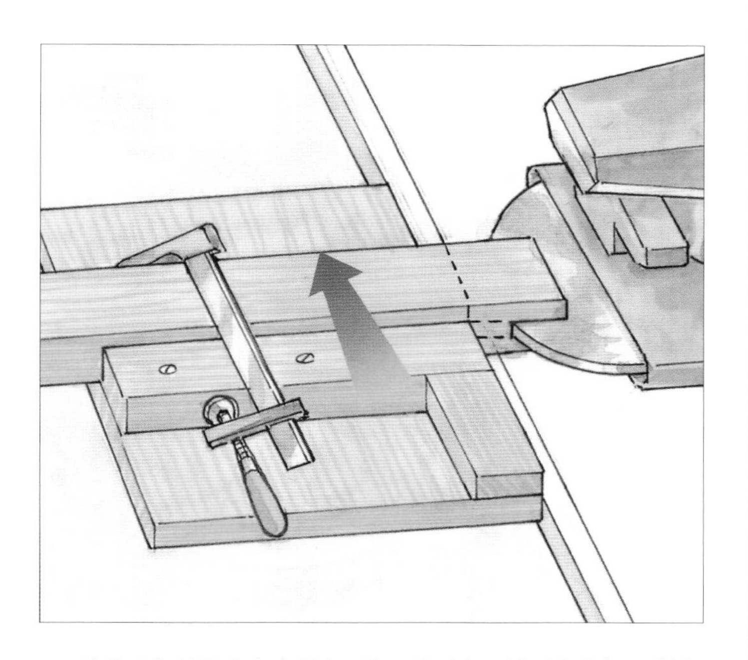

3 将榫眼部件固定在夹具上，使刀片对齐画线，滑动夹具进料，使部件经过刀片以去除废木料，直到标记的肩线与锯片的靠山边缘对齐。

变式

替代方法

一种替代方法是，在画线的中央废木料一侧用手锯锯切插入式榫眼。另一种替代方法需要首先钻一个孔，经过锯切后再用凿子进行修整。注意从两边向中心操作，将凿子切入废木料中，然后将木料碎片从端面分离出来。一种更简洁的操作方法是，在台钻上使用平翼开孔钻头钻孔，通过调整靠山，使钻头精确对齐榫眼的中心。操作要小心，相邻的孔可以部分重叠，这样经过一系列的开孔操作后，只留下很少的木料，最后用台凿将残余木料削掉即可。操作时可以用一块废木料支撑榫眼部件，以防止撕裂木纤维。

手工切割通榫榫眼

手工切割通榫榫眼唯一需要注意的就是（除了保持榫眼方正），防止未被榫头肩部覆盖的一侧发生撕裂。为此，应标记出榫眼的轮廓线，并从外侧向中心操作。

为了防止切割榫眼时撕裂木料，首先要在与榫头肩部接触的一侧画出较深的榫眼标记线。这样钻头可以径直钻入木料并从对侧钻出，同时不会撕裂木料。如果需要从榫眼的两侧钻孔，可以通过定位靠山使画线位于钻头的正下方。为了保持精确的对齐，需要始终用相同的面顶紧靠山。

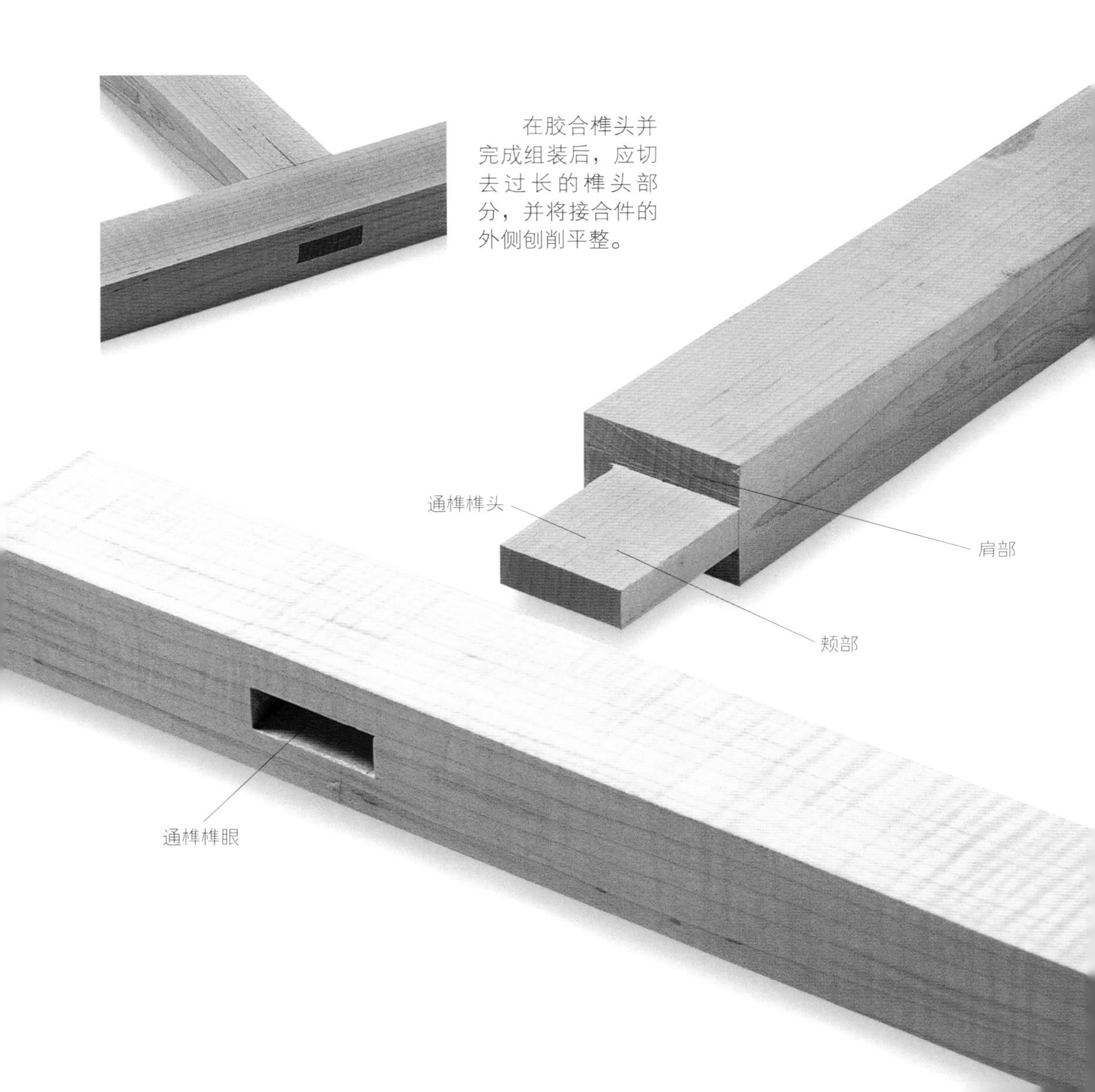

在胶合榫头并完成组装后，应切去过长的榫头部分，并将接合件的外侧刨削平整。

制作步骤

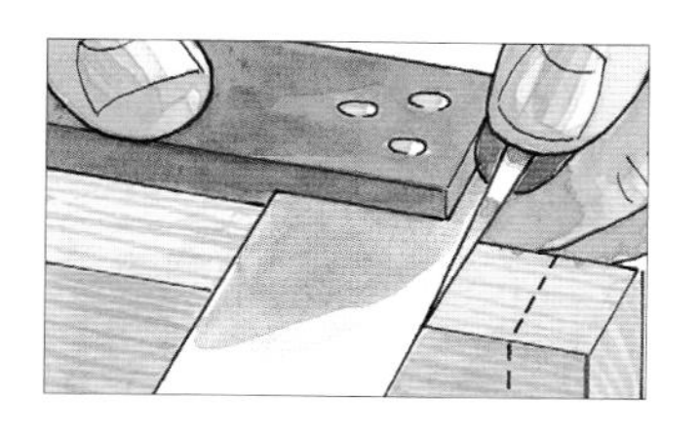

1 按照第 75 页的榫眼画线步骤操作，但这一次需要将榫眼的画线延伸到其对侧表面。

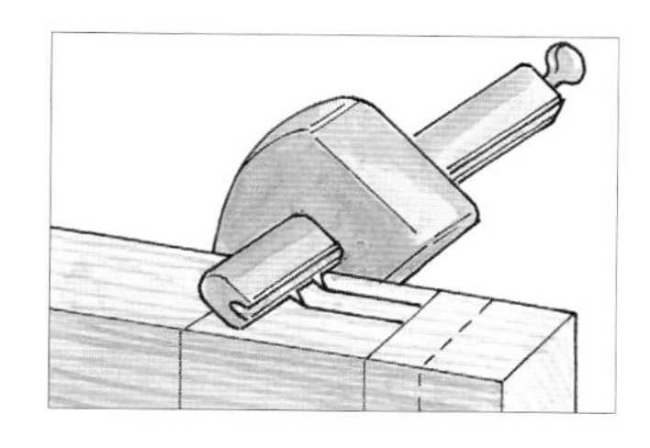

2 完成长度线的标记后，按照之前的步骤继续操作，用划线规标记出榫眼的宽度线，记得同样要在对侧表面画出宽度线，并在标记时用相同的面顶紧靠山。

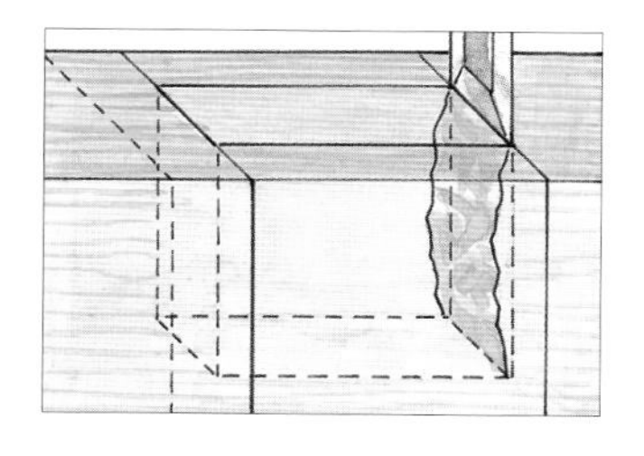

3 从四面向中间操作。把废木料切碎，在榫眼的每一端形成略带锥度的切割面，然后轻轻刮削，把榫眼壁修整方正。

变式

更多的开榫眼技术

铣削成角度的榫眼

为了用电木铣夹具引导电木铣铣削出成角度的榫眼，应首先在榫眼部件上标记出榫眼的角度，然后调整夹具，直至榫眼垂直于电木铣的底座，然后完成铣削。

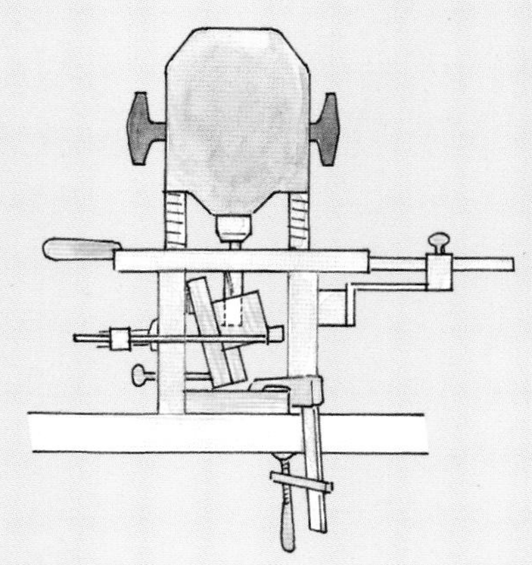

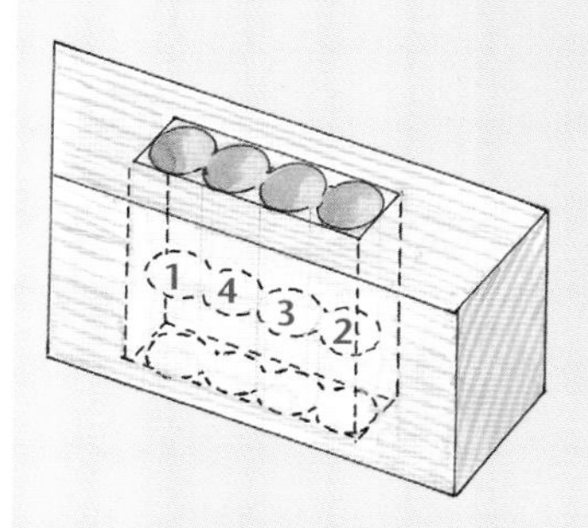

清理通榫榫眼

用布拉德尖头钻从榫眼的一侧钻入，钻透榫眼以清除废木料，然后用凿子将榫眼壁修平。

清理插槽式榫眼

首先在榫眼的底部钻一个孔，然后按照第 77 页锯切榫头的步骤锯切插槽式榫眼，并清除废木料。

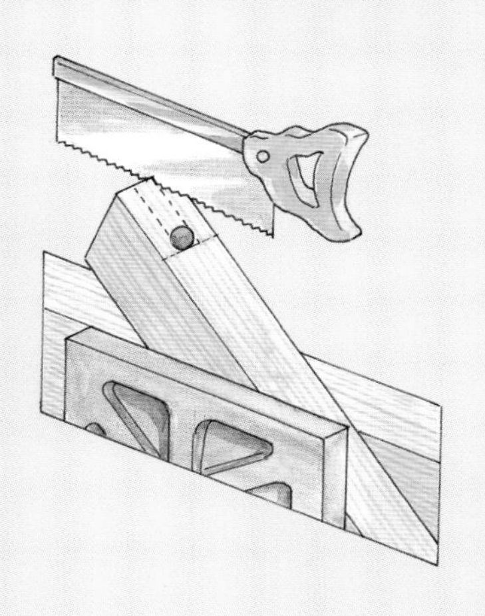

成角度的榫卯接合

当把一个成角度的榫眼从原尺寸的图纸转移到木料上时，榫眼的宽度和端面尺寸仍然是保持不变的。以同样的角度把木料固定在台钻上，保持凿子垂直向下手工完成凿切。

一个向下操作的电木铣夹具箱可以用来切割成角度的榫眼。这种工具类似于没有锯槽的斜切辅锯箱，可以通过一个由蝶形螺丝固定的铰接架进行调整，将榫眼部件固定在所需的角度。从图纸中获得所需的角度，并在相应位置标记出榫眼的尺寸，调整部件的角度，直到榫眼成角度的侧壁垂直于台面。

在切割纵向倾斜的榫眼时，其开口必须向上倾斜，保持侧壁与台面成直角，就像用台钻钻出废木料那样。在使用这样的固定装置铣削榫眼时，榫眼部件被固定在夹具箱的一侧，电木铣则被放在夹具箱的顶部滑动，它的靠山紧靠在榫眼部件一侧。

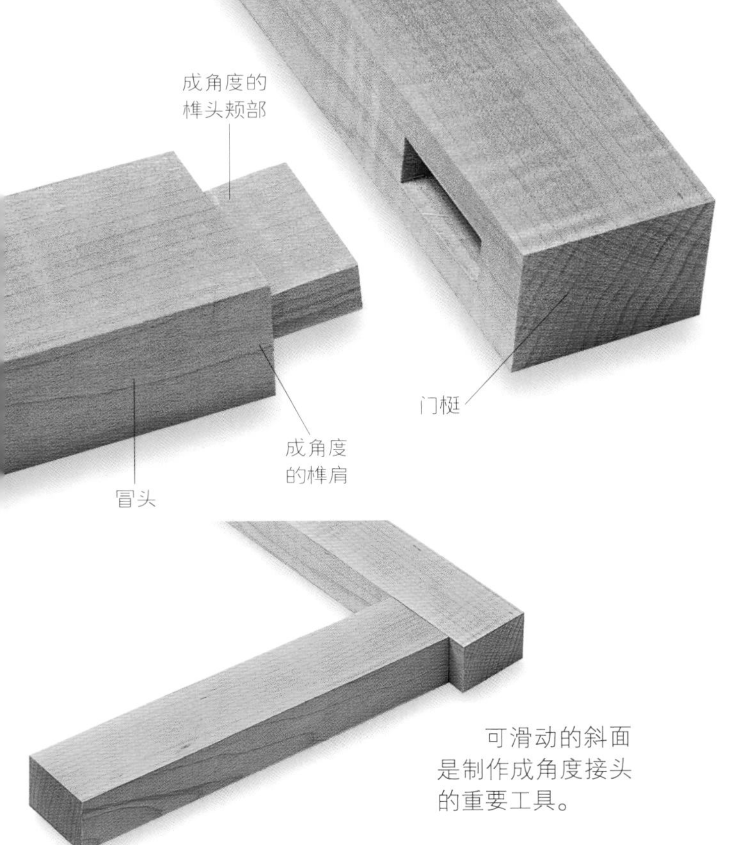

可滑动的斜面是制作成角度接头的重要工具。

用台钻制作成角度的榫眼

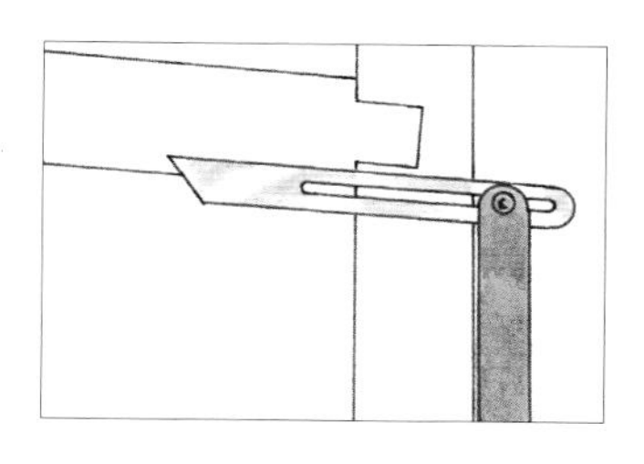

1 参照接合件的原尺寸图纸将斜角规设置成榫眼所需的角度，并用它在榫眼部件的外侧标记出这个角度。

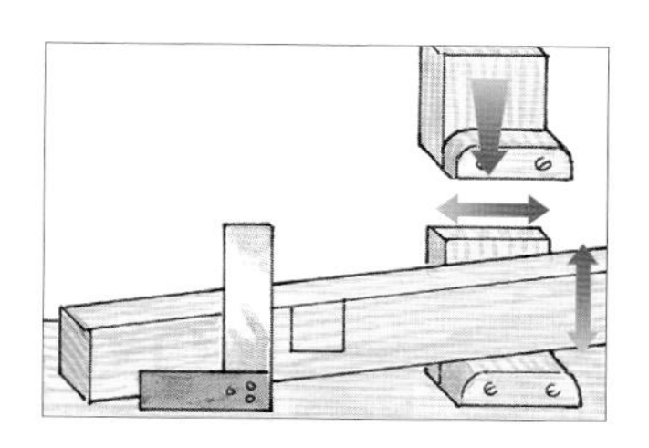

2 将一块肩部倒圆的阶梯式木块垫在榫眼部件下方，并沿着部件的长度方向滑动，逐渐抬高部件的高度，直到榫眼成角度的侧壁画线垂直于台面。

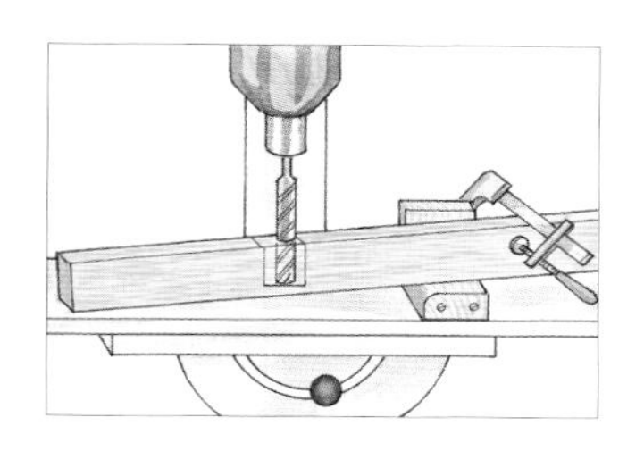

3 将部件固定到位，如有必要，可以用辅助台面帮助支撑组件。根据榫眼的标记设置钻头的工作深度，钻孔以去除榫眼中的废木料，然后再用凿子将其修整方正。

变式

榫头的制作方法

用机械加工基本榫头的方法与制作端面搭接件的方法相似。唯一的区别在于画线和调整刀头的时候，要考虑榫头具有两侧颊部而不是一侧颊部。在斜角规的槽中滑动的可调节夹具是前面提到过的、带有靠山的马鞍形夹具的变种。安装在两个半片夹具之间的凹槽里的导轨可以保持夹具平直地移动。

止位块

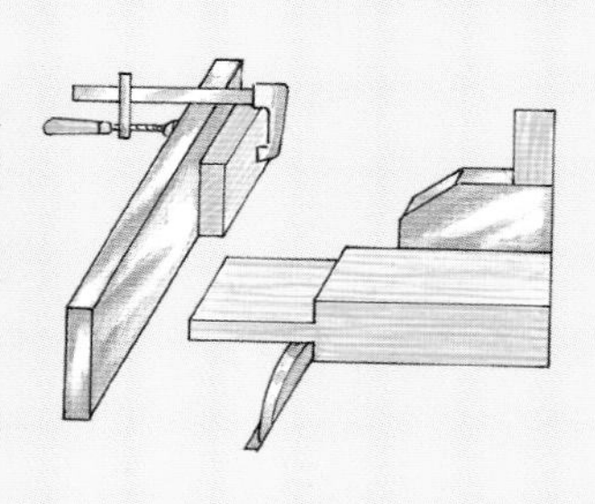

设置在台锯靠山上的止位块将切割范围限制在了肩线以内。将组合刀头抬高到肩部宽度线的位置，并将部件推过刀头，这样剩下的就只有颊部的废木料了。

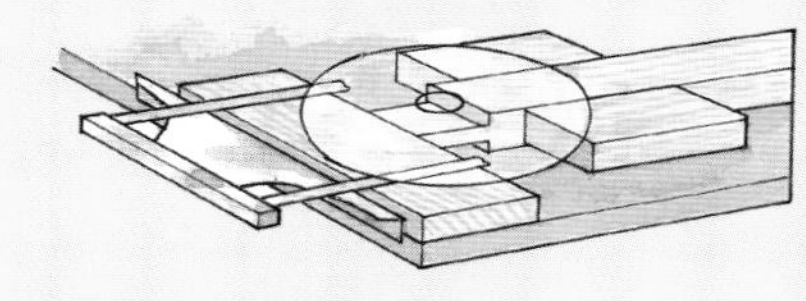

去除榫头颊部的废木料

用废木料制作一个夹具并将其连接到胶合板的底板上，以固定部件并支撑电木铣。电木铣的导边器则与肩线对齐。

榫头夹具

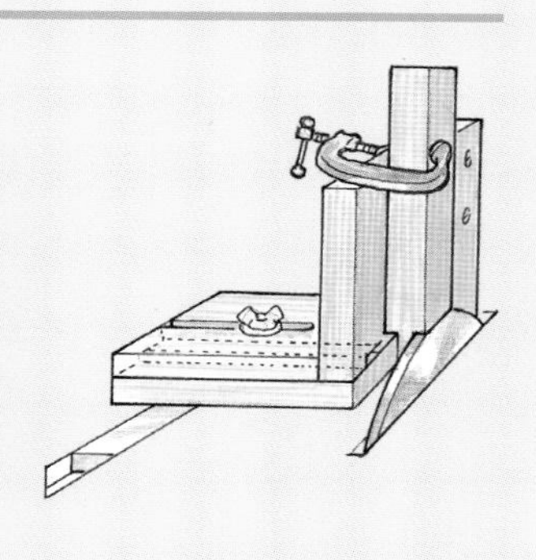

在将锯片放低到榫头的肩部宽度线位置锯切锯缝露出榫肩后，可以在一个沿斜角规的凹槽滑动的可调节榫头夹具的帮助下，从外侧入手去除颊部的废木料。

制作成角度的榫头

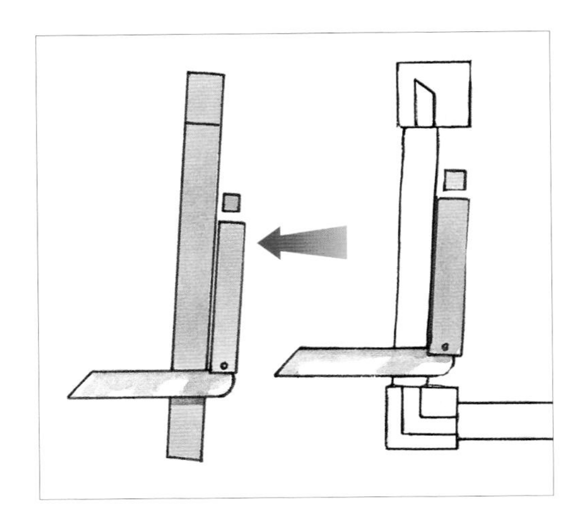

1 用一个可滑动的斜角规从原尺寸图纸量取边缘肩角并将其转移到超长的木料上，注意使肩部保持正确的距离。

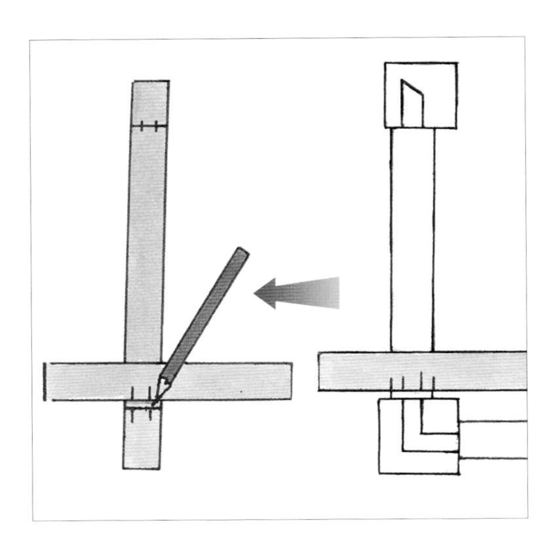

2 测量或使用一根木工高程标尺，将榫眼的偏移量和榫头的厚度标记到成角度的榫肩标记线上。

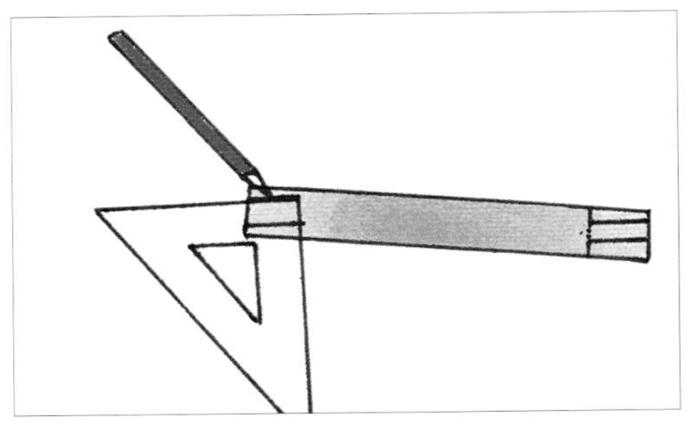

3 将建筑师三角尺的直角与肩线标记对齐，并沿着部件的侧面延伸肩线，画出榫眼的侧面厚度线。

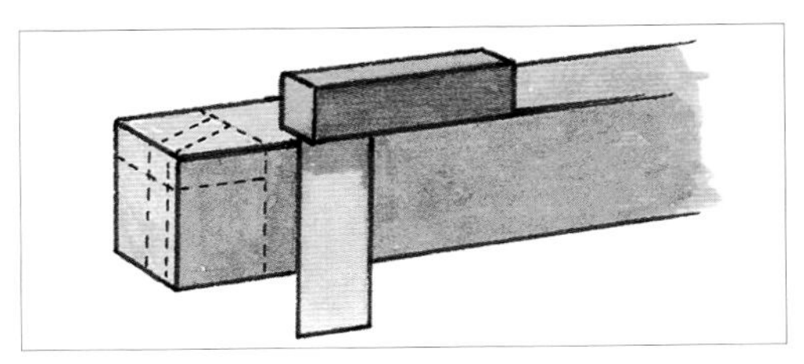

4 从侧面厚度线与端面的交点出发，垂直于端面与侧面的公共边横跨端面画线，并在另一侧面将边缘肩角连接在一起。从这个角度出发扩展榫头的轮廓线，标记出榫眼的厚度，开始锯切。

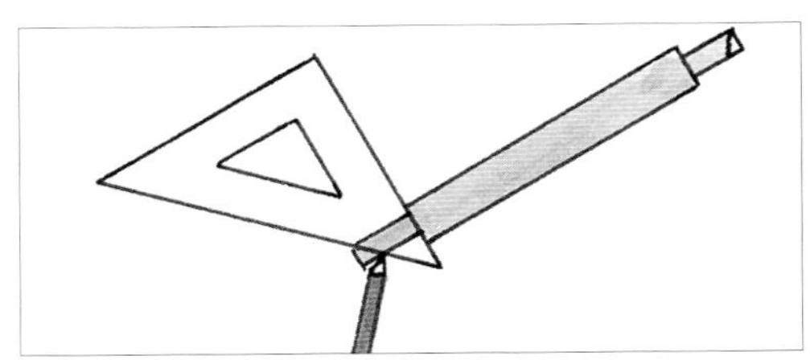

5 对于斜接榫头，在榫头和第三个肩部切割完成后，标记榫头的长度，并用一个建筑师三角尺在榫头末端标记出 45° 的斜切线。

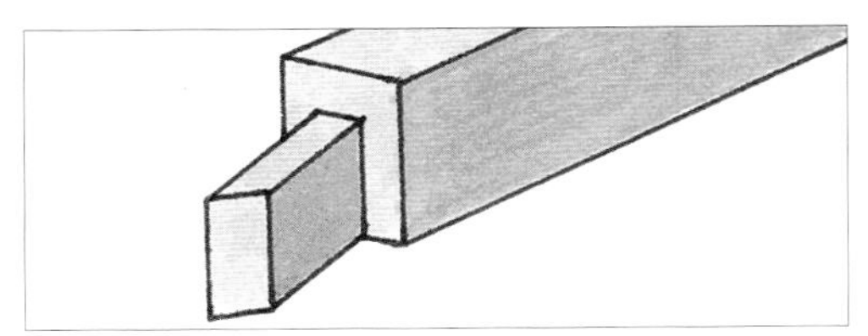

6 像制作常规榫头那样，修整榫头端面，清理颊部和榫肩。

贯通式木楔加固榫

当作用于结构上的负载使榫卯接合处于张力状态时，除非接合结构得到加固，否则黏合剂是唯一可以将接合件保持在一起的东西。钉入销钉、木楔，或者楔入方栓或尖头木条，是提高接头抗张性能的基本方法。

扩展贯通榫眼的两端，并在榫头上切割锯缝插入一个或多个木楔，这是经久耐用的手工接合结构的明显标志。用一种与榫眼部件颜色对比鲜明的木料制作木楔，并保持其纹理横向于榫眼部件的纹理，以防止榫眼开裂。每个木楔的宽度不要超过榫头的厚度。如果木楔较厚，则需要切除部分榫头木料，将锯缝加工成小锥度的 V 形槽。

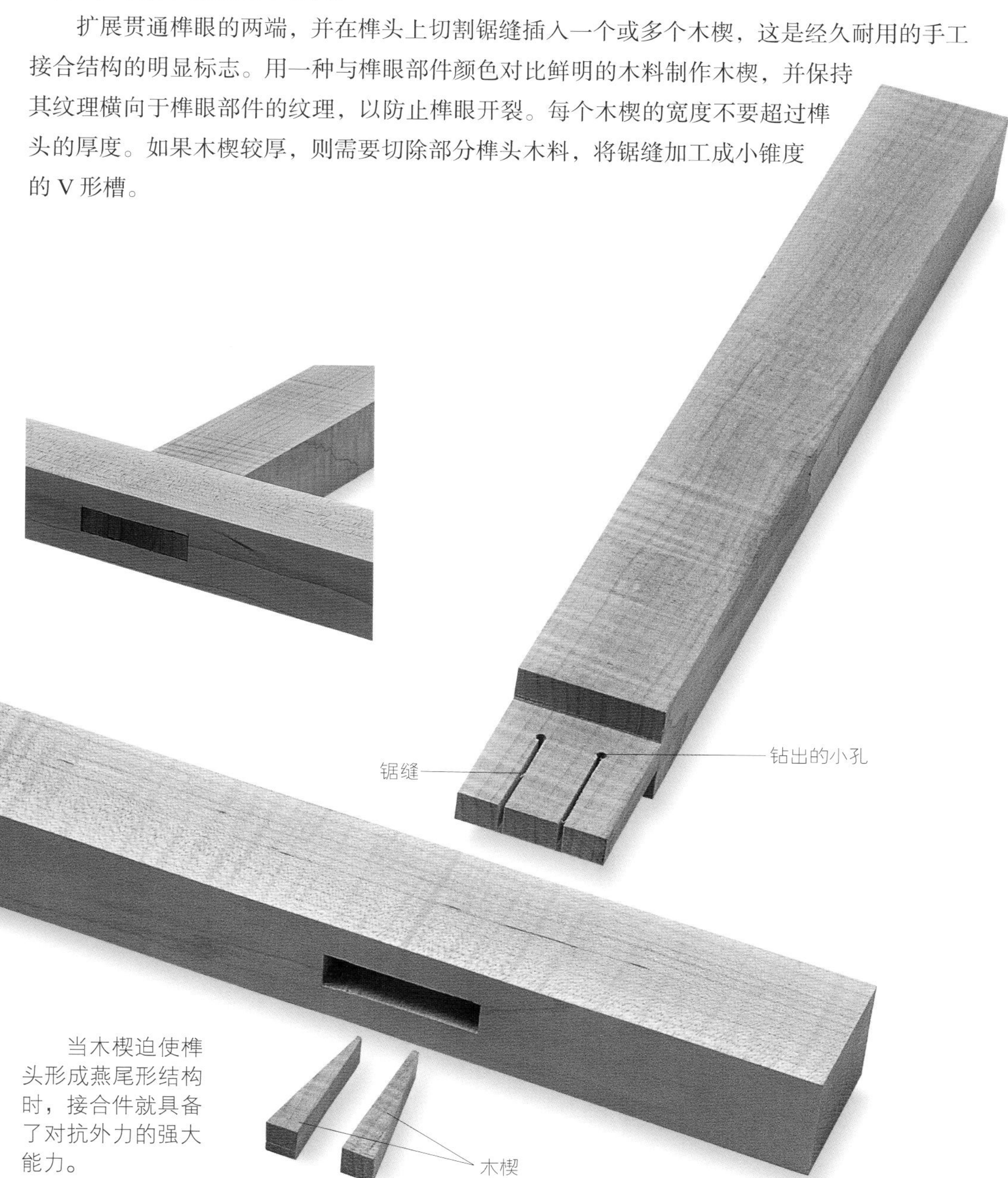

当木楔迫使榫头形成燕尾形结构时，接合件就具备了对抗外力的强大能力。

制作技巧

更多加固措施

如果在台锯上切割木楔，可以使用一块胶合板废木料，按照木楔的锥度切出一个切口。当部件进入切口中时，胶合板可以在锯片切割木楔的同时沿靠山滑动。这样的夹具也可以定位手锯完成操作。切割楔子通常是顺纹理进行的，否则敲入的楔子很容易被折断。建筑师三角尺简化了画线的过程，并可以兼做设置锯片角度的工具。

贯通榫头的木销应该靠近肩部，因为它们会限制木材的形变，并且如果木料本身不是非常坚固的话，最终可能会导致榫眼部件开裂。木销的直径应该较小，但较大的齐平式圆形木塞，或者圆形或方形的钉头可用于装饰。

制作步骤

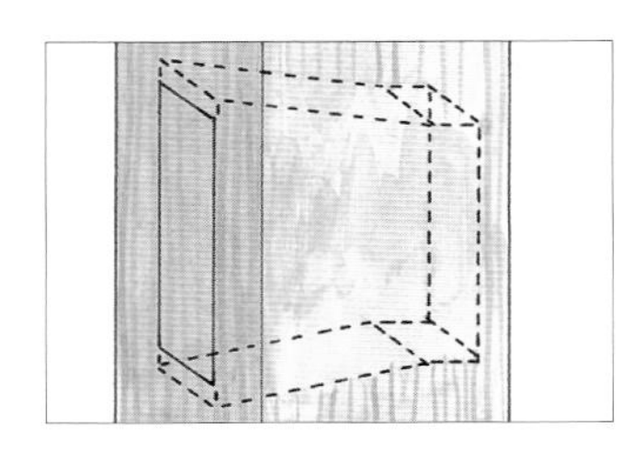

1 在榫眼的两端分别增加 1/16 in（1.6 mm）的长度，并使榫眼内壁向前呈现一定的锥度与之对应，注意在榫头进入的位置留下一段正常的平整区域。

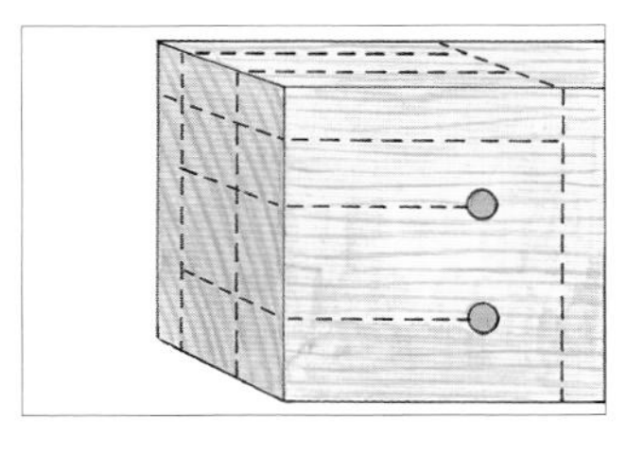

2 为榫头的颊部、肩部和木楔的位置画线，然后对准木楔的画线，从距离肩部四分之一榫头长度的位置钻小孔，以确定每个木楔槽的底部位置。

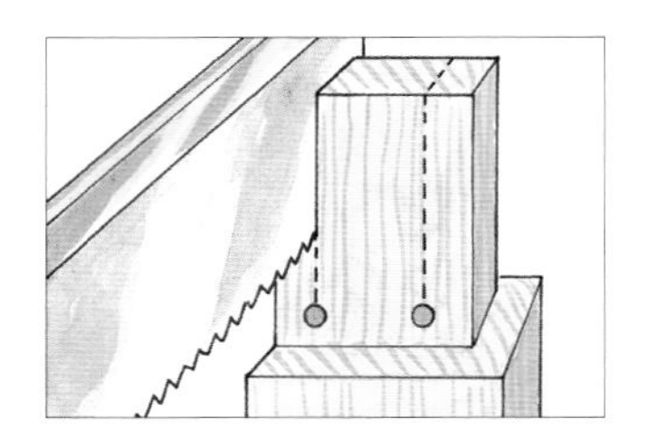

3 首先锯切榫头的颊部和肩部，然后沿着颊部的木楔画线向下锯切到小孔的位置。小孔可以防止在插入木楔时榫头开裂。

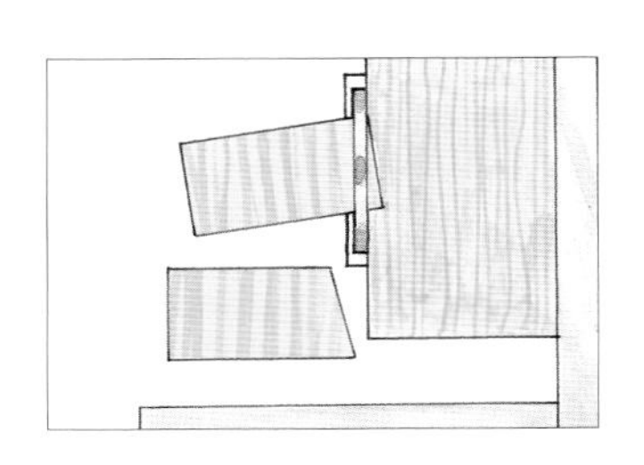

4 制作“更多加固措施”部分描述的夹具来切割木楔，顺纹理切割木料，使木楔宽度与榫头的厚度相同，每完成一次切割要翻转木料。

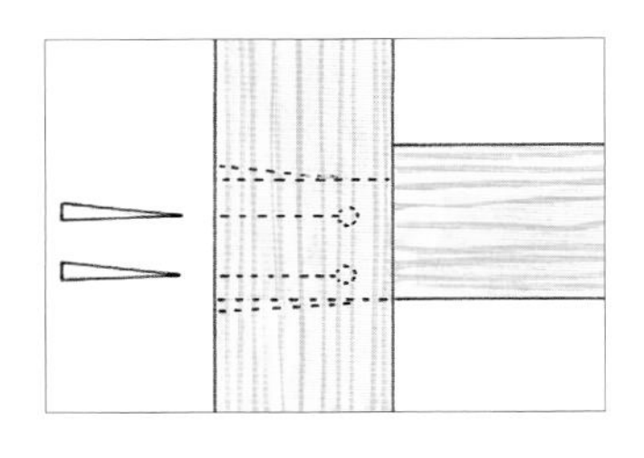

5 把涂抹胶水的榫头插入榫槽，暂时夹紧肩部，直到可以夹紧颊部，然后把涂抹胶水的木楔敲入。交替敲打，这样可以使两个木楔穿入同样的深度。

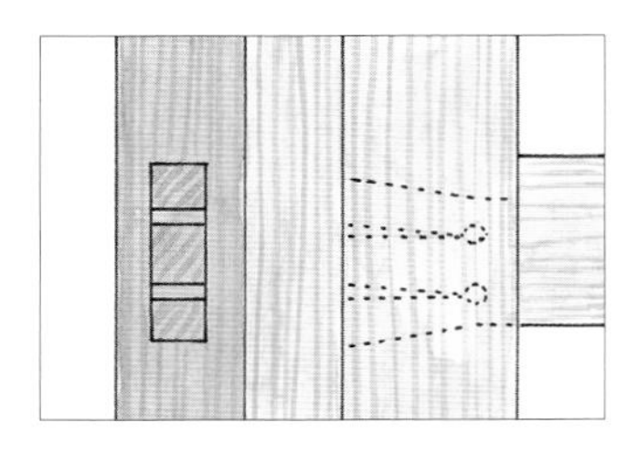

6 待胶水凝固后，从颊部取下夹具，锯掉木楔突出的部分，然后打磨或刨削榫头部分，使其与榫眼部件表面平齐。

用圆木榫加固的榫头

可以在榫头上钻孔，插入带有锥度的圆木榫，当圆木榫敲击到位后，就可以把接合件拉紧。有时，锥度部件是方形的，需要被砸入以锁定接合件。如果在榫眼上开孔，需要将第二个孔与榫头上的孔对齐，将榫头插入榫眼，然后将圆木榫钉入榫眼。圆木榫加固的方式更常见于乡村风格的家具、新材作品或木框架，而不是精致的作品中。

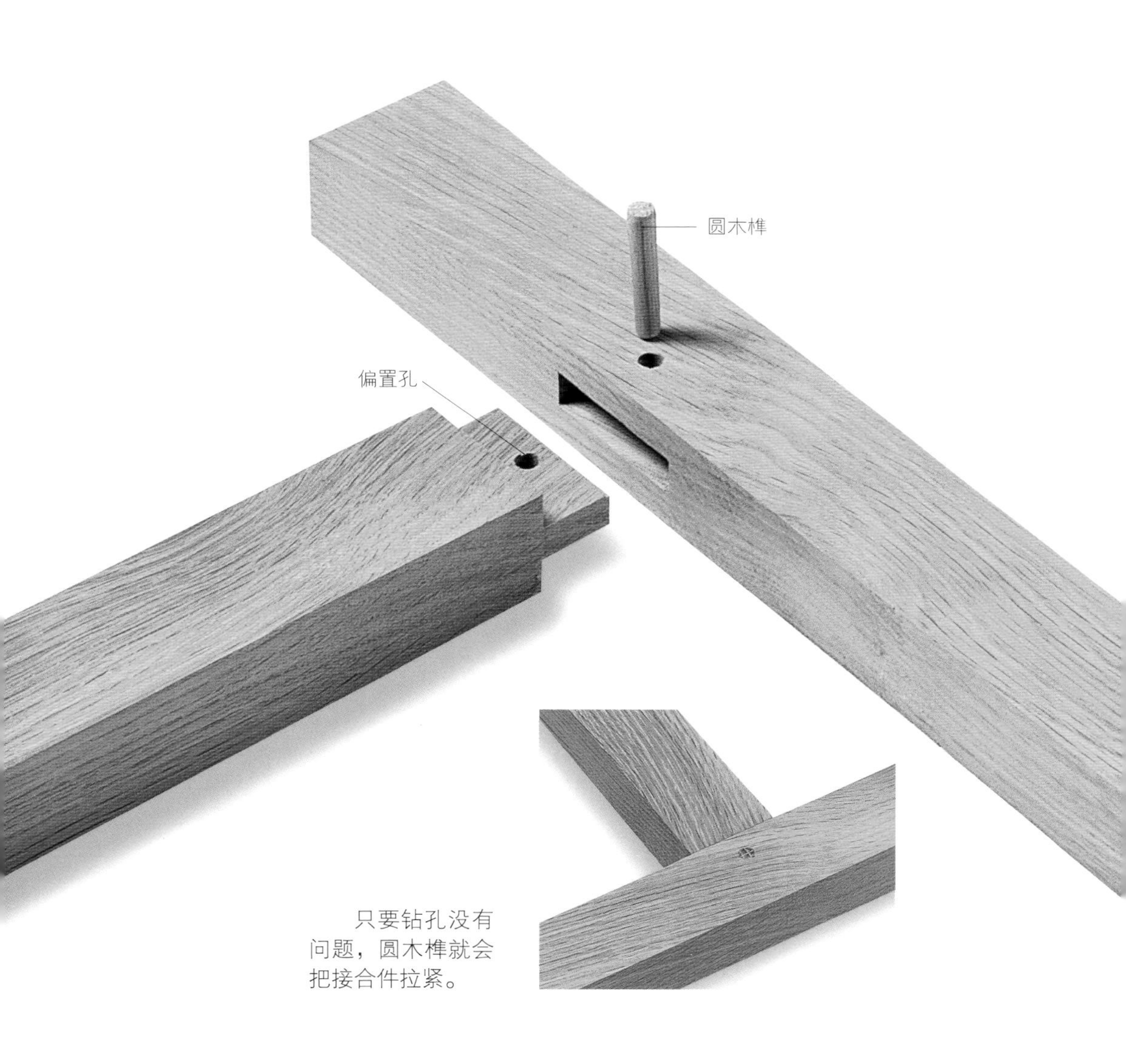

只要钻孔没有问题，圆木榫就会把接合件拉紧。

变式

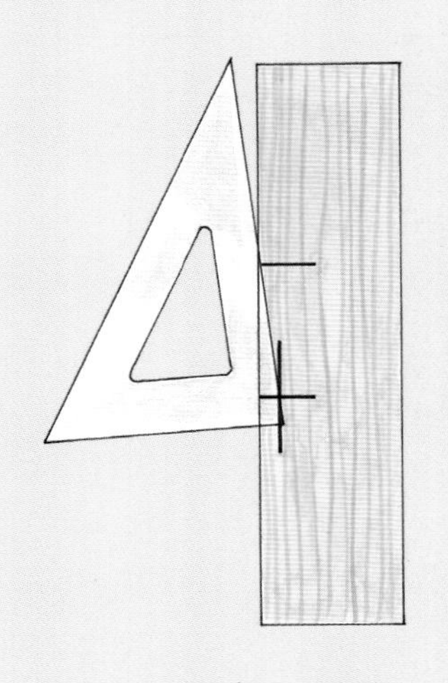

切割木楔

要制作切割木楔的夹具，应首先标记出楔槽的长度和厚度，接下来使用建筑师三角尺连接两个顶点，然后切割出其边角轮廓。

钉入圆木榫

待接合件完成胶合且胶水凝固后，在靠近榫头肩部的位置钻取贯通榫眼部件的通孔，然后插入涂抹了胶水的圆木榫，并将圆木榫两端修整平齐。

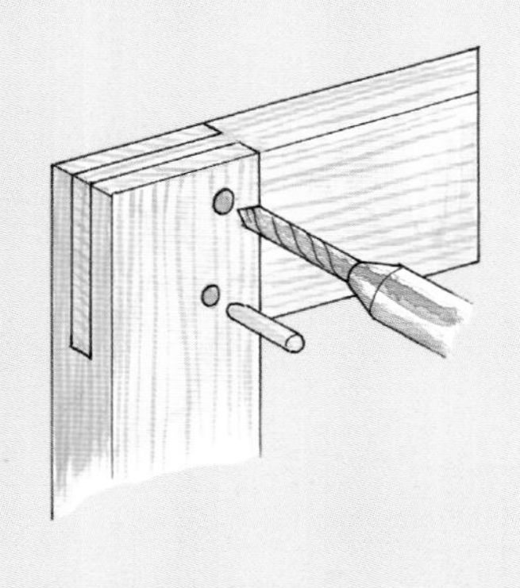

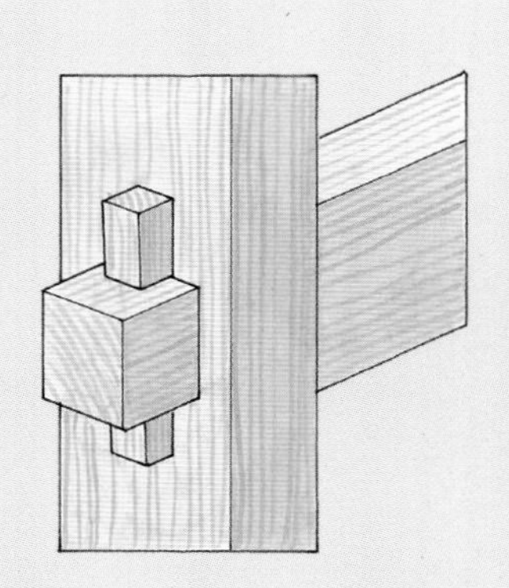

凸榫

可以用胶水组装凸榫；如果家具是可拆卸的设计，可以不使用胶水完成组装。

制作步骤

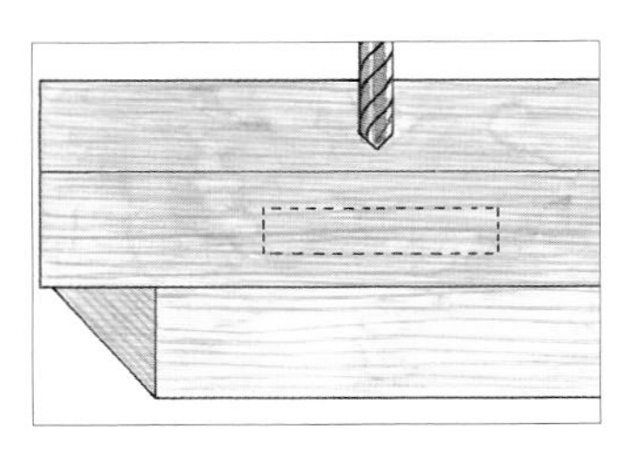

1 为榫眼画线，用废木料为其备份，从木料边缘向内回退四分之一木料宽度的距离，在榫眼长度的中央钻一个孔。

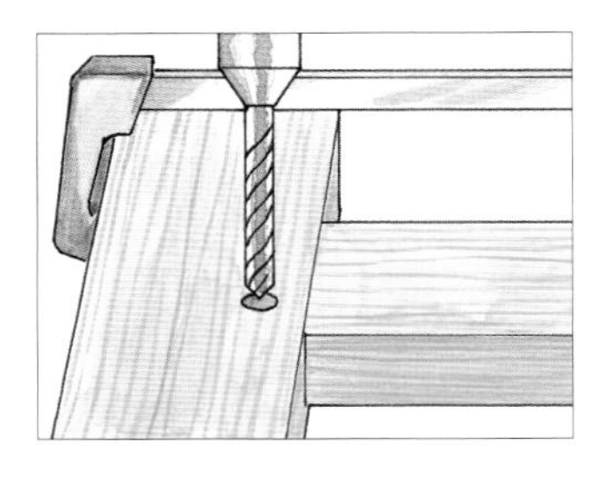

2 正常切割榫头和榫眼，组装并夹紧榫头，然后将钻头插入孔中，以标记其在榫头上的位置。

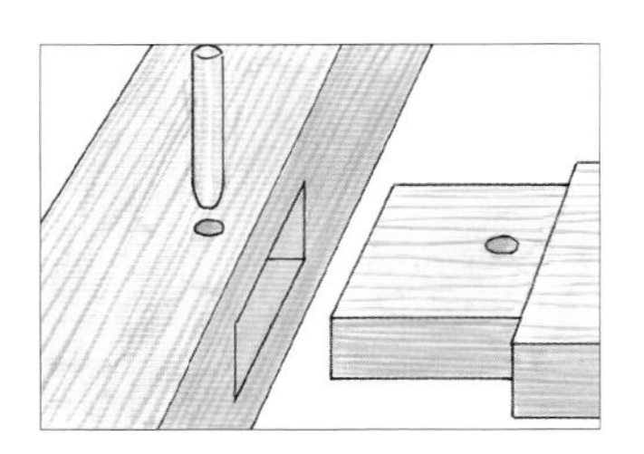

3 在榫头上钻一个孔，使其相比钻头标记的位置距离榫眼稍近一点，然后将接合件组装起来，把一个带有锥度的圆木榫插入其中。

成角度的榫头和榫肩

成角度的榫头或榫肩常见于横档连接到具有锥度的或倾斜的桌腿中，以及椅面的框架横梁和横档接入椅子腿中的时候。当接合角度不同于 90° 时，全尺寸图纸是辅助设置画线工具和确定测量值不可或缺的工具。

成角度榫头的边肩或面肩没有垂直于切割面，但榫头通常是垂直于成角度的榫肩的，因此榫眼仍可以垂直于木料表面。因为榫肩成一定的角度，所以榫头的走向不再平行于纹理，而是与其斜向相交。一个成角度的榫头必须包含一些连续的长纹理区域才能保证接合强度。图纸有助于直观地呈现这一点，并计算出榫头在木料中的尺寸。

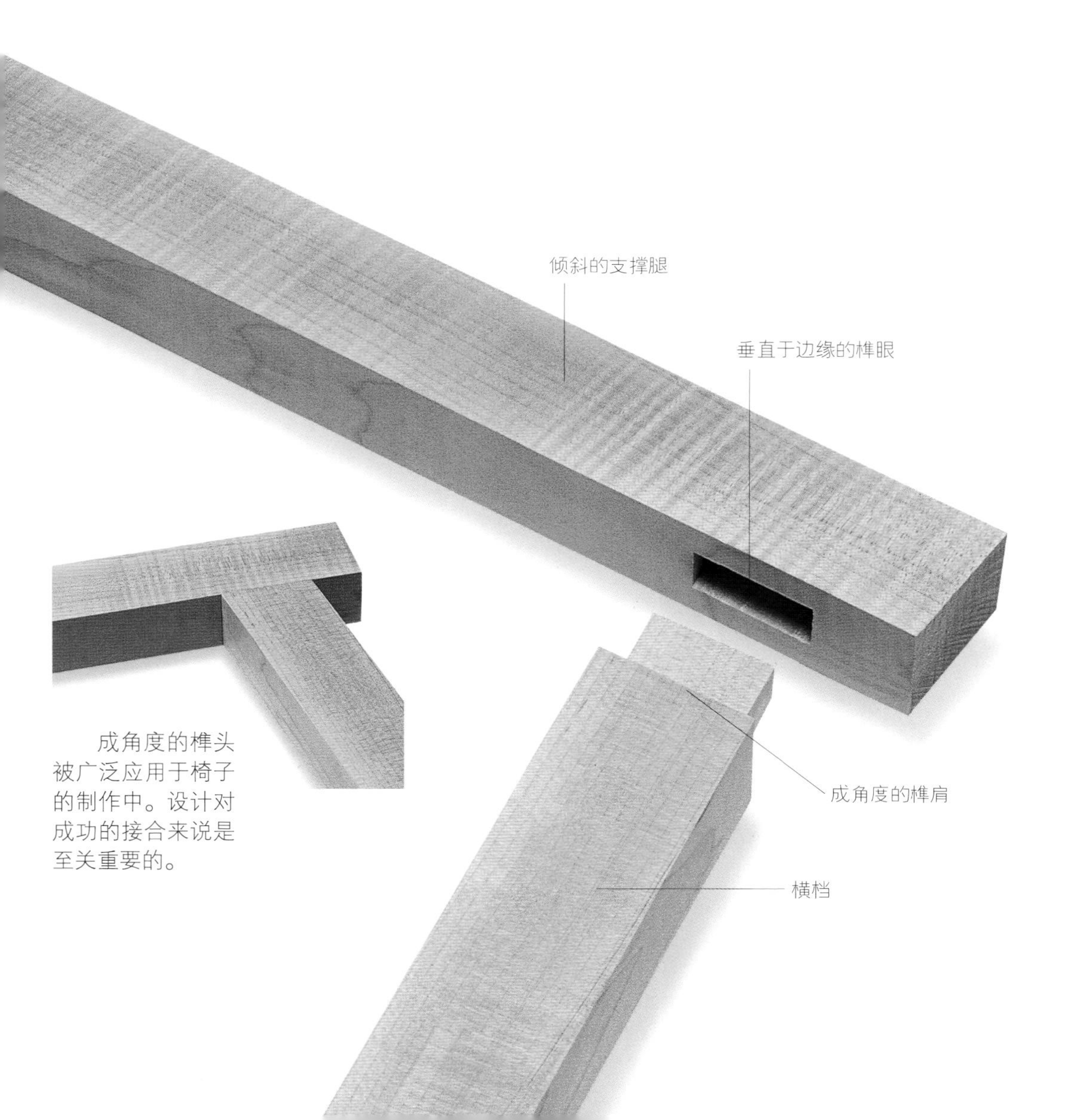

成角度的榫头被广泛应用于椅子的制作中。设计对成功的接合来说是至关重要的。

变式

更多的斜角榫

使用手锯或带锯锯切成角度的榫头与锯切正常榫头的步骤是一样的。使用摇臂锯锯切成角度的榫头，需要将锯片调整到水平位置，并在部件下方放上一个较高的桌子提供支撑。台锯的倾斜方向是可以调整的，所以榫肩距离台面的高度也可能不同，在操作时，要么倾斜锯片，使用夹具垂直固定榫头部件，要么保持锯片垂直于台面，倾斜部件进行锯切。

如果使用电木铣铣削成角度的榫头，需要使用一个成角度的双层电木铣阶梯夹具，通过底层的防滑木条对齐部件，以去除榫头的颊部至榫肩的废木料。然后将夹具的第二层后移，后移距离等于铣头的外径与电木铣底座边缘的距离。为此需要仔细测量，或者更简单的做法是，将第二层夹具后移得稍远一些，然后将铣头精确对准第一级夹具，引导电木铣将部件边缘修整平齐。

使用木楔形物

从全尺寸平面图中量取锥度角，把木楔固定在具有垂直靠山的滑动夹具上设置榫头的颊部角度。

铰接式夹具

在锯切出榫肩后，使用一个可在斜角规的槽中滑动的、倾斜的可调节铰接夹具将榫头的颊部画线与锯片对齐。

阶梯式夹具

如果用电木铣锯切颊部，需要使用一个阶梯状的夹具锯切榫肩的斜角，并通过夹具的阶梯引导和停止电木铣。

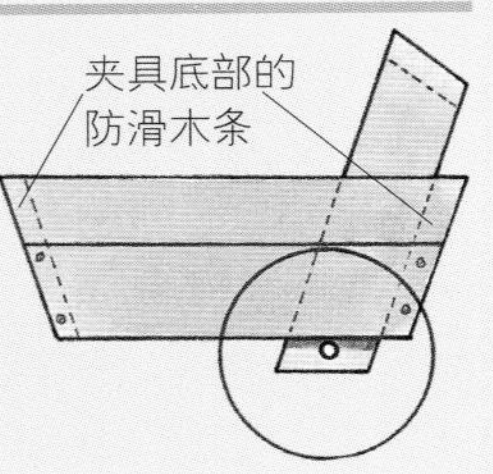

榫肩的制作步骤

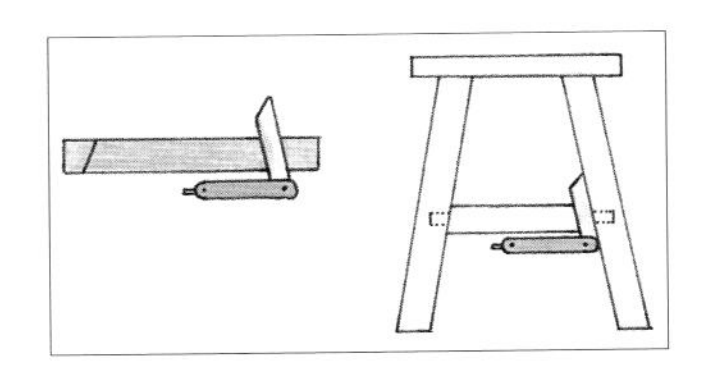

1 将木料锯切到需要的长度，从全尺寸图纸上测量出榫肩的角度，并将其标记到木板的准确位置，然后按照该角度设置台锯床上的斜角规。

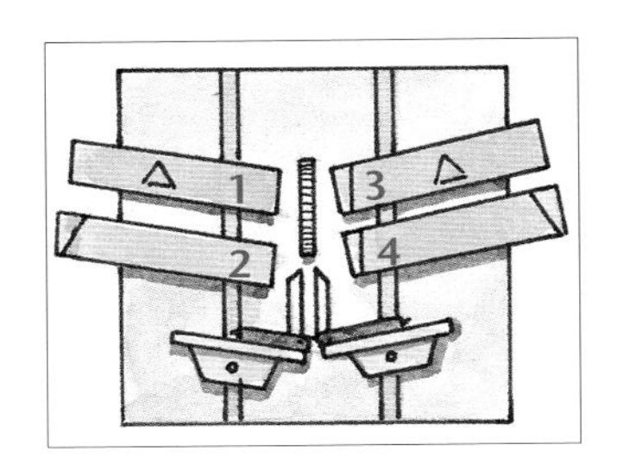

2 将组合刀头抬高到榫肩的宽度线，去除颊部 1 的废木料，然后翻转木料，去除颊部 2 的废木料。接下来按照右边的角度重新设置斜角规，去除颊部3和4的废木料。

3 向下锯切榫头到宽度线的位置，然后横向于边肩，沿着这个角度锯切，清除废木料。

栽榫

栽榫直译的话叫作“可滑动榫头”或“松散榫头”，前者很容易与插槽式榫眼或滑动接头混淆，后者则很容易与没有使用胶水，而是经过方栓或尖头木条加固的通榫榫头混淆。在这里，栽榫是指可以把两个榫眼部件桥接起来的单独的、可浮动的接头。

栽榫是基于机器制作技术设计的。将一个直径等于榫眼宽度的圆形铣头插入榫眼的一端，沿着榫眼的长度方向铣削榫眼，待其到达榫眼的另一端时将其拉出，留下圆形的榫眼末端。令人困惑的是，这种类型的榫眼也被称为插槽榫眼，但其明显不同于我们之前讲到的插槽式榫眼。

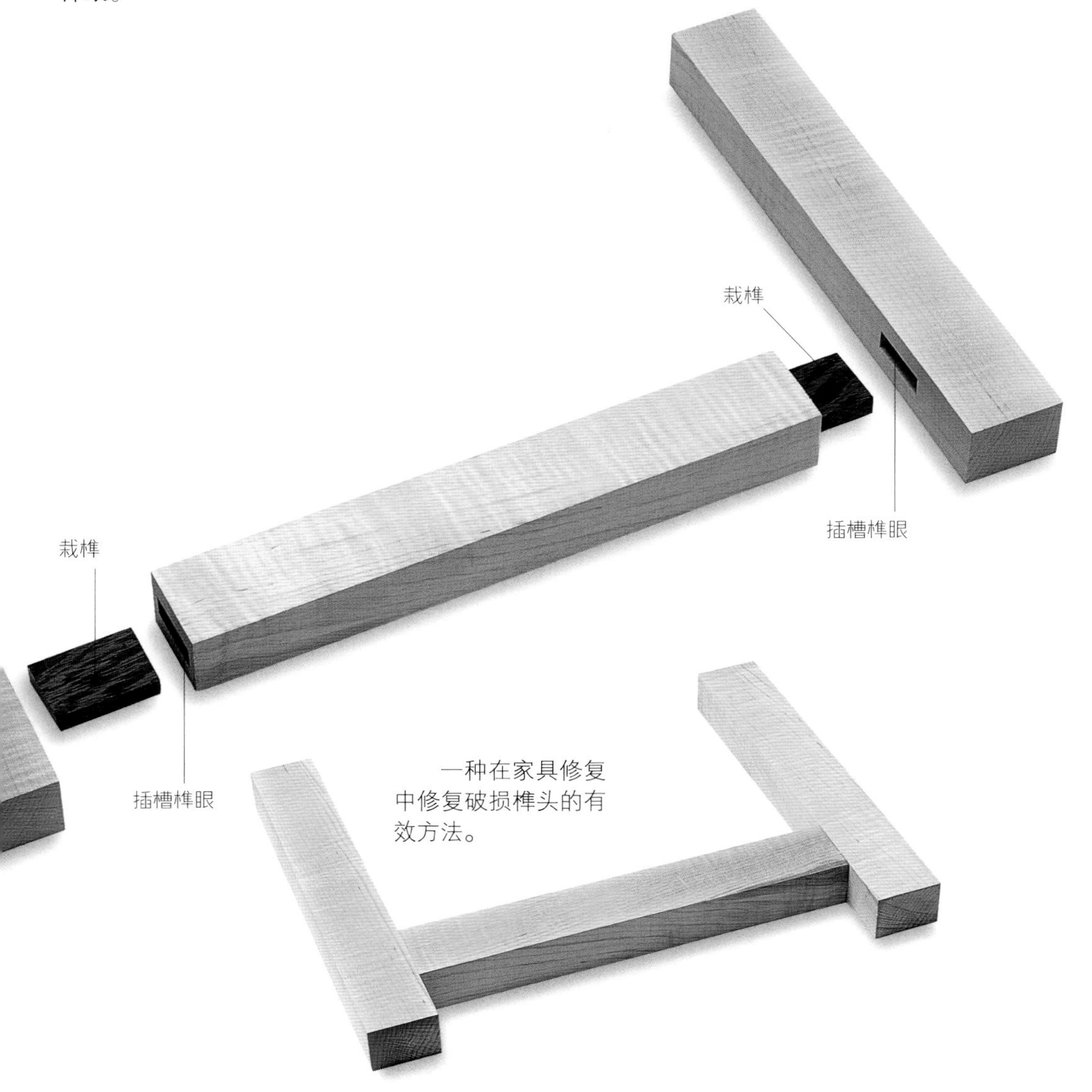

一种在家具修复中修复破损榫头的有效方法。

变式

圆木榫和圆形木料

圆木榫可以通过在成对的接合部件上钻孔，并使用圆木榫或定位销作为栽榫完成接合。要想制作一个完整的圆形榫头，可以在锯切出榫肩后，把一个木塞钻头对准部件端面的中央，在台钻或车床上完成加工。

下一页的内容展示了一种在水平方向铣削圆头榫的方法，但垂直方向的铣削需要使用滚珠轴承半槽钻头和特定的夹具。这项工作可以把待加工的部件固定，通过移动手持式电木铣完成铣削，或者也可以使用电木铣台固定铣头，把待加工的部件固定在可移动的夹具上完成铣削。为圆木榫钻孔是相当简单的，但需要使用一个V形块标记和固定部件。圆木榫可以正常榫接到榫眼中，而且一个平坦的肩部用来接受一个矩形的肩部在结构上也是稳定的。

制作步骤

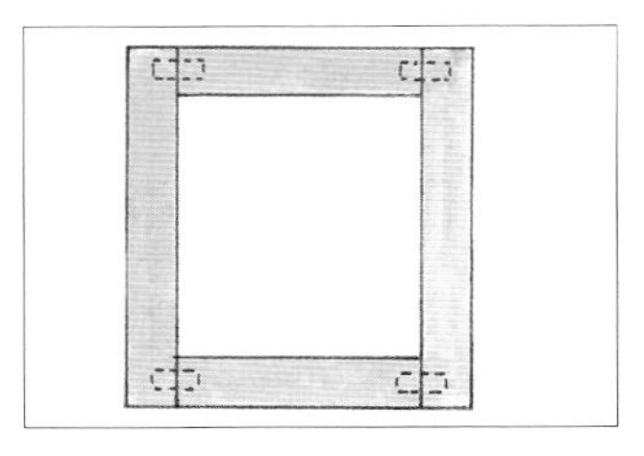

1 制作一个全尺寸图纸来确定部件的宽度、长度以及榫接的位置，然后将垂直部件及其之间的水平部件切割到指定长度。

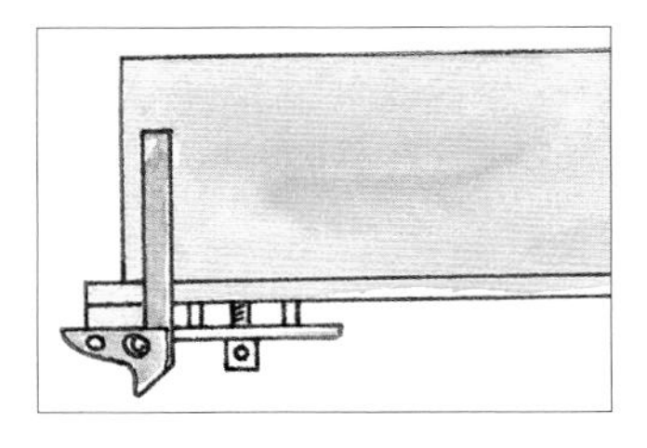

2 用台钳将一个边角的水平部件垂直夹紧，并将对应的垂直部件水平排列，在水平部件的端面和垂直部件的侧面同时标记出榫眼。在每个边角重复该操作。

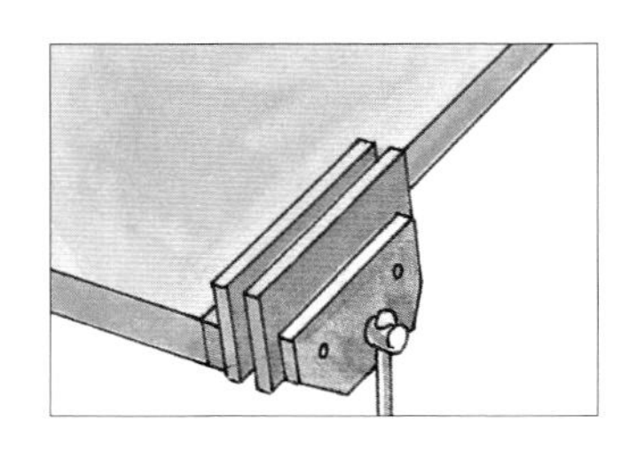

3 可以按照第75~76页的一种方法进行设置。在这个例子中，辅助台钳的钳口通过螺栓孔连接，并扩展了钳口的高度。

4 夹紧部件，使其与台钳钳口齐平，将用于端面切割的直边铣头与顶住钳口的电木铣的导边器对齐，并通过几次铣削完成每一个榫眼。

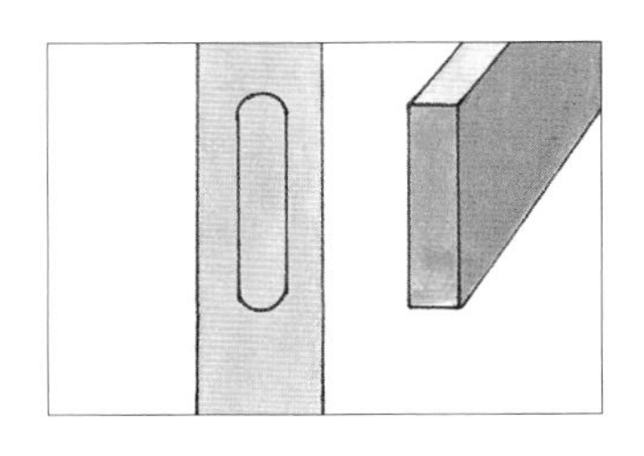

5 铣削出榫头的长度，其宽度尺寸等同于榫眼的长度，其厚度尺寸与榫眼的宽度一致。

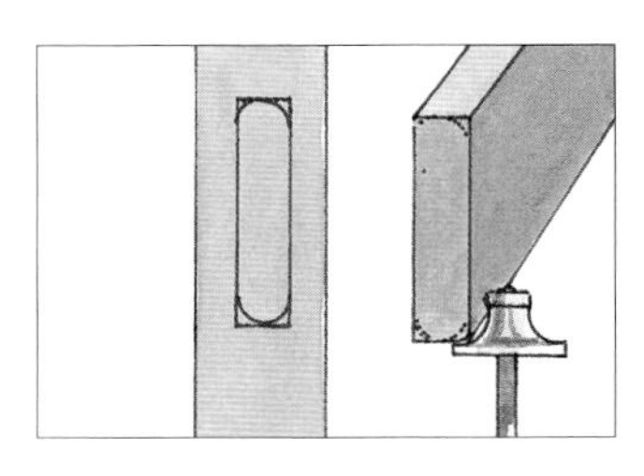

6 为了将榫头部件与榫眼匹配在一起，可以将榫眼的边角加工方正，或者将榫头的边缘磨圆。

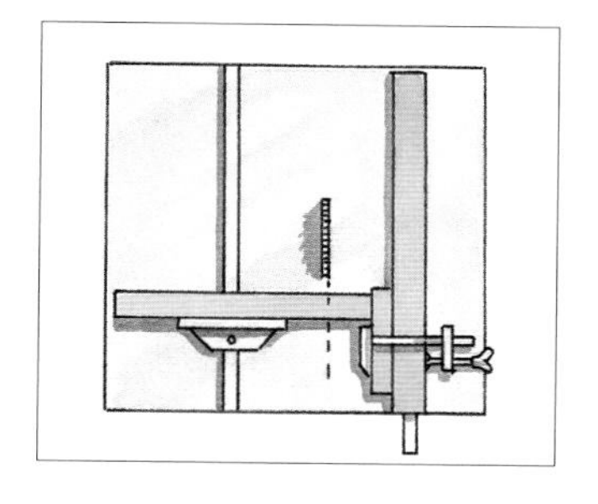

7 在锯片的靠山上设置一个限位块，重复切割榫头，使其长度略小于榫眼深度尺寸的 2 倍。

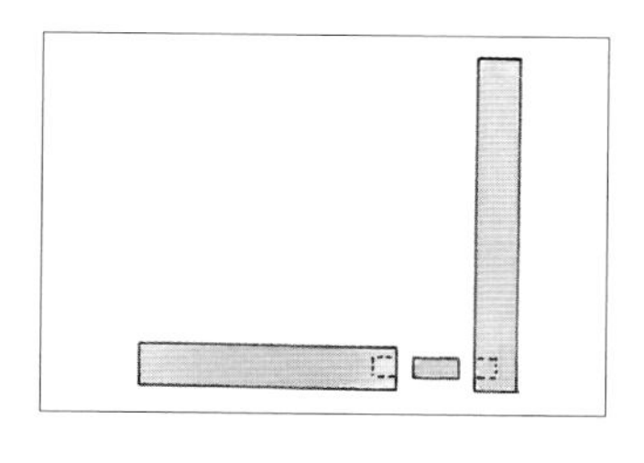

8 在榫眼内壁和榫头表面均匀涂抹胶水，然后把每组接合件组装起来，制出框架并夹紧。

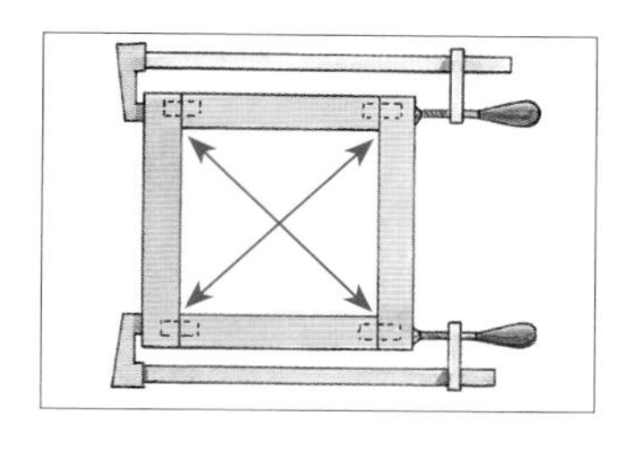

9 调整夹具，直到框架的每个对角线取得相同的测量值，确保框架是方正的，并可以不受干扰地完成干燥。

变式

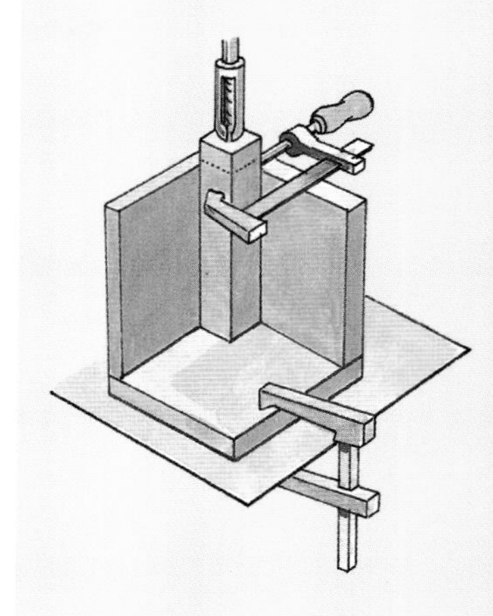

角夹具

首先锯切出榫肩，然后使用可以随台钻的台面降低的角夹具搭配木塞刀头在木料的端面制作出圆榫头。

V 形块

V 形块上的超大孔使电木铣的直边铣头可以从中穿过铣削榫头，同时允许通过调整靠山止位块的位置控制榫头的长度。

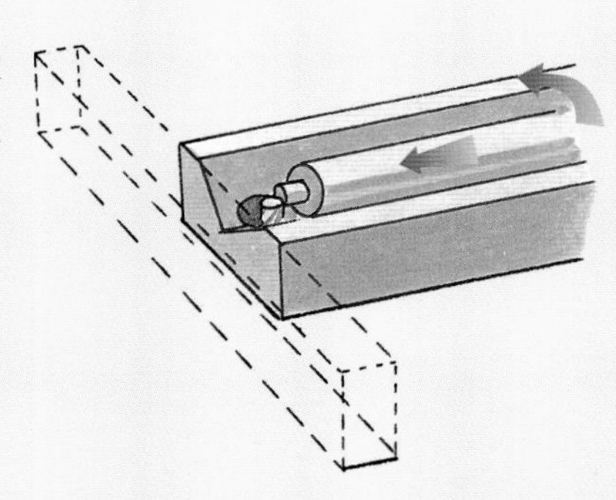

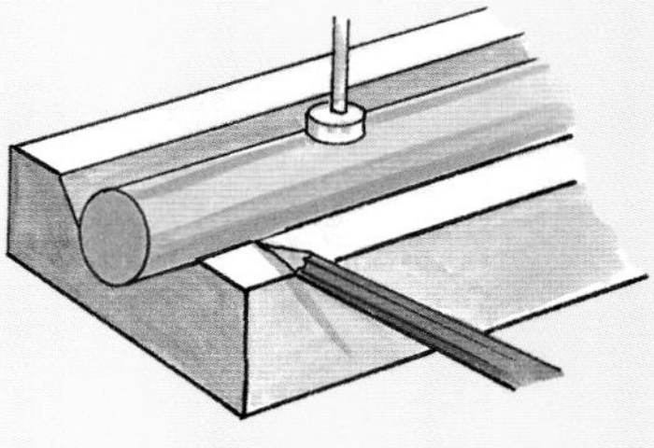

圆榫眼

用 V 形块夹住圆木榫钻取圆榫眼，或者可以沿着圆木榫的边缘滑动标记工具制作平行线，用来制作传统的榫眼。

加腋榫

榫头的边肩和面肩增加了榫头对扭曲的机械抗性。但是，肩部区域也减少了榫头的木料，并用缺乏胶合强度的端面部分代替了这些木料。深的边肩会削减榫头颊部的胶合区域，使宽大的部件更易发生扭曲，进而破坏肩部端面的胶合。木料的形变和接头的收缩也会给胶合面带来压力。拱腋和多榫头设计有助于解决这些问题。

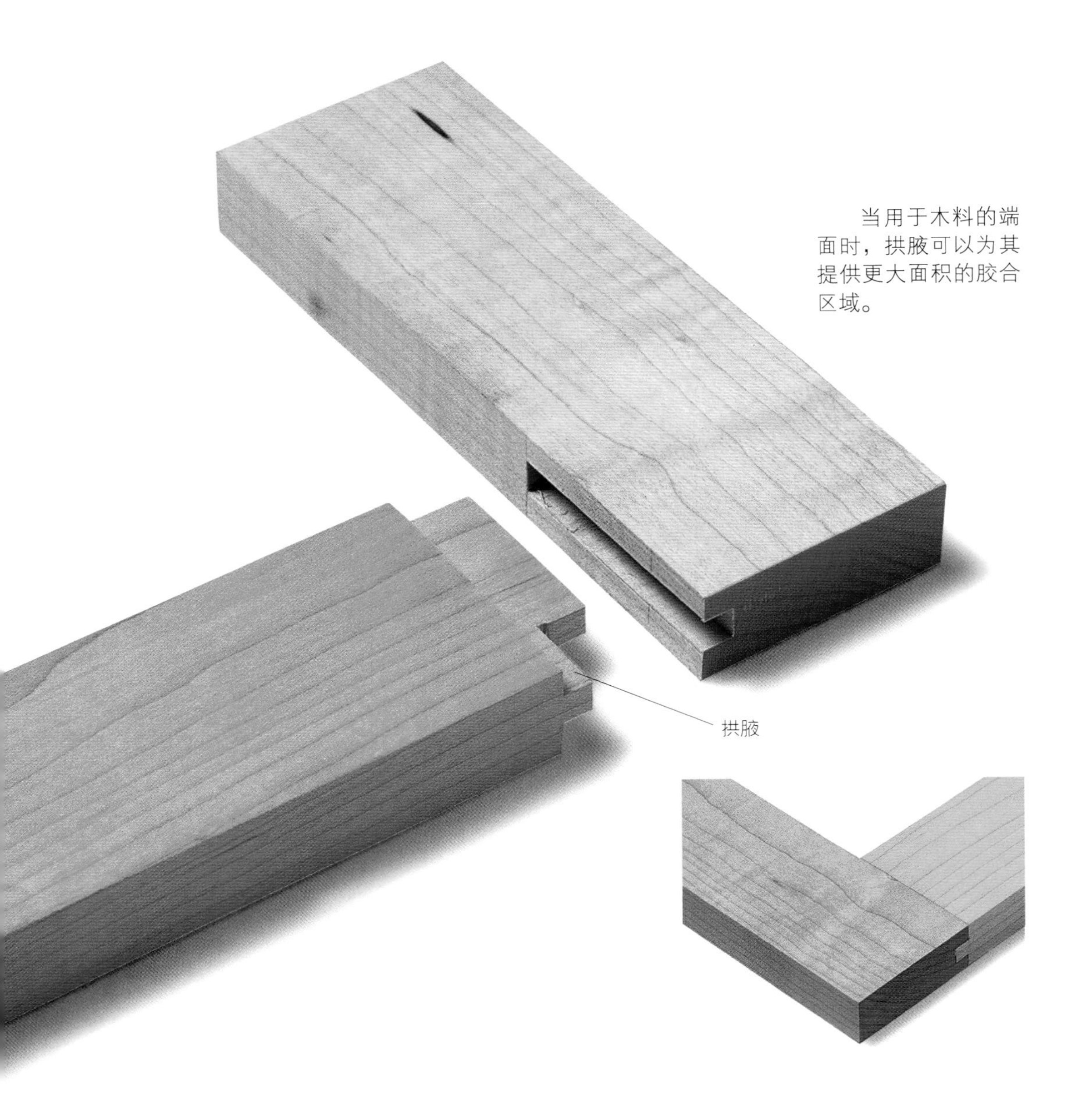

当用于木料的端面时，拱腋可以为其提供更大面积的胶合区域。

制作步骤

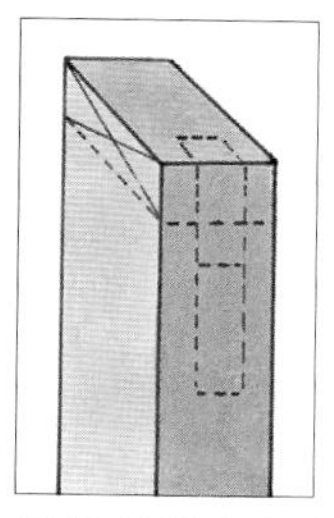

1 测量木板侧面和端面截锯角的榫眼宽度，并使榫眼深度等于榫眼宽度，榫眼自身的宽度线从截锯角切割线处起始。

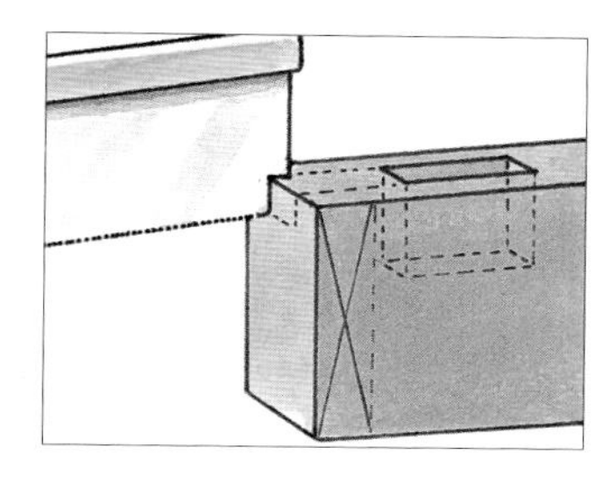

2 切割榫眼，然后从截锯角位置的侧面延长线出发，沿画线向下锯切，一直切割到端面深度线的位置。

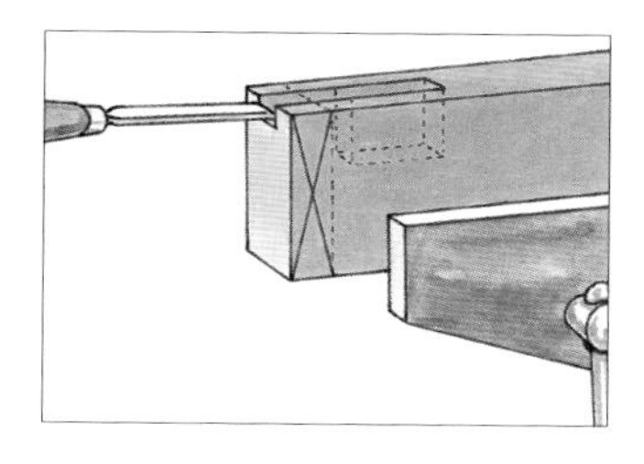

3 将凿子轻轻敲入两侧锯切线之间的端面，沿深度线将废木料切掉，并修整浅槽的底部，使其平行于表面。

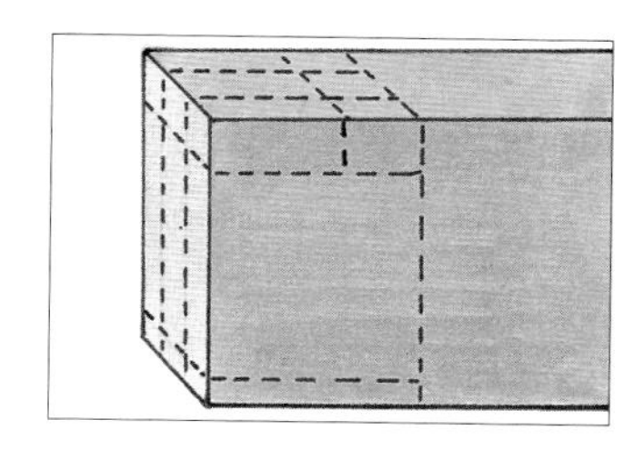

4 画出榫头的标记线以匹配榫眼，横向于榫头的外侧面画出拱腋的肩线，并将该线延伸到边肩的画线处，使其宽度等同于榫头的厚度。

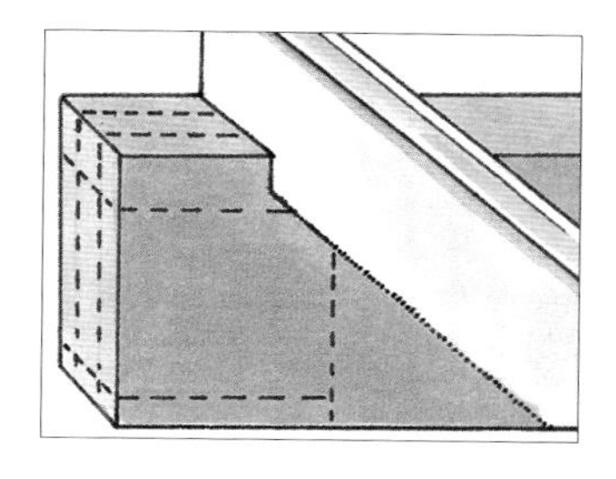

5 锯切拱腋到榫头边肩的画线处，然后沿面肩、边肩的底部和颊部画线锯切，加工出榫头。

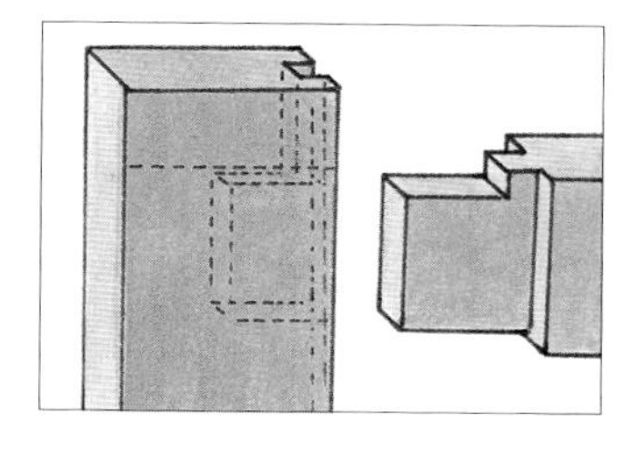

6 测试榫头和榫眼的匹配程度，确保拱腋和榫头的长度都不会妨碍榫肩紧密贴合榫眼部件的表面，匹配无误后胶合接合件并切断截锯角。

变式

更多稳定的榫头

为宽大的榫头整体制作拱腋是保持榫头抗扭曲性能，同时无须切掉大量榫眼木料的另一种方法。通常榫头对应的榫眼之上有一层较浅的榫眼，用来容纳拱腋。榫头的制作通常是在拱腋被标记并完成切割、与较浅的榫眼匹配无误后进行。将榫头锯切到与拱腋相同的深度可能是最容易的做法。

双榫通常出现在横截面比矩形更为方正的木料上。它们能够保持榫头具有宽大的基部对抗扭曲，使胶合面积加倍，并保持榫头与榫肩的正常比例。确定双榫的方向，使负荷作用在榫头的侧面，而不是面颊上。

斜面加腋榫

在框架-面板结构中，相比穿过垂直部件的端面安装面板凹槽更为重要的是，用来容纳拱腋的次级浅榫眼可以让边肩进入，同时不会削弱部件的端面。这种设计创造出了用于胶合的长纹理面的颊部，而这正是任何木工接合的主要目标之一。然后，边肩和榫头获得了机械支撑以对抗扭曲，并能与榫眼的颊部有效胶合在一起。

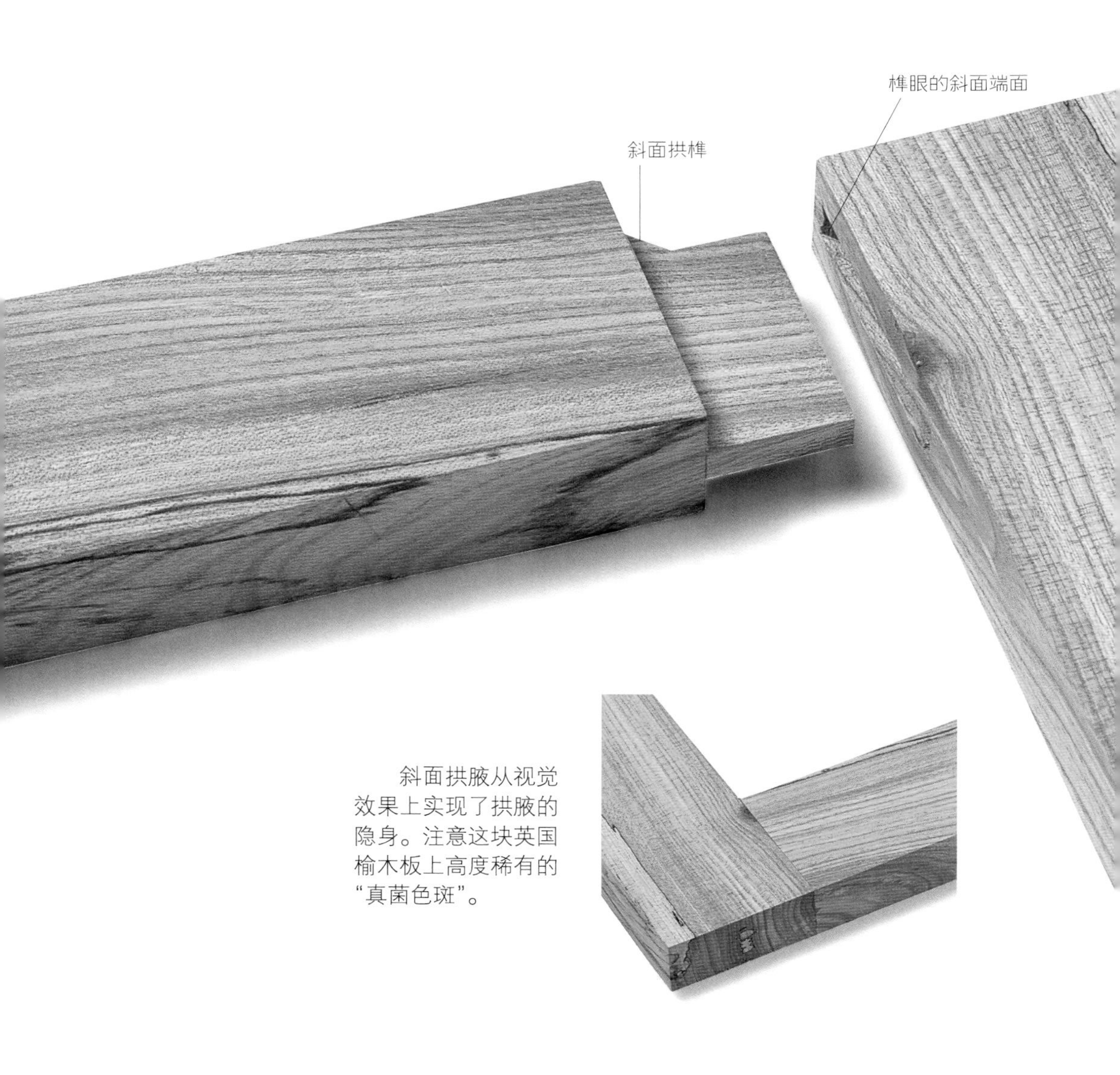

斜面拱腋从视觉效果上实现了拱腋的隐身。注意这块英国榆木板上高度稀有的“真菌色斑”。

制作步骤

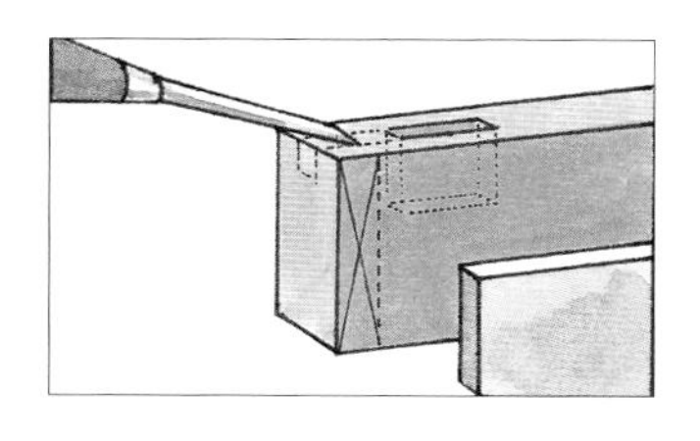

1 画出榫眼线并切割出榫眼，然后从截锯角的切断线向内，向着榫眼方向成角度凿切，其深度等同于榫眼的宽度。

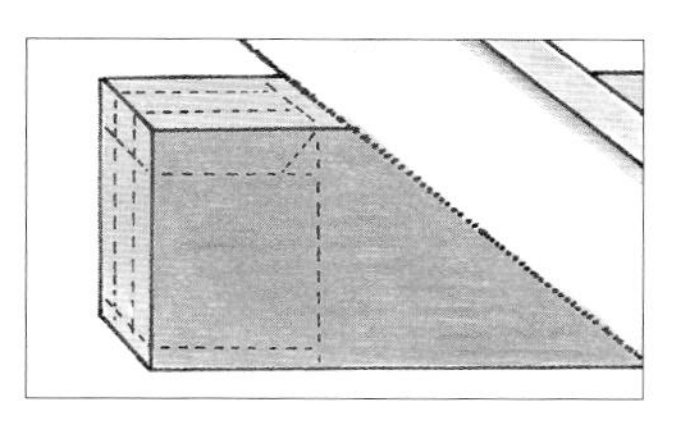

2 为榫头画线，首先横跨顶部侧面向下锯切出斜面，然后从面肩线起始，一直锯切到边肩线上等于榫头厚度的位置。

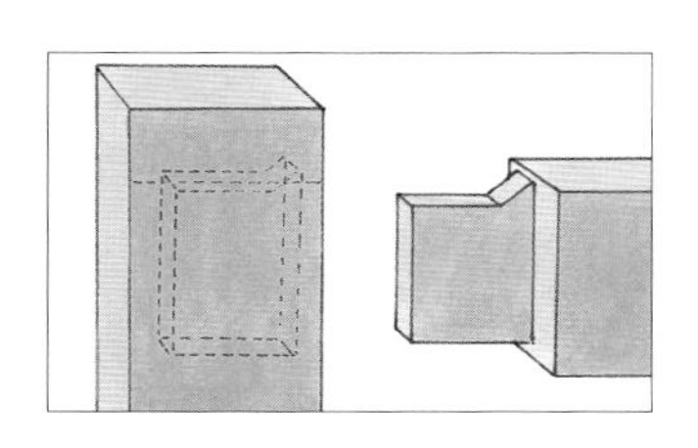

3 从顶部侧面起始轻轻向下切削斜面（匹配斜面从画线内侧起始的插槽），清除废木料，并完成榫头的加工。

变式

减少榫头宽度

在宽大的榫头上切割拱腋以减少榫头的宽度，可以使榫眼部件保持强度，并防止过多的空间冲突破坏胶合。

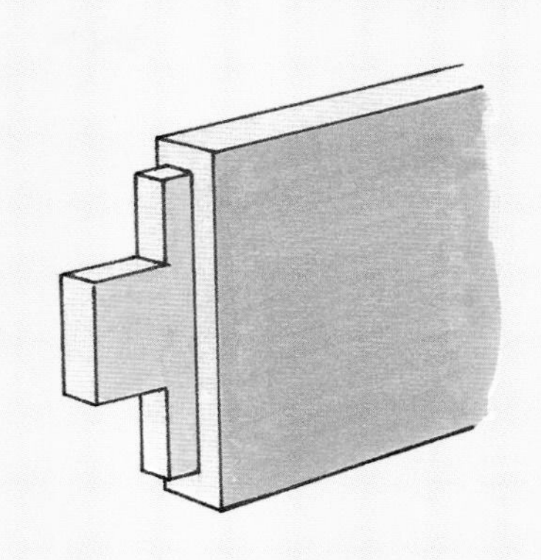

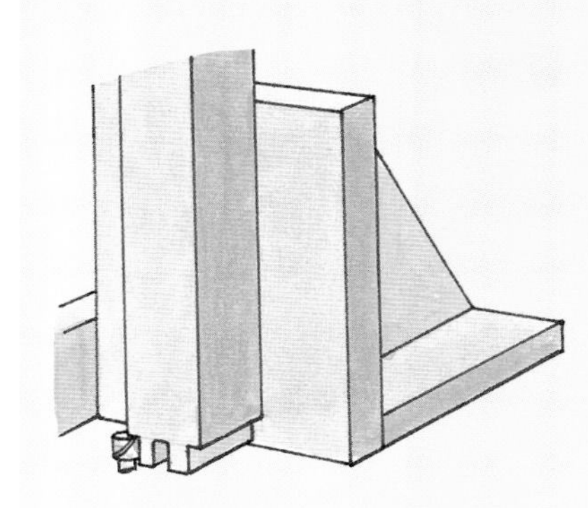

双榫

设置电木铣台，沿靠山推动木料，铣削出两侧榫肩及两个榫头之间的榫肩，这种双榫结构可使胶合面积加倍，同时增强接合件的抗扭曲力。

切割的切口

对于能够在接合线处抑制形变的榫头，需要沿其颊部锯切出 4 个到榫肩的锯缝。然后将薄榫舌锯短，使其匹配榫眼部件的插槽并胶合。

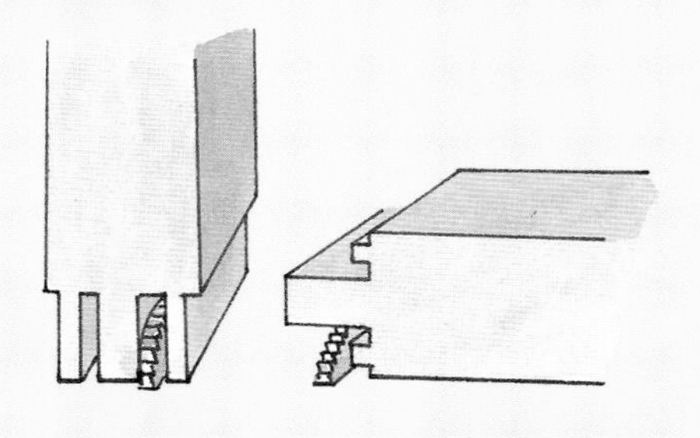

包含面板凹槽的榫卯

框架-面板结构中的基本接合方式是凹槽封装或者面板带有止位木块的半边槽封装。重要的是，要知道框架中的榫卯接合是如何与之匹配的。

凹槽沿着框架的内边缘中心延伸，正好位于榫眼的上方。凹槽宽度约为木料厚度的三分之一，槽的深度与宽度大致相同，这样可以保持榫眼部件的强度。拱腋的方正轮廓可以整齐地填充在框架-面板结构中穿过垂直部件的端面延伸的面板凹槽中。

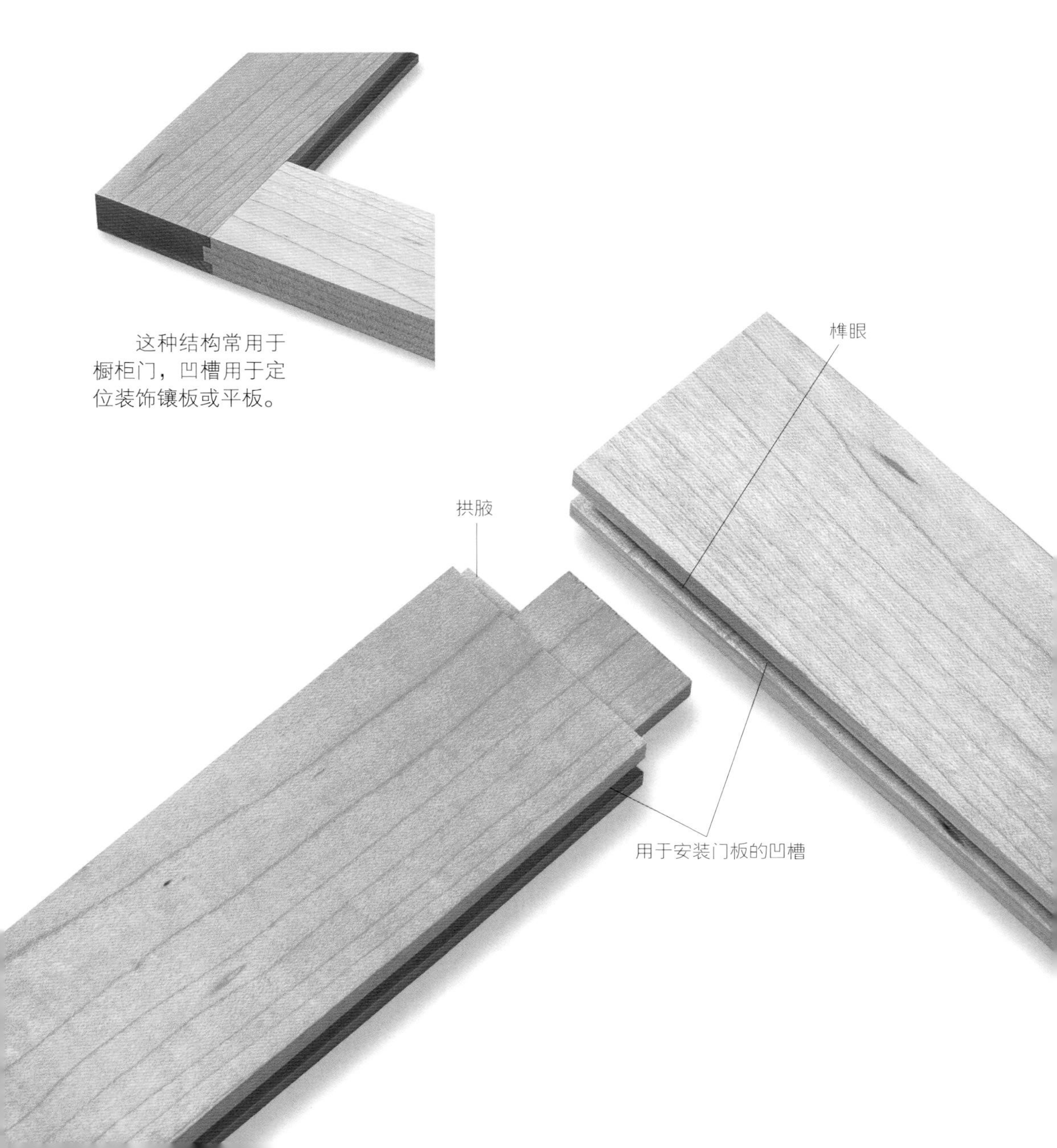

这种结构常用于橱柜门，凹槽用于定位装饰镶板或平板。

制作步骤

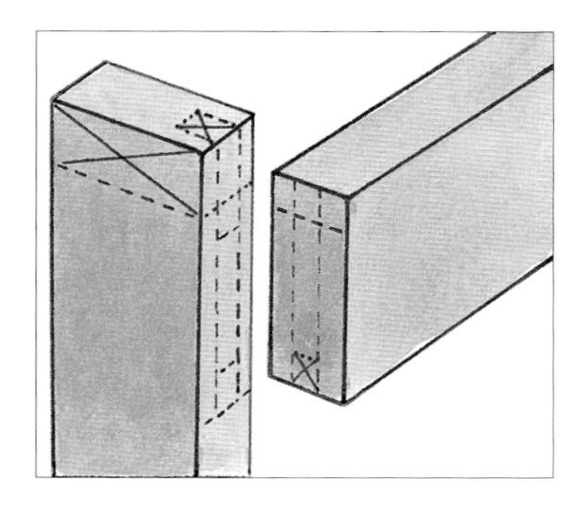

1 选择凹槽宽度，在榫眼部件的侧面和榫头部件的端面画出颊部的轮廓线。在榫头下方标出颊部的深度线以确定榫头的宽度，并在榫眼上画出对应的位置线。

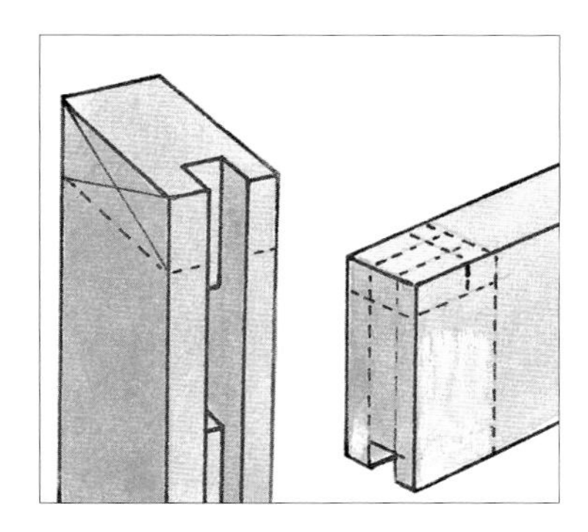

2 切割榫眼，并在榫眼之外，沿所有部件的内侧边缘切割出凹槽。完善榫头的切割线，使拱腋的长度匹配凹槽的深度。

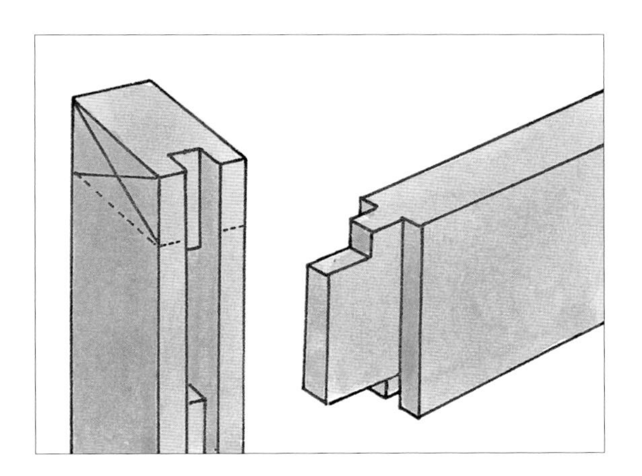

3 首先锯切拱腋的肩部，然后是面肩和榫头的颊部。把接合件胶合在一起，最后锯掉截锯角。

变式

更多的框架榫头

用来分隔面板的框架被榫接到两个侧面均有装饰线延伸的中央冒头或窗格条中。无论框架围绕面板的是凹槽还是半边槽，装饰线都要环绕每一个单独的面板分割区，形成闭合回路，为此榫眼部分的装饰线会被切掉，并通过斜接的方式与榫头部件的装饰线实现匹配。切掉部分装饰线可以增加榫肩的长度。此外，斜接的榫肩增加了进入到榫眼部件中的接合面的长度，可以减少弧形的冒头或窗格条上较为脆弱的短纹理区域的影响。

半边槽框架的榫卯接合

榫眼宽度和榫头厚度应与凹槽的宽度匹配。首先确定这个宽度值，为榫头和榫眼画线。然后在榫眼部件的端面标记出凹槽的深度，把其余部分分配给榫头和拱腋。这决定了配对部件上榫眼的长度和位置。在榫头部件的端面标记出半边槽的宽度，以确定榫头宽度，继而确定榫眼的长度和位置。应将榫眼部件的半边槽中约三分之二厚度的木料移除，以容纳面板及止停件，槽的宽度应按照不少于部件厚度的三分之一切入。在框架的正面，榫肩应后退一定的距离，用来容纳榫眼处半边槽的凸出唇部。

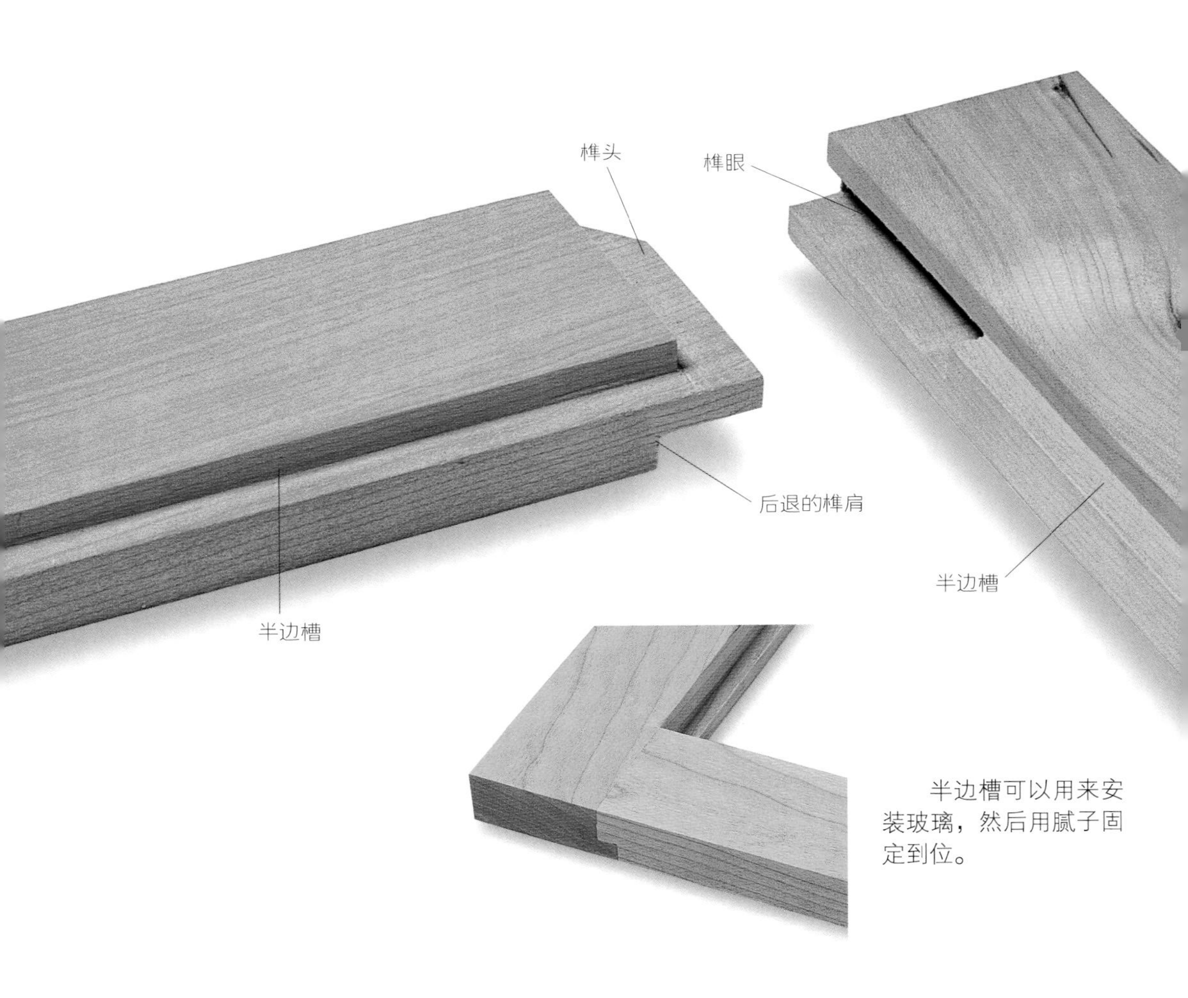

半边槽可以用来安装玻璃，然后用腻子固定到位。

制作步骤

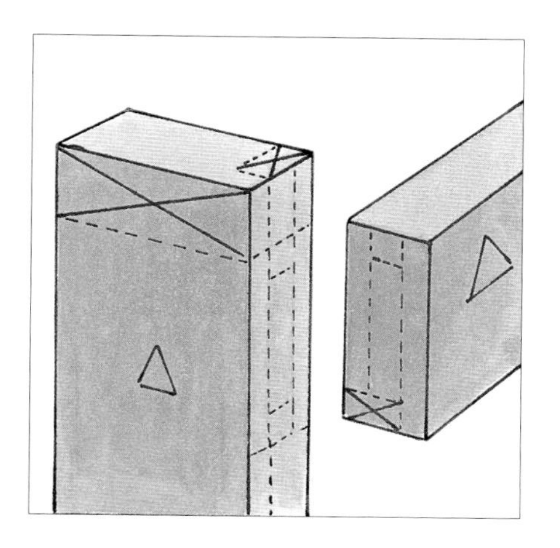

1 确定在斜面加腋榫榫头下方的半边槽的尺寸，并以此确定榫眼的尺寸和位置，然后为榫眼画线并完成切割。

2 切割出沿接合件的正面颊部延伸的半边槽，然后标记榫肩，设置面肩的后退尺寸，以容纳半边槽的凸出唇部。

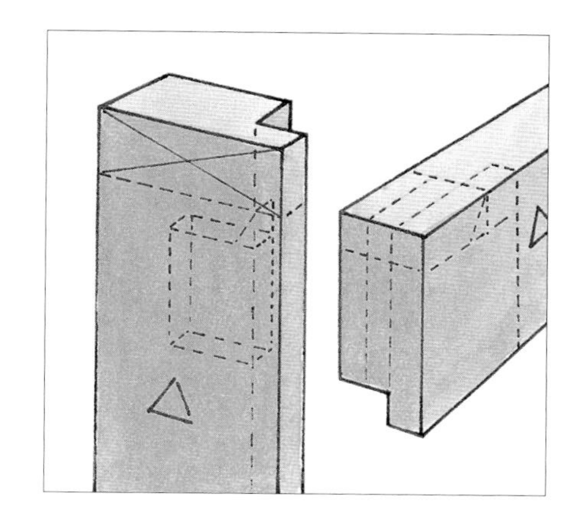

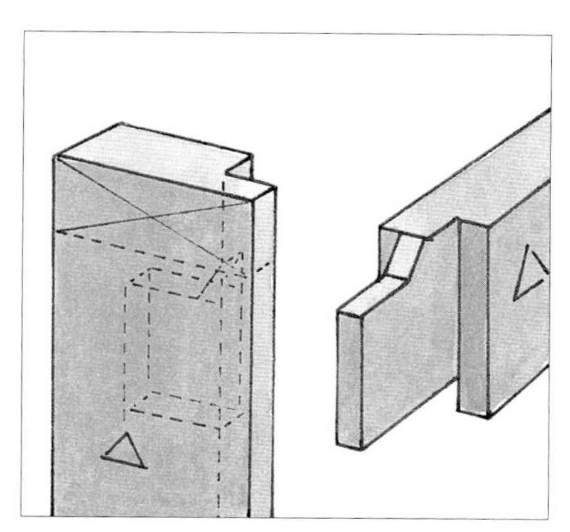

3 首先锯切斜面拱腋，然后锯切两侧榫肩，并沿着榫头的厚度线锯切颊部。匹配并胶合接合部件，待胶水凝固后，锯掉截锯角。

变式

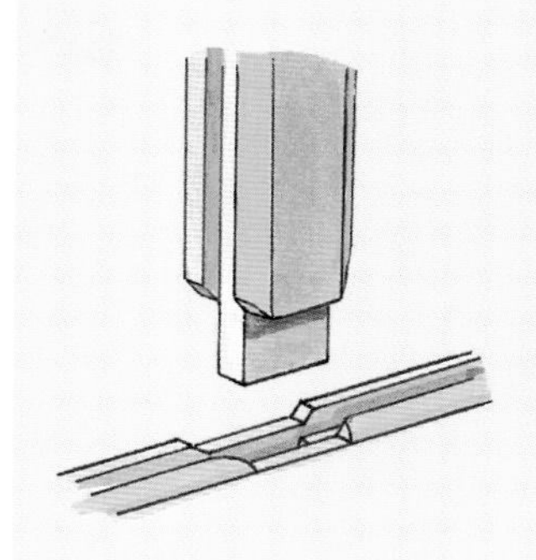

装饰线细节

用来分隔多个面板的框架结构，其上的装饰线像凹槽一样，沿着中央冒头或窗格条的两侧边缘延伸，并通过斜接形成闭合回路。

切割小斜面

为了防止在弧形部件上出现强度较弱的短纹理区域，可以在榫头的肩部切出一个小斜面，插入榫眼的肩部。

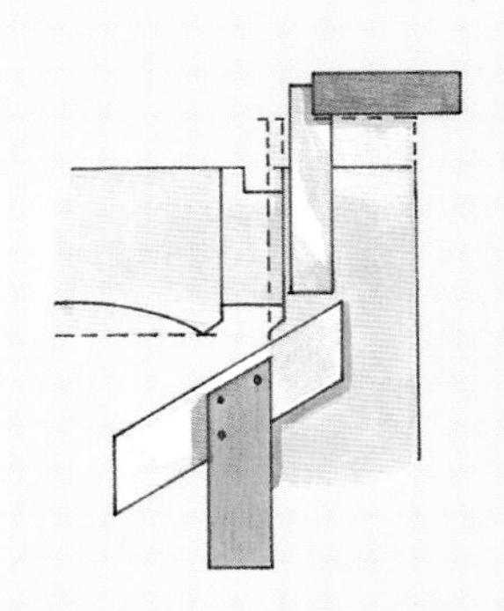

装饰线框架的榫卯接合

有些框架的内侧边缘具有装饰线，并且它们通过斜接形成连续的环形或闭合回路。在榫接后，形成的半边槽的深度与装饰线的宽度相等。但是，不需要把榫头的面肩后退切割以容纳榫眼部件凸出的唇部，只需去掉装饰线，使其与榫眼和半边槽保持平齐，然后以斜接的方式匹配榫头。

正面装饰线

斜接的斜面

拱腋

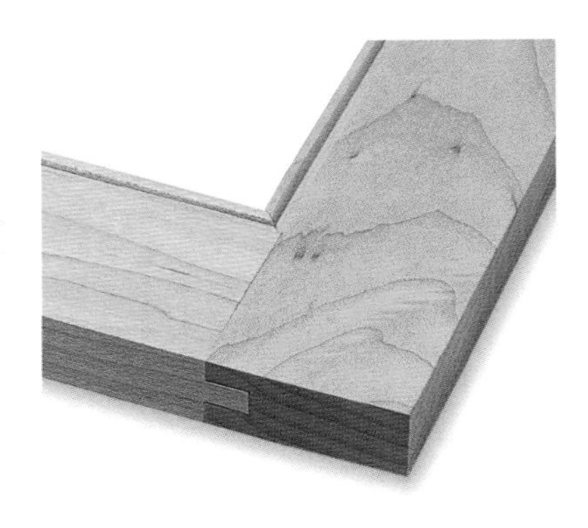

制作一个凿子引导件，以确保需要斜接的两部分装饰线可以精确匹配。

制作步骤

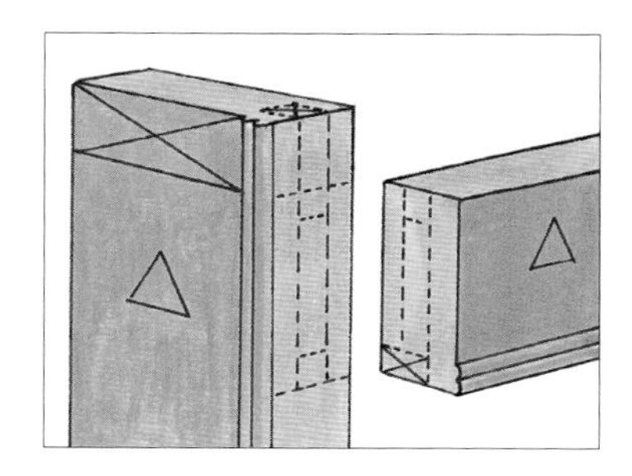

1 在木料的内侧边缘加工出连续的装饰线，标记出半边槽和加腋榫榫头及其榫眼的位置，这样它们就会在装饰线处停下并对齐。

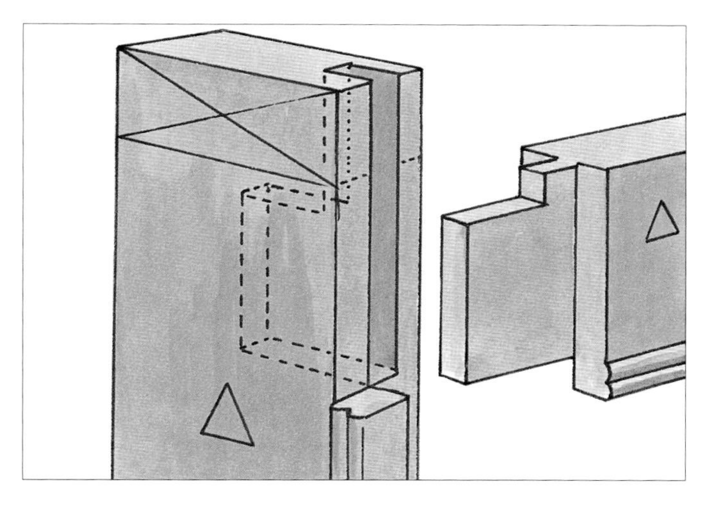

2 切割榫眼，把半边槽锯切到装饰线边缘。完成榫头的画线并锯切榫头，然后锯切掉榫眼周围的装饰线，将榫眼表面修整平齐。

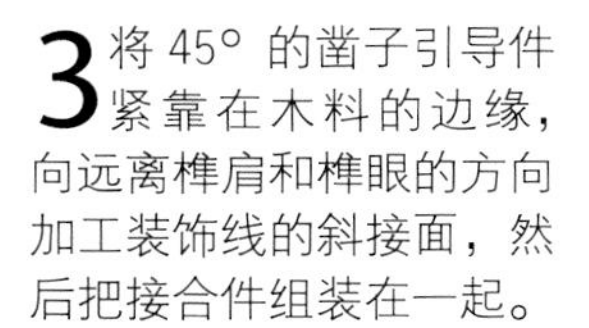

3 将 45° 的凿子引导件紧靠在木料的边缘，向远离榫肩和榫眼的方向加工装饰线的斜接面，然后把接合件组装在一起。

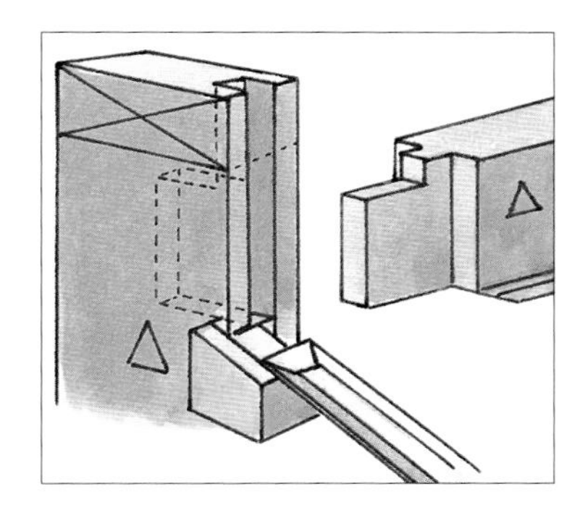

变式

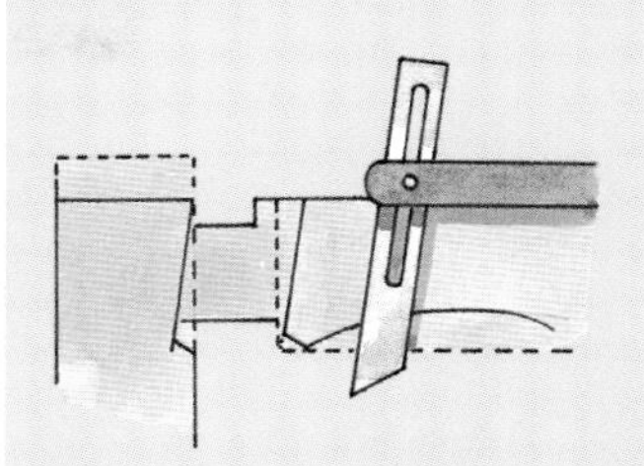

斜角榫

另一种避免出现较弱的短纹理区域的方法是，把小斜面和斜角榫肩插入榫眼部件的轮廓内。一种特别优雅的边角接合方式的最终变式——斜接的榫眼和榫头——常用来制作餐桌。对门梃的两端进行 45° 斜切，将冒头部件的榫肩也锯切成 45° 。然后切掉边肩，这样榫头的长度不会延伸到斜接面的尖端。最后小心加工出榫眼以实现接合的匹配。

第六章

斜接和斜面

斜接和选择斜面

有三种基本的斜接类型，在组合使用它们时可以创建第 4 种类型。切割斜接框架时，刀片是以垂直于正面的路径横向于木料的宽度方向切割的。在切割交叉斜接和长度斜接件时，刀刃是向木料正面倾斜的，实际上只是斜切。二者的区别在于，切割交叉斜接件的路径垂直于木料边缘，切割长度斜接件的路径则是平行于木料边缘。第 4 种类型是复合斜接。它融合了斜面和带有倾斜角度的切割路径（横向于纹理的或顺纹理的）。

斜接的边角从视觉上延续了木料纹理，产生了协调的设计效果。

长度斜接的胶合表面全是长纹理区域，但其他类型的斜接就很脆弱了，因为它们的胶合表面都是端面区域。因此，需要对斜接进行强化。而且，即使胶合方向很明确，夹紧力也会造成斜接件滑动偏离胶合位置，除非引入方栓或使用融合了其他机械限制措施的特殊的夹紧技术。

不准确的斜接接合很难纠正。在实际进行切割之前，花些时间用来调整机器和用废木料进行测试是十分必要的。

固定式机器自身配备的角度规通常不够精确，因此，斜接催生了精密量规和夹具的市场，以及无数的定制设备和辅助精确工作的设置方法。

在用机器切割斜接面和斜面时会产生拉伸或挤压木料的额外应力，导致其在切割过程中滑动，偏离正确的位置。锋利的刀片、夹紧力、斜角规上的限位块，以及用砂纸打磨木料表面，都可以减少木料滑动和出现事故的概率。

斜接类型

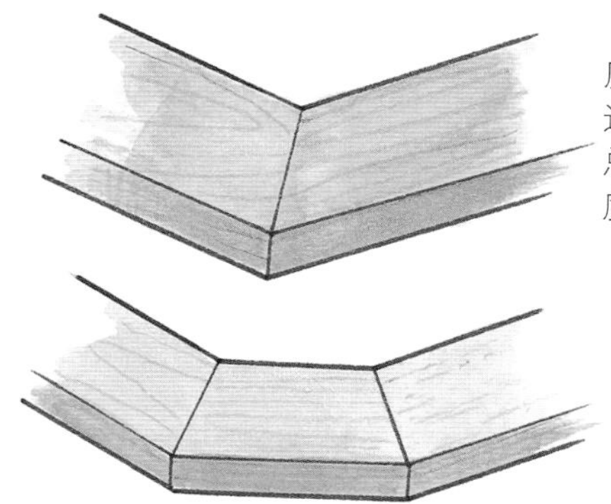

框架斜接件的角度会随着框架结构的边数而变化，但切割总是横向于木板的宽度方向进行的。

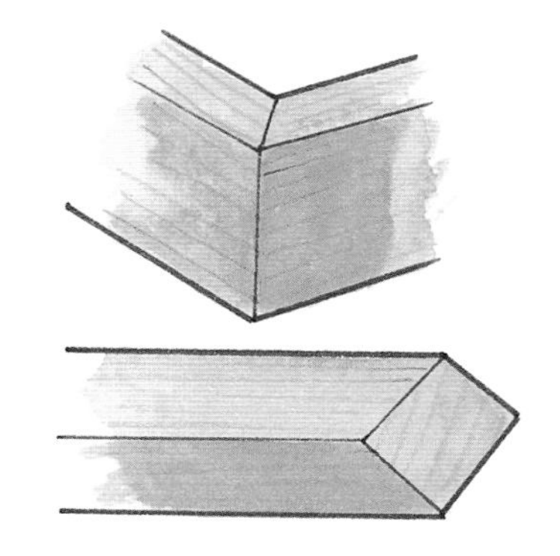

复合斜接融合了斜面切割与框架斜接或框架边角的锥度切割，常用来制作较浅的盒子或其他侧面倾斜的物件。

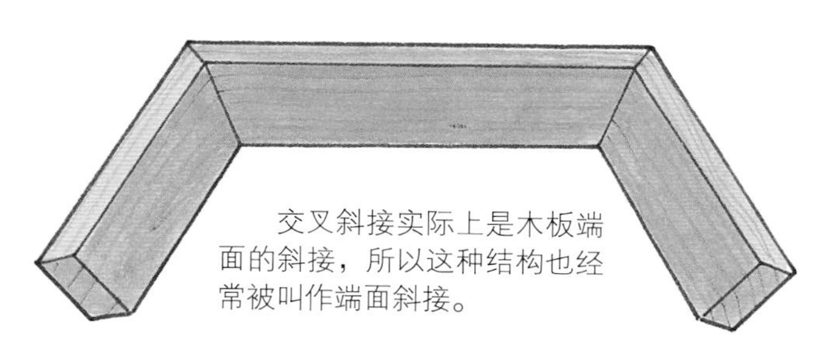

交叉斜接实际上是木板端面的斜接，所以这种结构也经常被叫作端面斜接。

长度斜接的斜面角度（也称为侧斜面），就像其他斜接结构那样，会随着结构中拥有的侧面的数量而变化。

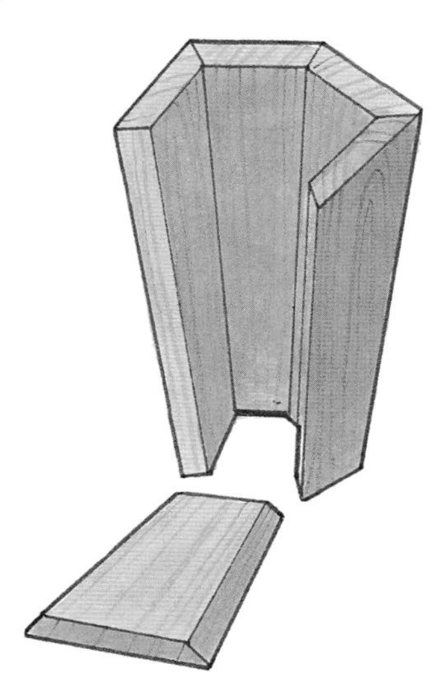

设置和检查斜接

要检查 45° 斜角尺的精确度，可将一个建筑师三角尺与之对齐，然后固定三角板，并将斜角尺翻转到另一侧，这样任何误差都会加倍并以间隔的形式呈现出来。

检测一个 45° 的斜角规的设置是否精确，可以切割一块废木料的端面，然后翻转废木料进行第二次切割，检查切下的三角形的顶角是否为直角。

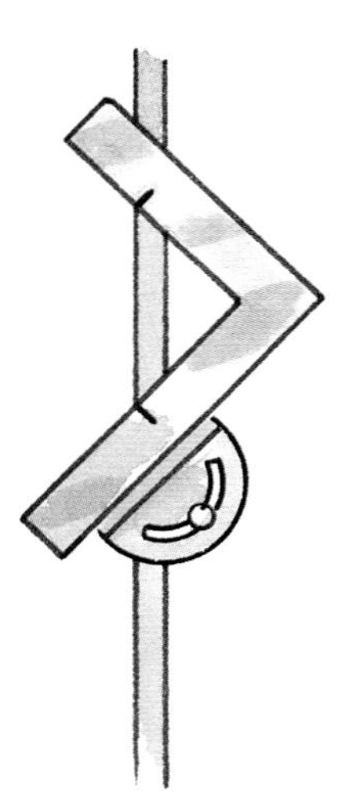

将木工角尺的两臂设置成相同的数值并与斜角规的滑槽对齐。将斜角规设置为 45°，使用较长的长度可以保证设置的精确性。

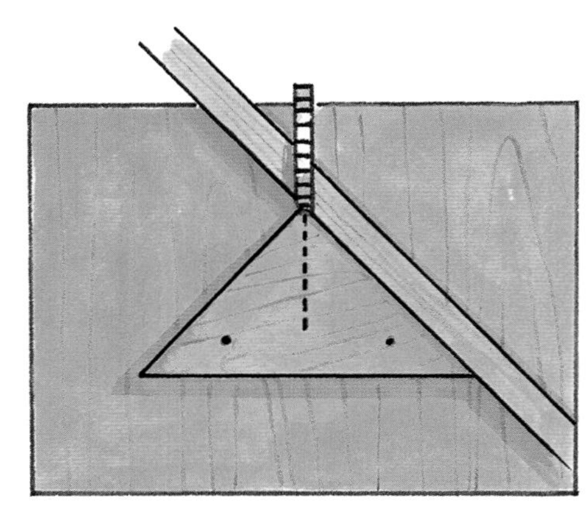

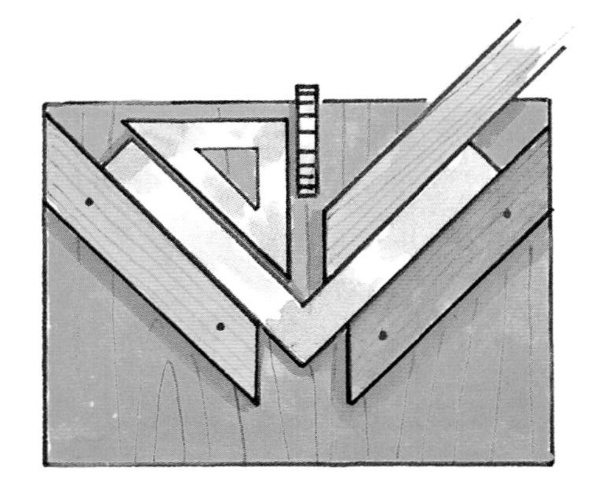

定制夹具可以在台锯上的斜角规滑槽中滑动，或者是固定在摇臂锯的台面上帮助切割精确的斜接部件，特别是较大的斜接部件。

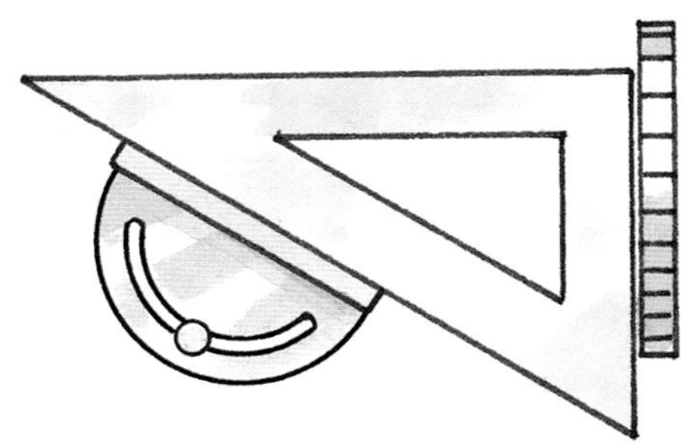

可以用建筑师三角尺直接设置超过 45°的角度，或者可以将图纸上的角度转移到木料的下表面，并将斜角规设置为该角度。

将部件固定到位紧贴直角尺来检测斜面的匹配程度（对于更大的角度，可以根据图纸使用可滑动的 T 形角度尺设置得到），然后调整锯片的倾斜角度进行修正。

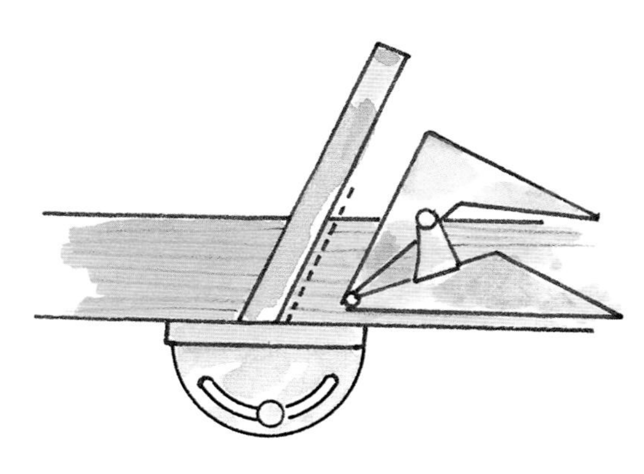

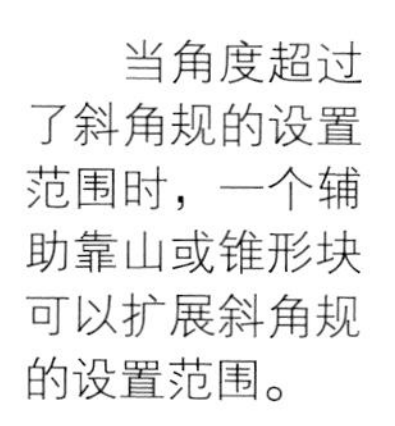

当角度超过了斜角规的设置范围时，一个辅助靠山或锥形块可以扩展斜角规的设置范围。

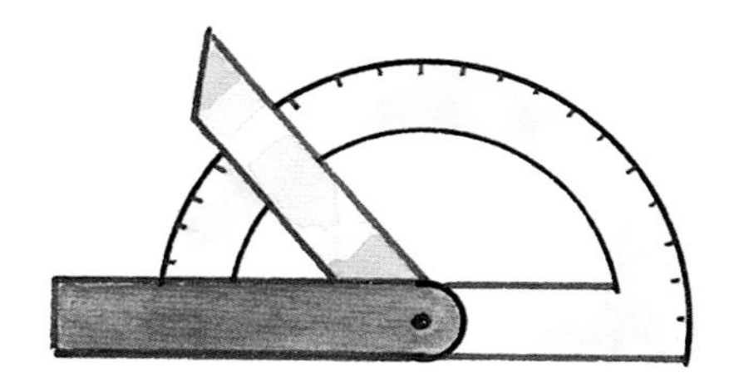

根据量角器的角度设置可滑动的 T 形角度尺的角度，并用其为台锯或摇臂锯的锯片设置倾斜角度或斜切角度。

计算斜接和斜面角度

没有其他接合方式需要像斜接这样运用如此之多的数学知识。

框架斜接和斜面接合件的切割角度是根据结构的侧面数划分 360° 圆周的结果得到的。切割角度是这个的数值的一半。根据角度或机器的校准情况，量规、锯片、摇臂或者直接被设置为切割角度，或者设置成切割角度的互补角度（90° 减去切割角度的余量）。为了提高斜角规的精度，可以考虑使用木工角尺和小的几何造型在台锯的台面上为常用的切割角度设置永久性的标记，首先确保台锯锯片与斜角规的滑槽平行。

用直尺将斜切靠山延伸到等分线上标记的某个点上，锁定设置，用设计工具或精确细致的图纸来检测切割精度。沿等分线的测试点位置越远，量规设置的调整就越好。当找到正确的设置后，在桌面上做一个永久性的凹痕标记。

三角函数

三角函数在切割不常见的角度时是很有用的。可以直接使用它来设置搭配木工角尺的斜角规，或者在一个夹具或一张纸上画出角度对应的高和宽，然后用设计工具将数值转移到机器上。三角函数也有助于确定一个现有物品的框架的内部或外部长度，或者使框架适合限定的空间。

复合斜接件需要在摇臂锯或台锯上综合两种设置。本章给出了两种绘图方法，用来确定斜面角度和斜接角度。

斜接和数学

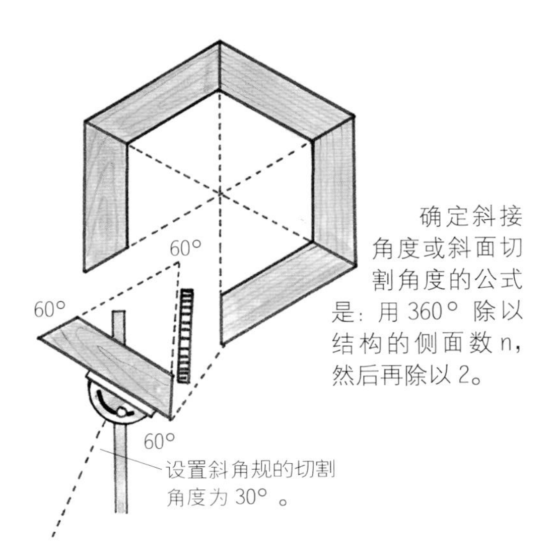

确定斜接角度或斜面切割角度的公式是：用 360° 除以结构的侧面数 n，然后再除以 2。

$$(360 \div n) \div 2 = \text{切割角度}$$

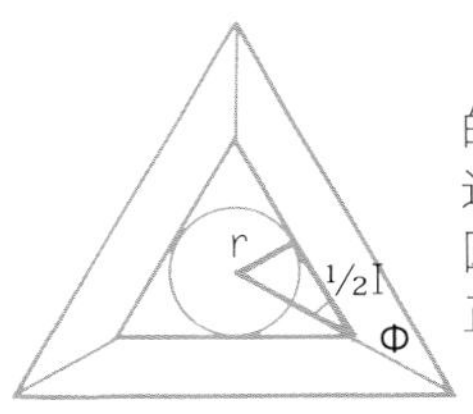

确定同心正多边形的内边长度的公式是：内边长度 I 等于多边形内切圆的半径除以斜接角的正切值，再乘以 2。

$$I = 2r \div \tan\Phi$$

找到同心正多边形的外边长度的公式是：外边长度 L 等于多边形的外接圆半径乘以斜接角的余弦值，再乘以 2。

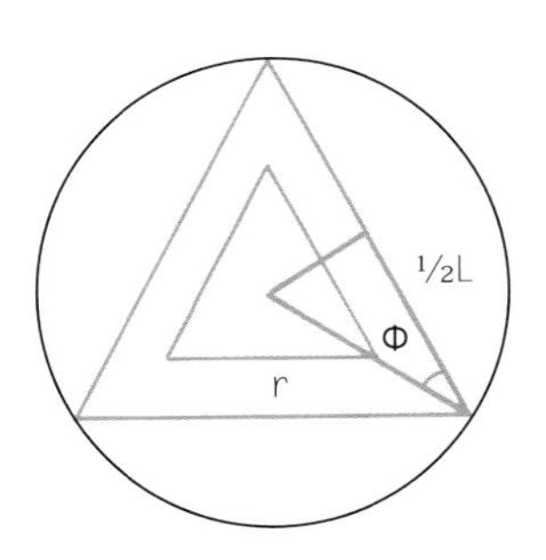

$$L = 2r\cos\Phi$$

利用几何图形设置机器

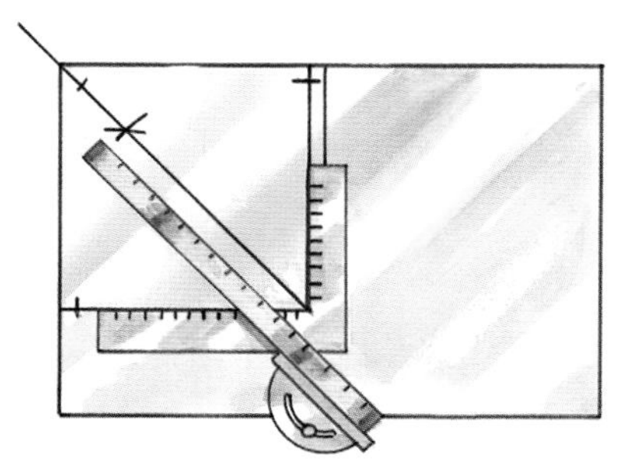

要在台锯上确定 45° 角的位置，要建立一条垂直于斜角规滑槽的垂线，以及直角的等分线，然后在等分线上制作一个凹痕标记，用直尺来设置斜切靠山。

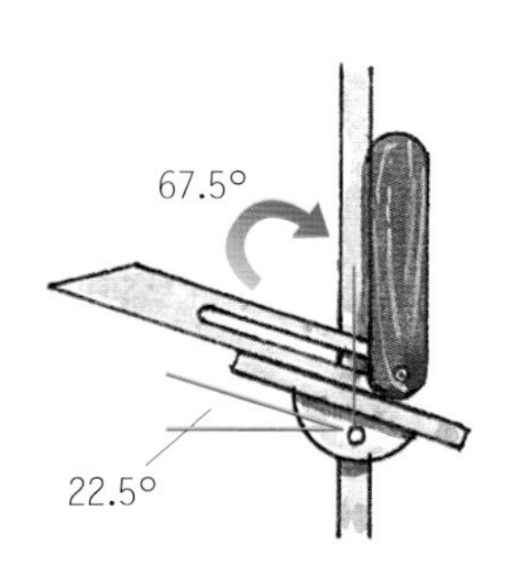

将 45° 角平分，产生精确的 22.5° 角，将任何标记角度或其互补角度转移到可滑动的 T 形角度尺上来设置锯片的倾斜角度。

通过绘图寻找角度

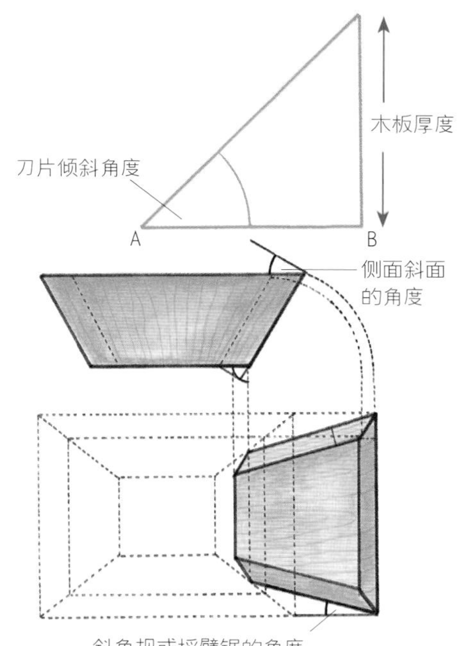

将复合斜接件放平，以观察其真实的形状和斜接角度，然后建立垂直线 AB，测量，并根据其与木板厚度的比例关系来确定锯片的倾斜角度。

利用三角函数斜切

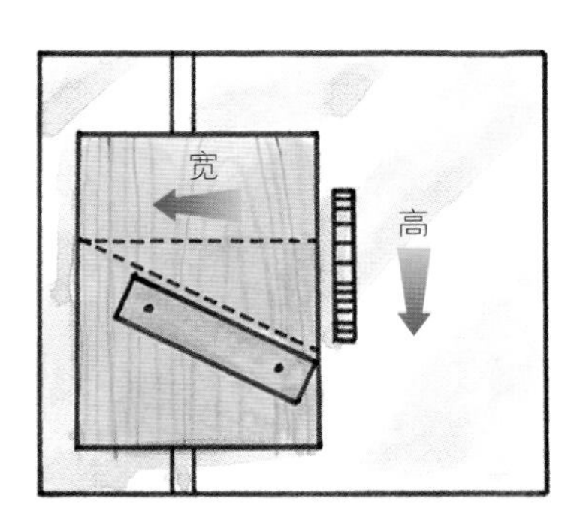

如果将木工角尺两臂上的高宽刻度值与斜角规滑槽对齐，也可以利用三角函数的比率来设置斜角规。

可以利用三角函数表查找所需角度的正切值，也就是斜接角度的高宽比。然后，在可滑动的夹具上标记出这些点，夹具的靠山则是与直角三角形的斜边对齐的。

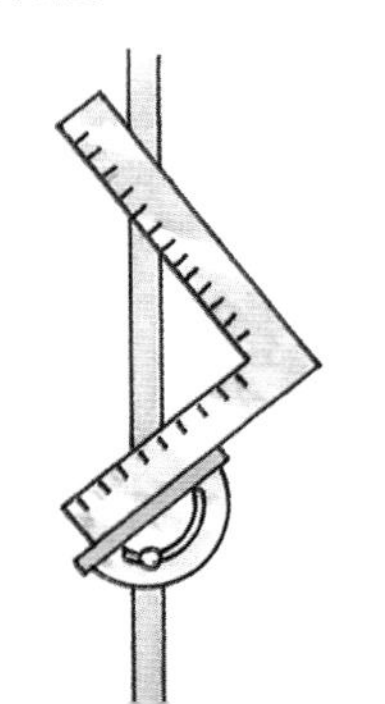

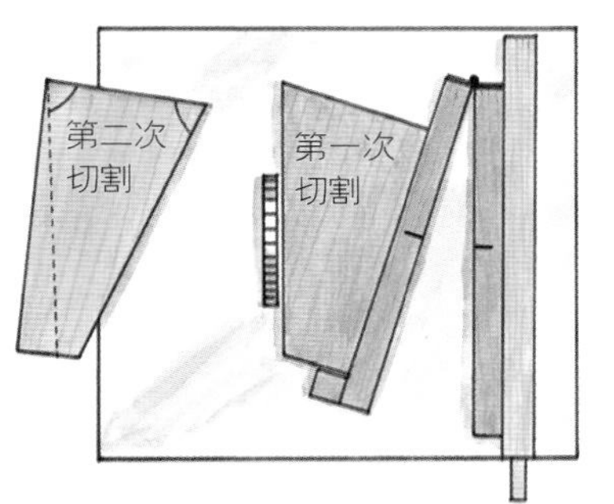

打开锥度夹具的支撑腿，调整夹具的角度，使每个支脚距离枢轴点 12 in（304.8 mm）。锯切锥度角，然后将夹具的开度加倍，翻转木板进行第二次切割。

手工制作框架斜接

以刀片垂直于木料表面的方式，横向于纹理切割斜接件，可以为面板或照片制作平面框架。常见的 45° 斜接件可以制作正四边形框架。六边形或八边形也是人们熟悉的形状，并为进一步制作椭圆和圆形框架——比如桌面的镶边——奠定了基础。

简单的框架斜接本质上是一种端面对接，其强度的唯一来源是将它黏合在一起的胶水。非常轻的框架可以在只用环氧树脂黏合的情况下保持对低应力的适应，但是大多数的斜接框架都需要加固才能持久使用。

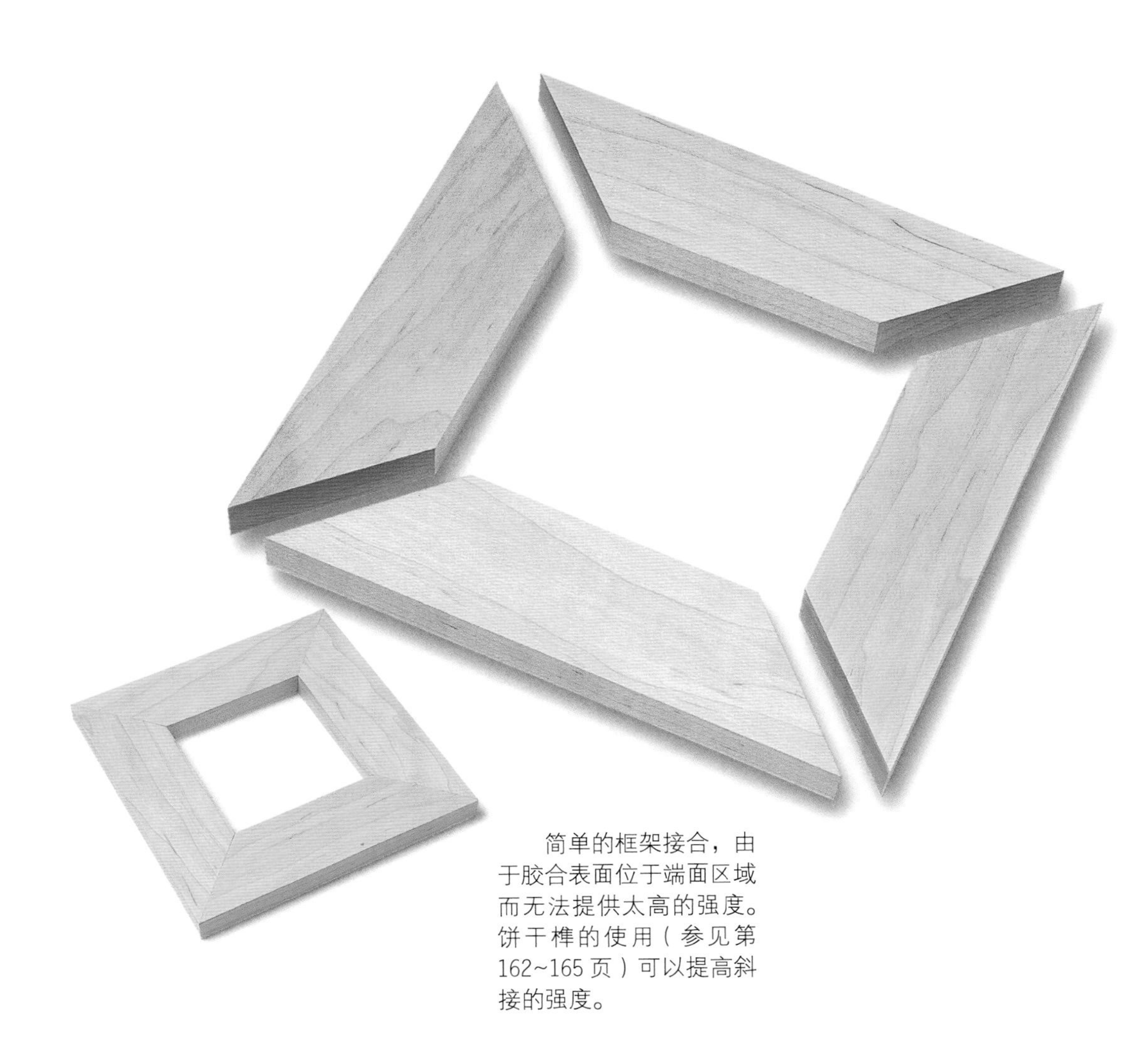

简单的框架接合，由于胶合表面位于端面区域而无法提供太高的强度。饼干榫的使用（参见第162~165页）可以提高斜接的强度。

制作步骤

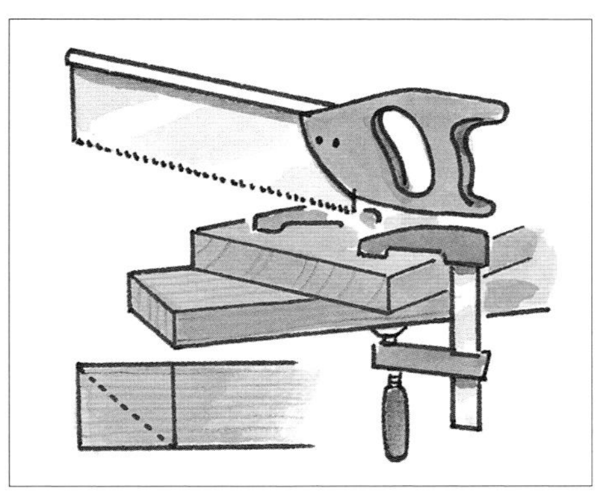

1 用画线工具标记 45° 角，或者沿正方形的对角线画线，正方形的边长等于木板的宽度。可夹上一块木块引导锯片锯切。

2 在斜面刨削台上用槽刨或其他类型的刨子轻轻刮削锯切的表面，可以在靠山和部件之间插入一张扑克牌作为垫片，以纠正可能存在的不匹配。

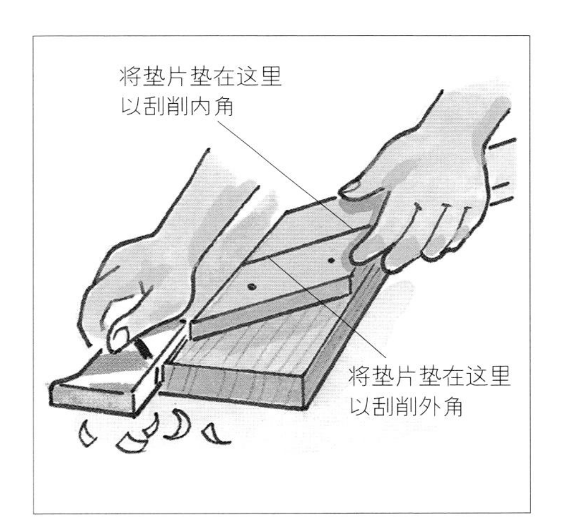

3 在端面区域涂抹厚厚的一层胶水。然后使用类似于图中的可调节定制夹具夹紧框架，以防止夹具夹紧时部件出现滑动偏离正确位置。

变式

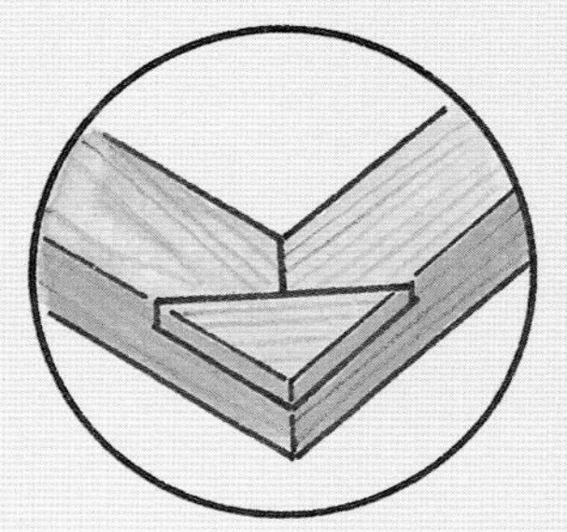

框架斜接

借助靠山夹具帮忙，用台锯切掉一个斜角，或者只切掉边角背面的部分，然后用胶水粘上一块强化接合的角撑板。如果需要隐藏加固件，可以使用一个或多个饼干榫，见第 162~165 页。

专业的相框制作器会使用一系列专门设计的压入式连接器。

用摇臂锯制作薄边斜接

斜接框架的加固件要么是接头的组成部分，要么可以在胶合后增强组件的强度。方栓或者像搭接斜接这样可以创造长纹理胶合面的接合方式是常见的整体加固方式。

与这里展示的摇臂锯锯切技术类似，可以用手锯锯切 2~3 道切口，并将颜色对比鲜明的薄板插入切口完成胶合，为薄边框架制作具有装饰效果的边角。如果使用钉子，需要将它们穿过框架的侧面钉入斜接面中，这样框架的重量才不会把它们拉出来。

使用具有对比效果的木料，这个例子中使用了枫木和鸡翅木的搭配，可以产生吸引人的装饰效果。

制作步骤

1 将摇臂锯设置到斜切角度，首先完成每个部件一端的锯切，然后在靠山上夹上一个限位块，用来精确地测量加工部件的最终长度。

2 将摇臂锯锯片调整到水平方向，使刀片切入边角斜面的三分之一长度，然后把框架放在高度辅具上使框架滑向锯片，获得贯穿成对胶合边角的切口。

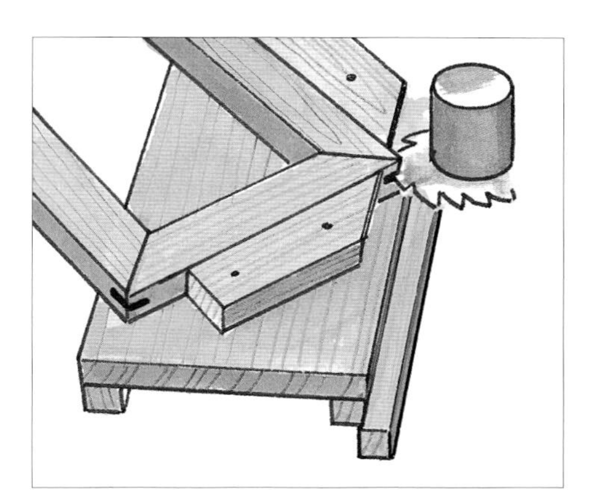

3 方栓的厚度应该与切口的宽度匹配。将方栓切割到指定长度，插入切口并完成胶合，待胶水凝固后，用锯和砂纸将表面处理平齐。

制作技巧

托榫斜接

当门梃具有两侧榫肩，冒头具有插槽式的榫眼与之斜接匹配时，托榫斜接可以使其胶合面积成倍增加。这种优雅的加固件适用于门梃和冒头等厚度不相同的框架结构，并且比半搭接的斜接结构更牢固。

搭接斜接

搭接斜接是传统的端面搭接（参见第 43 页）的一种优雅变式。它的优点是比传统的斜接具有更高的强度，并提供了类似“相框”的外观，尽管只是在正面。其强度的提高来自于胶合面积和长纹理区域的大幅增加。

可以用台锯搭配一个如图所示的简单的定制可滑动夹具，精确、快速地制作搭接斜接件。如果锯切之后仍留有少许的凸出部分需要修整，那么可以用凿子清理接合件，去除多余的木料，即使是软木，最终也能达到完美的匹配。尤其要注意的是，横向于木料正面的锯切不要太深。锯切太深会削弱接合强度，也会破坏成品的外观。

在斜接面的后部使用半搭接的方式可以大幅增加胶合区域的面积，从而提高接合强度。

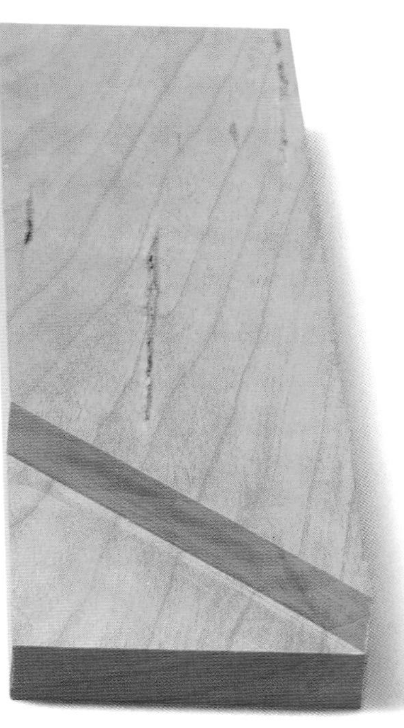

制作步骤

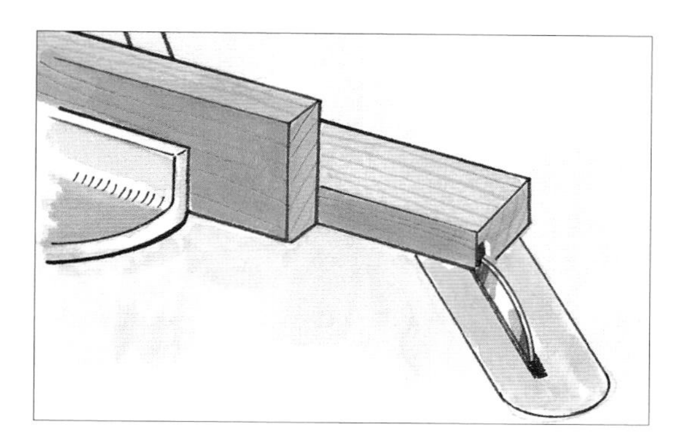

1 将部件切割到最终的长度，并将切割深度设置为木板厚度的一半，然后在框架垂直部件的正面边角处以 45° 角横向于纹理锯切。

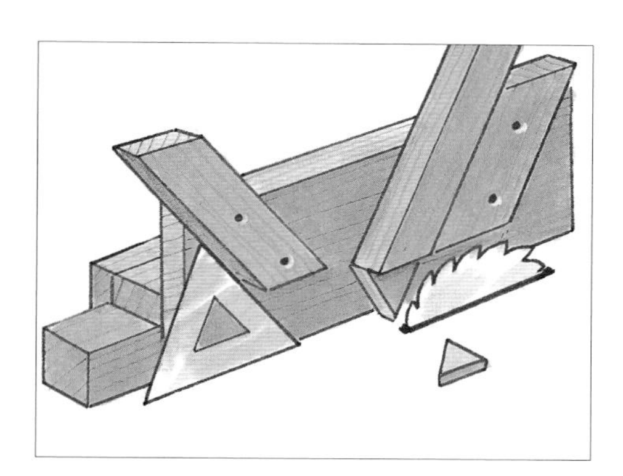

2 使用可滑动的靠山夹具和限位块将部件固定在与台锯台面成 45° 角的位置，切掉端面与锯缝之间一半的厚度，但不要让锯片碰到肩部。

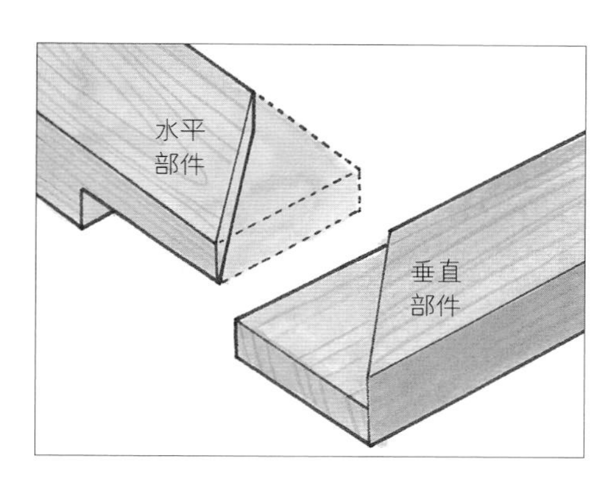

3 将水平部件切割成方正的端面搭接件（参见第 49 页），然后对接头进行 45° 斜切，切掉一半木料，使其与垂直部件的肩部匹配。

制作技巧

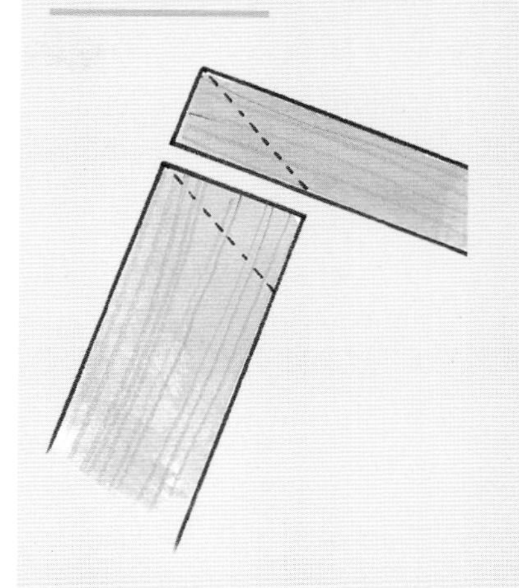

斜接角度

如果在一个部件上画出斜接的角度，并使用可滑动的 T 形角度尺将该角度转移至另一个部件上，可以通过斜接匹配不同宽度的框架部件。

接合部件的宽度差别越大，精确制作接合件的难度就会越高，接合的强度也会变得越弱。如果两个部件的宽度比值超过了 2∶1，则不推荐通过斜接进行接合。

封装半边槽斜接

横向于纹理斜切制作的交叉斜接与框架斜接类似，由于胶合面为端面，因此其固有的接合强度较弱。幸运的是，它们也像框架斜接一样，更多地用于辅助而非承重结构。大多数框架斜接的加固技术也适用于交叉斜接，只是装饰性的蝴蝶榫被燕尾键所取代（参见第144页），这使得交叉斜接可以获得类似燕尾榫的外观。

封装半边槽斜接并没有为交叉斜接件增加额外的长纹理胶合面。它的较为细窄的肩部增加了一些胶合强度和抗扭曲能力，但斜接件真正的强度是由从外面钉入、贯穿接合部位的圆木榫或者接合件的长纹理区域提供的。

这种优雅的接合结构起源于日本。使用颜色对比鲜明的木料制成的圆木榫可以提供装饰效果。

制作步骤

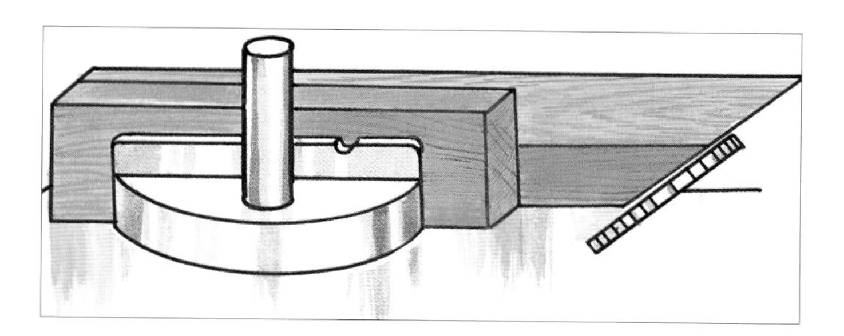

1 使用与配对边角厚度相同的木料（或者像这个抽屉侧板一样较薄的木料），将其端面斜切为 45°。

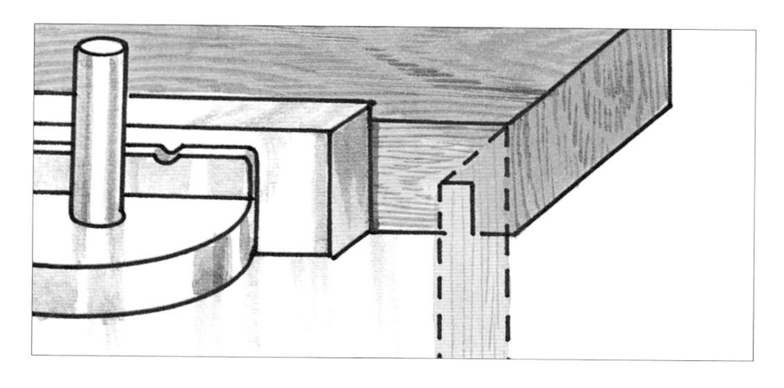

2 把抽屉的正面面板切割到需要的长度，然后在其内侧面对应侧板厚度的范围内横向锯切，将锯缝锯切到一半斜面高度的位置。

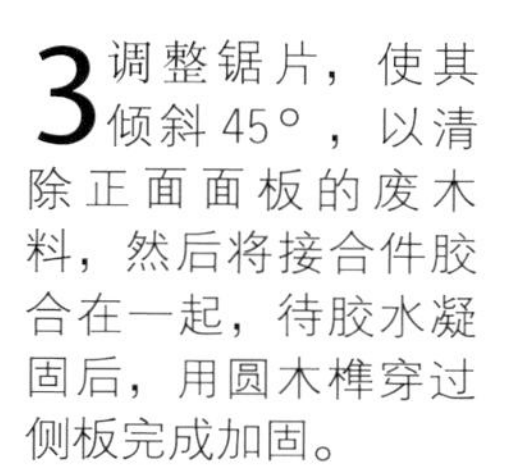

3 调整锯片，使其倾斜 45°，以清除正面面板的废木料，然后将接合件胶合在一起，待胶水凝固后，用圆木榫穿过侧板完成加固。

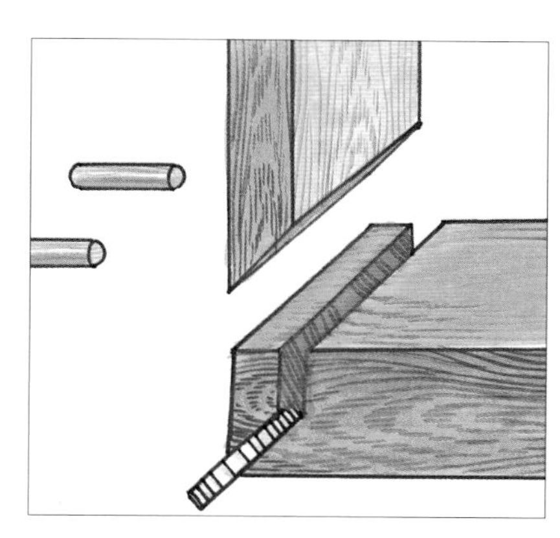

变式

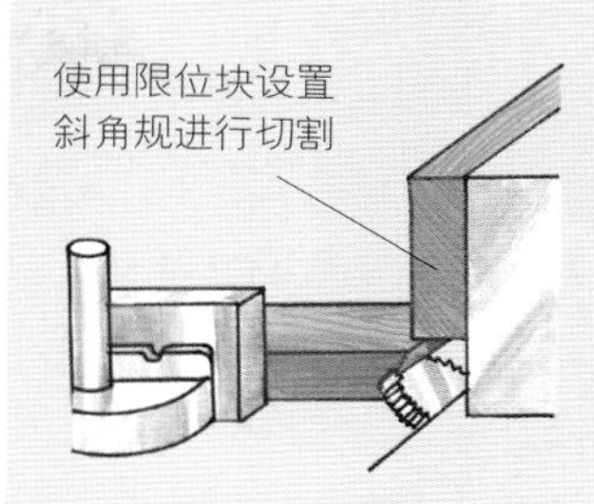

加固的交叉斜接

保持锯片倾斜 45°，在交叉斜接的端面胶合表面的外侧四分之三的位置为方栓锯切切口。

其他角度

对于 45° 以外的其他角度的交叉斜接，需要在电木铣台或台锯上加工其端面，操作过程中应保持锯片垂直于加工面，斜面平贴台面。

互锁斜接

对于 L 取向的端面与端面的接合，除非将其与指接榫相结合（参见第 53 页），否则很难通过修饰改变交叉斜接件的长纹理接触面。除非是具有六个或八个侧面结构，接头角度大于 120° 的部件，否则即使是内部的方栓也不能形成长纹理的接触面。贯穿边角的薄边装饰确实能够增强交叉斜接件的长纹理区域的强度。

这里展示的用台锯加工的互锁接头能够自动互锁，所以这种结构对胶水的依赖性更低，但只有当部件取向正确时才能有效对抗张力。互锁斜接是抽屉常用的接合方式，因为它们的强度能够有效对抗对抽屉正面面板的抽拉，并且其正面或侧面没有端面露出在外。

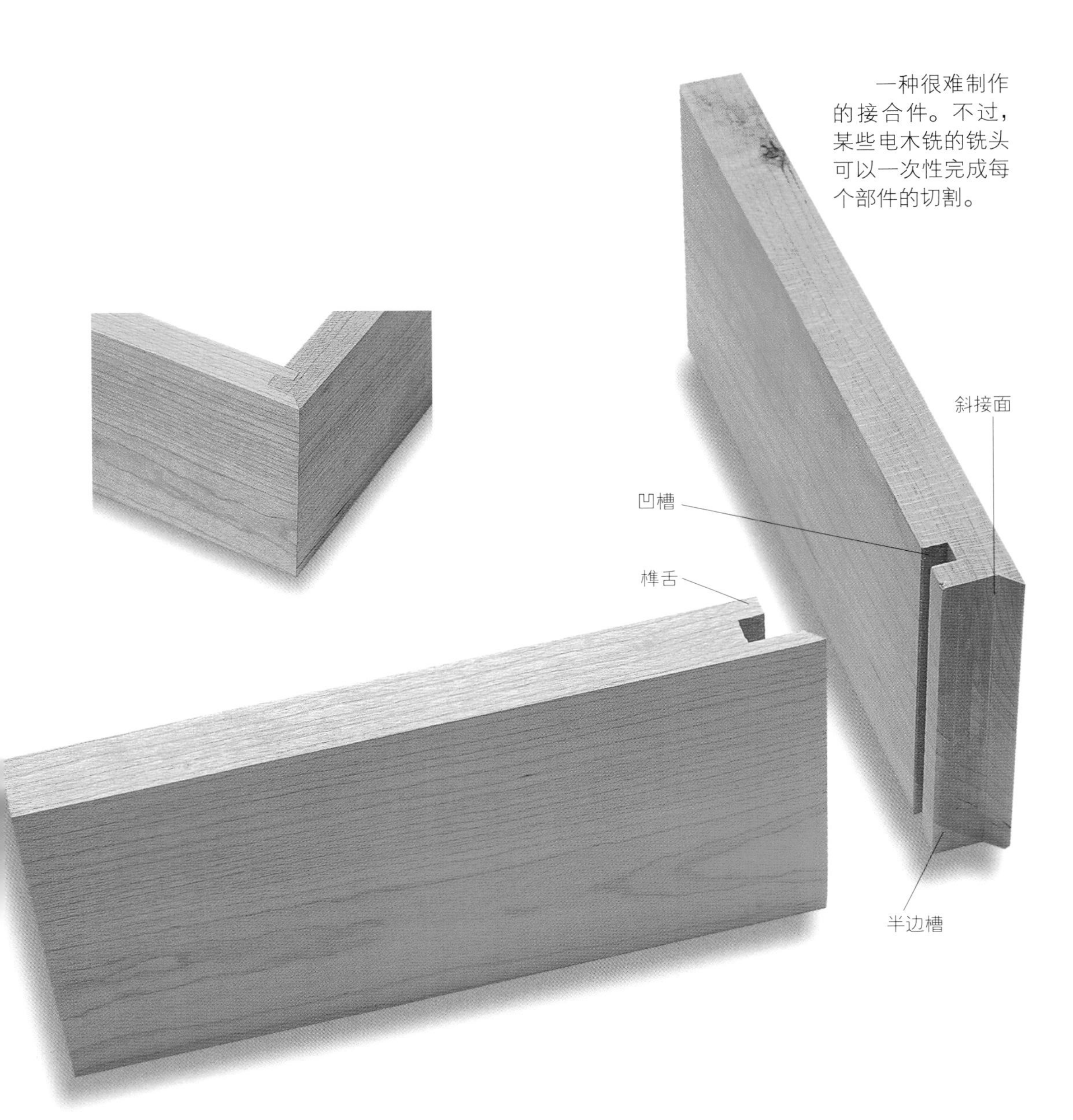

一种很难制作的接合件。不过，某些电木铣的铣头可以一次性完成每个部件的切割。

制作步骤

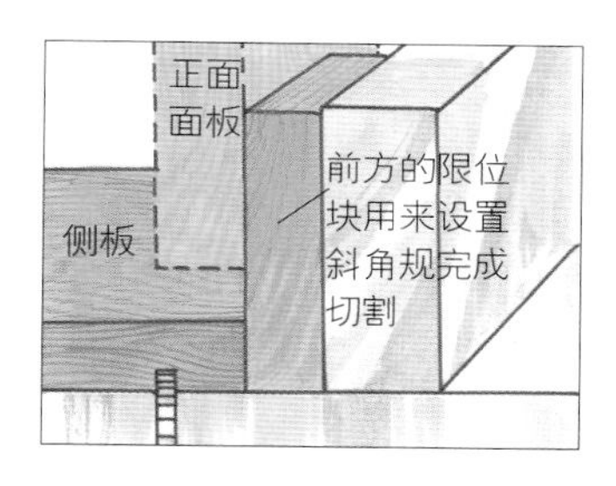

1 将锯片设置到与抽屉面板的厚度尺寸对齐的位置，并将其高度设置为侧板厚度尺寸的三分之一，沿侧板的内表面锯切出一个切口。

2 重新设置锯片，使其高度等于侧板的厚度，凹槽宽度大约是面板厚度的一半，并在靠近边缘的位置留下一个细窄的舌部，以匹配侧板上的切口。

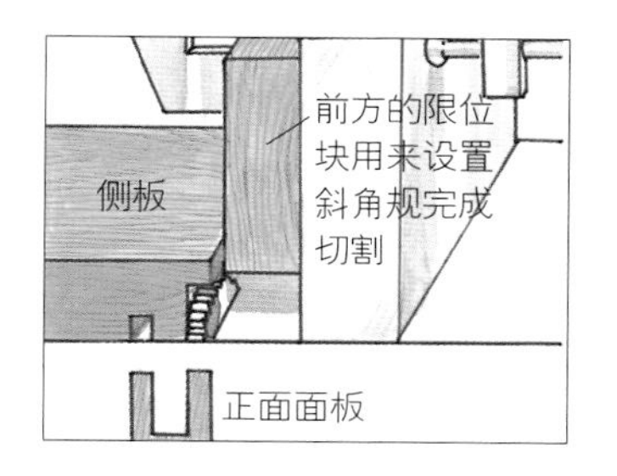

3 设置限位块，将开槽刀片的高度降低到侧板厚度的三分之二处，然后切出一个半边槽，使其舌部可以匹配面板上的凹槽。

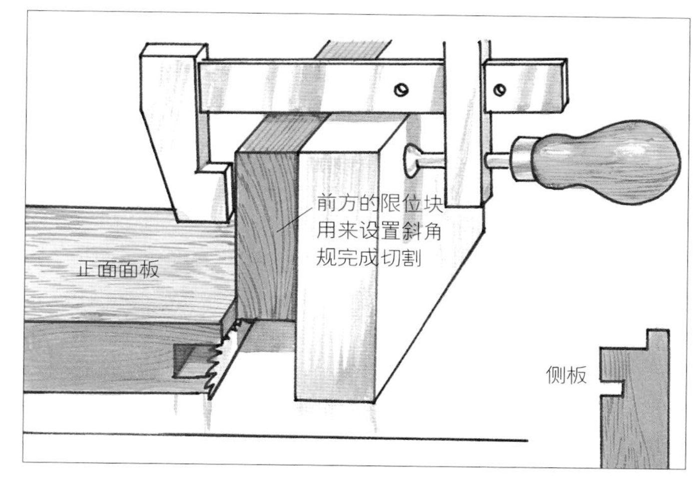

4 更换普通锯片，锯切面板的细窄舌部，将其修整到能够与三分之一侧板厚度的侧板切口匹配的尺寸。

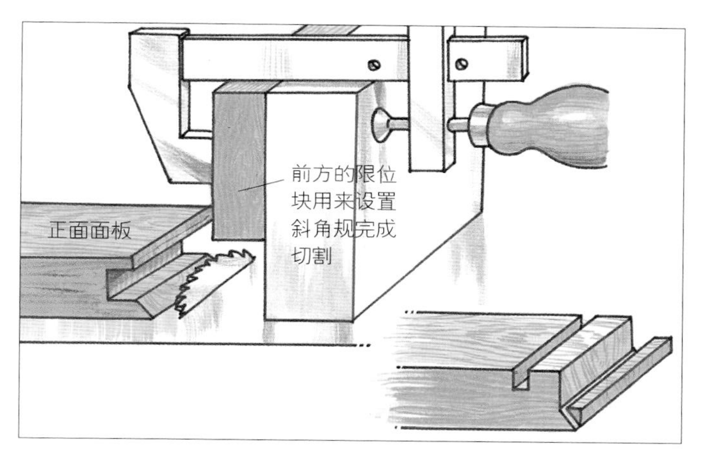

5 将锯片倾斜 45°，并在靠山上加入一个限位块，控制在面板和侧板的凸出舌部锯切斜面的操作。

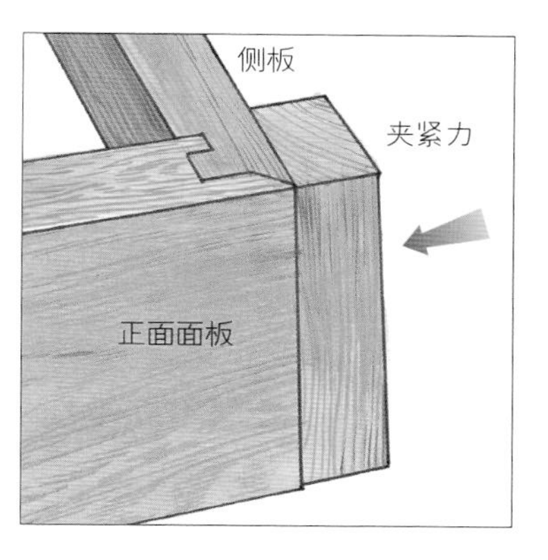

6 与大多数斜接不同的是，互锁斜接只需要在一个方向上施加夹紧力，但需要一个垫块将施加的压力分散均匀。

瀑布式斜接

顺纹理方向锯切得到的长而平滑的斜面带来了一种和谐的接合气氛，其接合线与木料的轮廓浑然天成，两个接合部件完美地融为一体。长度斜接（或者叫作斜面接合）也可用于诸如伞架、花架和万花筒这种需要分段拼接的结构。长度斜接具有顺纹理的取向，因此具有较大的胶合面，在涂抹胶水并用夹具夹紧时能够产生很高的黏合强度。

瀑布式接合利用了转角处斜接件可以使纹理平滑过渡的能力，特别适合用来定制背板可见的胶合板橱柜。背板是从胶合板的中心裁取的，通过瀑布式接合与侧板的端面相连，并附有面框结构。

“瀑布”这个名字源自这样一个事实：直角接合处的纹理样式看起来就像是从上向下翻滚下来的。

制作步骤

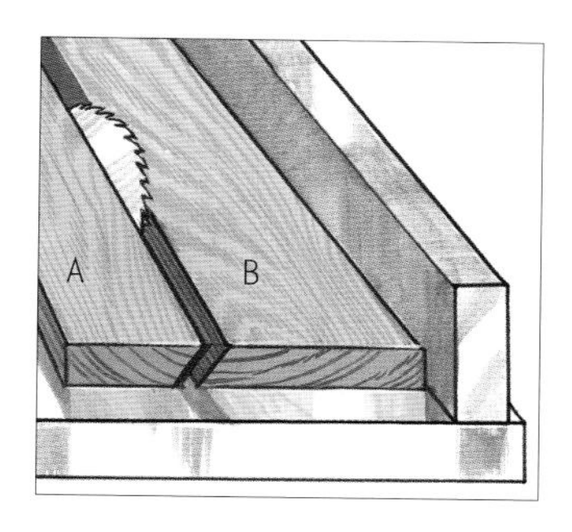

1 将锯片倾斜 45° 纵切斜面，使外侧部件的斜面朝向靠山倾斜，或者内侧部件的斜面向外倾斜。

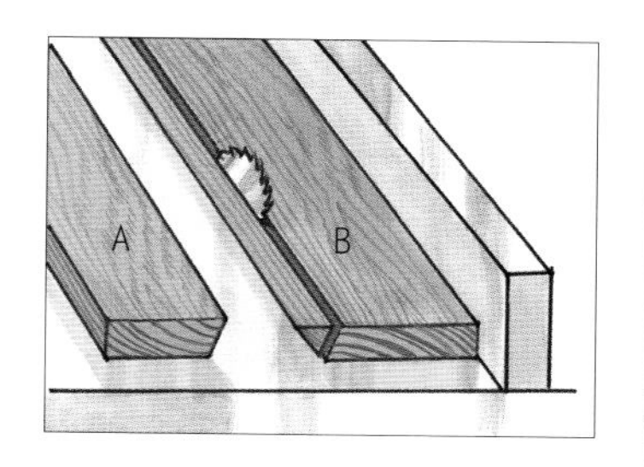

2 将紧贴靠山的木板上下翻转，再次锯切木板边缘，切下一条截面为三角形的废木料。

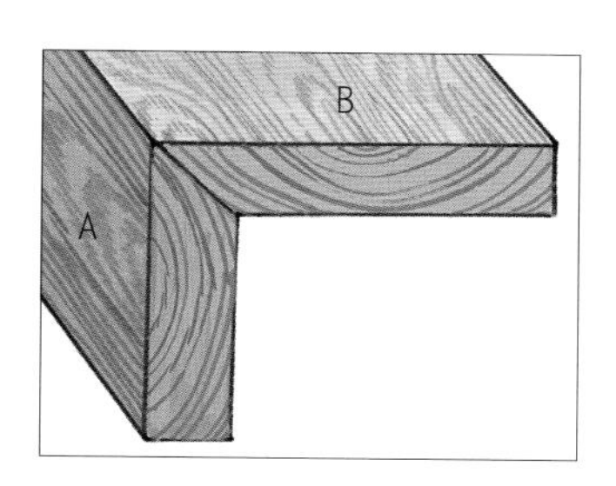

3 再次上下翻转紧贴靠山的木板，将其与第一块木板接合在一起，得到近乎完美的纹理匹配。

制作技巧

分段

分段式结构更容易成对胶合在一起，这是因为斜面接合件沿整个长度方向具有充分的接触表面。

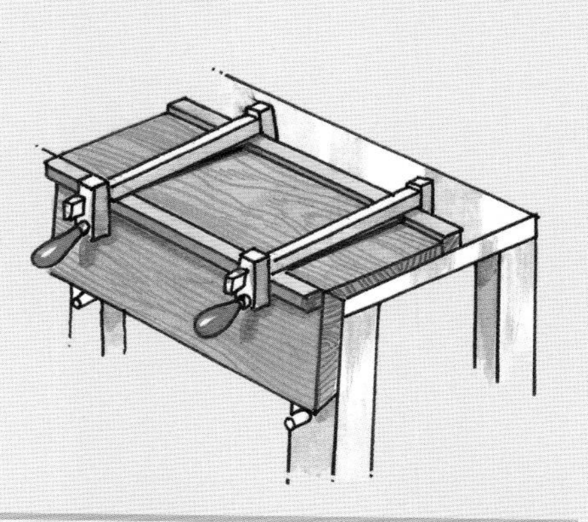

角度指板

使用 45° 的凹槽斜面设置锯片的角度，并夹住一个角度指板，锯切，直到指板可以灵活地将部件垂直顶在靠山上。

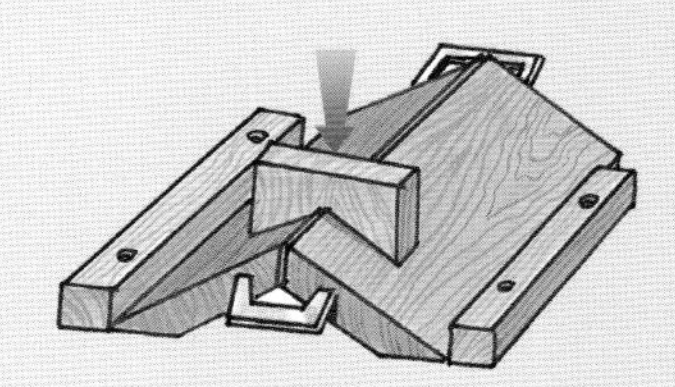

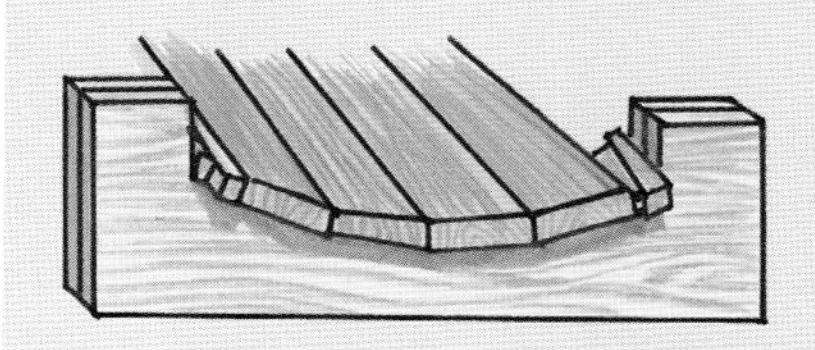

制桶

这种技术使用带有斜面的部件，将弧形的分段部分沿宽度方向连接成一个整体。在胶水凝固后，可以将组合件翻转，将每个小平面刨削平滑。

半边槽斜接

长度斜接有一个很长的胶合线，因此斜面在受到压力时很容易出现滑动。方栓（参见第27页）或饼干榫（参见第162页）可阻止其滑动，但是如果夹紧力的作用方向存在偏差，仍然难以防止接合件向内或向外开口。当箱式结构的分段部件超过4个时，分段黏合斜面接合件会更容易进行，每次黏合两个部件。

半边槽斜接具有自我调节方正的能力，其内部阶梯紧挨斜面，能够将接合件保持在正确的位置，这对方正的结构来说是一种有用的选择。尽管如此，斜面接合件在夹紧时仍然需要在外角夹上垫块。这种接合件可以在电木铣台上使用直边铣头和倒角铣头进行加工。

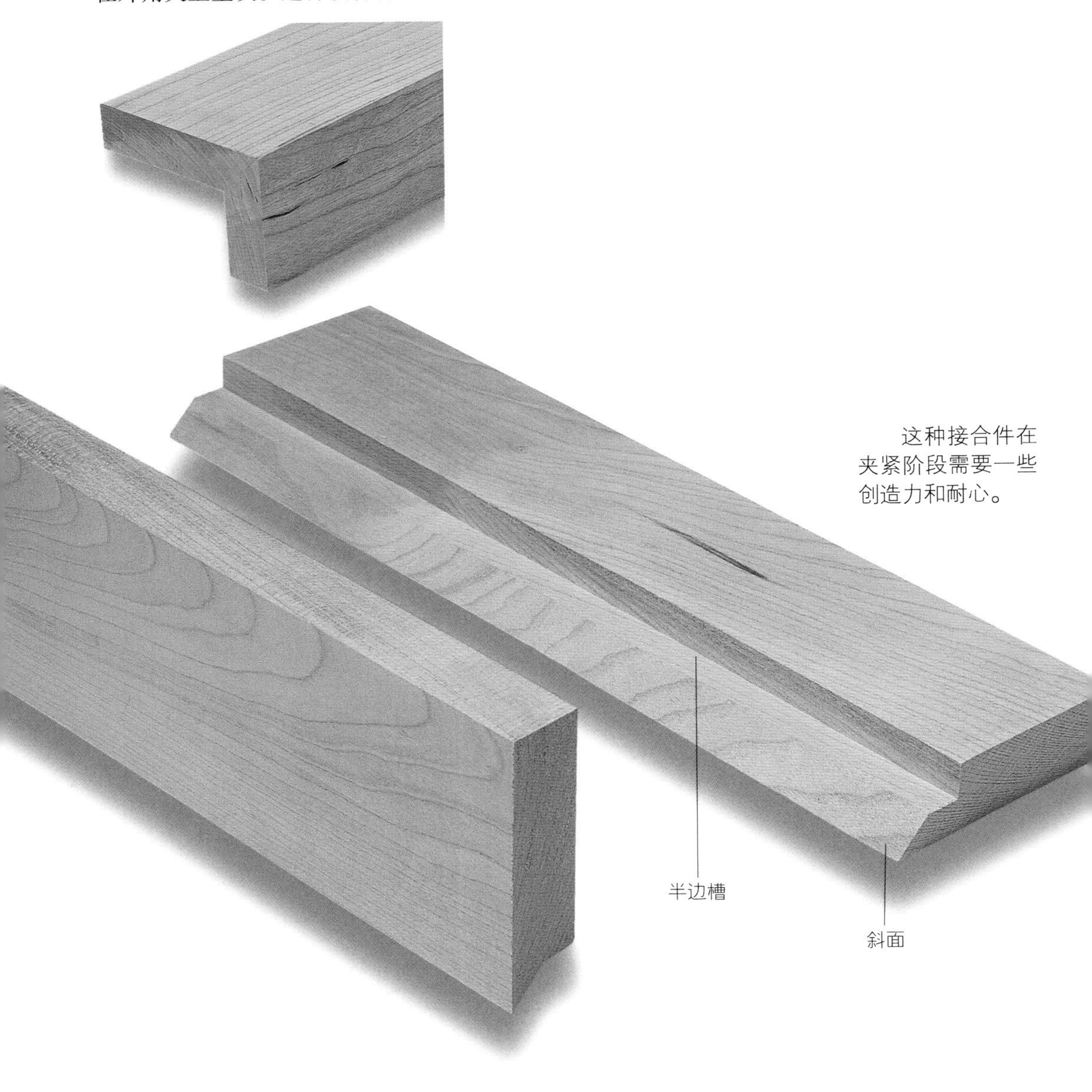

这种接合件在夹紧阶段需要一些创造力和耐心。

制作步骤

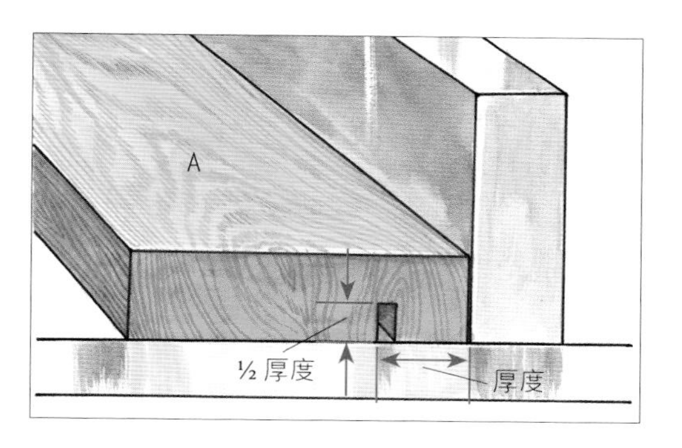

1 沿内侧面锯切，设置锯片，使其外侧与靠山之间的距离等于木板厚度，其高度为木板厚度的一半。

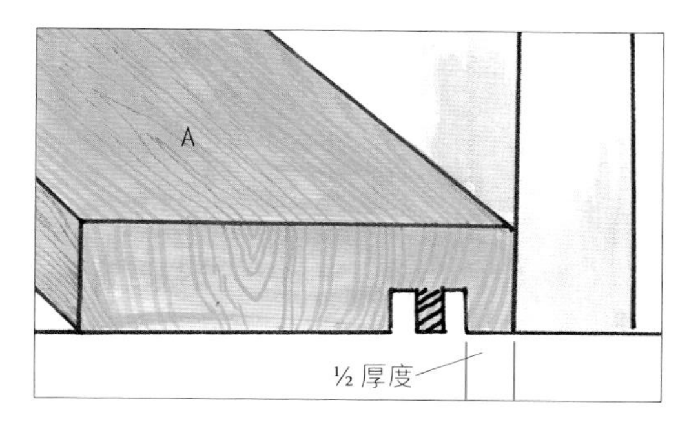

2 移动靠山，使锯片内侧距离靠山的距离变为木板厚度的一半，再次锯切，然后再次移动靠山，去除两个切口之间的废木料。

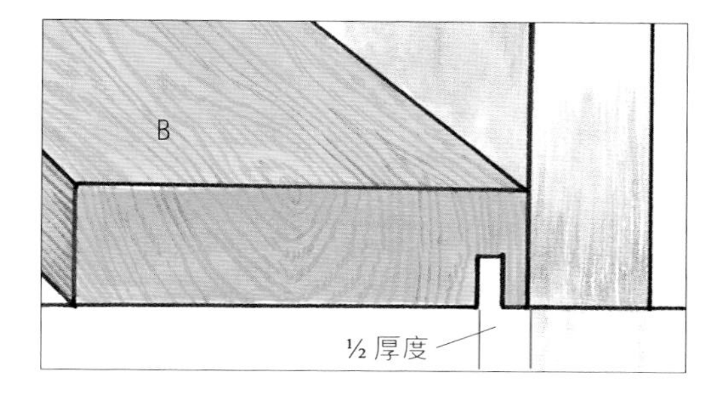

3 无须改变锯片的高度，移动靠山，使其回到与锯片外侧的距离是木板厚度一半的位置，沿第二部件的内侧面锯切。

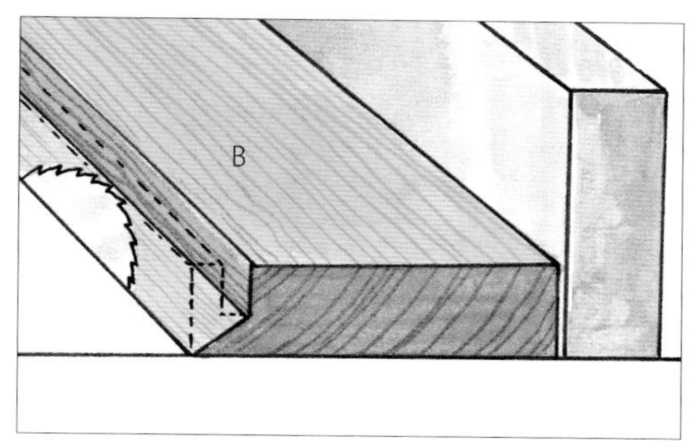

4 将第二部件左右翻转，这样其内侧面会朝上，将锯片倾斜 45° 进行斜切，以去除废木料。

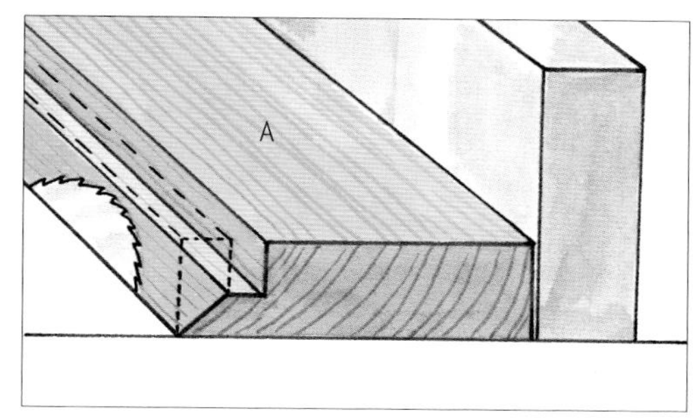

5 左右翻转第一部件，使其内侧面朝上，同样进行 45° 斜切，切除废木料，留下凹槽。

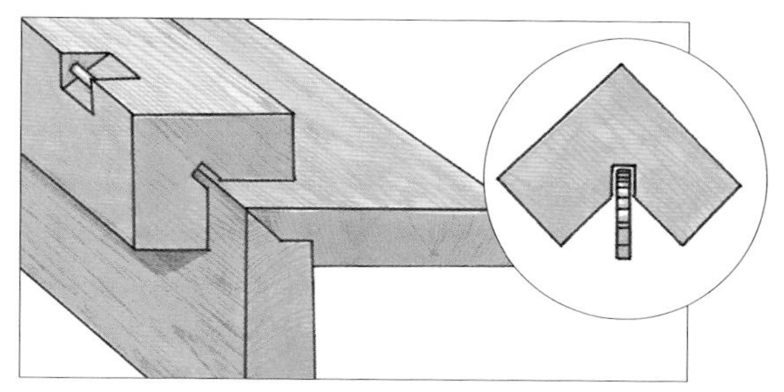

6 垂直于一块长木料的相邻侧面做两次切割，切掉木块的一角制成夹紧块，并锯切其内侧直角，以防止胶水受到挤压粘在斜角处。

用机器制作复合斜接件

将斜切角度与倾斜的锯片组合起来可以产生复合斜接。这种斜接方式可以使盒子的侧面和壁板结构向内或向外倾斜。倾斜角度（向外或向内的倾斜度）不是关键，合适的斜接角度和锯片倾斜角度才是使作品匹配在一起的关键。

一旦经过废木料的测试完成了设置，就可以用台锯或摇臂锯快速完成复合斜接件的切割。就像任何斜接一样，切割的准确性是至关重要的。每次切割即使只出现 1° 的误差，总体误差也会随着作品侧面数的增加而成倍增长，最终导致无法将作品组装在一起。胶合时的一两个轻微的错位都会导致接合失败。

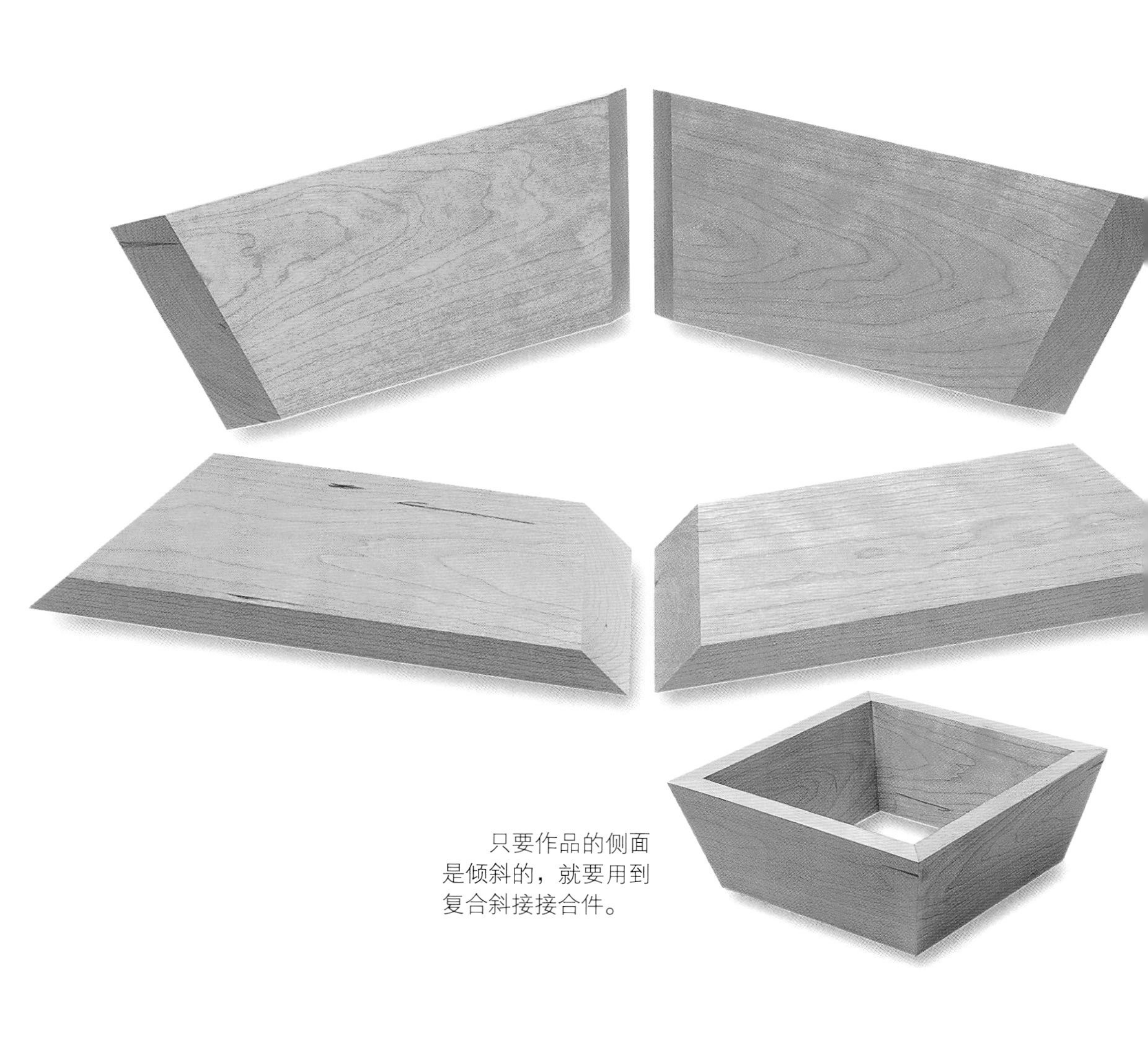

只要作品的侧面是倾斜的，就要用到复合斜接接合件。

制作步骤

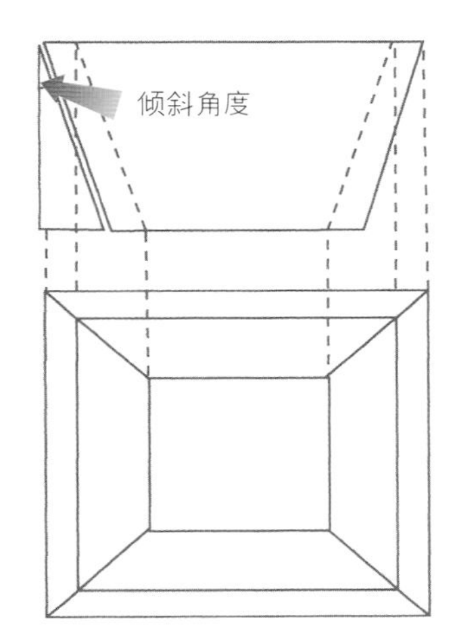

1 以预定的倾斜角度画出一张全尺寸的立面图，同时绘制出一个俯视图。

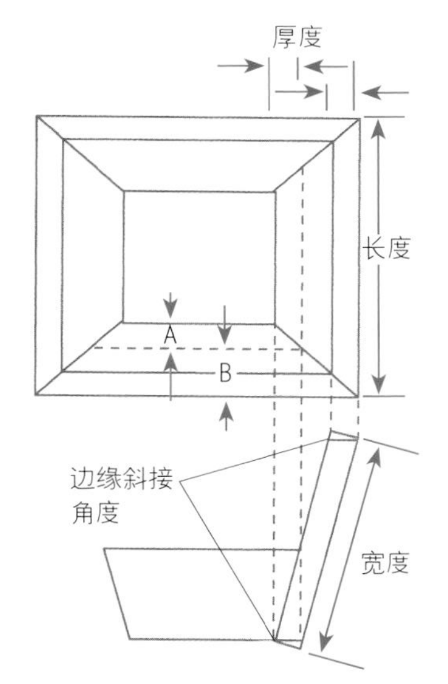

2 通过俯视图向下画垂线，并横向于这些线画出倾斜角度，以确定平放状态下实际部件的宽度和斜接角度。

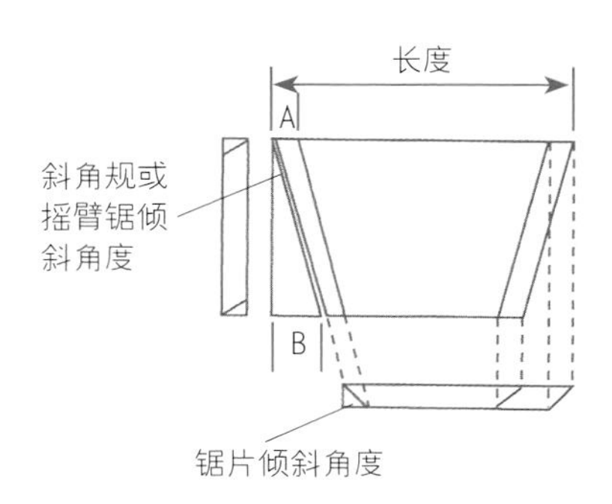

3 使用侧视图画出投影线，并通过标记 A 和 B 的测量值画出斜接角度，如图延长角度线及其平行线，确定锯片的倾斜角度。

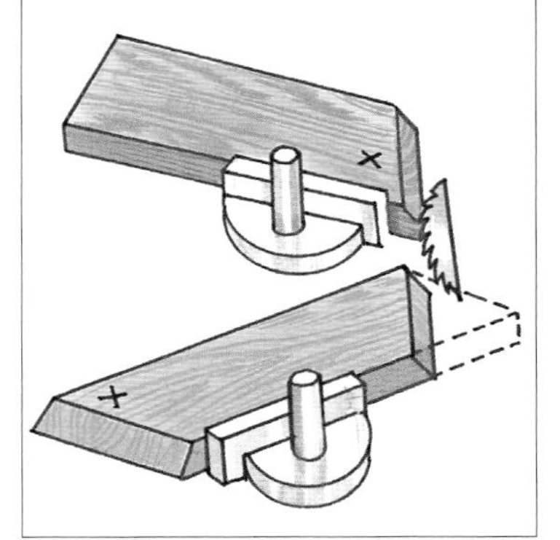

4 设置好锯片和斜角规的角度，对所有部件的一端进行斜切，然后反方向倾斜斜角规，继续斜切木料的另一端，并得到最终的部件长度。

5 将部件平放，锯切顶部和底部的斜接角度，如有必要，可以适当移动靠山，以免斜角的尖端滑入靠山下面。

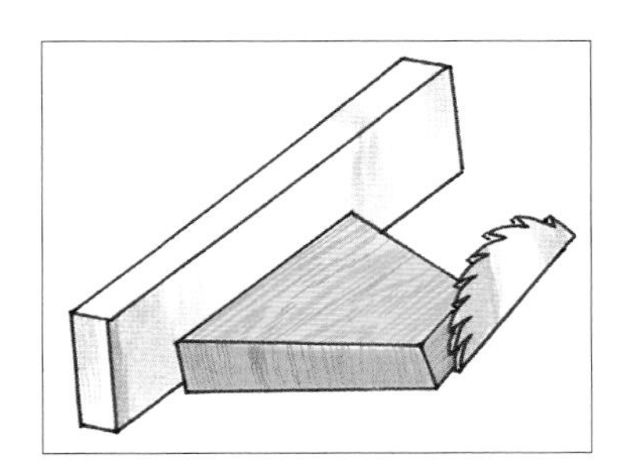

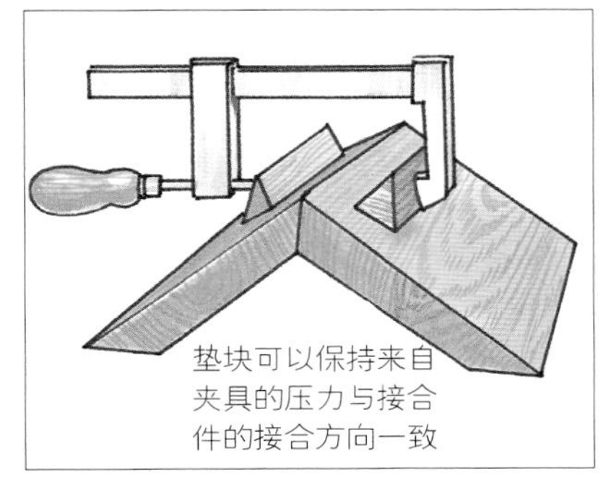

6 用便于拆卸的胶纸暂时粘在斜面上，以确定夹紧力在接合部位的作用方向。之后分段胶合部件。

手工制作复合斜接件

制作任何作品都应首先绘制俯视图和立面图，在开始锯切之前解决细节问题。但是，这两种作品视图都不能直接显示零件的实际形状，以及实际的斜接角度和锯片倾斜角度。

手工制作复合斜接件并非不可能，但这种方式不太适合侧面或分段过多的作品。手工制作复合斜接件能否成功取决于手工刨的使用技术是否熟练。

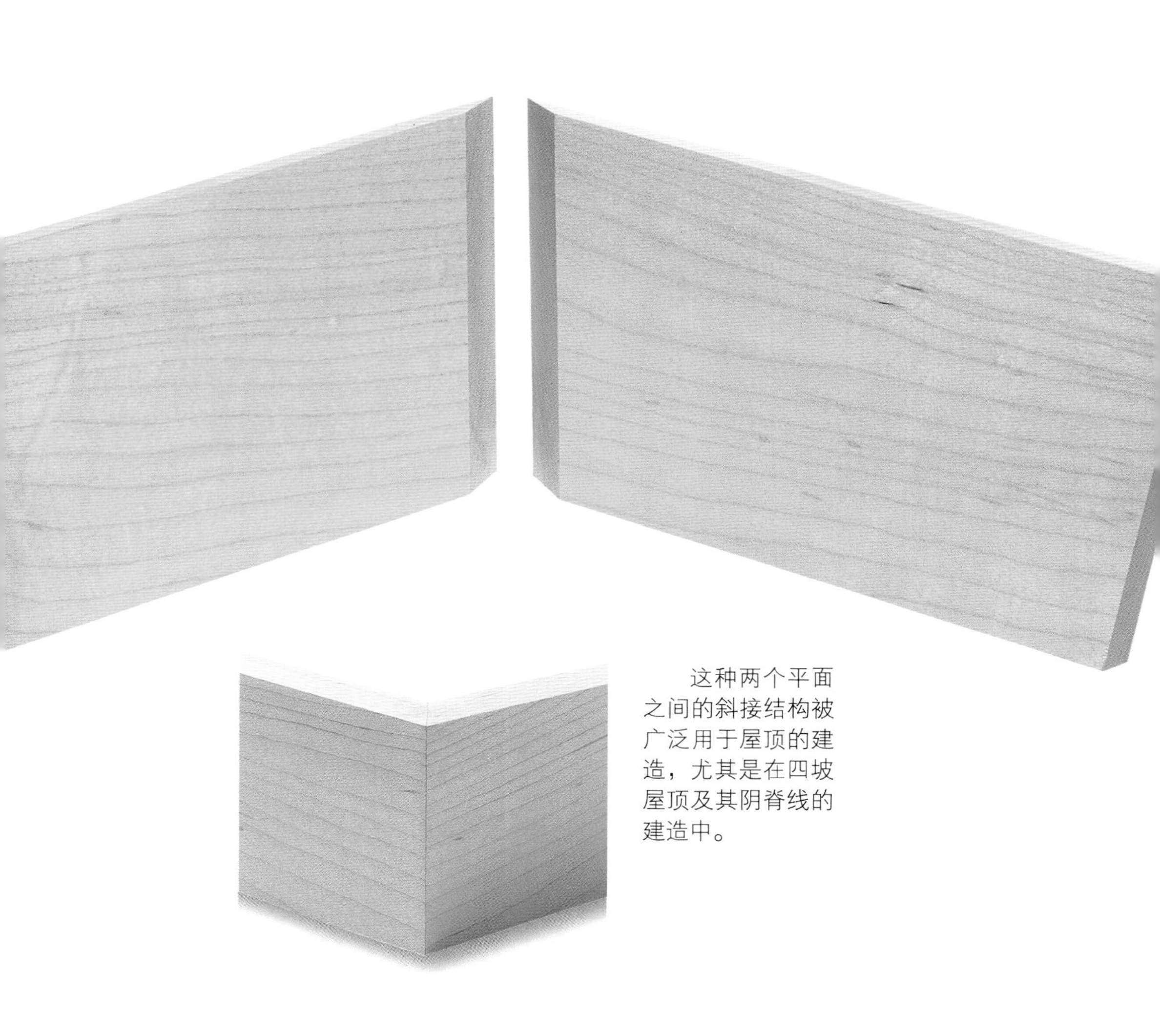

这种两个平面之间的斜接结构被广泛用于屋顶的建造，尤其是在四坡屋顶及其阴脊线的建造中。

制作步骤

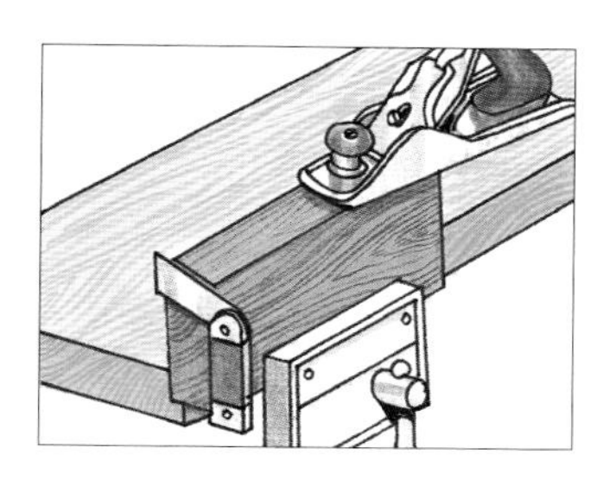

1 使用第 125 页的绘图方法找到斜面角度，在引导木块的每一端做出标记，并将其刨削到指定角度。

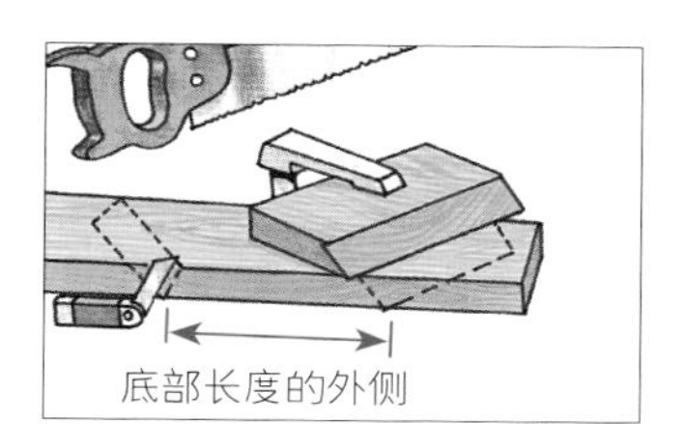

2 根据斜接角度将锯片引导木块横向夹在部件内侧，引导锯片向着部件的长度外侧锯切。

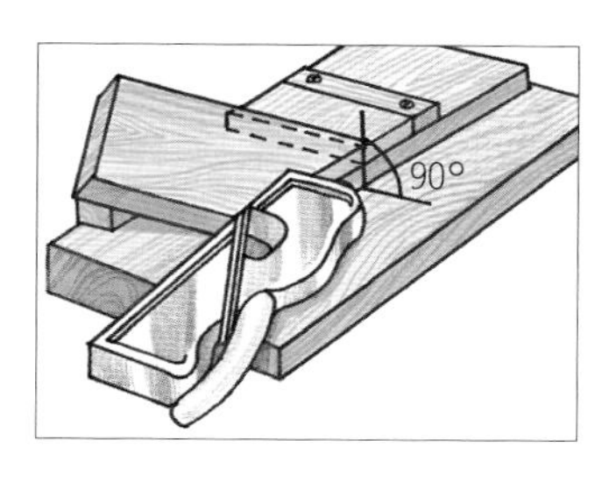

3 在刨削台上，用双面胶带固定锥形的靠山木块，其作用是使部件的斜面与木条的侧面对齐，并与台面成 90° 角。然后将斜面刨削到匹配的角度。

制作技巧

压顶和斜接线脚

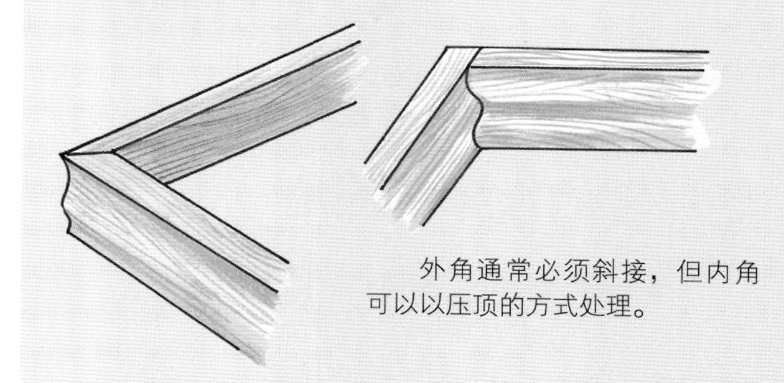

外角通常必须斜接，但内角可以以压顶的方式处理。

悬垂式线脚只能进行斜接。

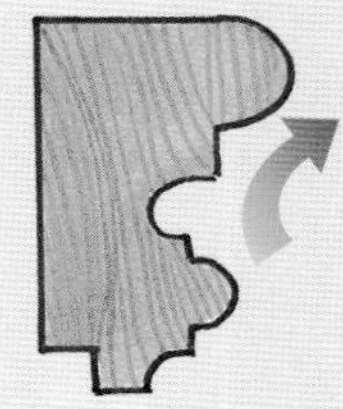

后掠式线脚通常可以以压顶的方式进行处理。

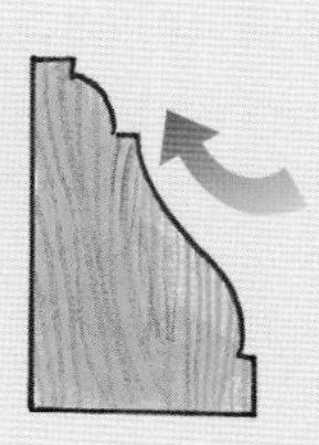

锯切配对的轮廓线

为了以压顶的方式处理线脚，横跨正面斜切以显示轮廓线，然后沿轮廓线垂直锯切或稍做底切，最后用砂纸或锉刀处理轮廓线，实现匹配。

要切割冠状线脚，在线脚底部标记出橱柜的宽度，并将画线与斜接辅锯箱的斜切槽对齐，然后将线脚部件上下颠倒，使其平贴靠山，以锯切出斜接面。

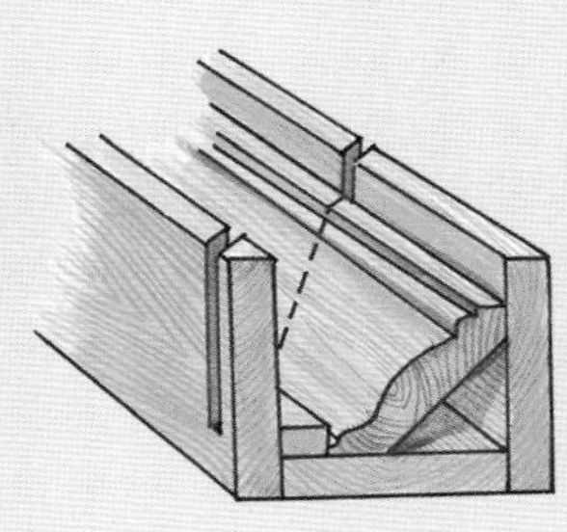

第七章

燕尾榫

燕尾榫的选择和使用

燕尾榫是一种具有很高机械强度的互锁式接合件，通常被认为是做工精细的木工作品的标志。这种接合结构是由成角度的燕尾形凸起部分以及与其形状类似和匹配的凹形插口组成的。最著名的燕尾榫接合结构出现在端面与端面的边角接合中，一系列的燕尾榫接头刚好插入到一系列的插口中。

插口之间的部分被称为销件。它们就像榫头一样匹配并插入尾件之间的空隙中。加宽的燕尾支撑着接头对抗张力，并为尾件与销件之间的长纹理胶合面增加了巨大的机械强度。

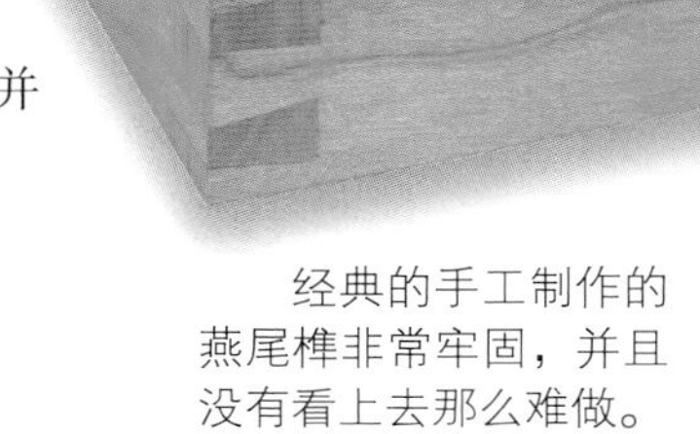

经典的手工制作的燕尾榫非常牢固，并且没有看上去那么难做。

燕尾榫有三种基本的边角接合方式，分别是全透燕尾榫、半透燕尾榫（搭接燕尾榫）和全隐燕尾榫（双搭接燕尾榫）。需要使用何种类型的燕尾榫取决于家具的风格和强度要求。在古董家具中，最牢固的全透燕尾榫（其端面贯穿并显露于木板的表面）被隐藏在线脚之下。半透燕尾榫或全隐燕尾榫则可以保持燕尾榫头的端面部分或全部处于隐藏状态。当代设计会通过在箱体的边角和抽屉上凸显通透燕尾榫来彰显手工制作的特点。可调节的现代燕尾形夹具可以模仿手工制作的效果，形成间距不同的燕尾，需要仔细辨别才能区分“手工制作”的外观。

燕尾形状的榫头改变了接合件的强度，增强了抗张性能。滑动燕尾榫同样为凸出的榫舌或榫头带来了改变，以匹配凹陷的封装槽。在搭接接合家族中，被改造成燕尾形的端面搭接件可以用来缓解胶合面的张力，而端面边缘搭接件通过引入燕尾形榫肩为缺少支持的端面部分提供了有效支撑。

经过改造的搭接件和可滑动的榫舌和榫头有两种形式：裸露在外、只包含一侧成角度侧面和榫肩的单燕尾头；具有完整的燕尾形状、通常每侧具有榫肩和成角度侧面的双燕尾头。

燕尾榫方栓可以像普通方栓那样用来连接木料。蝴蝶榫和燕尾键是具有装饰效果的功能性强化组件，可插入匹配的插口中。

燕尾榫术语

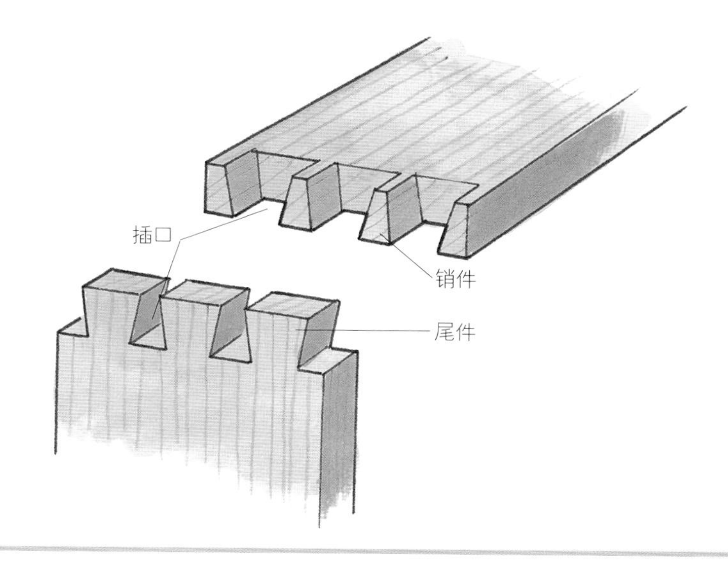

基本的边角燕尾榫

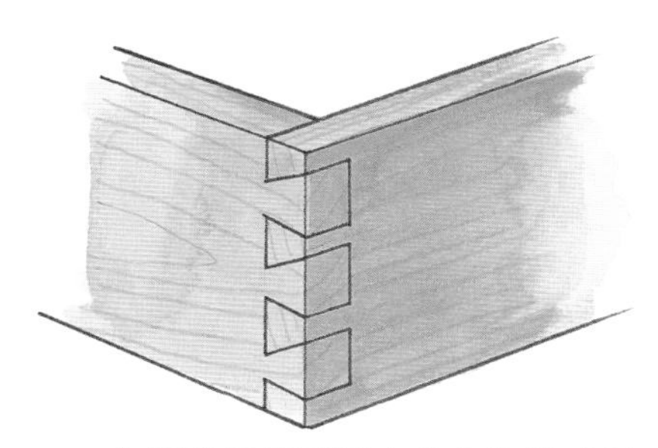

全透燕尾榫可以在接合处形成最大的胶合表面，但是木板的端面会穿过配对木板裸露在外。

半透燕尾榫可以把抽屉的正面面板与两块侧板接合在一起，并且不会将侧板的端面暴露在抽屉正面。

一组全隐斜接燕尾榫可以在强化边角接合的同时隐藏接合部位，使接合区域周围的纹理形成完整的、连续的视觉效果。

全隐燕尾榫的尾件不会像半透燕尾榫的尾件那样两面切透，无论是销件或尾件，都通过搭接结构将接合部位隐藏在内。

装饰性的燕尾形加固件

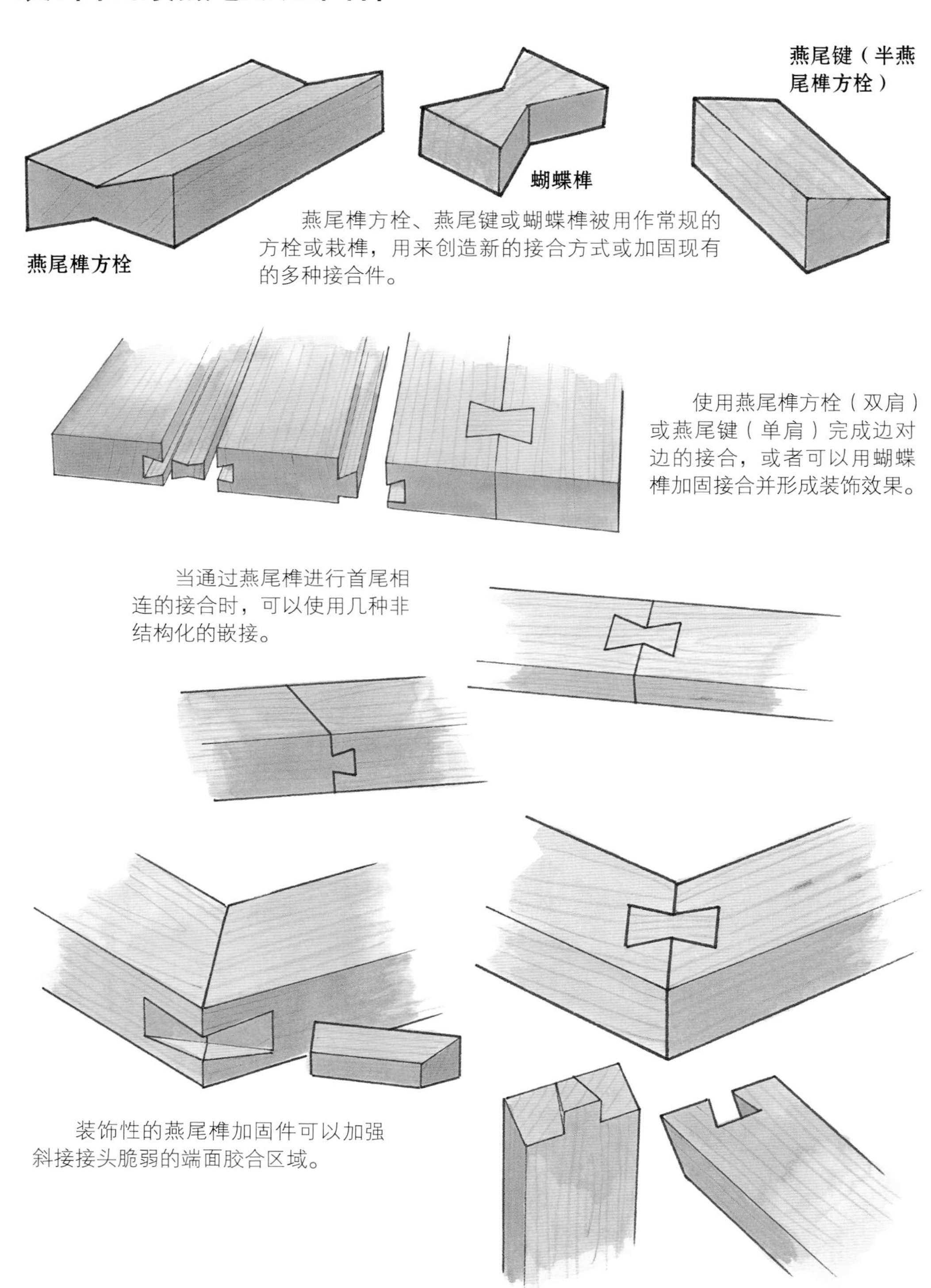

燕尾榫方栓、燕尾键或蝴蝶榫被用作常规的方栓或栽榫，用来创造新的接合方式或加固现有的多种接合件。

使用燕尾榫方栓（双肩）或燕尾键（单肩）完成边对边的接合，或者可以用蝴蝶榫加固接合并形成装饰效果。

当通过燕尾榫进行首尾相连的接合时，可以使用几种非结构化的嵌接。

装饰性的燕尾榫加固件可以加强斜接接头脆弱的端面胶合区域。

经过燕尾榫改进的接合件

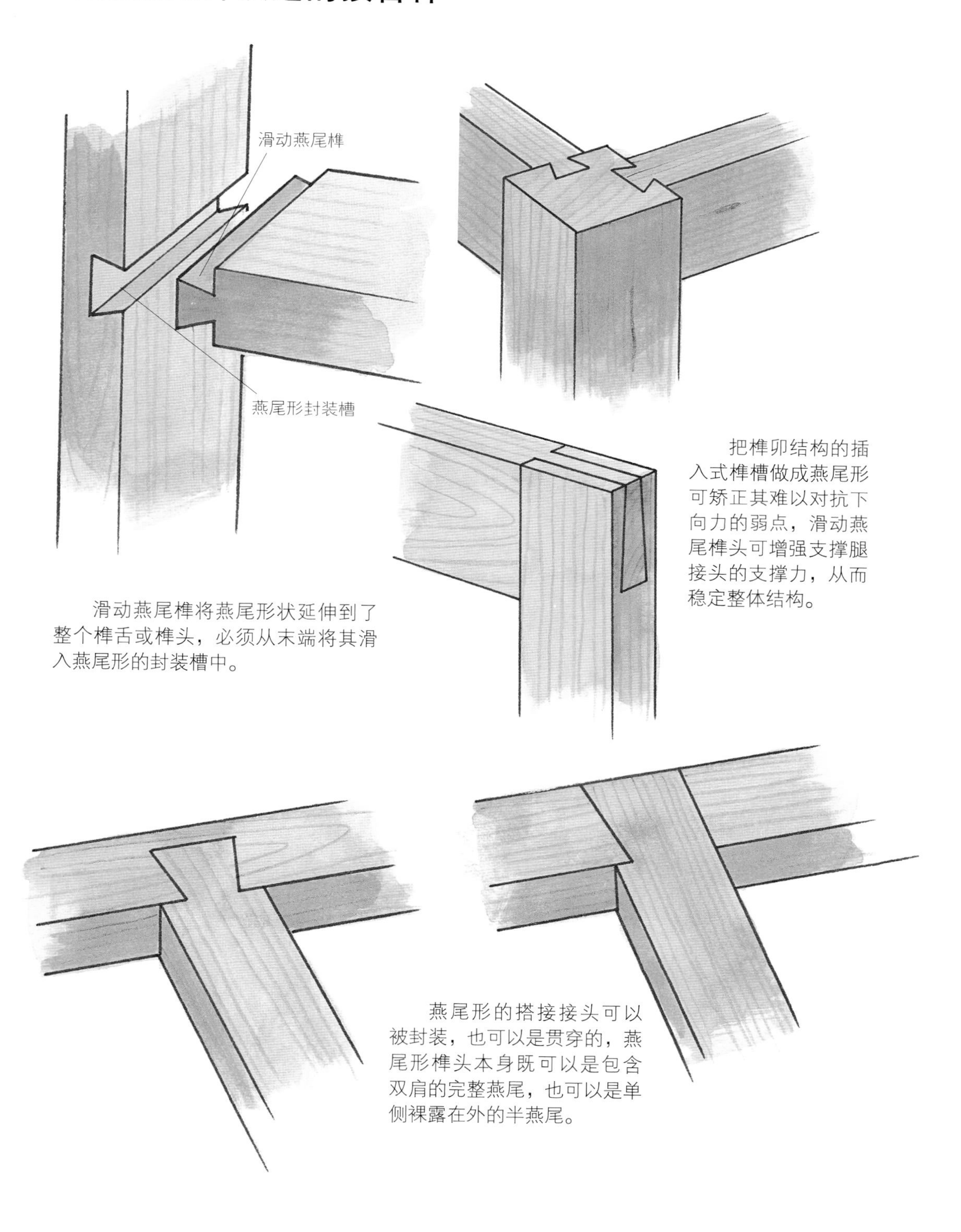

滑动燕尾榫将燕尾形状延伸到了整个榫舌或榫头，必须从末端将其滑入燕尾形的封装槽中。

把榫卯结构的插入式榫槽做成燕尾形可矫正其难以对抗下向力的弱点，滑动燕尾榫头可增强支撑腿接头的支撑力，从而稳定整体结构。

燕尾形的搭接接头可以被封装，也可以是贯穿的，燕尾形榫头本身既可以是包含双肩的完整燕尾，也可以是单侧裸露在外的半燕尾。

全透燕尾榫

在设计一个边角燕尾榫的时候，销件最宽的部位约为木板厚度的一半（或者更宽），间隔均匀的尾件的宽度约为销件最大宽度的 2~3 倍。

对于间距可变的接合件，可在中心处制作较宽的尾件，在两端制作较窄的尾件，从而增加两端的销件胶合面，此时的销件没有必要与尾件成比例。这样可以把牢固的部分放在最需要的地方，并有助于在木材干燥时抑制杯形形变。设计时应将心材定位在外侧，以补偿木材干燥的影响，这样当侧板向外发生杯形形变时，抽屉仍能保持结构的紧凑。

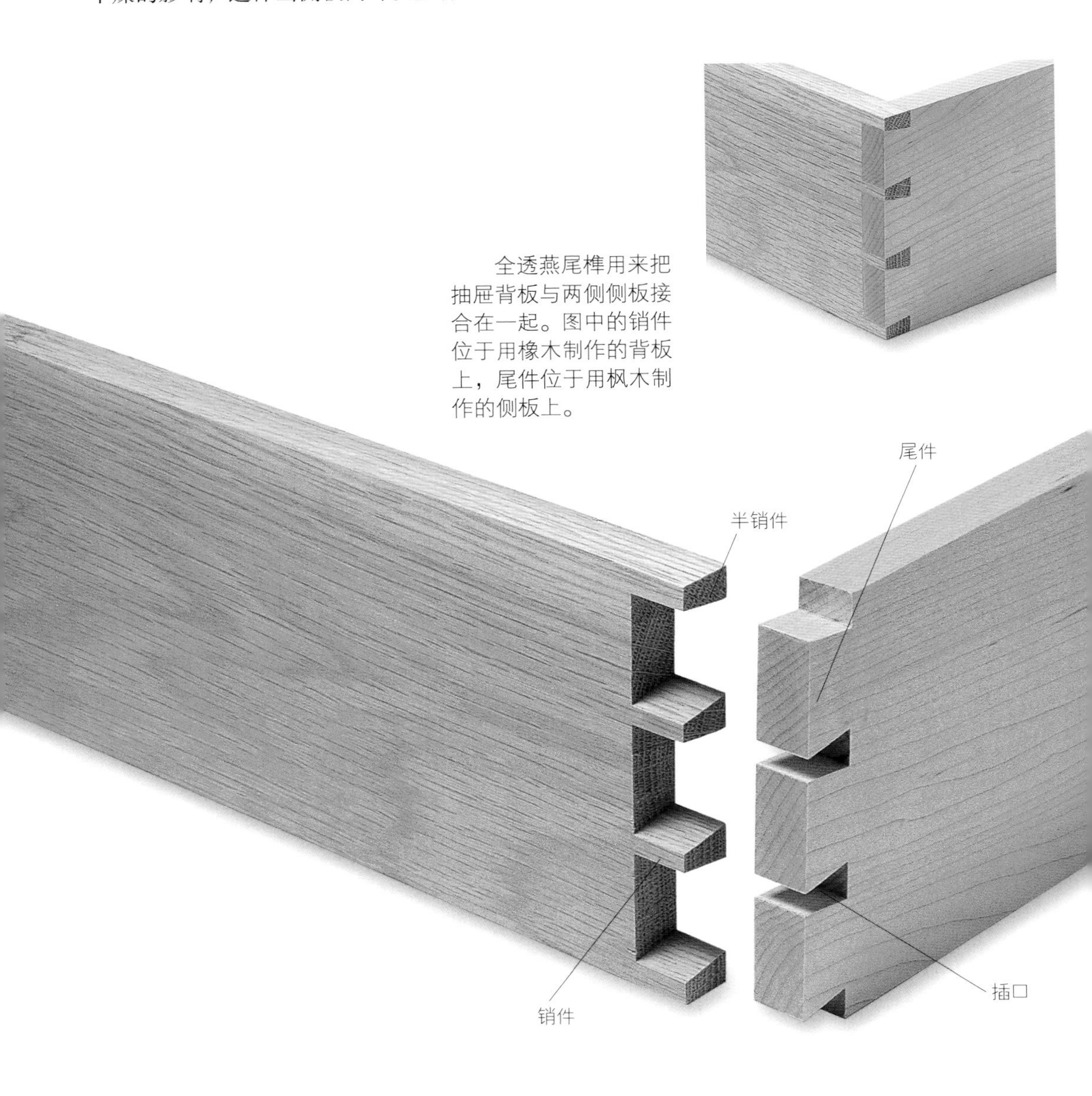

全透燕尾榫用来把抽屉背板与两侧侧板接合在一起。图中的销件位于用橡木制作的背板上，尾件位于用枫木制作的侧板上。

销件的制作步骤

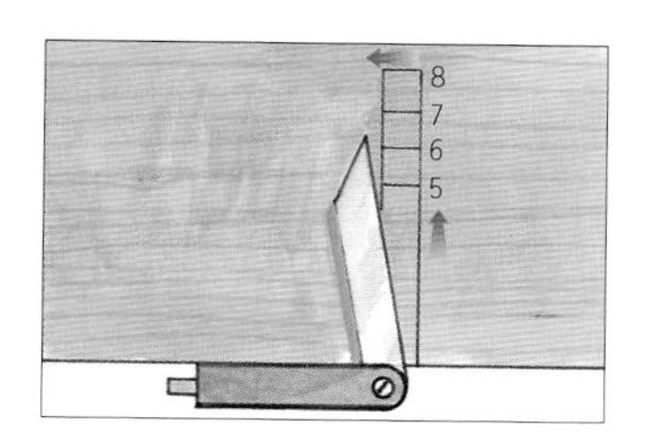

1 考虑到木料的类型和种类，将一个可滑动T形角度尺主干对接在木工桌边缘，设置燕尾头的角度，使其对应的斜率在5和8之间。

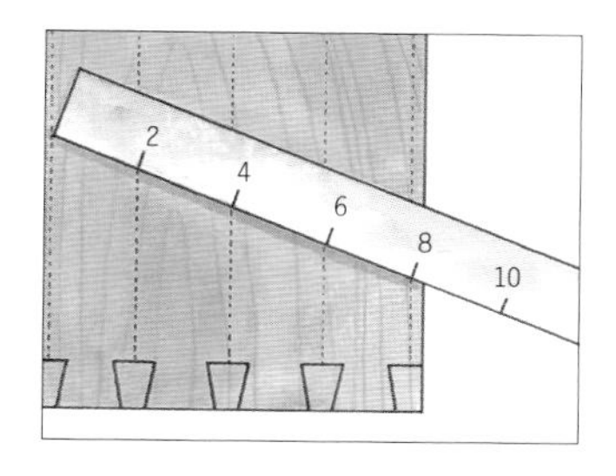

2 在纸上绘制全尺寸的图纸。倾斜直尺，使相应刻度对准每个销件的中心线，是一种设置相等间距的简单方法。

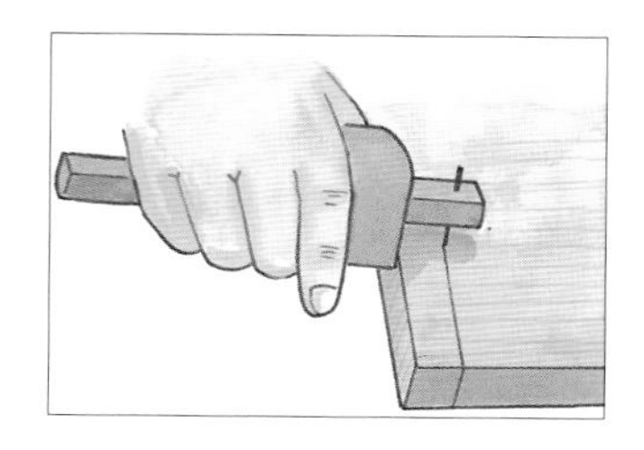

3 将木料打磨光滑，按照稍大于尾件木料厚度的数值设置划线规。然后环绕销件的端面，在木板的正面、背面和侧面画肩线。

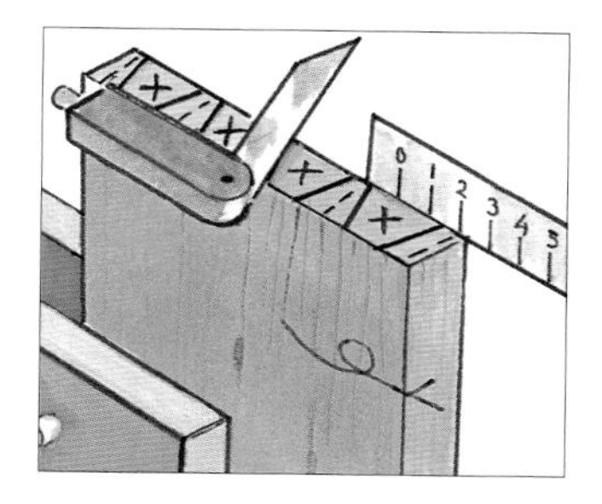

4 面对木板的内面，用划线刀画出每个销件的中心线，在中间线两侧标记出销件最宽处的线，并在废木料部分做标记。

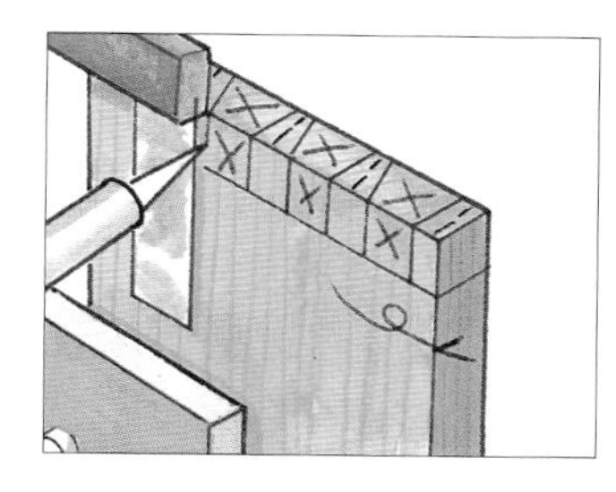

5 找到销件画线与端面边缘的交点，以其作为起点，用划线刀分别在木板的正面和背面垂直于端面边缘画线，并清楚地标记出废木料。

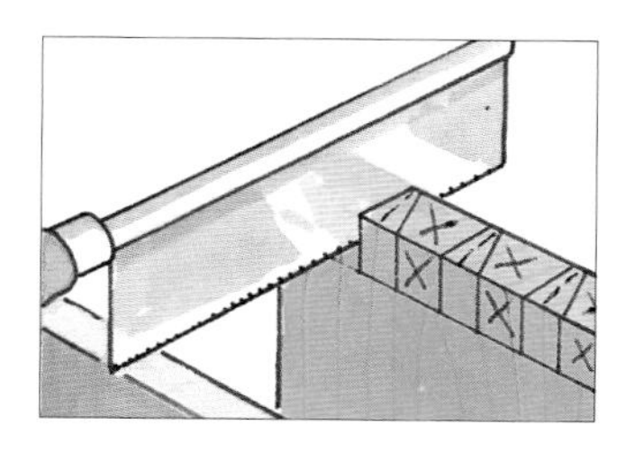

6 从销件画线废木料侧的前角开始，从木板的正面和端面切入，一直锯切到与肩线平齐的位置。

制作技巧

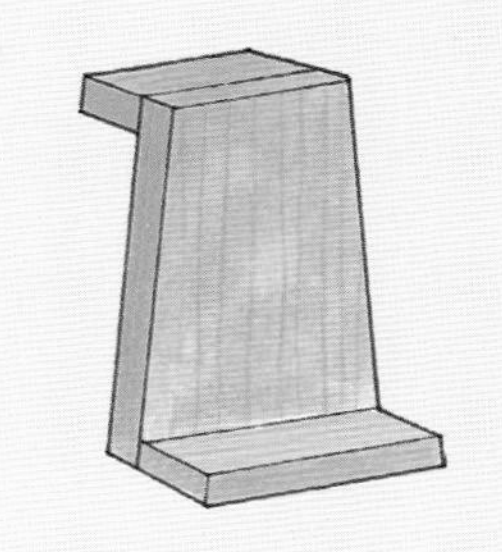

简单的夹具

按照燕尾头的角度锯切一块废木料，并在其两端分别连接一块挡头木，这样的夹具有助于画线，并能保证每处倾斜角度保持相同。

用台锯锯切销件

将锯片放低到肩线的高度，设置斜角规成指定角度，并将切口与燕尾榫的角度对齐，用台锯锯切销件。

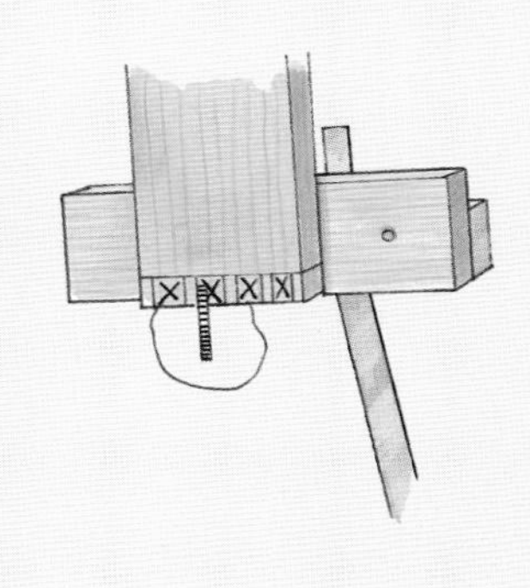

制作技巧

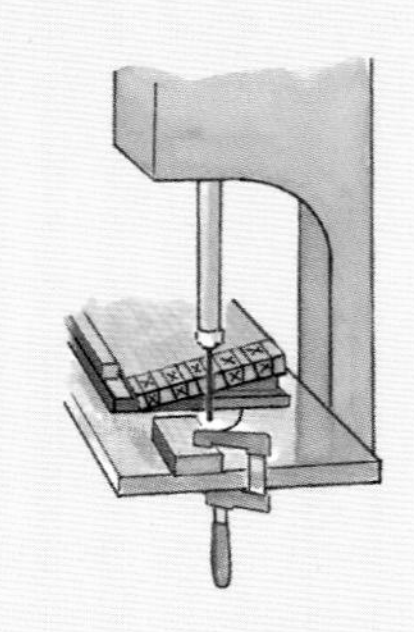

用带锯锯切销件

要用带锯锯切销件，可以倾斜带锯本身，或者做一个倾斜的夹具，并在肩线位置夹紧一个限位木块进行切割。

画线工具

可以使用自制的燕尾榫画线工具设置尾件和销件的角度，并垂直于端面的边缘在木板的正面和背面画出引导线。

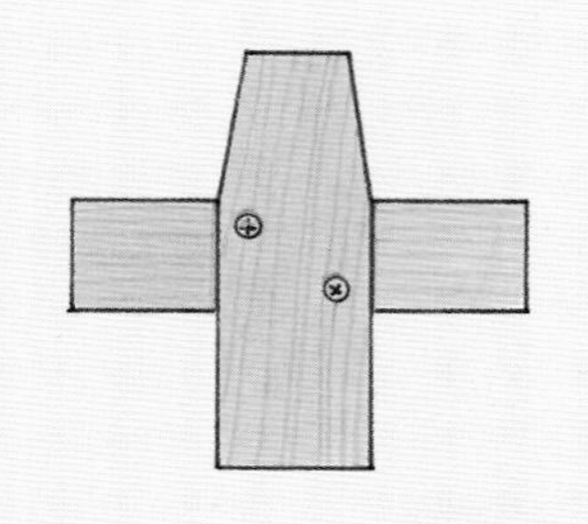

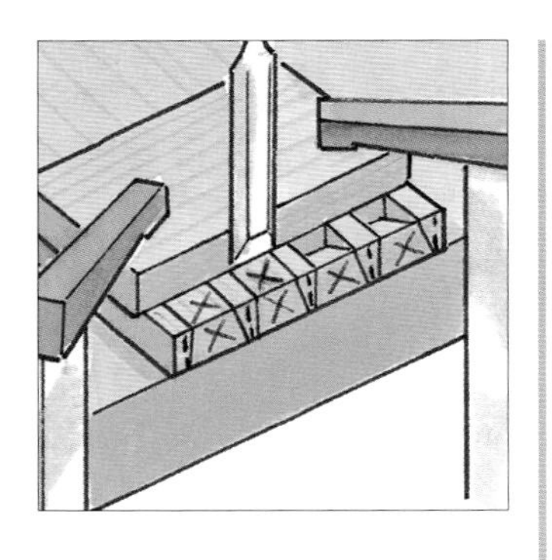

7 将部件固定在木工桌腿的上方，并在肩线处夹上引导木块，沿画线向下凿切，凿掉一半的废木料，在靠近端面处形成一个斜面。

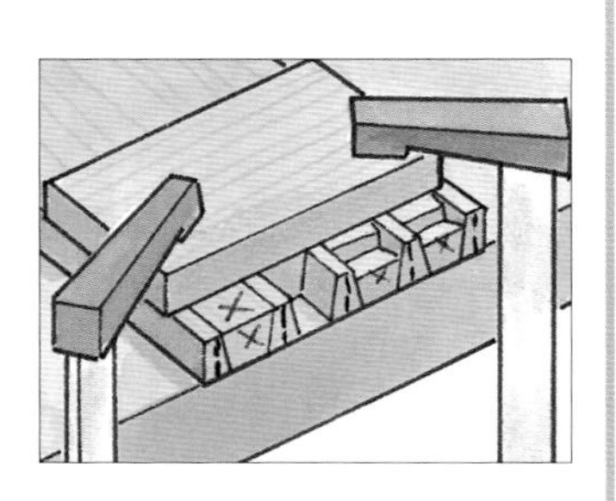

8 翻转部件重新固定，以小步幅逐步切掉剩余的废木料，注意从前向后移向肩线并向下切入废木料，直到所有的废木料被清除掉。

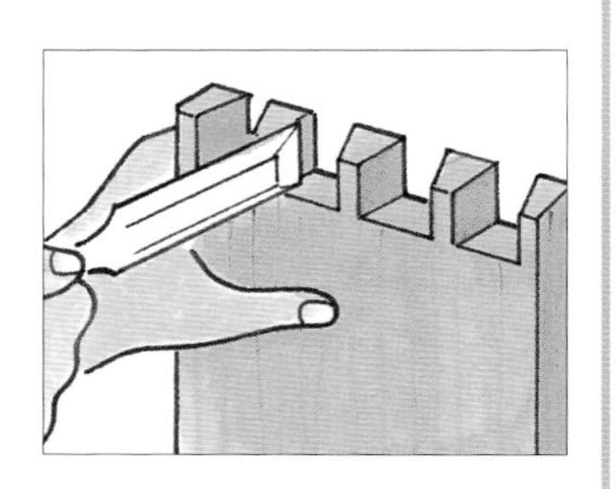

9 把销件内部清理干净，确保颊部平整并且垂直于端面，最后将端面修平或略做V形底切。

尾件的制作步骤

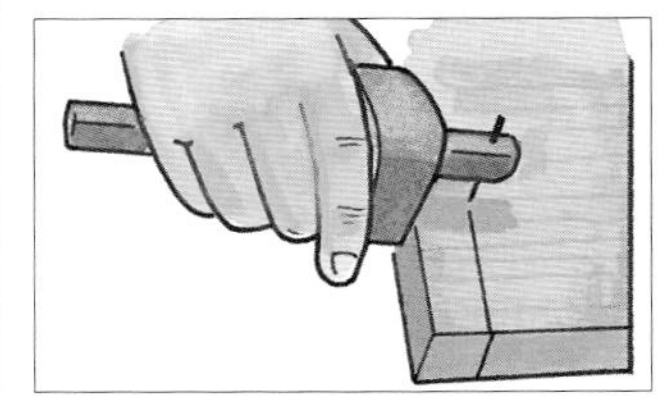

1 将木料打磨光滑，然后按照稍大于销件木料厚度的数值设置划线规，围绕尾件端面画出一圈肩线。

2 将销件的宽边一侧抵在尾件的肩线上，在尾件的内侧标记出销件的位置。

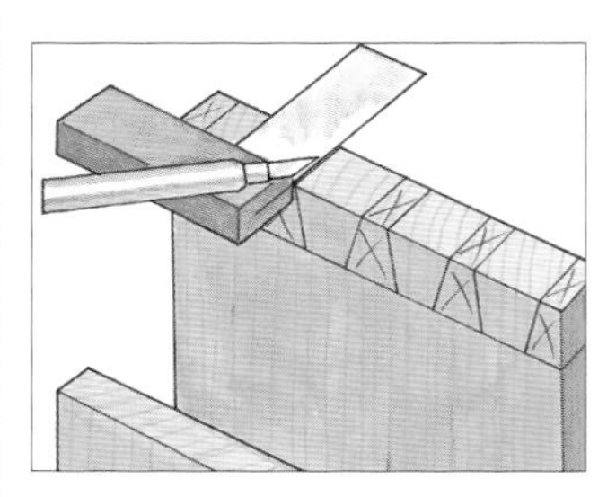

3 找到尾件画线与端面边缘的交点，以其作为起点，用划线刀分别在木板的正面和背面垂直于端面边缘画线，并标记出销件对应的废木料部分。

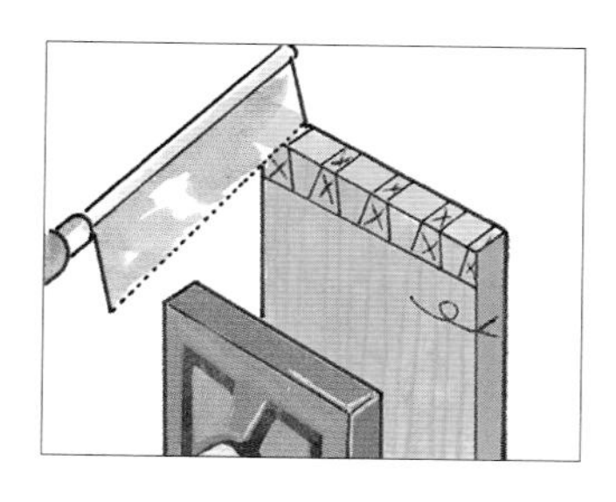

4 从废木料侧的前角开始锯切，同时切入木板的正面和端面，如果喜欢，可以倾斜木板在垂直方向上锯切。

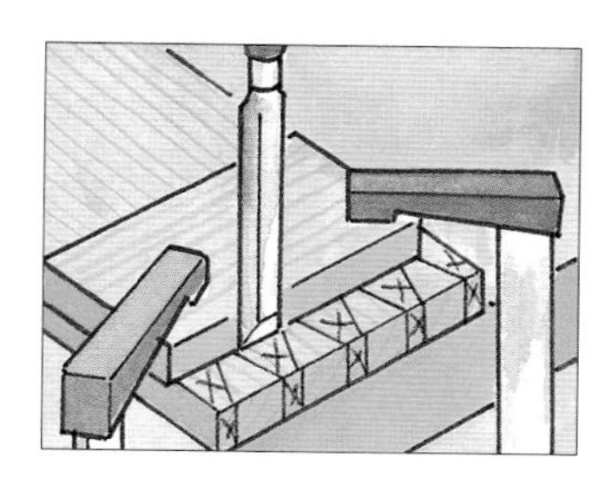

5 一种方法是使用与凿切销件一样的过程，用窄凿去除废木料，如果需要底切端面，应使凿子稍微倾斜。

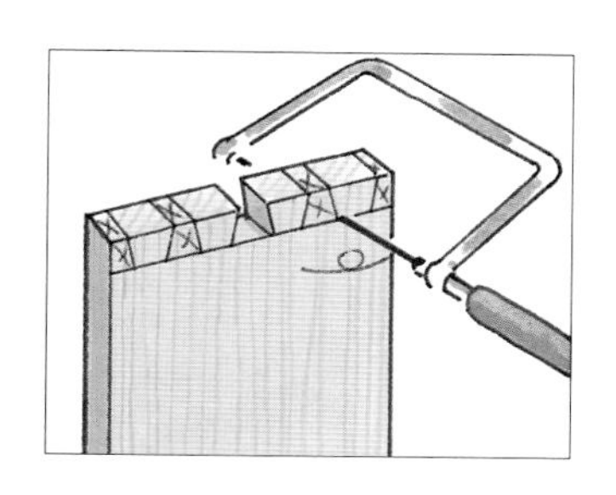

6 另一种方法是用钢丝锯锯切到画线附近来清除废木料，然后再用凿子将端面修齐到肩线位置。

7 清理燕尾头之间的插口，如有必要，可以使用特殊的斜切凿或具有成角度斜面的燕尾凿，这种凿子可以到达燕尾悬垂部分的底部。

8 涂抹胶水，用一块木块为接合件提供保护，确保销件和尾件与各自的插口对齐，轻敲木块，确保接合件的宽大端面不会由于过紧而撕裂木料。

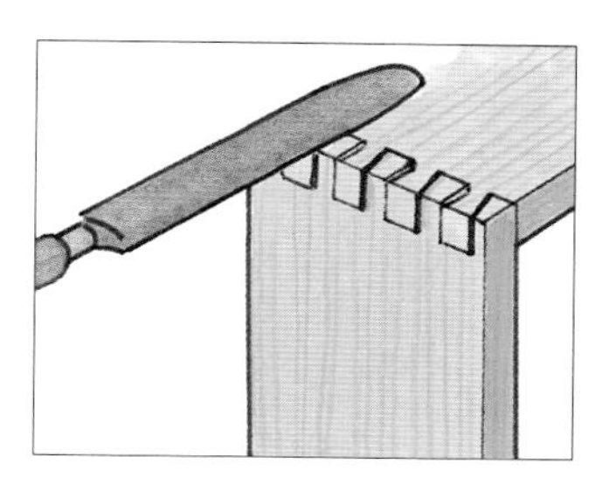

9 在胶水凝固后，你会发现，销件和尾件的末端凸出于接合表面，这是按照比木板厚度稍大的尺寸设置划线规造成的。用锉或打磨块将凸出部分去掉即可。

制作技巧

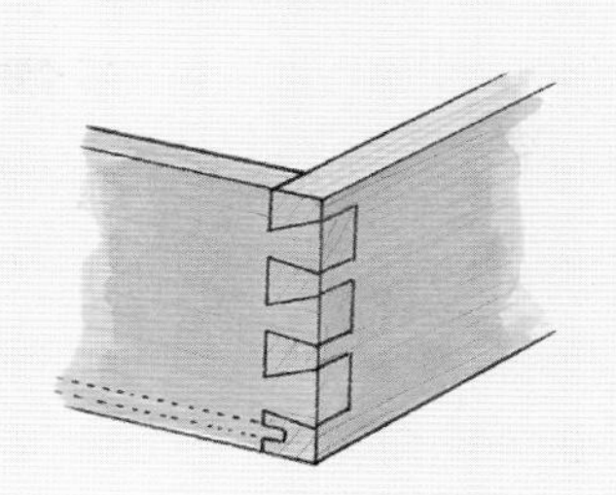

抽屉燕尾榫

为抽屉设计的通透燕尾榫，可以让底部的凹槽在一个燕尾头下滑出，并穿过底部的销件，这里也是位于抽屉侧板的插槽插入的位置。

斜接设计

一个边角斜接燕尾榫需将半销件从边缘插入，但是半销件的内侧面没有经过锯切，而是为了完成斜接对多余部分的木料进行了斜切。

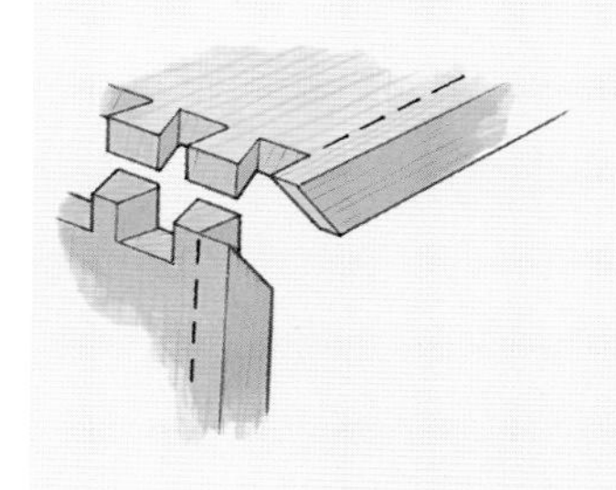

半透燕尾榫

半透或全隐燕尾榫与通透燕尾榫的最大不同在于，前者具有搭接结构，可以帮助隐藏全部或部分接合部位。制作半透燕尾榫，不管部件的厚度如何，都需要设置两种划线规的尺寸，制作通透燕尾榫只需设置一种划线规的尺寸，除非两个部件的厚度不同。当为半透燕尾榫画线时，端面画线不仅设置了尾件的长度，而且还建立起基于胶合面和机械阻力的接合强度。对半透燕尾榫而言，要按照准确尺寸在尾件上画出肩线，千万不要以稍大的尺寸画线，或者在没有对齐肩线时标记燕尾，否则无法获得紧密匹配的接合件。

一个半透或全隐燕尾榫可用来将抽屉的正面面板与侧板连接在一起，这样既可以获得燕尾榫的出众强度，又能留下一个平整的抽屉正面，从前方看不到任何接合痕迹。

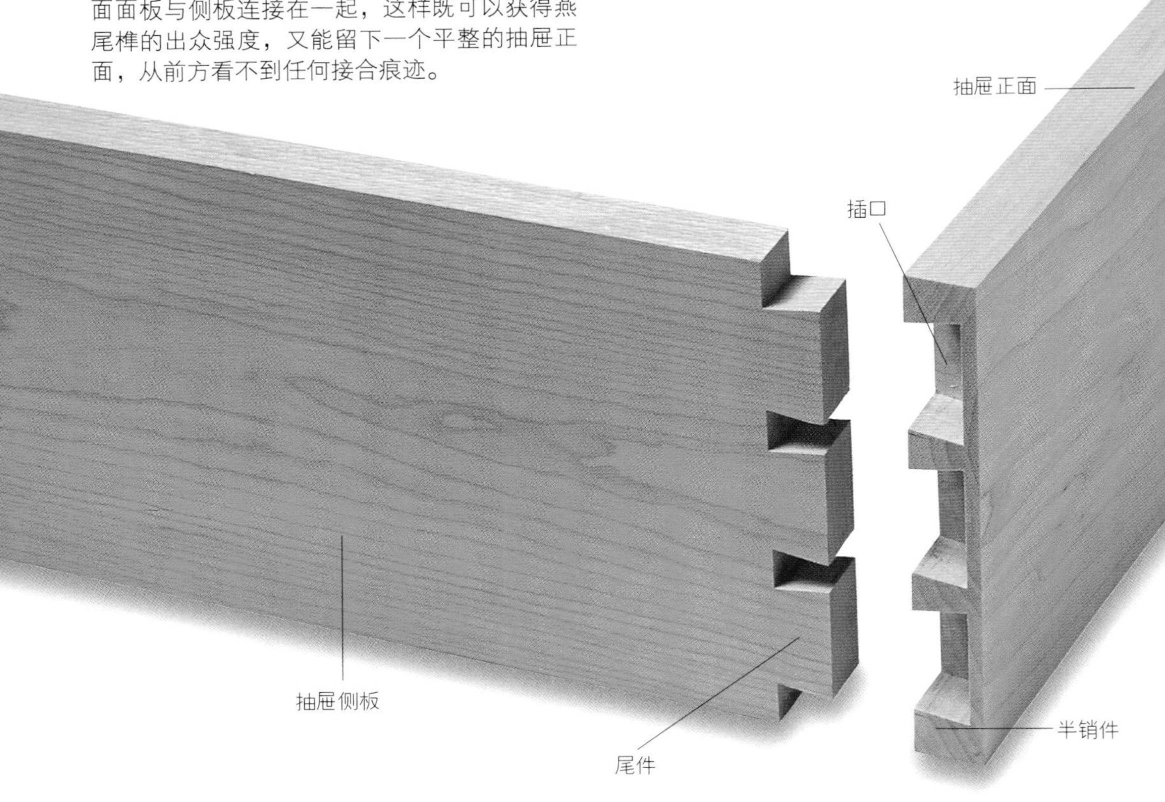

制作步骤

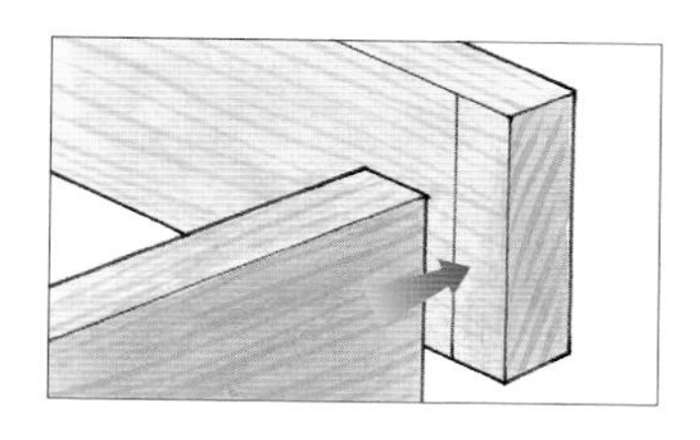

1 以抽屉为例，首先把木板处理方正、打磨平滑，然后按照侧板的厚度设置划线规，在面板的内侧画线。

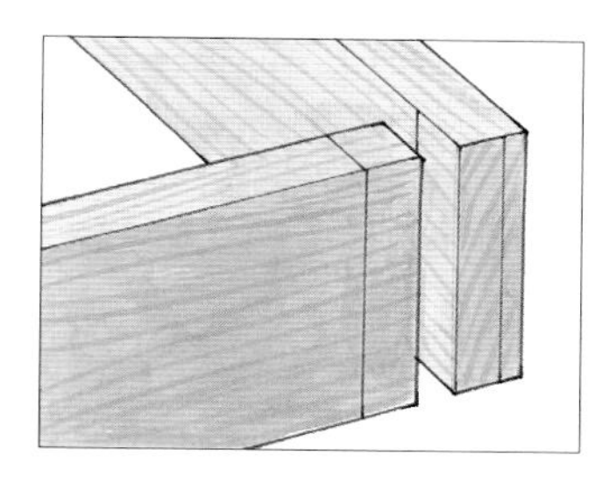

2 按照面板厚度的三分之二重新设置划线规，在面板端面画线，并使用同样的设置围绕侧板的端面在侧板正面和侧面画一圈线。

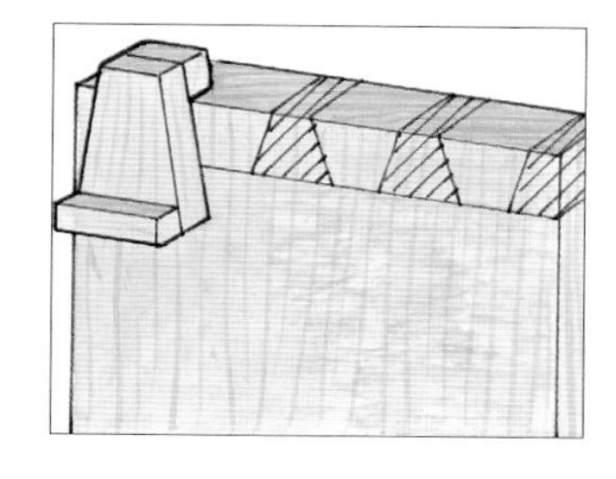

3 确定燕尾榫的间距和大小，使用模板或可滑动的斜角尺在侧板的正面（朝外的面）画出尾件的角度。从端面的边缘出发，垂直于边缘画横跨端面的延长线。

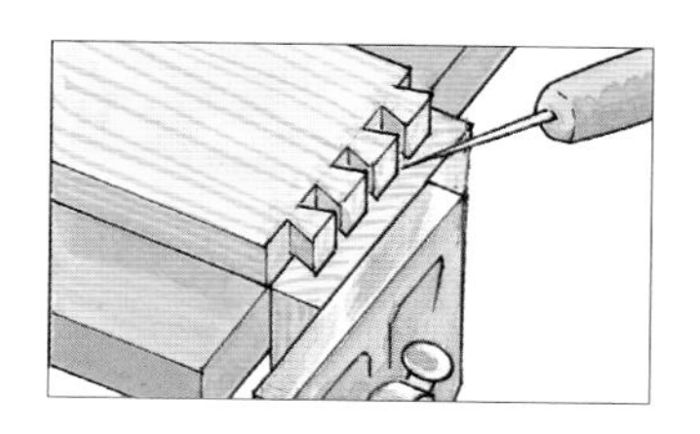

4 通过锯切和凿切做好每一个尾件，然后固定尾件，以其作为模板在面板的端面精确地画线。

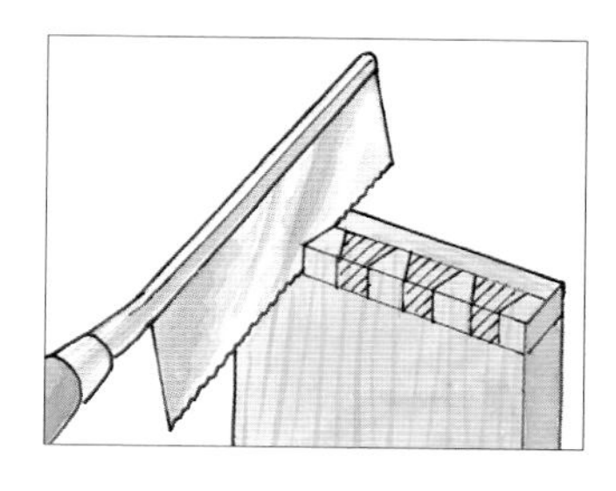

5 将面板端面对应尾件的部分标记为废木料，然后倾斜锯片从前角切入，直到锯缝抵达两条画线处，但不能越过它们。

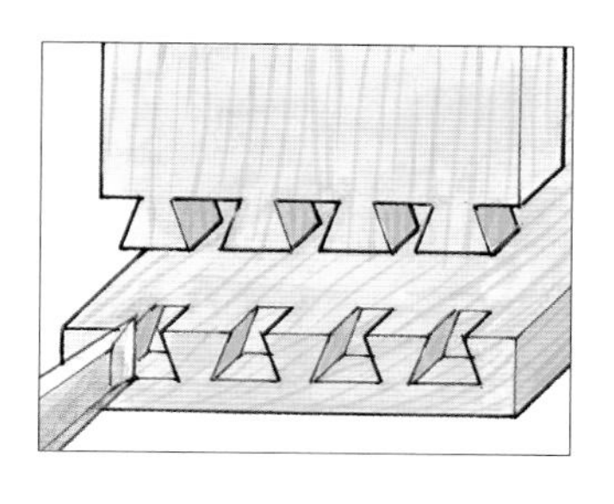

6 用凿子切入废木料中，从端面将其切下，引导凿子紧贴销件的侧面，到达未经锯切的内角处。完成锯切，然后测试销件与尾件的匹配程度。

制作技巧

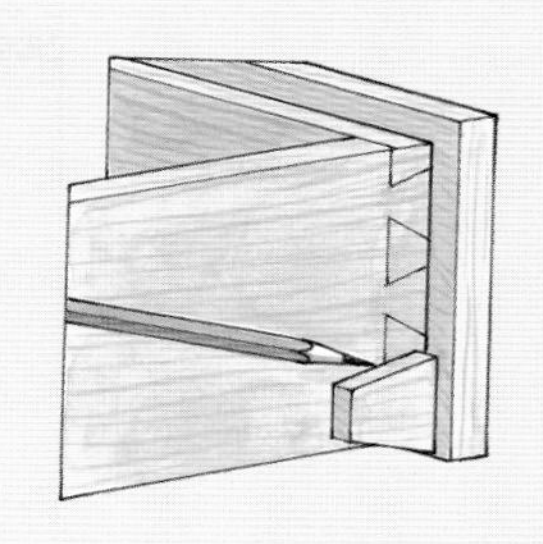

封边的抽屉

围绕抽屉面板的边缘切割半边槽，将侧板的燕尾榫头插入其中。可以用模板标记销件，也可以首先制作尾件，然后以尾件为模板标记销件。

导轨凹槽

如果使用半透燕尾榫结构，需要在侧板上设计悬挂抽屉的导轨凹槽，这样就可以把抽屉面板作为止停部件使用。

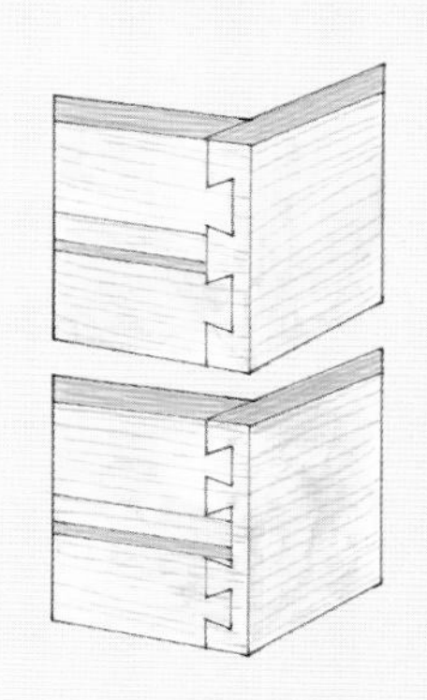

全隐斜接燕尾榫

全隐斜接燕尾榫的尾件和销件部分的最初设计与半透燕尾榫是相同的。两个部件的厚度相同，并且都在距离内侧表面三分之二的厚度位置为半边槽画线。

沿着 45° 肩线在部件边缘画线，半边槽的宽度线和深度线应该相交于一个点。然后，就像边角斜接燕尾榫那样，沿半边槽画出销件的轮廓线，然后以其作为模板画出尾件。

全隐斜接燕尾榫隐藏了接合部位——从正面和侧面都看不到接头。

制作步骤

1 在每个部件的内侧精确标记出厚度线，并在每个侧面画出45°线，然后在距离正面三分之一厚度的位置为半边槽画线，但不能让半边槽的深度线越过45°线。

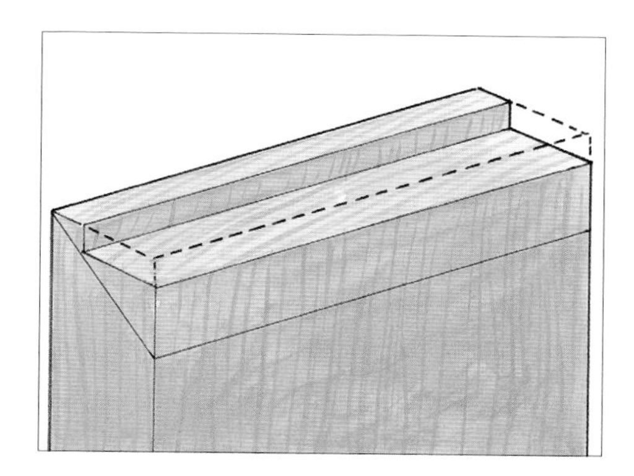

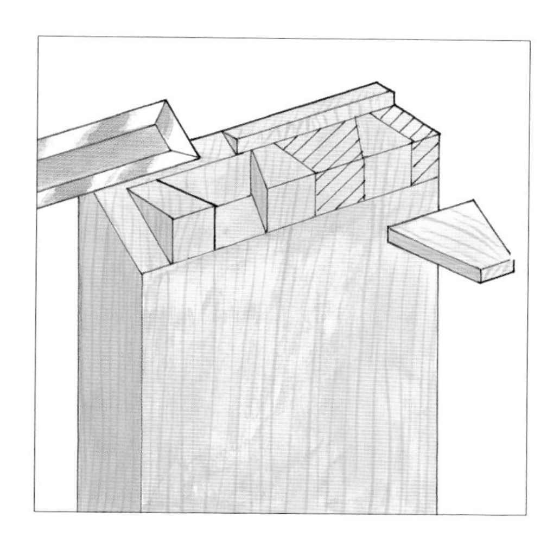

2 用模板为销件画线，在半销件外侧预留出部分木料用于斜接，就像制作斜接边角燕尾榫那样。把插口清理干净，锯切出边缘的斜接榫肩部分，最后斜切端面的封边，也就是切掉半边槽的凸出部分。

3 以销件作为模板，将其对齐在尾件的正确位置为燕尾画线，然后清除插口的废木料，并斜切榫肩和端面的封边。

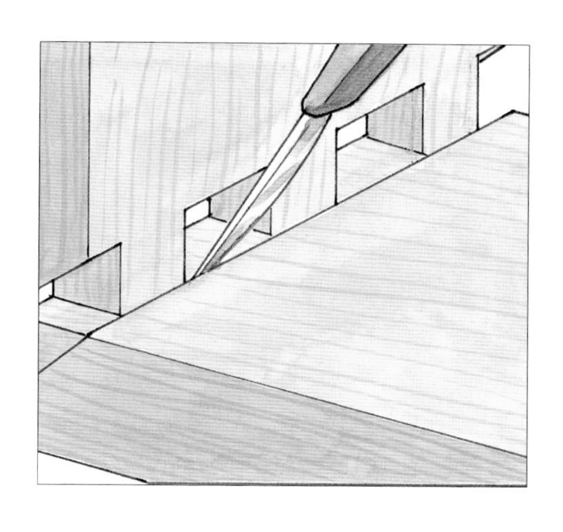

变式

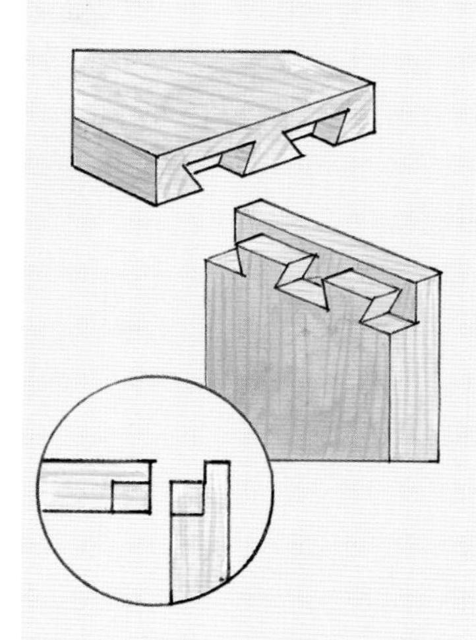

全隐燕尾榫

这种燕尾榫在结构上与半透燕尾榫和全隐斜接燕尾榫类似，无论是销件还是尾件均设计有搭接部分，这样的设计可以使接头全部隐藏在内部。需要注意的是，如果需要部件承重，那么这个部件必须是销件。

手工制作止位锥度燕尾榫

滑动燕尾榫是一种改进形式，可以从机械角度加强某些榫舌或榫头的抗张性能。最古老的手工制作的版本包含锥度滑动燕尾榫和一个封装槽，现在这些结构正逐渐被铣削的版本所取代，后者通常没有锥度。铣削的版本相比有锥度的版本更难以滑动，后者只有在滑动到位前的最后一段距离才开始收紧。

有多少木匠就有多少种铣削滑动燕尾榫，但无论接合件如何制作，木料的平整度都会影响铣削的精度，进而影响最后的组装效果。

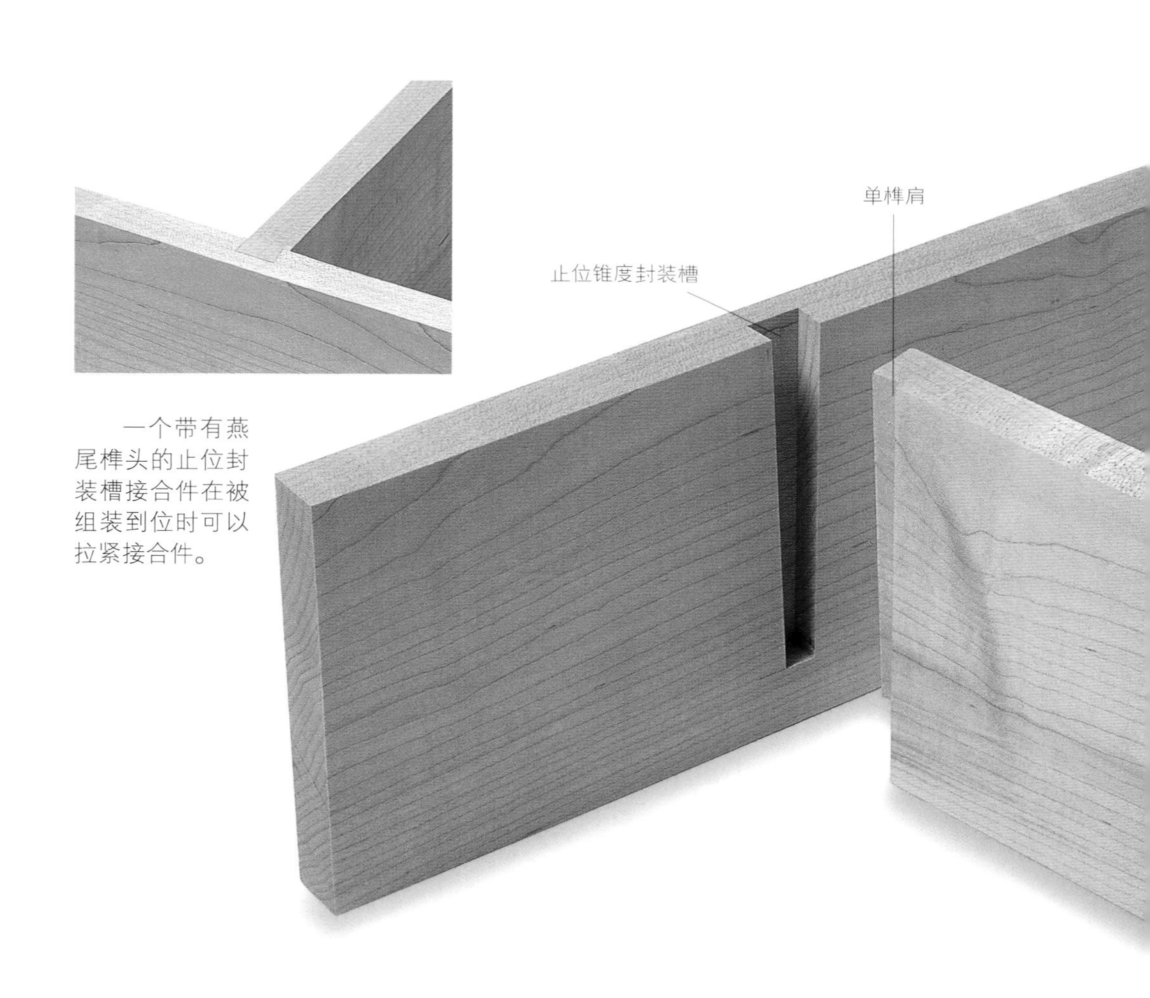

一个带有燕尾榫头的止位封装槽接合件在被组装到位时可以拉紧接合件。

制作步骤

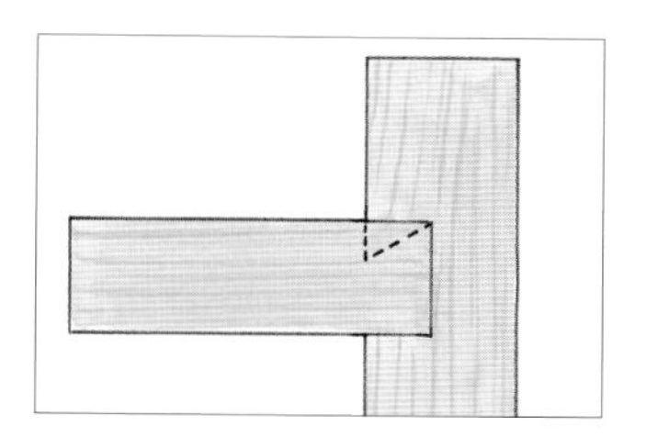

1 将燕尾榫的角度与燕尾榫锯和手工刨匹配，然后确定燕尾头的宽度，并使该尺寸与木板厚度匹配，留下一个小榫肩。

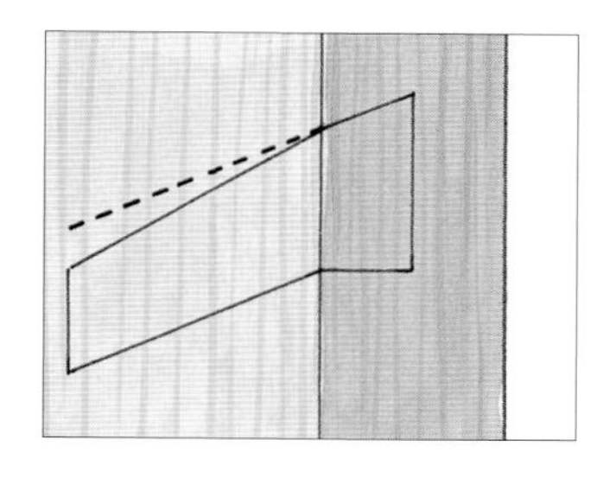

2 在封装槽部件的后侧面画出燕尾榫的宽度，并使其尺寸小于木板厚度的一半。垂直于后侧面的边缘，从画线与边缘的交点出发画线，注意顶部的画线应与垂线成一定角度，向前逐渐收窄封装槽。

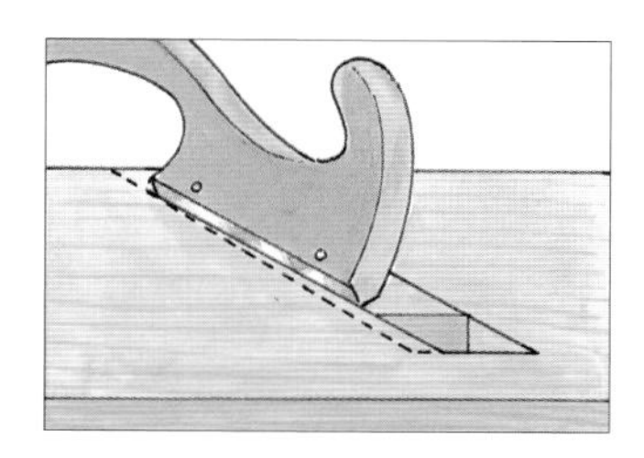

3 像切割其他封装槽那样，先凿一个小孔允许锯片切入，将直榫肩锯切到正确的深度，然后使用成角度的燕尾榫锯锯切榫肩。

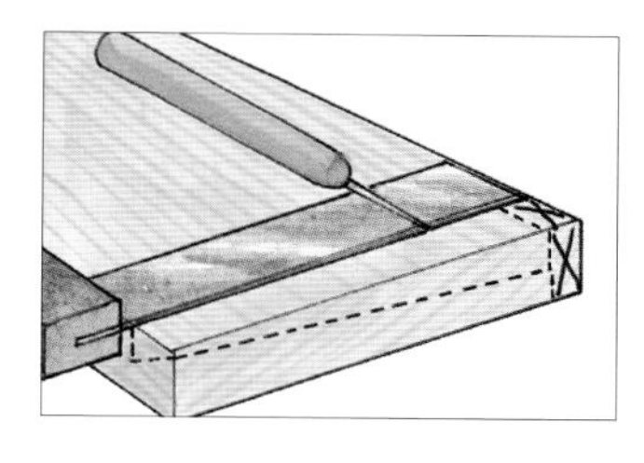

4 标记出燕尾榫的深度线，并以其为起点，垂直于搁板正面的边缘画线，在后侧面上标出燕尾榫的轮廓，然后从燕尾榫的尖角引线，横跨整个端面标记出与封装槽相同的锥度。

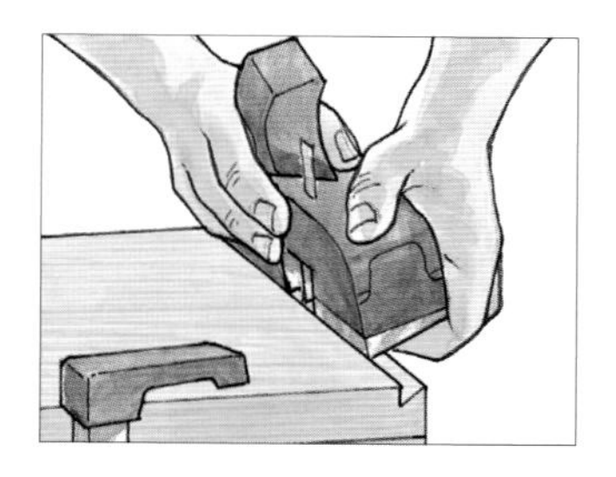

5 使用燕尾榫刨来清除榫肩的废木料，并修整燕尾形榫舌的锥度，直至端面的画线处。

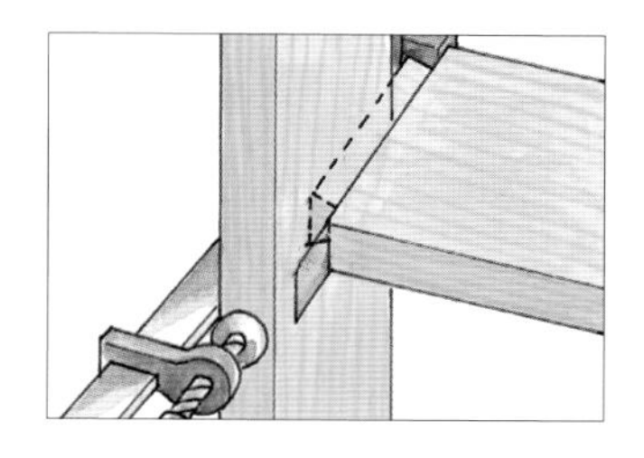

6 把榫舌修齐到与止位槽匹配的位置，然后将榫舌滑进封装槽检验匹配程度，榫舌滑动到位前会一直松动，这时可用夹具将其拉紧。

制作技巧

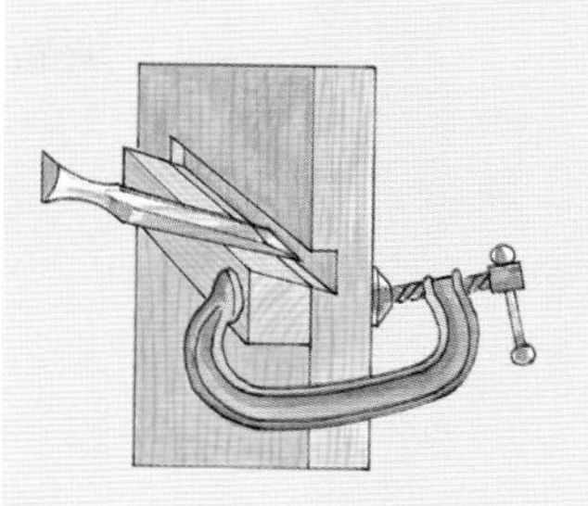

引导木块

在没有特殊工具的情况下，可按照燕尾榫的角度纵切或刨削出一个引导木块来设置封装槽的角度，引导凿子和锯片制作封装槽和榫舌。

铣削封装槽

制作铣削版本的燕尾形封装槽需要使用一个马鞍形夹具引导组合刀头，然后再换用燕尾铣头将封装通槽或止位封装槽的前端加工成燕尾形。

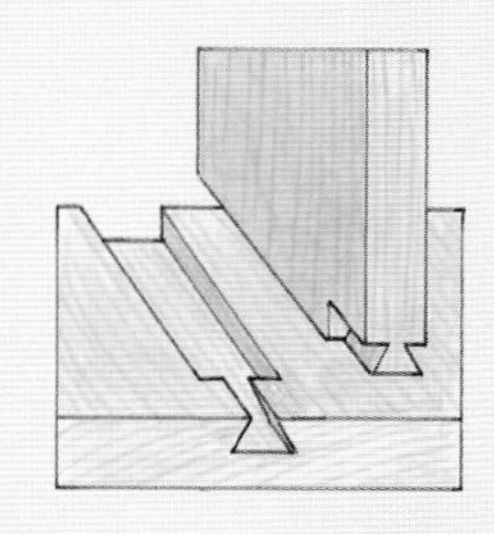

接合抽屉的滑动燕尾榫

一些经典的设计中会使用滑动燕尾榫来接合抽屉的侧板和背板。传统上，抽屉的侧板会延伸越过背板，这样可以在抽屉完全打开时防止其滑落，因此滑动燕尾榫的强度不会因为封装槽过于靠近端面形成脆弱的短纹理区域而被削弱。燕尾榫能够保持侧板对抗来自膨胀的内容物和木材干燥产生的应力。抽屉的正面面板在设计上需要在每侧端面加一个封边，这样一来，燕尾形封装结构隐藏在内，同时接合强度不会被短纹理区域削弱。

夹具有助于将长的滑动燕尾榫拉紧，并且这种结构在搁板上使用时无须在全部长度上涂抹胶水。在前边缘涂抹胶水，将部件保持在正确的位置通常已经足够了。

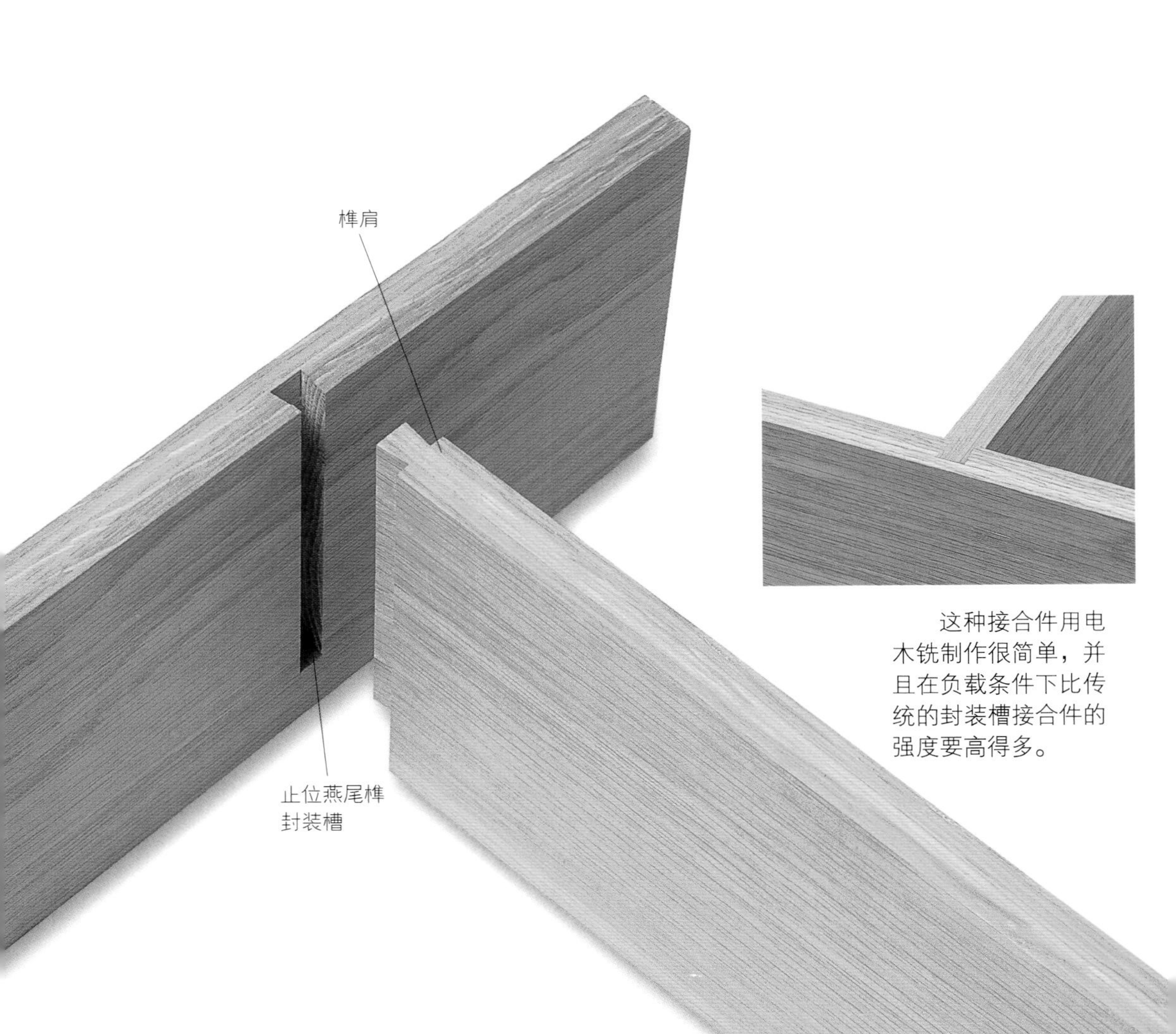

这种接合件用电木铣制作很简单，并且在负载条件下比传统的封装槽接合件的强度要高得多。

制作步骤

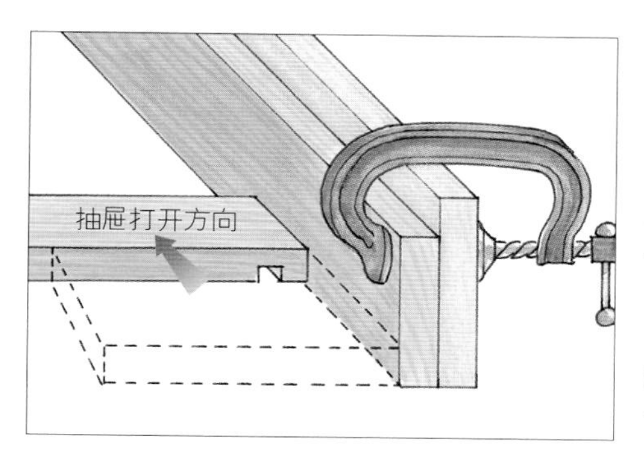

1 在一个带有辅助木制靠山的电木铣工作台上，用一块方正的胶合板固定一个抽屉，然后用直边铣头铣削凹槽，使其深度约为木料厚度的一半。

2 对于单肩燕尾榫，更换燕尾榫铣头铣削成角度的榫肩，注意不要让铣头碰到外侧的直边榫肩。

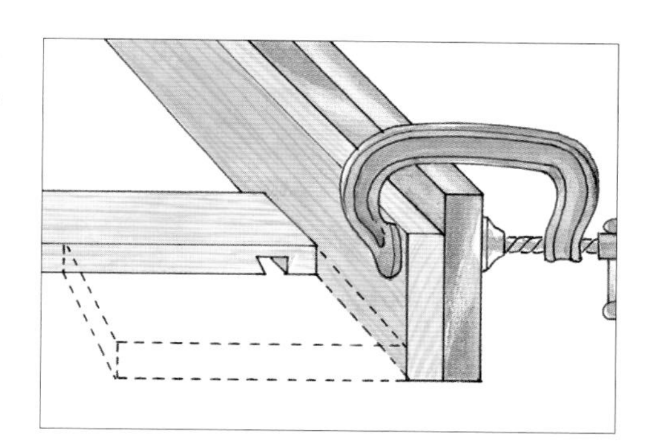

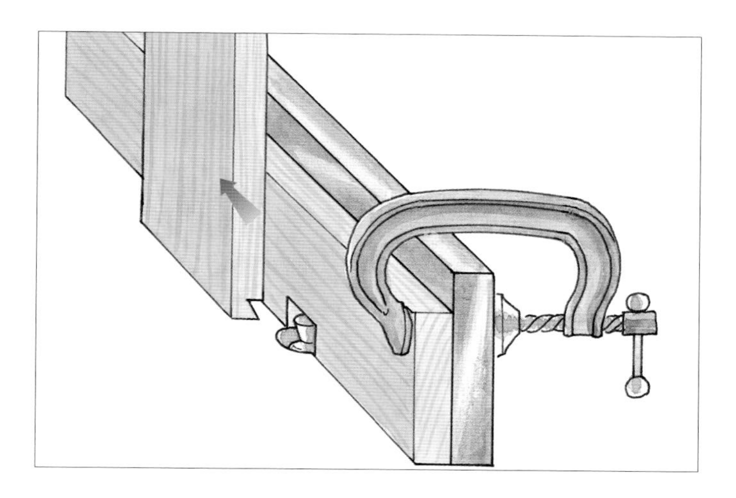

3 无须改变铣头的高度，滑动靠山越过铣头，只将铣头的一部分留在外侧，用来铣削抽屉侧板端面的榫舌，直到榫舌与燕尾形封装槽匹配。

变式

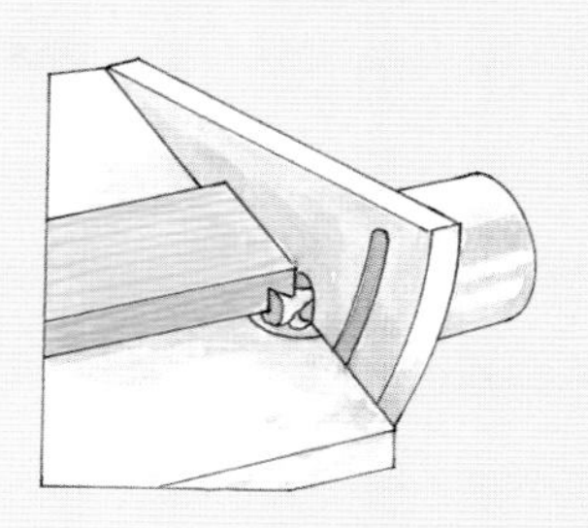

铣削榫舌

用一个安装在可旋转靠山上的电木铣水平铣削榫舌。靠山被一个旋钮固定在桌子的边缘，这样就可以抬高铣头切割第二个榫肩。

传统上，抽屉的侧板应向后延伸越过背板，并对侧板顶部边缘进行锥度切割，这样抽屉在完全打开时会略向下倾斜。可以将一块废木料切割到抽屉侧板的深度，来判断理想的锥度。

燕尾键

燕尾键、方栓和蝴蝶榫这些燕尾形的加固件都是很受欢迎的兼具加固效果和装饰性的部件。蝴蝶榫甚至成了某些工艺运动和工艺建造者的标志性加固件。

为了牢固，燕尾键是顺纹理方向切割的。它的一种用途是创造类似燕尾榫的构造，加强边角的斜接接合。燕尾键可以使用一种颜色对比鲜明的木料制作，但即使是相同的木料也会产生颜色的差异，因为经过修整的燕尾键显示在外的都是端面。

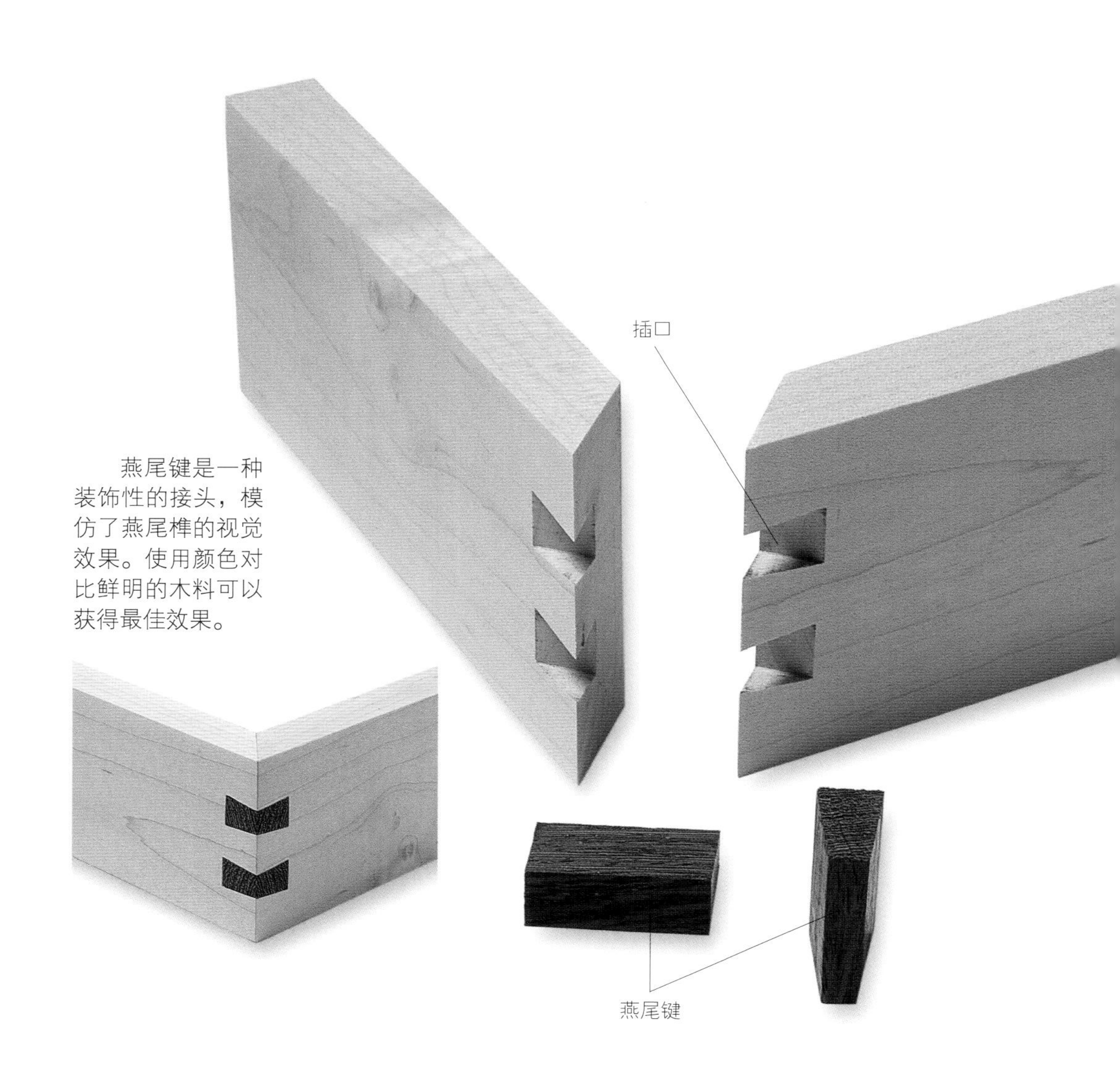

燕尾键是一种装饰性的接头，模仿了燕尾榫的视觉效果。使用颜色对比鲜明的木料可以获得最佳效果。

制作步骤

1 在斜接的边角位置，使用一个带有横向通槽的V形块进行铣削。在铣削出一侧的燕尾形插口后，掉转部件，铣削出另一侧的插口。

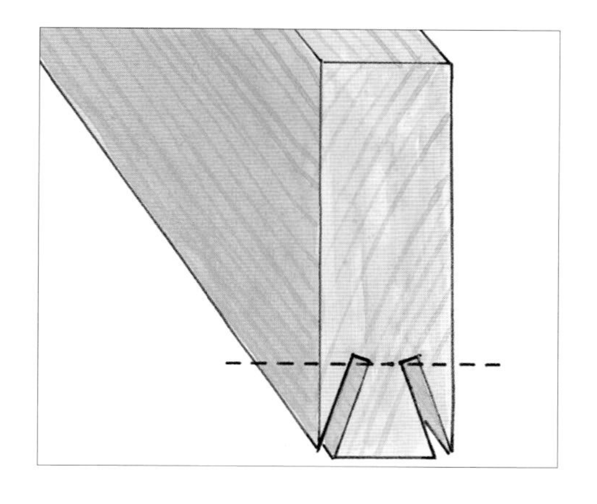

2 将台锯锯片设置到燕尾的角度，并在靠近边缘的位置顺纹理切割出两条锯缝，以创造出匹配的燕尾形。通过纵切得到燕尾键。

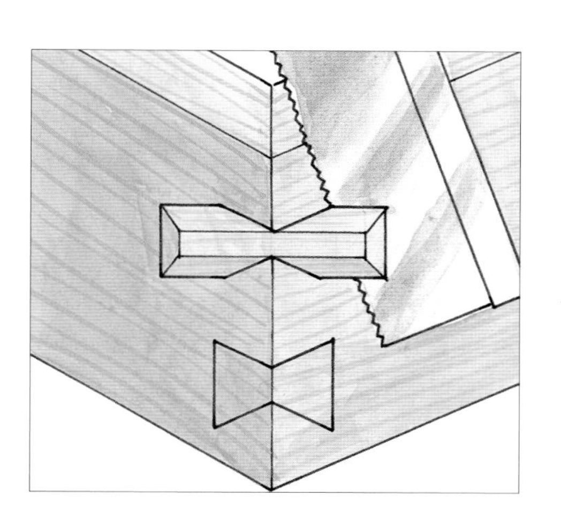

3 在燕尾键的表面涂抹胶水，敲打窄边使其嵌入插口中。待胶水凝固，用手锯锯掉多余部分，然后将表面打磨平整。

变式

可滑动靠山夹具

使用可滑动靠山夹具（具有两个45°角的限位块，分别位于两侧），在框架边角缓慢铣削燕尾键所需的插口。如果框架的两个组件很长，最好用两个板条暂时将它们固定在一起，以确保插口与燕尾键的匹配。

蝴蝶榫（银锭榫）

制作蝴蝶榫时，其纹理走向是平行于正面的长度方向的。如果横向于纹理设置，当设计它们的长度时，会产生一个细小的尺寸冲突。蝴蝶榫的厚度可以根据基材（蝴蝶榫将要嵌入的木料）的情况成比例变化。

为了节省木料，减少凿切的损失，可以将电木铣模板分成两部分制作，以便容易地按形状锯切。中密度纤维板（MDF）是制作模板的优质材料。

一个修齐用的承压轴承铣头可以消除以模板作为引导的偏移量，因此可以按照蝴蝶榫的实际画线尺寸切割模板。电木铣会在插口中留下圆角，可以用凿子将其凿切方正，或者可以将蝴蝶榫倒圆角。

蝴蝶榫是一种极具吸引力的细节部件，它不仅可以加固框架斜接或对接接合件，而且能够增强美观性。

制作步骤

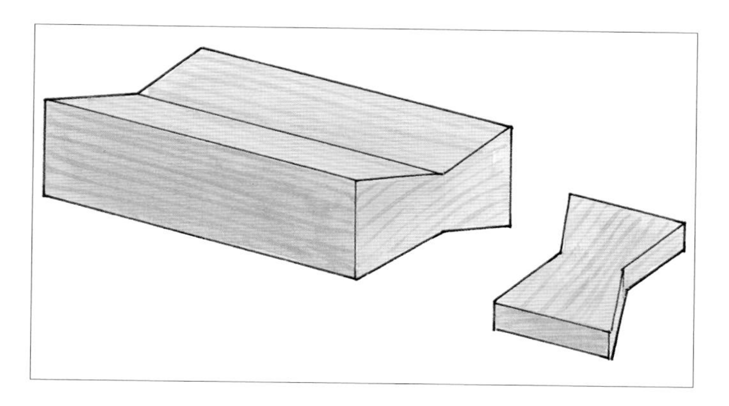

1 首先制作一个较长的燕尾榫方栓，然后像切面包片一样切出蝴蝶榫，其厚度约为嵌入木料厚度的三分之一。

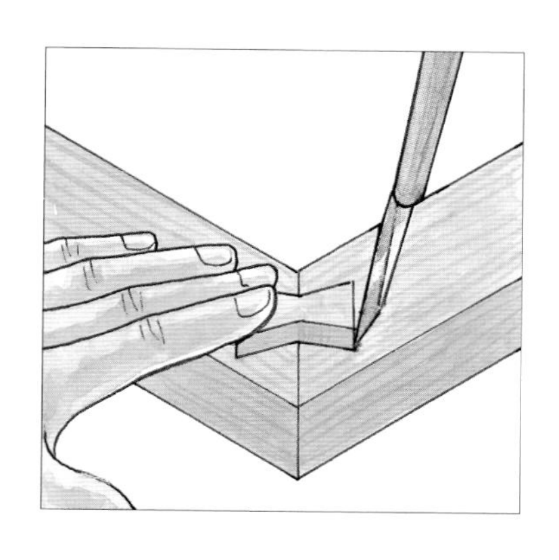

2 将准备内嵌的加固蝴蝶榫块按在或夹在需要嵌入的位置，并以木块为模板沿其周围画线。操作时划线刀的刀柄应向远离蝴蝶榫的方向倾斜，这样划线刀的尖端斜面就会紧贴蝴蝶榫。

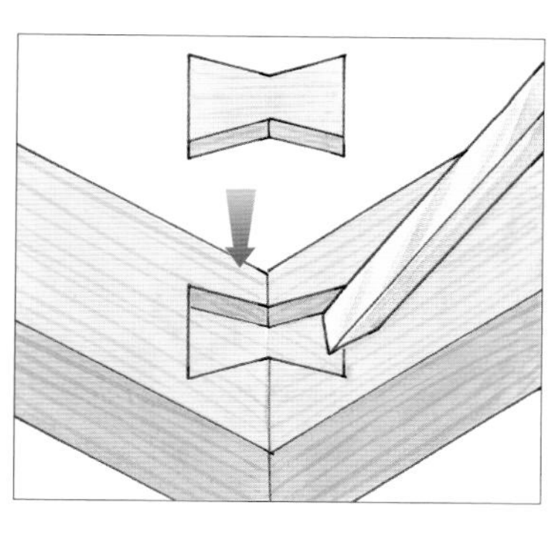

3 分别将两部分的轮廓切得更深些，然后使凿子的斜面朝下将废木料撬出。在蝴蝶榫上涂抹胶水，如有必要，可以对其嵌入部分进行斜切处理，待胶水凝固后将表面刨削平整即可。

制作技巧

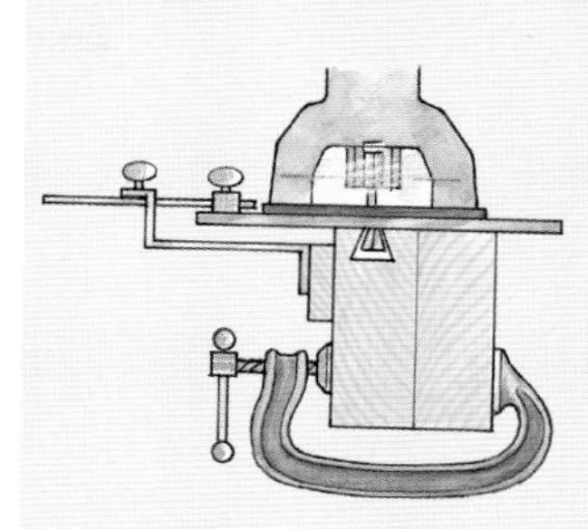

支撑电木铣

在铣削燕尾形封装槽和榫舌的边缘和端面时，可以在其周围夹紧额外的材料来支撑电木铣（保证受力均匀），并将切割部位与电木铣的边缘引导件对齐。铣削必须是通过式的，因此不可能把燕尾形铣头用力插入。此外，电木铣的深度设置必须是固定的。通过设置一个限位块可以使封装槽止步于某个位置。

燕尾榫方栓

常见的燕尾榫方栓与机械加工的滑动燕尾榫安装难度大体相当。封装结构很简单，但要使燕尾榫与之匹配，需要用废木料进行大量的测试。一旦电木铣或台锯的设置微调到位，制作方栓是很容易的。和其他的方栓一样，为了保证强度，燕尾榫方栓的纹理也是沿长度方向分布的。如果切割是在台锯上完成的，燕尾榫方栓中央的V形凹槽可能需要用凿子或槽刨做进一步的清理。

可滑动的燕尾形木条是一种实用的方栓结构，在桌面或门板这种一端用胶水黏合的结构中，宽大的燕尾榫方栓这种不用胶水可以直接嵌入的结构既保证了结构强度，又体现了灵活性。因为这些木条在承受木材形变的同时仍能保持组件平整。

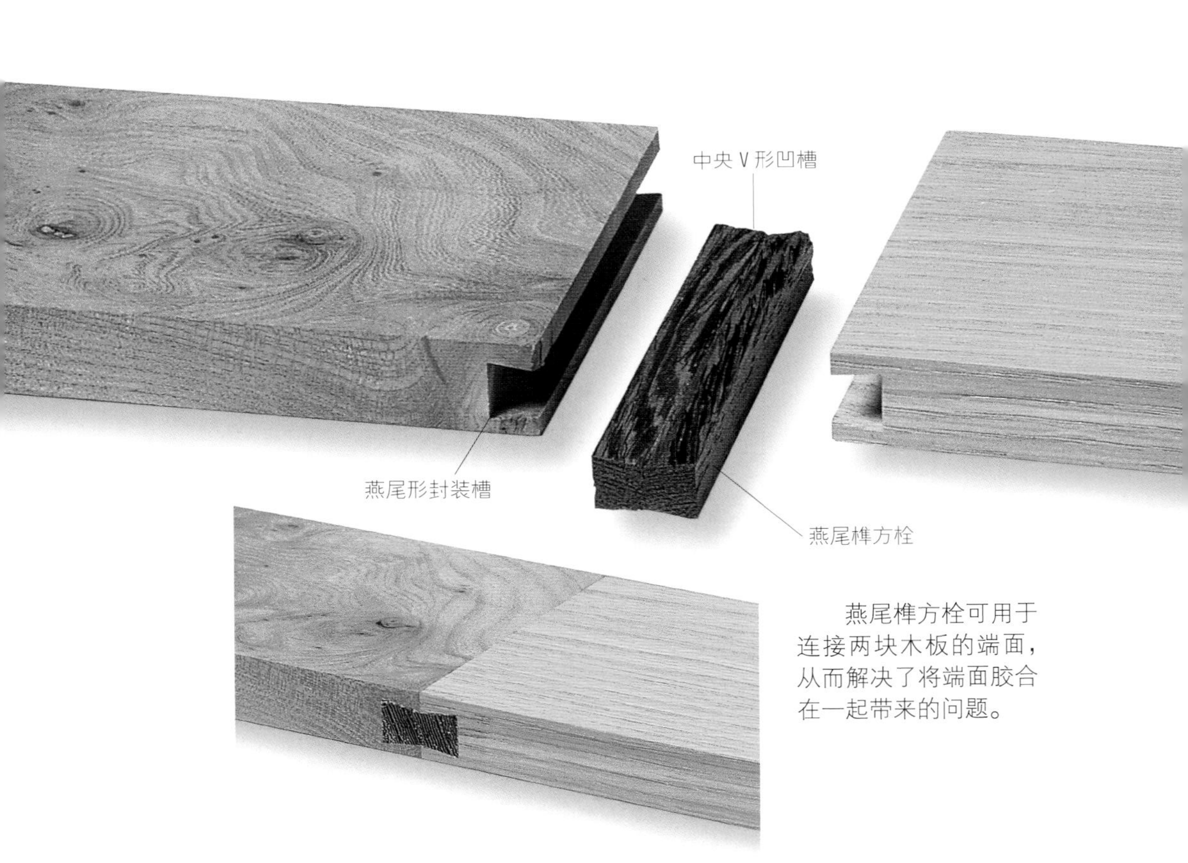

燕尾榫方栓可用于连接两块木板的端面，从而解决了将端面胶合在一起带来的问题。

制作步骤

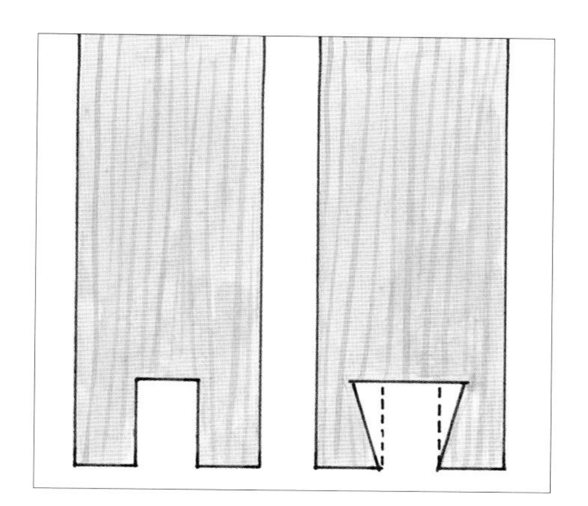

1 使用电木铣或台锯去除部分废木料做出一个凹槽，然后换用燕尾榫铣头完成封装槽的切割。

2 在木板边缘画出燕尾榫的轮廓，使其与封装槽相匹配，并调整锯片的角度和锯切深度。首先完成第一波锯切，得到沿对角的两条锯缝，然后前后调转木块，锯切得到沿另一对角的两条锯缝并切断木料。

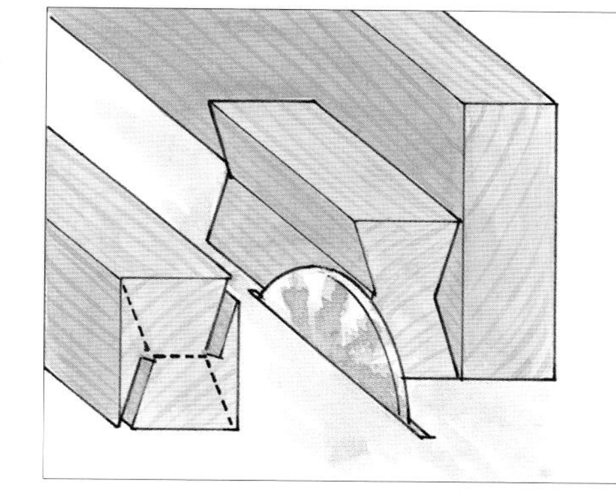

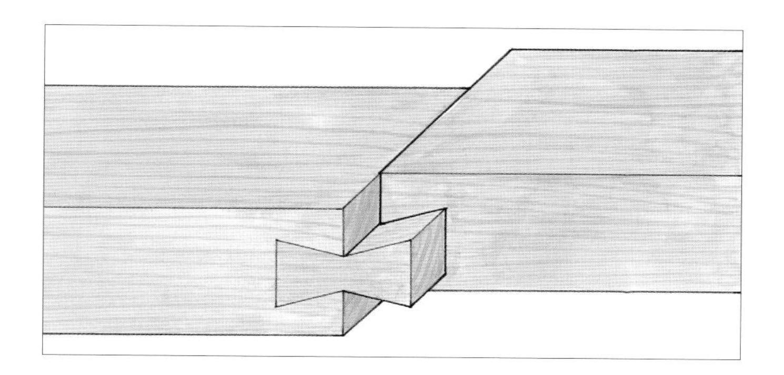

3 测试方栓与封装槽的匹配度，如果匹配过紧，可以用槽刨或打磨块将其稍微削薄，再将方栓敲入封装槽中。

制作技巧

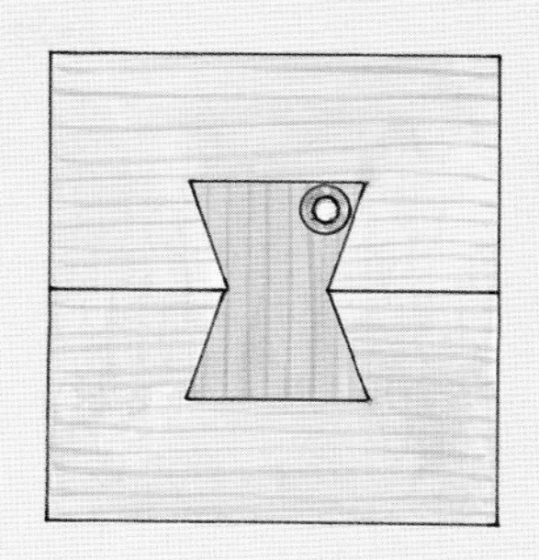

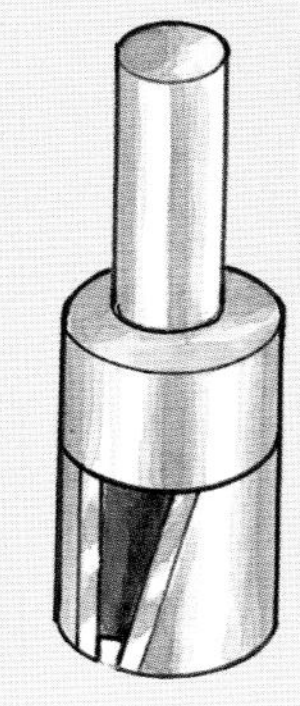

切割插口

将两块木板对接在一起，在正确的位置画出蝴蝶榫的轮廓线。将木板分开，分别锯切内部的角度，然后再将两块木板黏合在一起，用承压轴承铣头铣削得到插口。

第八章

圆木榫和饼干榫

圆木榫

圆木榫是圆柱形的木头，可以像栽榫那样，涂抹胶水后插入位于两个木制部件的对齐的孔中形成有效的接合。圆木榫在接合中的基本功能是代替榫头和榫舌发挥作用，以及用来加固或对齐接合件。

圆木榫是一种加固轻型的对接边角接合件的简单经济的方法。

商品化的桦木或枫木的圆木榫具有标准的直径，为 1/4~1/2 in（6.4~12.7 mm），并具有几种可选的长度。也可以在工房里用长的圆木棒自制圆木榫。末端经过倒角的圆木榫更易于插入，并且在被敲入孔中的时候不易翻倒。将圆木榫敲入孔中会产生活塞效应，压缩孔中的空气和胶水。这种液压作用会使组装变得困难，并可能撕裂部件。为了减轻压力，可以在圆木榫的表面切割螺旋槽或直槽。在使用中，圆木榫的直径应该处于部件厚度的三分之一到二分之一的范围，每个部件上的孔的深度应至少达到圆木榫直径的 1.5 倍，并做成埋头孔的形式，以防止胶水逃逸。商品圆木榫必须保持干燥，以免因吸收湿气而膨胀。对于吸水膨胀的圆木榫，可在使用之前将其放入烘箱中烘干。

制作圆木榫

工房自制的圆木榫是驱动一根圆木棒通过一个圆木榫板（一块钻有合适孔径的孔的低碳钢，并在出口侧具有锥形扩孔）切割得到的，可以先开槽再将圆木棒切割到所需长度，也可以先将圆木棒切割到指定长度，然后再为其切割凹槽和倒角，使其方便插入。

强度

圆木榫接合的质量和耐用性存在广泛争议。虽然它们不能代替燕尾榫，但在设计上具有额外的灵活性。在壁挂式的柜子上，圆木榫与其他接合方式的效果大致相同，都可以承受木材形变作用于胶合部位的应力。

由于圆木榫也是用木头做的，所以它们与其他木制部件一样，在长度和宽度方向上都会受到木材形变的影响。根据纹理方向的不同，圆木榫接合可以很牢固，同时不存在空间上的冲突；也可能几乎没有长纹理的胶合面，存在明显的空间冲突，并且抗张能力和抗剪切能力很弱。

工房自制圆木榫

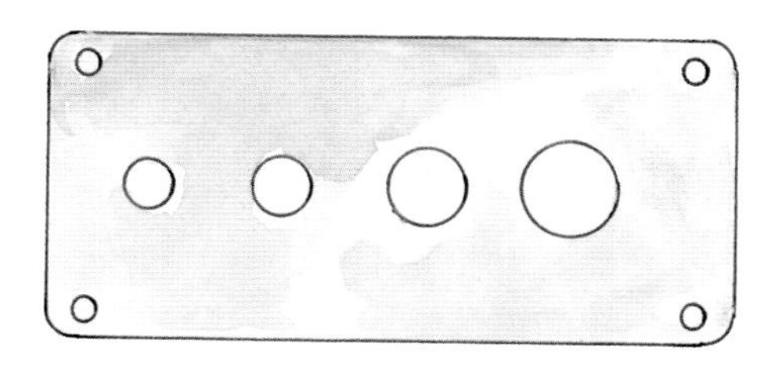

驱动圆木棒通过位于钢制的圆木榫板或销管中的孔。商业版本的产品有时会在孔内设置内齿，可以在获得圆木榫的同时在其表面切割出凹槽。

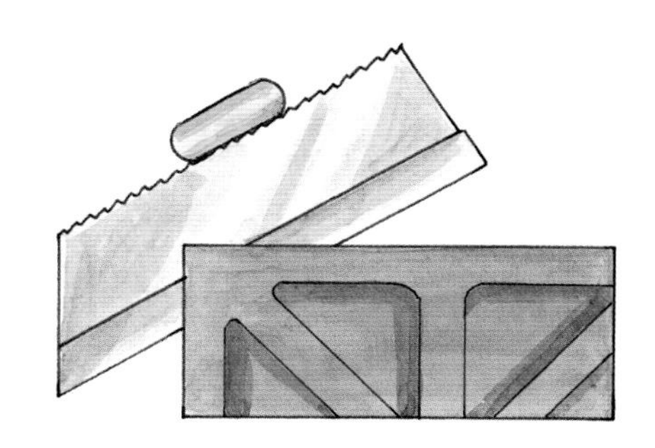

另一种在圆木榫表面添加凹槽的方法是将其放在锯片刃口上滑动，从而形成一两个胶水通道。

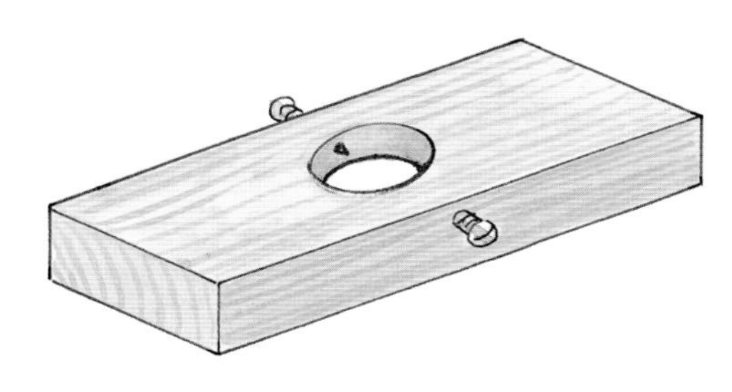

一种成本低廉且有效的开槽器是用废木料制作的：其上有一个与圆木榫的直径匹配的孔，在孔的内壁拧入螺丝或钉子使其略为凸出，驱动圆木榫从孔中通过就可以开槽了。

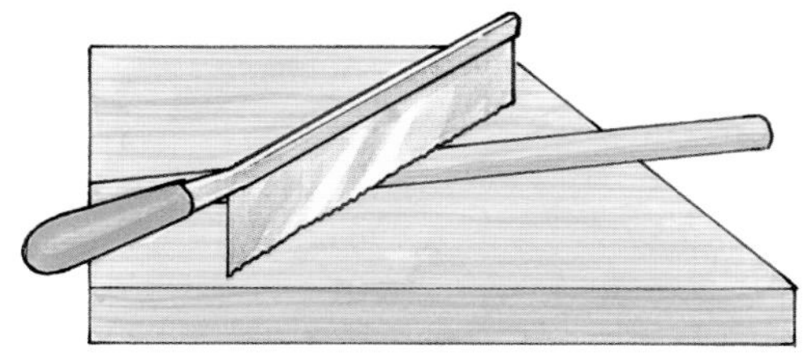

一些木匠会把锯片斜向搭在圆木榫上，然后通过滚动圆木榫在其表面形成类似凹槽的齿痕，增强对胶水的吸附，理论上可以增强胶合部件的机械强度。

圆木榫的类型

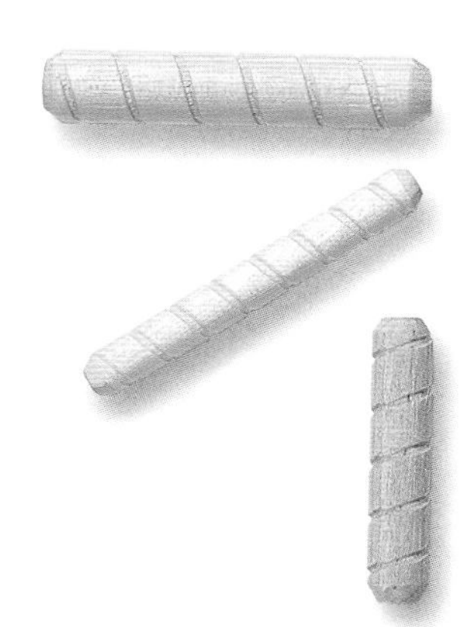

商品化的螺旋槽圆木榫允许多余的胶水和空气从孔中逸出，以避免在组装接合部件时产生液压。直槽的商品圆木榫不会刮掉圆孔侧壁的所有胶水，并且易于插入，但它们不太容易制作。

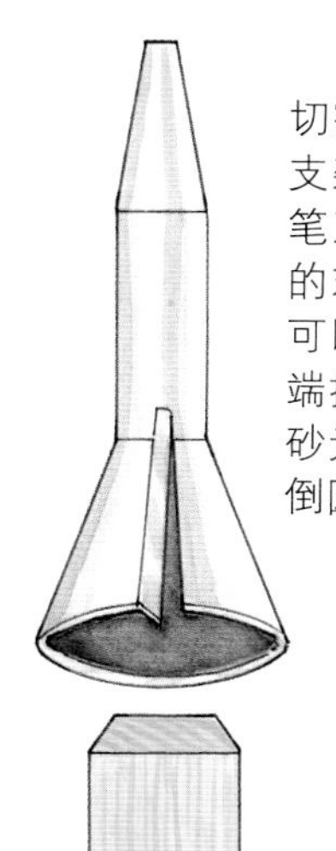

将一个圆木榫切割器卡在钻头或支架上，像使用铅笔刀一样为圆木榫的末端倒角，或者可以把圆木榫的末端抵在皮带或盘式砂光机上旋转进行倒圆角。

精确定位

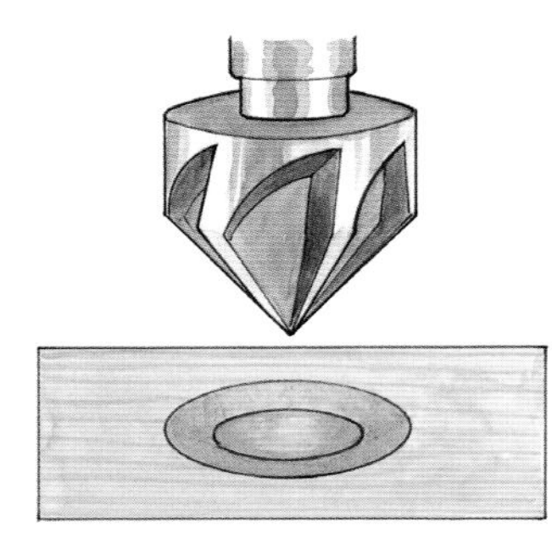

埋头孔增加了圆木榫孔的容积，可以作为一个储备池容纳逃逸出的胶水，防止其渗出到木料表面。

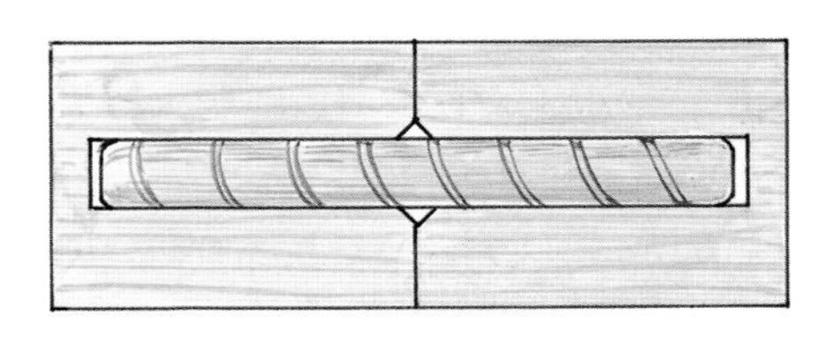

在成对部件中，每侧的钻孔深度至少应达到圆木榫直径的 1.5 倍，同时在孔的底部和埋头孔的边缘留有少许储备胶水的空间。

圆木榫和木材形变

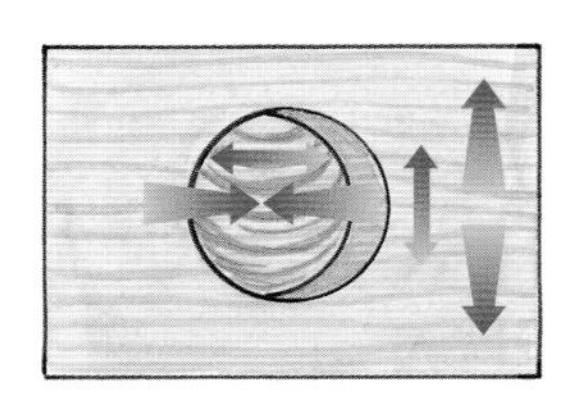

在这种最糟糕的纹理取向中，圆木榫会因为收缩与孔中大部分的端面胶合面分离，并使接头受到挤压。

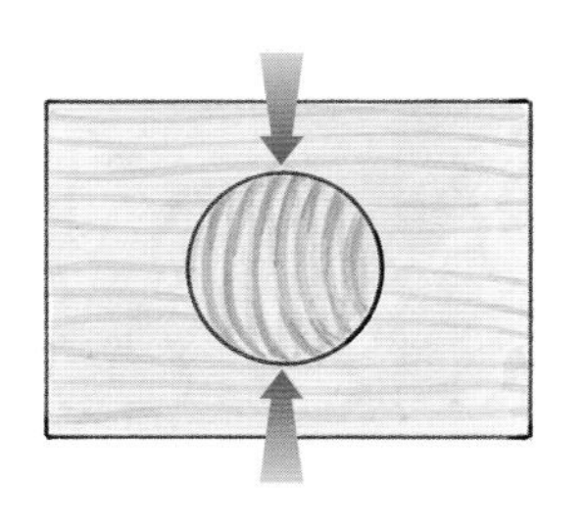

即使是插入到取向最好的部件，也就是与圆木榫的形变方向相同的部件中，一个圆木榫也只有两个很小的长纹理接触点。

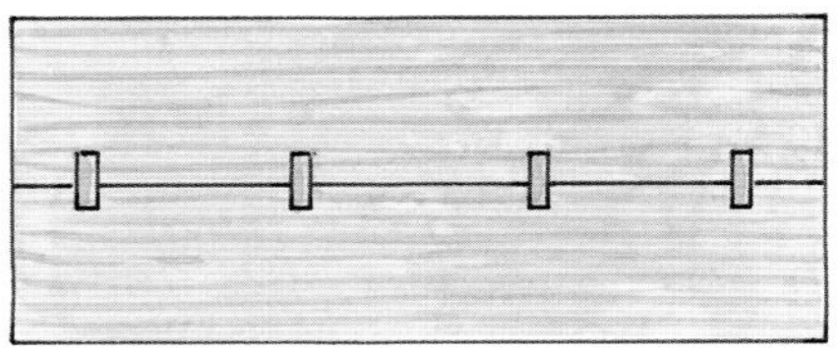

如果圆木榫的长纹理沿接合件的宽度方向延伸，则会导致圆木榫与宽度方向的形变发生空间冲突；如果在这种情况下使用圆木榫，并希望获得对齐的效果，则应适当截短圆木榫，并使其间隔较宽的距离。

如果接合部件很长，且圆木榫的长纹理与部件的长纹理平行运行，则不会产生空间冲突。

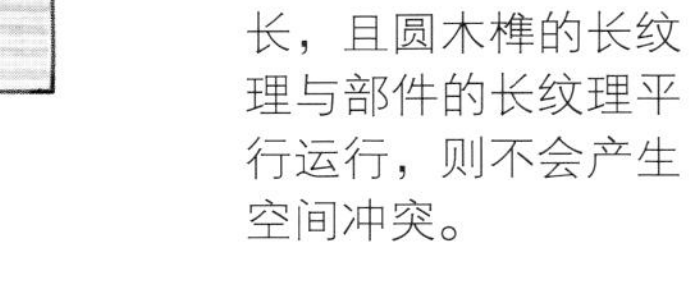

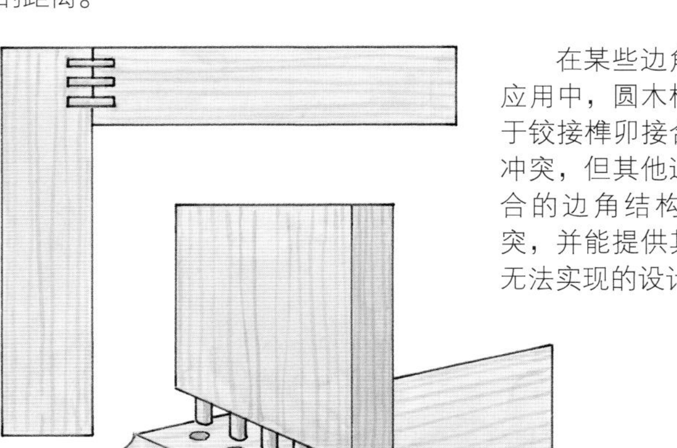

在某些边角接合结构的应用中，圆木榫会产生类似于铰接榫卯接合件中的空间冲突，但其他通过圆木榫接合的边角结构几乎没有冲突，并能提供其他接合方式无法实现的设计机会。

圆木榫的应用

当接合不具有设计特征，且作用于接头的张力没有与圆木榫在一条直线上时，用圆木销榫接部件是有意义的。使用圆木榫榫接的部件通常是对接的，因此无须设计加长的榫头，并能简化将部件切割到指定长度的操作。在使用圆木榫进行榫接时，只需要将部件的接合面切割方正，并保证部件上的孔是直的、成对对齐的。重要的是，孔的位置要精确，其误差不会超过几张纸的厚度。

市场上有许多专用的圆木榫夹具，有助于精确定位并钻孔。它们的特性和用途各不相同，但它们的主要功能是携带一个可以安装钻头的衬套，并引导其垂直于木料表面。这样的夹具通常会沿一条直线定位圆孔。

用来定位圆木榫的一排圆孔通常设计在木板的侧面或端面。商业夹具可将圆孔自动定位到切割面的中线上，或者以木板的一个面作为参考面来定位圆孔的位置，同时调整圆孔相对于侧面或边缘的位置。

夹具具有指示标记，可以将衬套中心设置在标记的圆孔的位置处。在设计过程中，通过垂直于接合面边缘的标记或被称为圆木榫中心（在完成一个部件的钻孔后使用）的标记，可以将配对圆孔的位置尺寸转移到配对部件上。有些夹具由插入到第一个圆孔中的圆木榫提供指引，定位衬套并钻取与之配对的圆孔。其他夹具则通过把部件对齐的方式钻取成对的圆孔。很少有哪种商业夹具允许在木板的正面钻孔或一次钻取两个以上的圆孔；工房自制的夹具对于框体接合具有更强的适应性和更高的效率。

将部件夹紧在装配位置，通过徒手在两个部件上钻孔可以制作简单的贯通圆木榫接合件。至于暴露在外的圆木榫端面，可以在其上锯切切口并楔入木楔、用木塞填充或者用线脚覆盖。某些圆木榫接合件可以在台钻上完成，但钻取一块致密的废木料制作一个一次性夹具，用来引导手持式电钻并利用电钻的精度进行操作通常更容易些。

接合强度

在门框上使用的圆木榫具有很强的抗剪切性能，但对于抽屉面板这样的部件，由于圆木榫与其拉力方向在一条直线上，因此并不是好的选择。

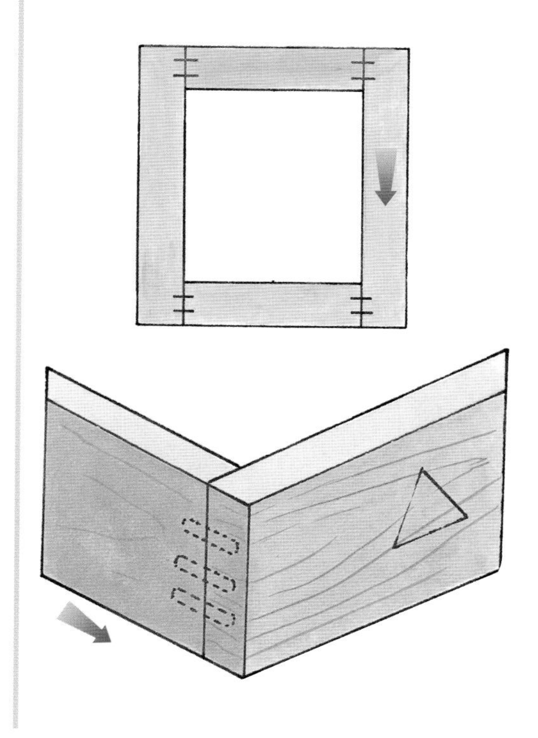

圆木榫孔的设计和定位

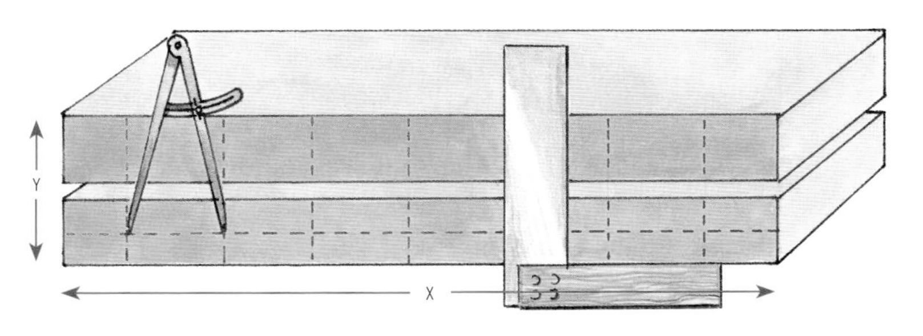

在 x 方向上标记出圆孔间距，并在夹具或机器设置到位后，通过沿 y 方向引垂线的方式，将圆孔的间距线标记到与其配对的部件上。

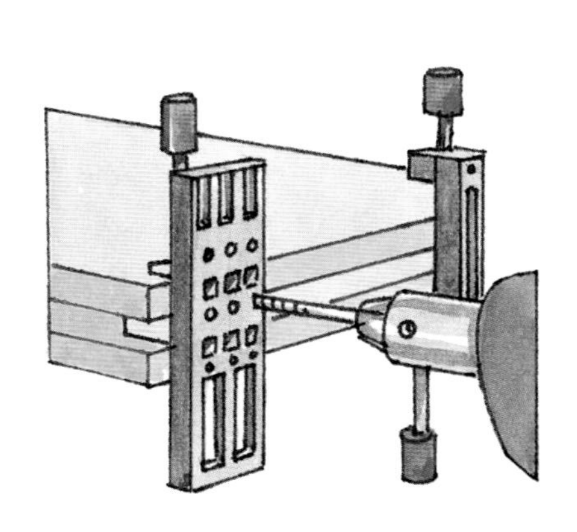

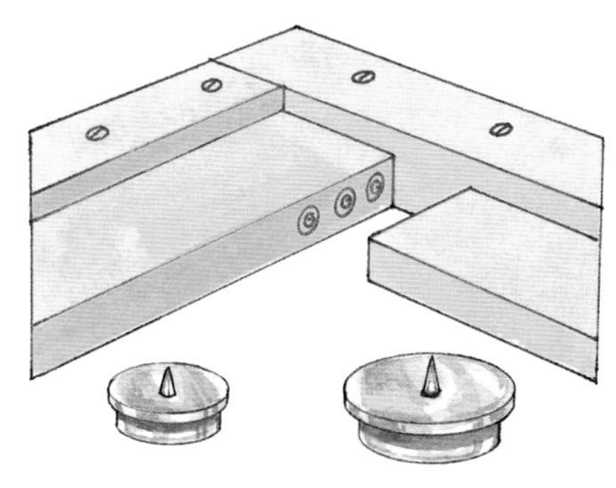

当使用一个临时框架将部件引导到位时，如果圆孔的中心是用不同孔径的工具定位的，那么最好在配对部件上标记出钻孔的位置。

某些夹具可以指引定位配对孔，具体做法是，在开孔部件的第一个圆孔中插入圆木榫（见上图），同时将其另一端插入夹具上的相应位置，然后就可以一次性确定配对部件上配对圆孔的位置了（见下图）。

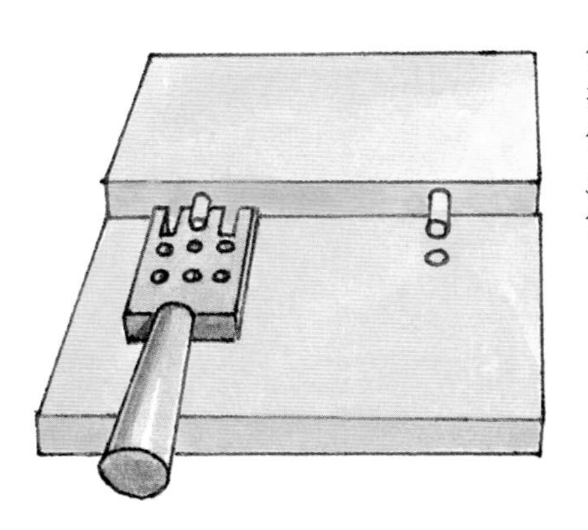

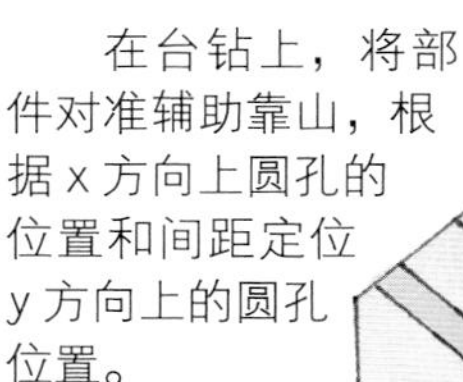

在台钻上，将部件对准辅助靠山，根据 x 方向上圆孔的位置和间距定位 y 方向上的圆孔位置。

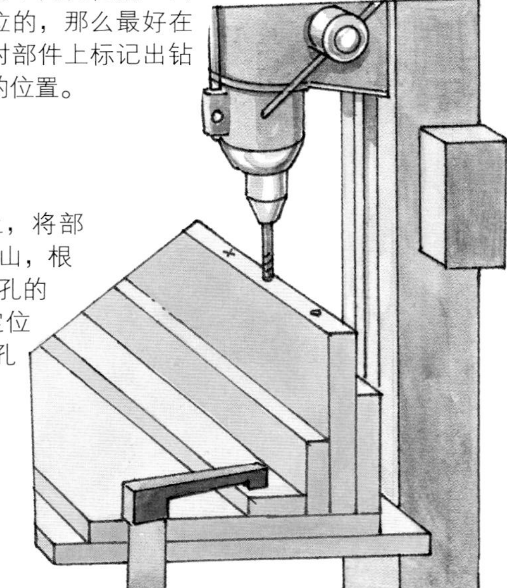

精确定位和切割圆木榫孔

圆孔没有垂直于木料表面

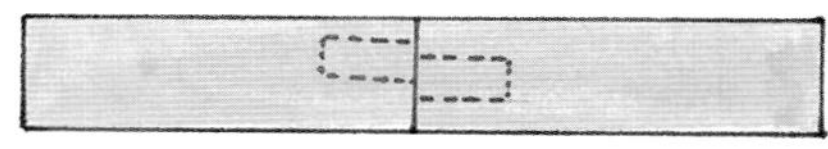

以相对面作为参考面得到的圆孔可能无法对齐

圆木榫孔必须垂直于木料表面钻取，这样才能准确定位圆木榫。同时，必须保证配对部件上的成对圆孔对齐，为此在钻孔时应该选择相同的参考面或中心。

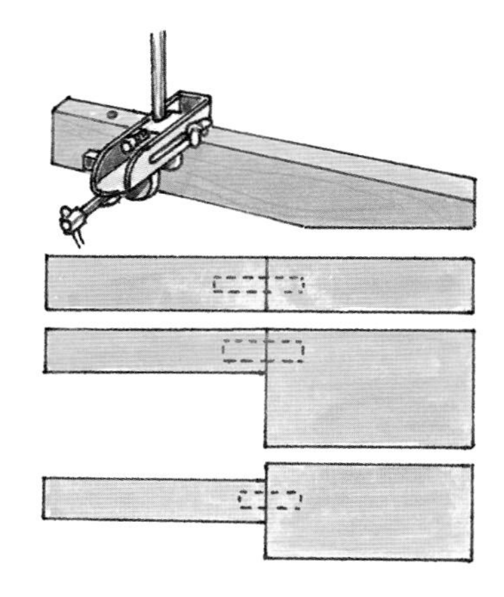

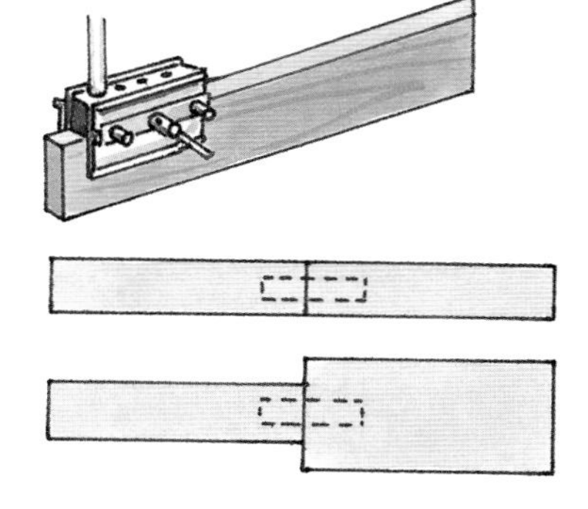

带有整体衬套的自定心夹具只能沿木板的边缘中心钻孔，不能将不同大小的木料的正面对齐进行钻孔。

一种单孔边缘指引夹具配有可互换的衬套，在将配对部件的参考面对齐的情况下，可以为不同大小的木料钻取配对圆孔，除非事先重新调整了设计，需要偏置其中的某个圆孔。

自制圆木榫夹具

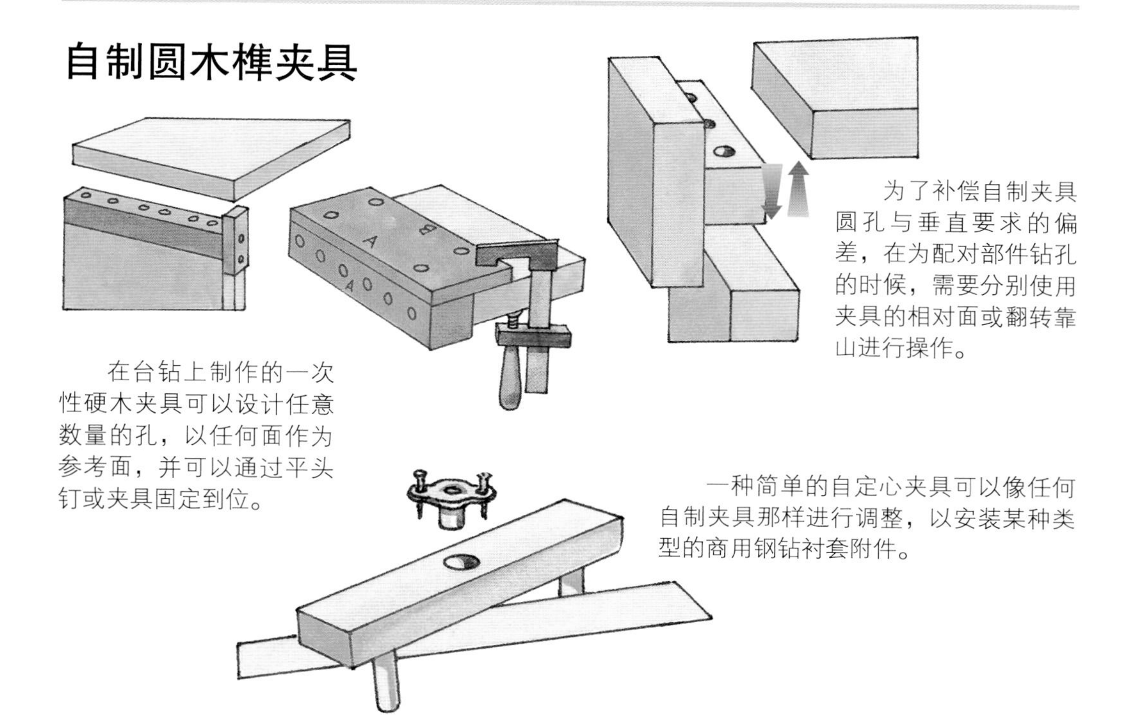

在台钻上制作的一次性硬木夹具可以设计任意数量的孔，以任何面作为参考面，并可以通过平头钉或夹具固定到位。

为了补偿自制夹具圆孔与垂直要求的偏差，在为配对部件钻孔的时候，需要分别使用夹具的相对面或翻转靠山进行操作。

一种简单的自定心夹具可以像任何自制夹具那样进行调整，以安装某种类型的商用钢钻衬套附件。

用圆木榫加固端面斜接

不管使用何种工具，使用圆木榫榫接的基本步骤都是相同的。根据木料厚度尺寸的三分之一到一半选择圆木榫和与之匹配的钻头。将木料切割到指定尺寸，并沿一个部件厚度的 y 方向标记出一个中心孔或偏置孔的位置。如果使用自制夹具，可以在与部件匹配的木料上进行设计。

从标记点出发，平行于 x 方向画延长线，并沿线确定一排圆孔的位置，要根据对齐、加固或替换榫卯结构的目的来设计圆孔间距。对齐需要的圆木榫的数量是最少的；如果作为榫头，需要的圆木榫数量会较多，并且它们之间应该至少间隔一个圆木榫直径的距离，这样接合强度就不会很弱。

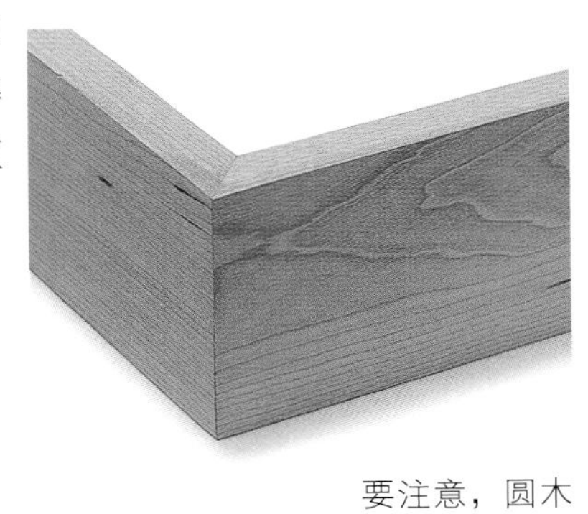

要注意，圆木榫与木料正面和背面的距离应当足够大，以确保为良好的接合提供足够的斜接表面。

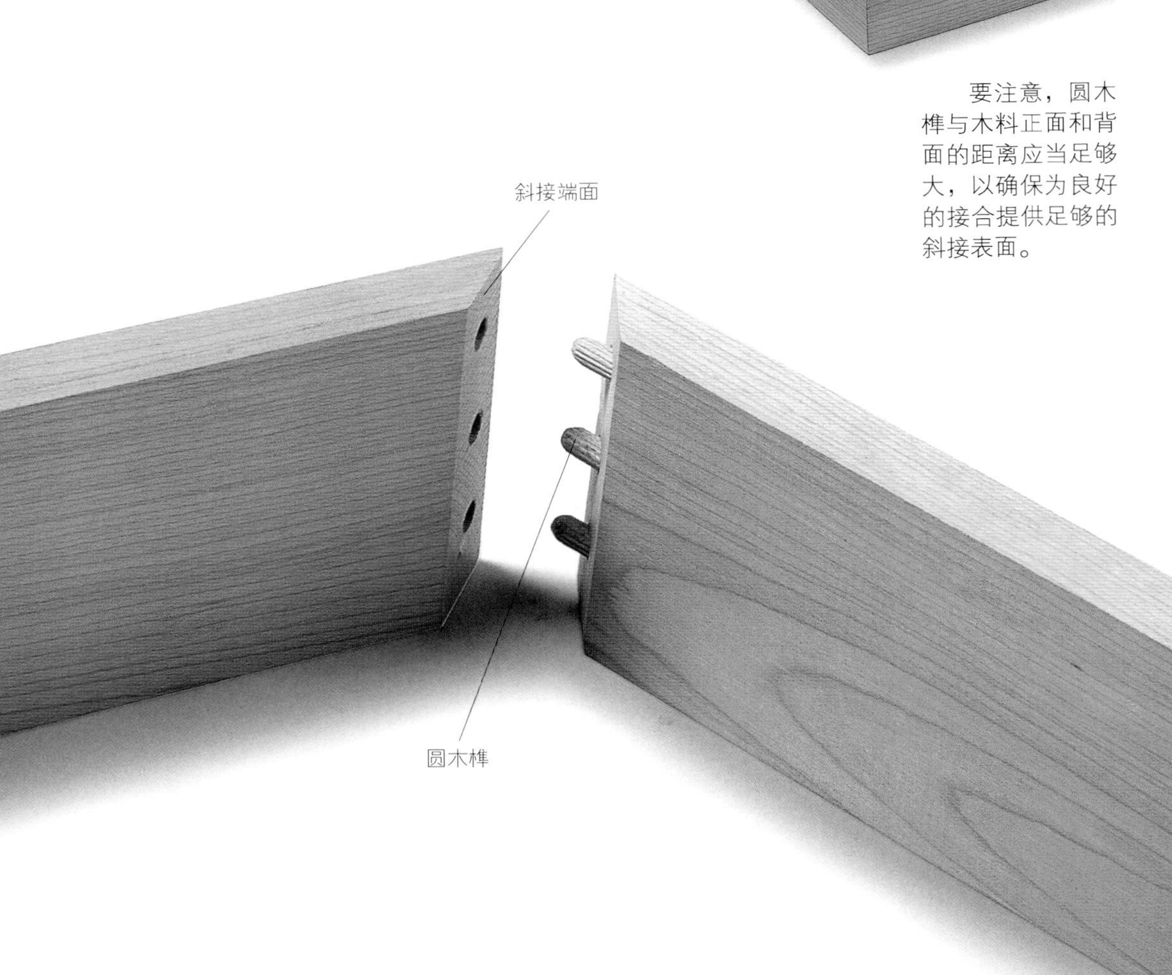

制作步骤

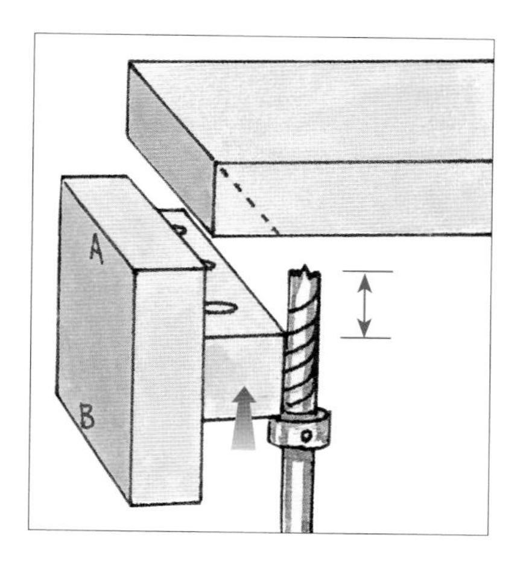

1 将部件切割到最终长度，然后制作一个可以在斜面内侧钻孔的夹具，通过限位块控制钻孔深度，并用平头钉将夹具固定在上面。

2 使用夹具的另一侧在配对部件上钻取配对圆孔，然后对所有部件进行斜切，不需要去掉任何沿长度方向的木料。

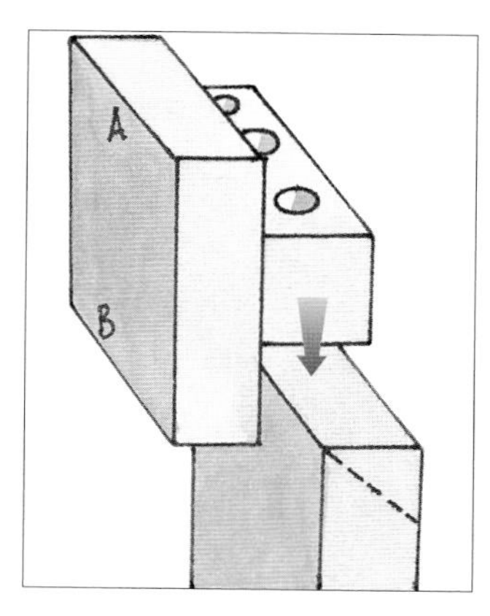

3 在圆孔和圆木榫表面刷涂胶水，将圆木榫插入一个部件的圆孔中，用一块木块做垫块，配合夹具完成边缘的斜接，同时夹紧圆木榫。

制作技巧

钻头和挡板

钻头一定要能够主动定位，并且在端面和正面都能保持下钻，不会撕裂正面的木料，得到一个容易测量的平底孔。此外，钻头要能够将木屑从切割边缘抛离，这对于减少热量的积聚是至关重要的。平头引导钻和平翼开孔钻符合这些标准。

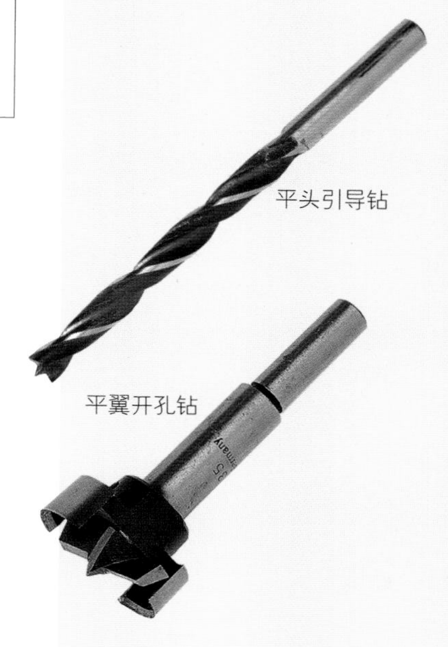

带线脚的框体接合

用圆木榫进行榫接，是因为部件需要的钻孔位置和精确钻孔所需的工具最为简易。使用台钻可以很方便地在木板的边缘钻孔，但对于较长的箱体侧板，使用便携式电钻和夹具钻孔更为合适。

有多种方法可以将圆孔定位到配对部件上。对单孔的圆木榫夹具或台钻来说，可以通过横向引垂线的方式为所有部件标记出圆孔的位置和尺寸。对于那些可以插入圆木榫定位配对孔或者可以对齐成对部件同时进行钻孔的夹具，标记出一排孔的位置就可以了。自制夹具可以携带整个设计，无须做标记。

圆木榫可以最大限度地减少木板的翘曲，表面切割出凹槽的自制圆木榫允许胶水自由流动。

制作步骤

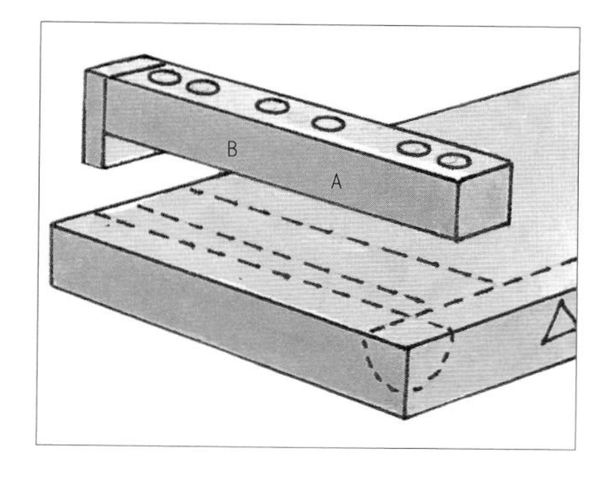

1 将带线脚的部件切割到指定的长度和宽度，然后规划线脚和侧面挡板的位置，设计一个夹具，并在其每端靠近边缘的位置使孔间距更小一些。

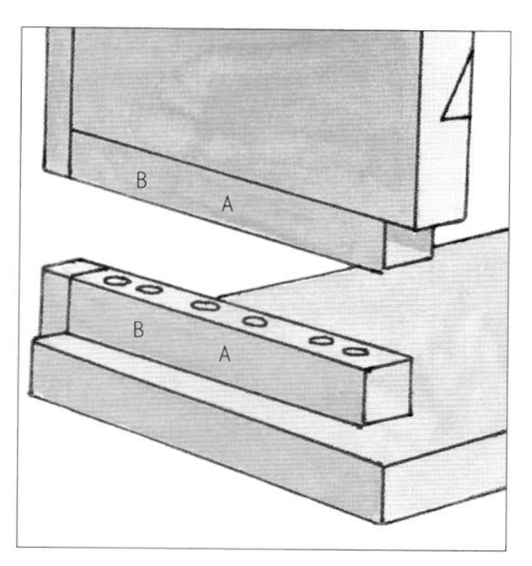

2 为框体部件钻孔，确保以同一参考面为基准引导夹具，然后翻转靠山，利用夹具的另一侧提供引导钻取配对孔。

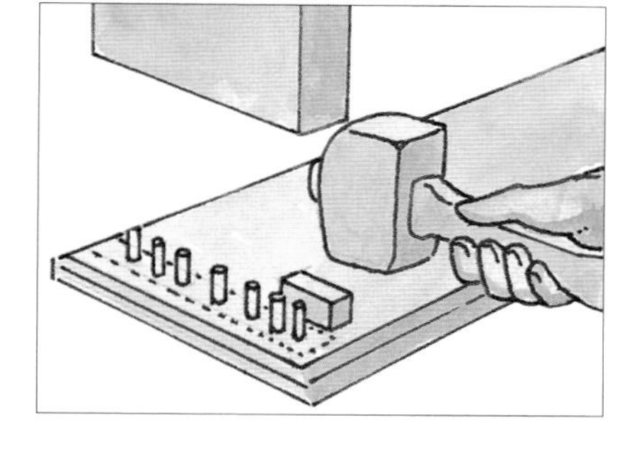

3 把线脚切掉，在孔内涂抹胶水，并用一个高度块来限位，使圆木榫的末端能够与孔底部保持一定距离，形成一个储存胶水的空间。

制作技巧

多引导尖样式的钻头常用于台钻，而詹尼斯（Jennings）式或欧文（Irwin）式钻头常用于手摇钻。麻花钻可用来为圆木榫钻孔，但这种钻头会撕裂正面的木料，且不容易居中。在标记位置打一个冲压孔可以为钻孔提供一些引导。

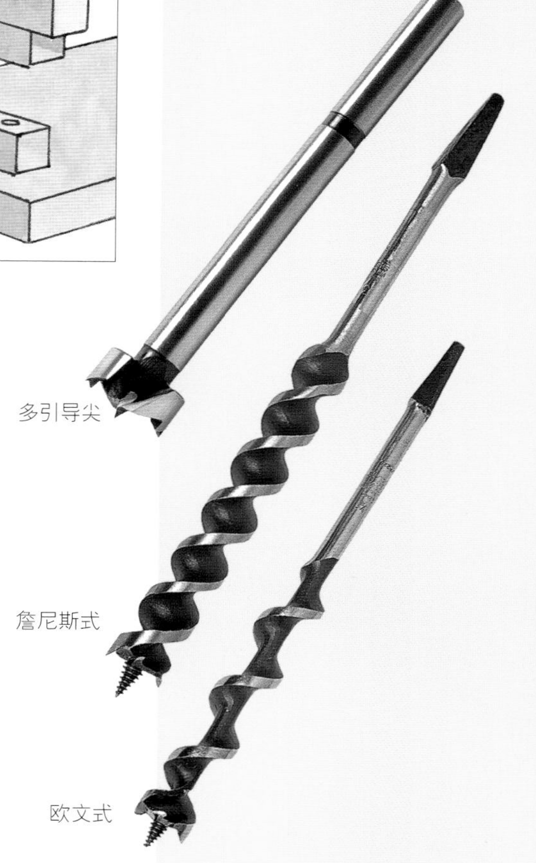

圆木榫榫接的框架接合件

作为榫头使用的话，圆木榫应插入到每一侧的配对部件中，且在每一侧的插入深度不能小于其直径的 1.5 倍。如果只是用于对齐，那么圆木榫的长度可以稍短。为钻头或台钻设置一个深度限位块，钻取深度足够的孔以容纳圆木榫，并额外留出少许空间作为胶水的储池。

使用台钻或具有引导作用的夹具钻孔。在开始钻孔之前，将钻头放入夹具孔或衬套中，钻孔时可以偶尔将钻头从孔中退出以清理钻头螺旋槽中的木屑。当接近限位块时，不要用力下压，否则钻头柄可能会滑出。

带槽的圆木榫可以保证胶水沿木榫长度方向均匀分布。

制作步骤

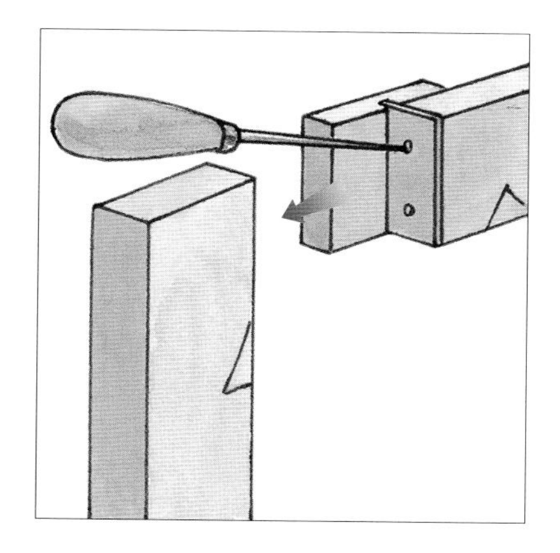

1 制作一个设计模板，在榫接的位置用圆木榫和孔替换榫卯结构，然后用划线锥在冒头和梃上标记出孔的位置。

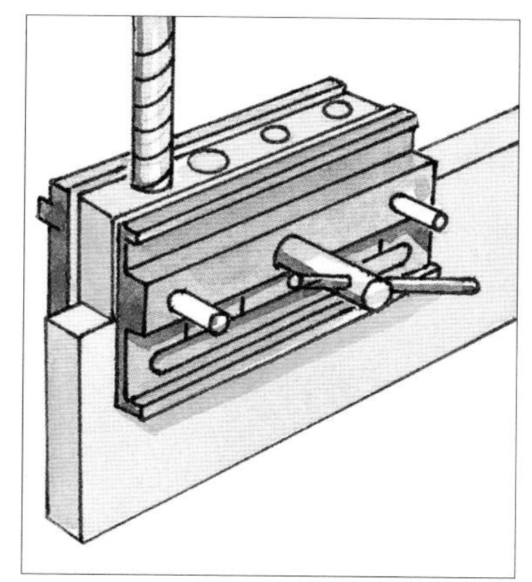

2 要钻孔的话，将引导夹具固定在划线锥的标记处，如有必要，可以在木料表面插入一个垫片来调整沿 y 方向的孔的中心。

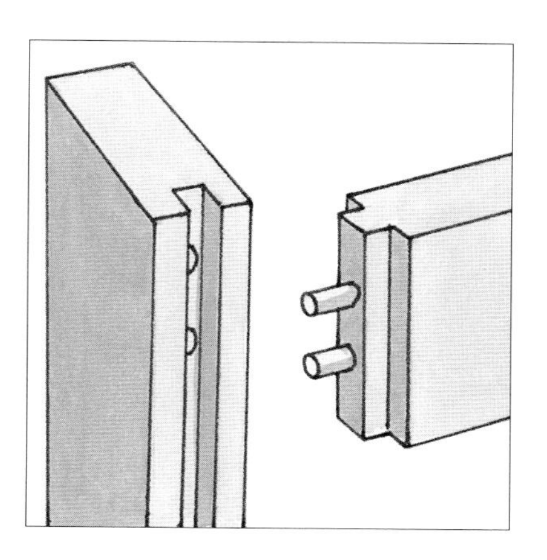

3 完成框架部件剩余部分的铣削，包括凹槽、半边槽、线脚以及拱腋等。铣削完成之后，涂抹胶水，然后组装。

制作技巧

为了测量便携式电钻或手摇钻的钻孔深度，需要在钻头上配置一个深度限位标记。从一段带有延伸标签的遮蔽胶带（当钻头到达设定的深度时，它会扫过木料表面）到需要用螺丝固定的钢圈都是可以的。一个富勒（Fuller）埋头钻和一个位于台钻上的限位块可以保证正确的钻孔深度，沉孔部分则可以为胶水提供一点额外的空间。

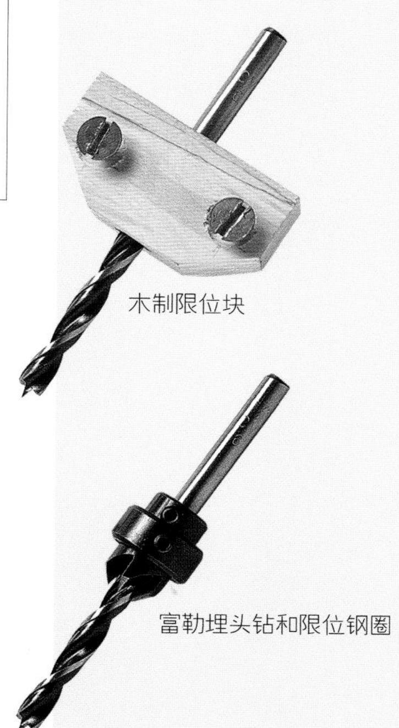

木制限位块

富勒埋头钻和限位钢圈

饼干榫

饼干榫或木片接合是一种相对较新的木料接合方法。它最初被开发出来接合像胶合板和刨花板这样的材料，后来逐渐在实木中变得流行起来。

饼干榫是一种薄的、橄榄球形状的扁平榉木片，它们的使用方式与栽榫、圆木榫或方栓是相同的。大多数的饼干榫接头都是由一种叫作饼干榫机的便携式电动工具制作的，它看起来就像一个带有硬质合金镶齿锯片的小型直角砂光机。这种机器的主要功能是将刀片以一个校准的深度切入配对部件中，其留在每一个部件上的半圆切口用来包裹半片饼干。

饼干榫本身是由压缩的山毛榉木切割而成的，其纹理沿对角线方向横向延伸以获得强度。所有的机器都使用三种标准尺寸（0号，10号，20号）的刀片，某些机器可以配备非标准的刀片，用来制作更大的饼干榫或者适合更小、更薄饼干榫的切口。用于电木铣或层压修边机的方栓刀头可以为特殊的圆形饼干切割切口。

饼干榫需要脂族树脂那样的水基胶水。通过设计，饼干榫会因为吸收水分略微膨胀，从而使其可以在切口中挤紧。

市场上的饼干榫机种类繁多，为木匠提供了价格之外的功能选择。需要考虑的最重要的因素是，靠山调整的难易程度和调节范围、靠山角度的范围以及斜接引导方法。

大多数饼干榫接合都是通过用机器的靠山顶住木料正面或端面来定位切口位置的。刀片和靠山之间的距离可以略作一些调整。最为通用的刀片高度调整方式是使用一个齿条和齿轮使靠山相对于刀片上下移动，但在实际操作中，考虑到普通木板的厚度，通常并不需要这么多的档位。

在所有种类的机器上，靠山在与台面成90° 角的时候，可以为大多数平行取向的、T 取向的或 L 取向的接合件切割切口；在与台面成 45° 角时，则可以为端面或边缘的斜接件切割切口。有些靠山可以设置为这两种角度之间的任意角度，这对加工斜面来说是一个很方便的功能。这种机器还可以以其平整的底座作为参照进行操作。

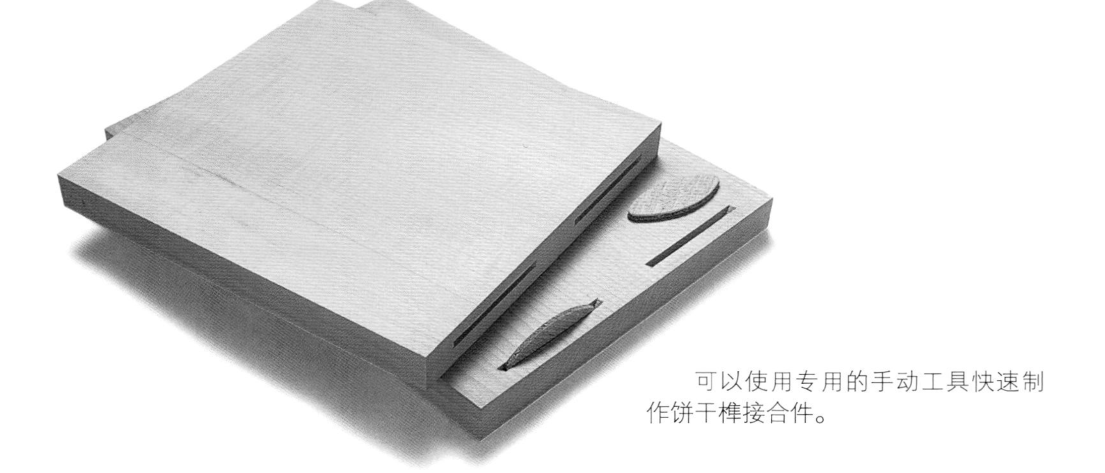

可以使用专用的手动工具快速制作饼干榫接合件。

关于饼干榫接头

饼干榫机具有可伸缩的弹簧负载的底座，一个小的圆锯片被其包围着，将锯片插入木料中可以得到不同深度的、适合不同尺寸饼干榫的弧形切口。

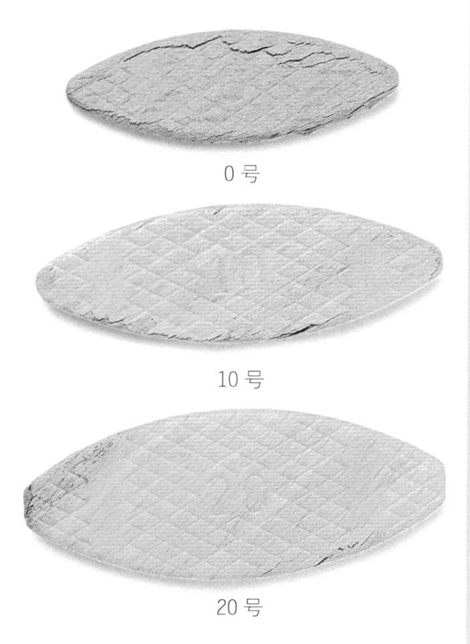

0号

10号

20号

所有型号的饼干榫机都可以为三种基本尺寸的饼干榫切割切口。其他尺寸、形状和类型的饼干榫需要特定品牌的饼干榫机或电木铣切割插槽。

饼干榫机的靠山类型

饼干榫机的靠山（在这个例子中是一个固定角度的靠山）可以指示木板上的标记、设置参考面、为相邻的面切割饼干榫的切口。

一个固定角度的靠山具有45° 和 90° 两种角度设置，翻转后可以进行斜切，如果靠山相对于刀片向上倾斜，则可以与接头的内侧面对齐。

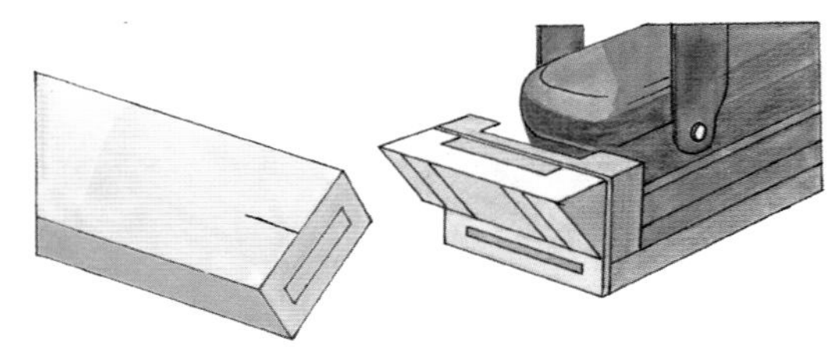

一个从刀刃外侧向下倾斜的固定角度的靠山可以从斜接件的外部提供引导，使外表面对齐。

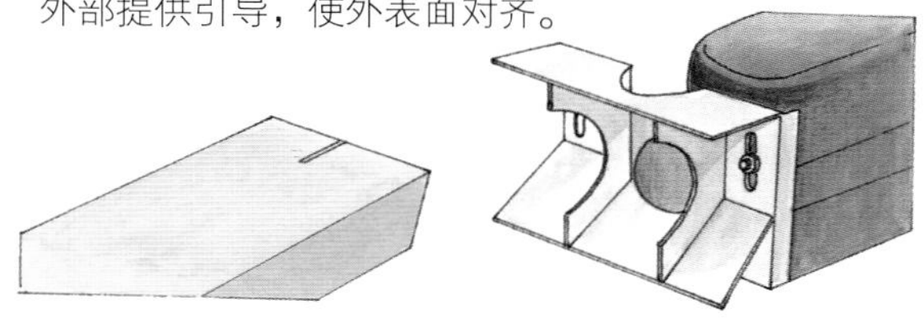

一个具有可变角度靠山的饼干榫机可以在不是 45° 或 90° 的斜面接合件表面为饼干榫切割切口。

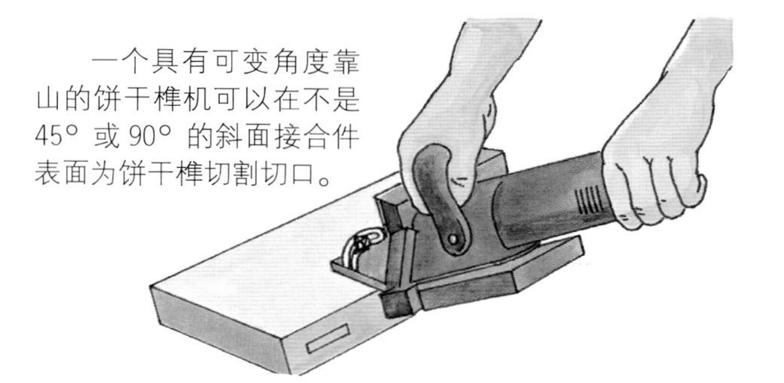

平面框架接合

饼干榫接合非常简单，所以它们变得很受欢迎也就不足为奇了。设计不需要很精确，机器的设置也很简单，切割工作几秒钟就可以完成，而且饼干榫机操作起来非常安全。刀片通常被底座或木料包围着，并且底座上的伸缩销或橡胶点可在切割过程中防止机器滑动。

不管是何种类型的接合件，基本的接合过程都是一样的。将部件切割到指定尺寸，然后夹紧或固定在装配位置，用软铅笔在每个部件上标记出每个饼干的位置。由于在切口中饼干榫周边仍留有一些缝隙，用于容纳胶合后的变化，所以并不需要标记得非常精确。

平面框架接合实际上是制作最快的接合方式。当把一块干燥的饼干榫插入插槽中时，饼干榫应该与插槽的侧壁（厚度方向）紧密贴合。

制作步骤

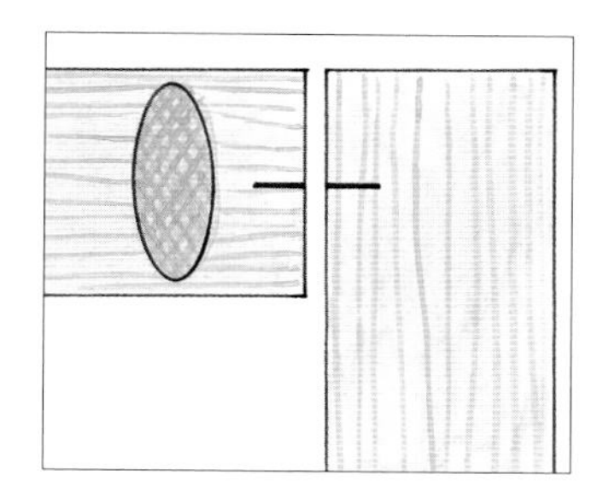

1 把部件切成指定长度，并将其放在组装位置，然后选择最适合该木料的最大尺寸的饼干，用软铅笔标记出部件的中心。

2 向上或向下调节 90° 靠山，使刀片正对木料的中心。根据饼干榫大小设置机器，引导机器正对标记，将刀片插入木料。

3 把胶水涂抹在切口和木料的接合表面，不要涂抹在饼干榫上。插入饼干榫，借助切口两端的空隙对齐部件完成组装。

制作技巧

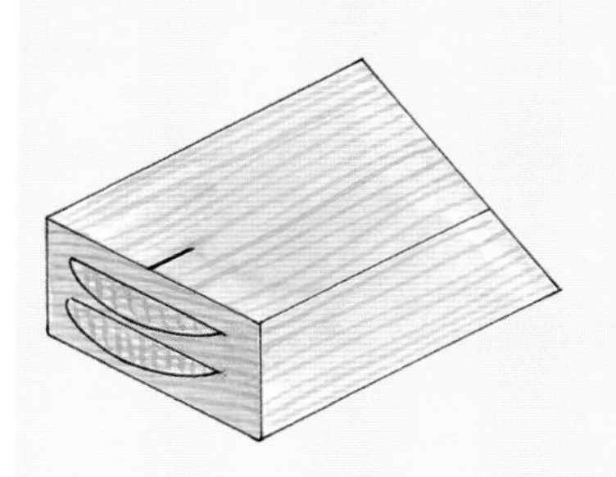

双层饼干

为了获得额外的强度或接合厚木板，可以使用双层饼干榫接合。在木料的正反两面做好标记，并设置靠山，从正面或背面出发，沿厚度方向向下切割部件。

参考标记

加固接合件以及沿宽度方向的拼接只需要很少的饼干榫；可以使用台面或 90° 的靠山将机器引导到标记处。

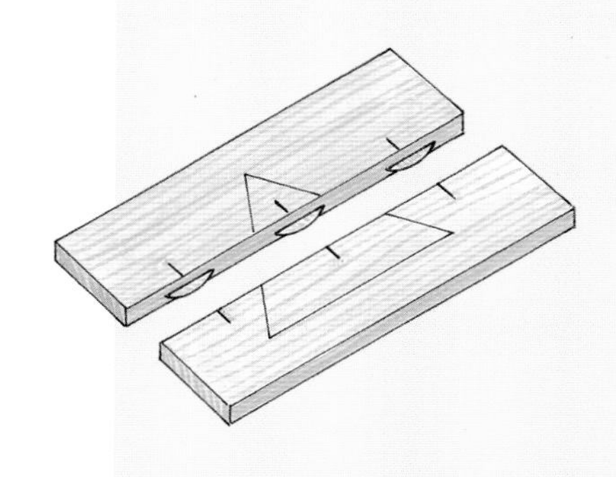

T 取向的饼干榫接合

切割切口时要用夹子固定部件，或者设置一个逆止器，防止刀片被推入木料时木板向后滑动。木屑通常会向右喷射，因此如果机器没有配备集尘装置的话，应从右边起始，向左移动，以保持参考面的清洁。

可以使用昂贵的特殊胶瓶在切口上涂抹胶水，但一个简单的焊剂刷效果也很好。记住，胶水会使饼干榫膨胀，因此只能把胶水涂抹在接合处，而不是饼干榫上，并准备好夹子。因为饼干榫一旦插入，就会迅速膨胀。

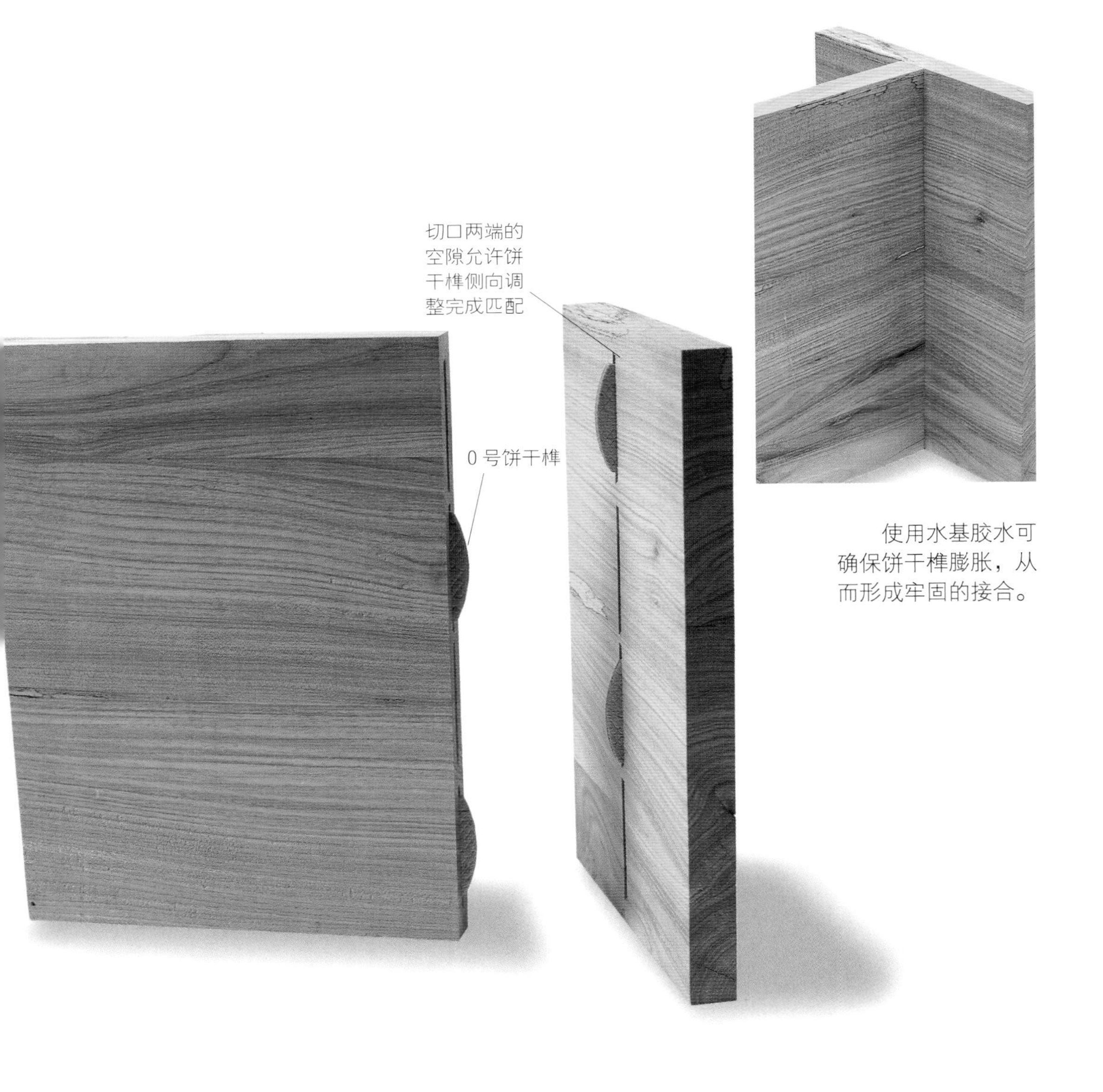

使用水基胶水可确保饼干榫膨胀，从而形成牢固的接合。

制作步骤

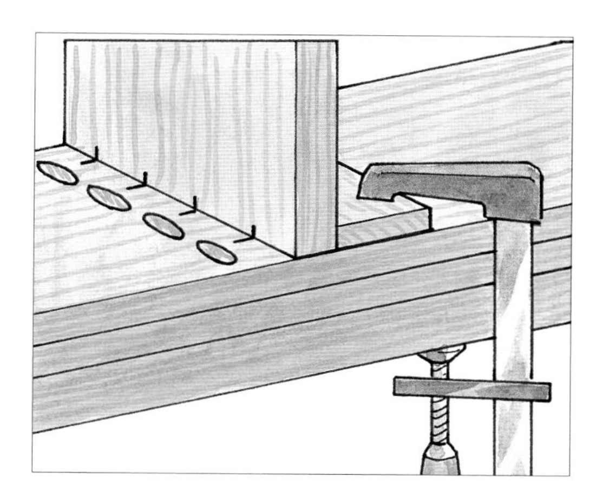

1 把一个引导块横向夹在一个部件上，并将另一个部件与之对齐，然后放上一排饼干榫同时标记两个部件。

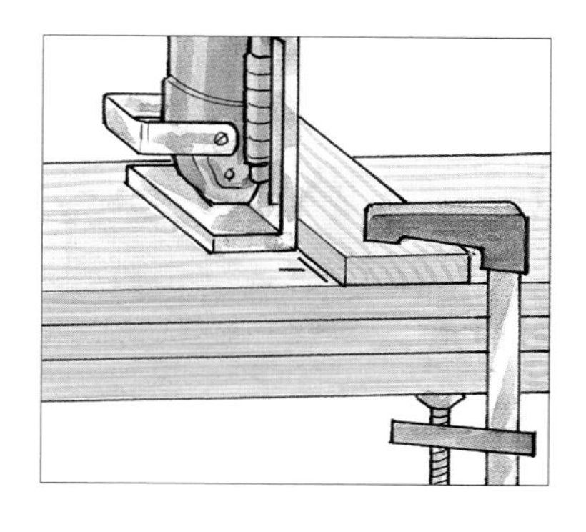

2 设置或取下工具的靠山，使其前端垂直于底座。将底座垂直靠在直边引导块上对齐，并在标记处切割切口，同时注意将切口保持在接合部件的轮廓内。

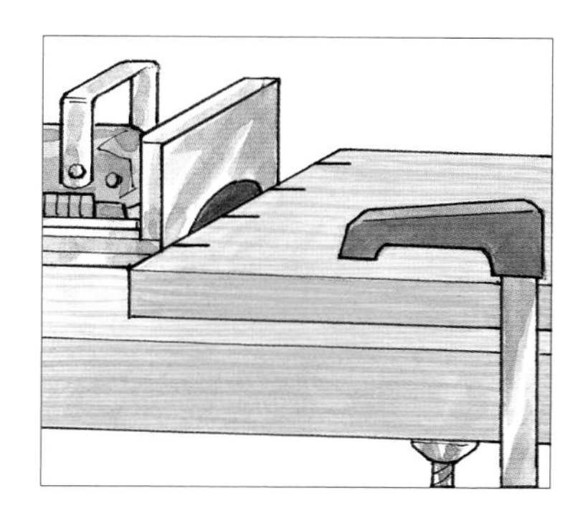

3 夹紧配对部件，并以台面作为基准面沿木料的厚度方向引导切割，得到配对的切口。然后涂抹胶水，插入饼干榫，组装并夹紧。

制作技巧

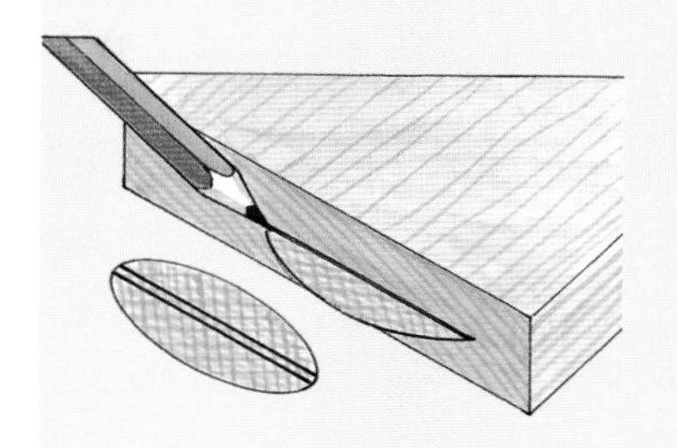

切口

为了对切口的深度进行微调，可以标记一个饼干榫，然后将其翻转并重新标记；调整机器，使饼干榫被重新插入后第一行标记不会显露出来，新旧两条线之间会有一个小的间隙。

大小

饼干榫间距的设计和饼干榫的大小取决于木料的尺寸和接合目的。如果切口位于木料的正面，木料的厚度必须超过饼干榫宽度的一半，否则刀片会切透木料从背面透出。更多或更大的饼干榫能够提供更大的胶合表面并增加接合强度，但如果只是为了对齐，这样做就没有必要了。

L 取向的饼干榫接合

在一个接合件的内部还是外部做标记，取决于接合类型和使用的参照方法：以直边靠山或成角度靠山作为参照，还是以机器的底座作为参照。初始标记可以是直接的，也可以是延伸线，这样在切割的过程中机器的引导标记很容易与之对齐。

当使用两种不同厚度的木料时，在接合件下方使用垫片可以在任意高度插入饼干榫。

制作步骤

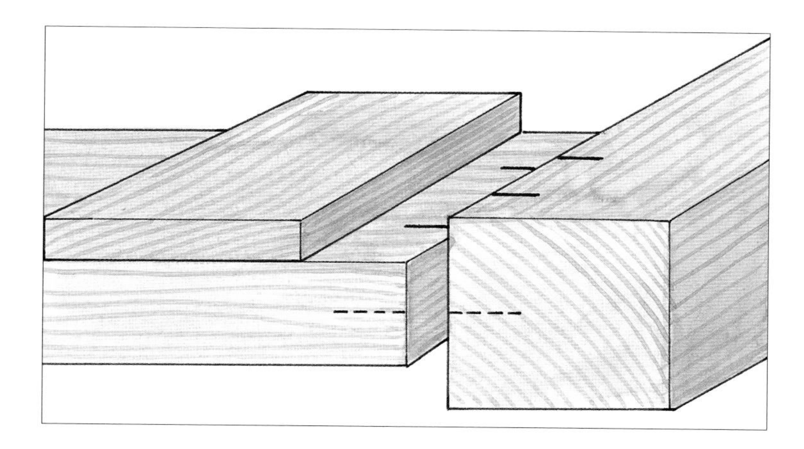

1 在较薄的部件上标记饼干榫时，需要首先放上一块厚度与偏置尺寸（两块木板的厚度尺寸差值的一半）相同的垫片，并用其来设置靠山，首先标记出薄木板的中心（以顶面为参照面）。

2 把垫片放在薄木板上，把靠山压在垫片上，以便在引导标记处切割出配对的切口。

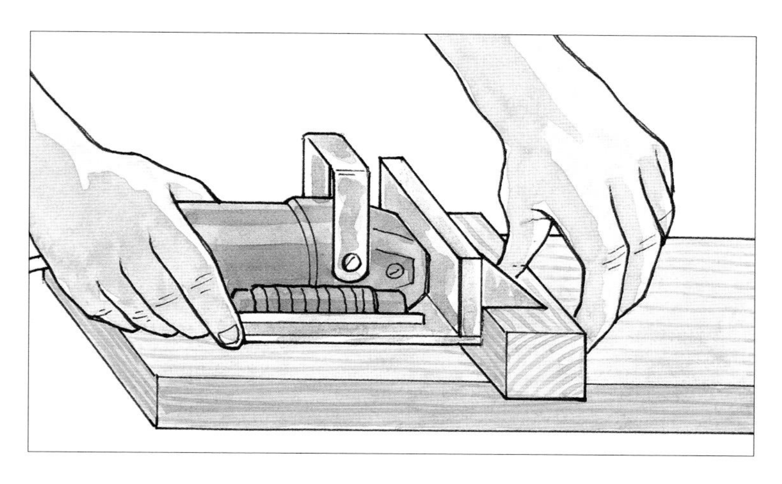

3 无须改变刀片的高度设置，在引导标记处切割较厚部件的切口。然后涂抹胶水，组装并夹紧。

第九章

紧固件、五金件和可拆卸接合件

木工螺丝的使用

用螺丝完成接合并不是传统的木工理念，但可以用螺丝完成对接或搭接接合，加固或固定传统接合件。螺丝可以拆卸，如果涂抹了胶水，即使没有夹具也可以很好地黏合在一起。

传统的木工螺丝，无论是平头的、椭圆头的还是圆头的，都是通过淬火钢连接到螺杆部分的。为刨花板设计的螺丝是平头的；为软木设计的螺丝则是自带埋头效果的“喇叭”头，比如建筑行业跨界从木工领域引进的干壁螺丝。

螺丝类型

钢螺丝经过了硬化处理，可以使用电钻或螺丝刀驱动。它们并不经常使用典型的木工螺丝槽驱动，而是利用菲利普斯（Phillips）式、方头或组合式驱动器的额外抓力来驱动螺丝。硬化会使螺丝变脆，特别是在没有引导孔的情况下，螺丝很容易在硬木中折断。软黄铜木工螺丝存在类似的问题，可以用钢木工螺丝预先打出引导孔，然后再用黄铜木工螺丝将其替换并拧入。

木工螺丝的螺纹爬升角度相比淬火螺丝的角度更小。较大的螺纹升角可以以更少的转数更快地拉出淬火螺丝。淬火螺丝的螺纹较深，特别是刨花板使用的螺丝，可以产生强大的握力，不太可能从木板中剥离。

除了具有淬火螺丝不具备的黄铜、青铜或不锈钢的光泽之美，木工螺丝还具有另外一个优势，即靠近头部的柄部没有螺纹。这可以将螺丝的木锚部分拧入木料中，并允许螺纹把螺丝的前面部分向上拉紧。当通过螺纹啮合两个部件时，部件之间的任何空隙都不会闭合。必须将螺丝退出，将部件夹紧后才能连接。

螺丝刀

常见的螺丝刀和螺丝驱动器包括一字螺丝刀、菲利普斯十字刀、方头驱动器以及被称为组合、凹槽或正方的组合驱动器。

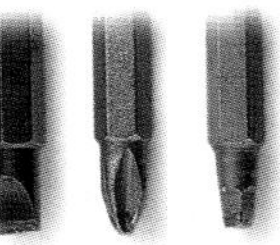

一字刀　菲利普斯十字刀　方头驱动器

螺丝头

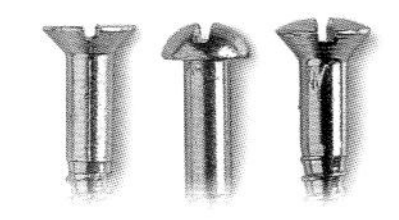

普通的木工螺丝是低碳钢或黄铜材质的，有三种头部类型：平头、椭圆头或圆头。

淬火螺丝有三种基本的头部样式：平头、喇叭头和用于完成工作的修边头。

喇叭头　平头　修边头

薄型盘头、头垫圈和超大的垫圈头可以增加螺丝在木料上的承力表面。

垫片头

木工螺丝

家具螺丝是一种用于胶合板或刨花板柜的可牢固固定的装配螺丝；它需要由一种特殊的三阶钻头为其制作引导孔。

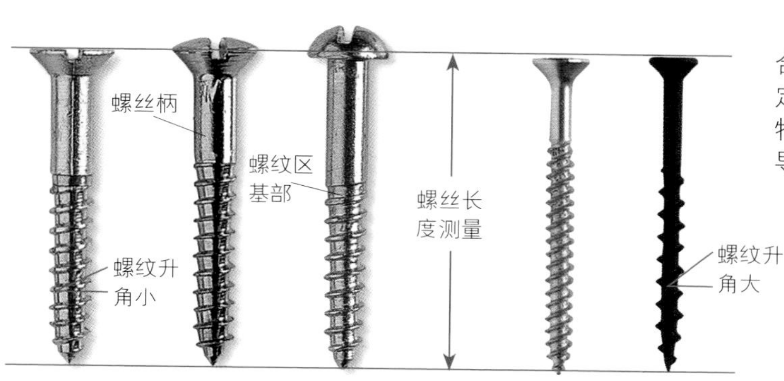

木工螺丝的头部或扁平，或凸起，螺丝柄较长并且没有螺纹，螺纹以较小的角度向上盘旋至螺纹区的基部，整个螺纹区自基部向下逐渐变细。

木工上使用的螺丝或者与木料表面平齐，或者位于木料表面之下，拥有近乎直线的外形，以及覆盖大部分长度的双线或单线的高导程螺纹。

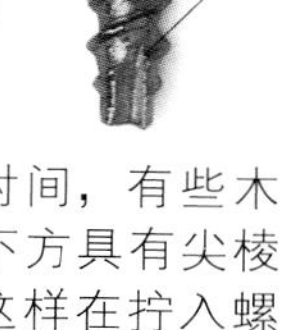

为了节省时间，有些木工螺丝的头部下方具有尖棱或螺旋钻尖，这样在拧入螺丝的过程中，螺丝可以自行钻出引导孔或沉入木料中。

引导孔和埋头孔

阶梯木螺丝引导孔的柄部应延伸到贯穿一段阶梯的程度，这样螺纹就会进入另一阶梯，并将所有部分拧紧。

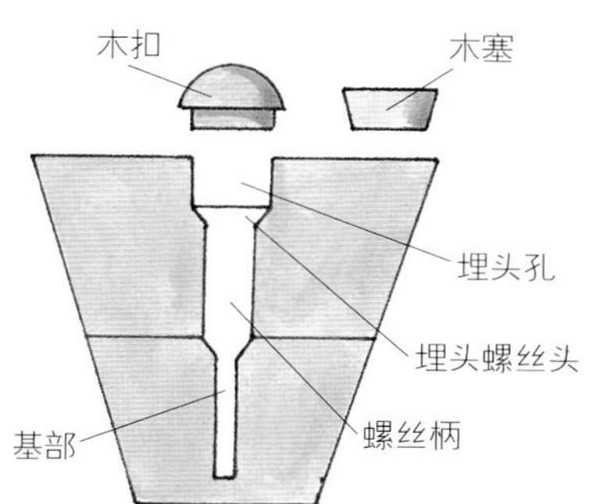

淬火螺丝的引导孔直径应与其基部直径相同，在被用作硬木的排屑孔时可以稍大一些。

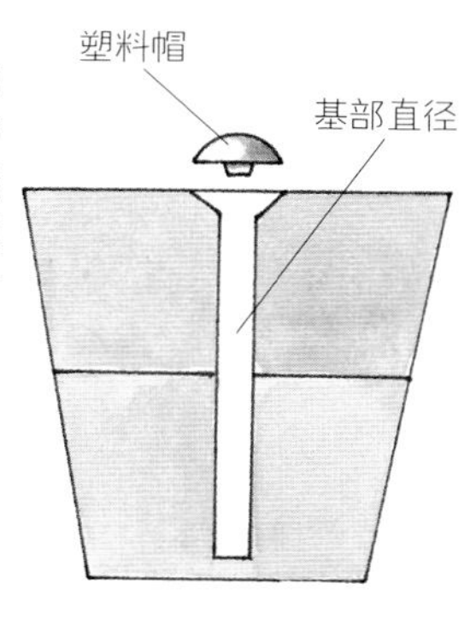

可移动的深度限位环

8号木工螺丝钻头和埋头钻

木工螺丝埋头钻可以匹配某一种螺丝的尺寸钻孔，或者通过使用锥形钻头和可移动的深度限位环来调节钻孔的大小。

在为铰链硬件钻孔时，三种不同尺寸、前端有弹簧伸缩头的鼻部包围的维克斯（Vix）钻头可以帮助将引导孔定位到中心。

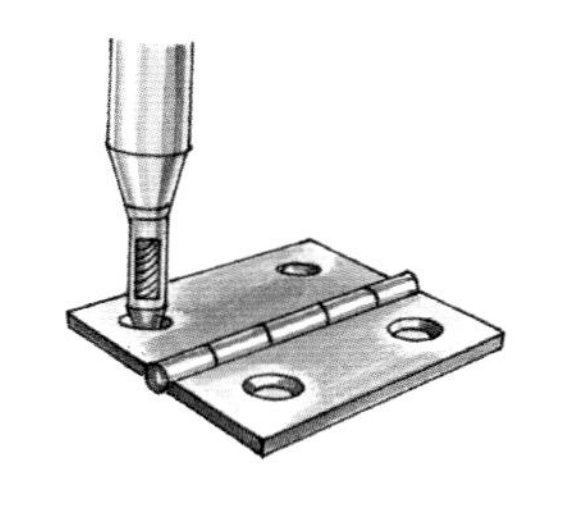

在黄铜、铁质或镀镍螺丝头下方套上垫圈可以隐藏螺丝孔，增加承力面积，并为木料表面之上的螺丝头制造埋头效果。

装配紧固件和加固件

使用硬件来加固或固定家具是一种与家具本身同样古老的技术。如今，家庭木匠可用的硬件比旧时的铁皮条更复杂、更多样，而且更具成本效益。

用组装硬件进行接合通常只需要定位孔，然后插入配对硬件，并使用螺丝刀或扳手进行调整。以箱式结构对接在一起的胶合板或层压板箱柜有时会使用表面安装或部分隐藏的连接件来连接部件。易于进行简单组装的硬件使橱柜和台面更容易分段移动，并完成现场组装。

对家庭木工房来说，就像在制造业中一样，对接和硬件接合结构可以节省在投资价值不大的项目上进行装配、黏合和夹紧的时间，比如架子和车库的储物柜这样的制品。制作者只需按照所需的方向找到并安装可以固定部件的硬件。

内外丝螺母

这种圆柱形螺母有多种尺寸以及黄铜和钢两种材质可选。螺母带有较深的外部木螺纹，可用来拧入引导孔中，内部的机器螺纹则是通用尺寸。螺母是老式的捕获螺母技术的改进版本，后者通过将一个螺母嵌入木料榫眼中，然后添加金属螺杆以抓紧装配硬件，床栏螺栓就是其中的代表。

宽度和长度接合件

工业紧固件也被称为"狗骨"式紧固件（右），被设计成可以从层压台面的下方进行现场组装的结构，并且同样可用于其他长度和宽度的拼接，或是代替夹具发挥作用。

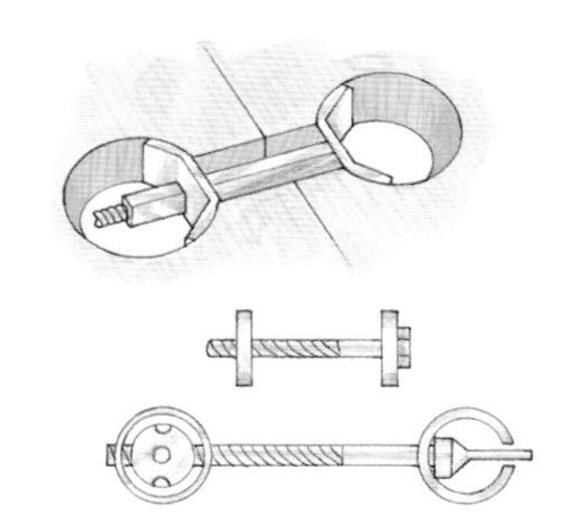

当插入钻孔中时，一种特殊的"锁眼"形电木铣铣头可以铣削出T形槽锁眼（底部）或T形槽（在顶部下面），以封装可拆卸接合件上的圆头螺丝。

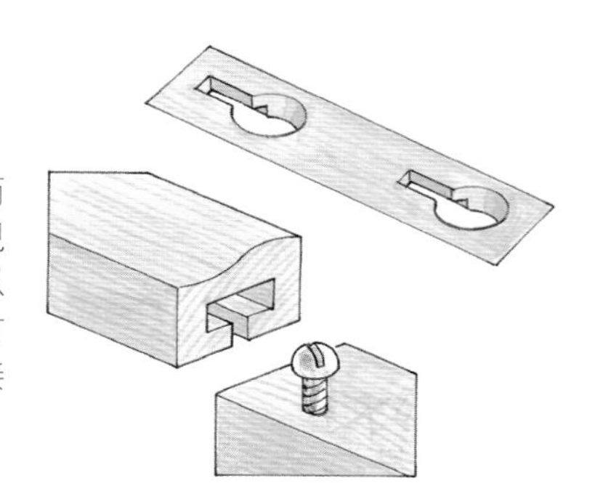

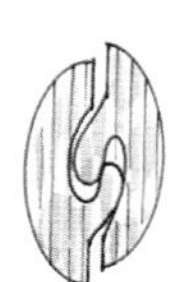

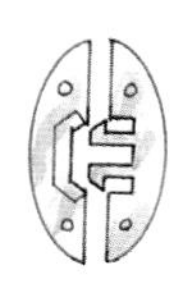

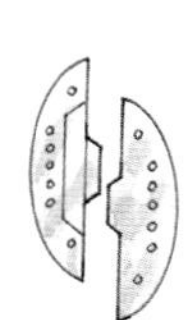

另一种受工业生产启发而问世的产品是一种可拆卸或现场组装的硬件，被设计成可以使用环氧树脂黏合（中图和右图）或抓握（左图）饼干榫接合槽的结构。

表面安装的五金件

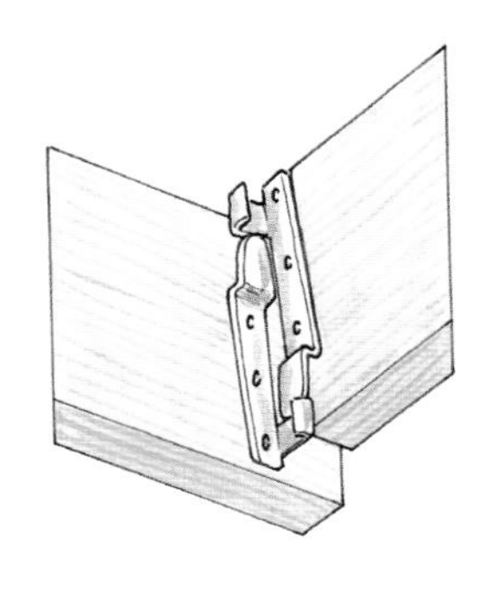

对于大多数的 T 形接合件或 L 形接合件的转角，有许多可用但不是特别吸引人的互锁硬件可供选择。

有些连接硬件是基于欧洲的橱柜制造体系，在中心位置有一系列间隔 32 mm 的孔，或者是用螺丝以表面安装的方式装配接合件。

部分隐藏式连接器

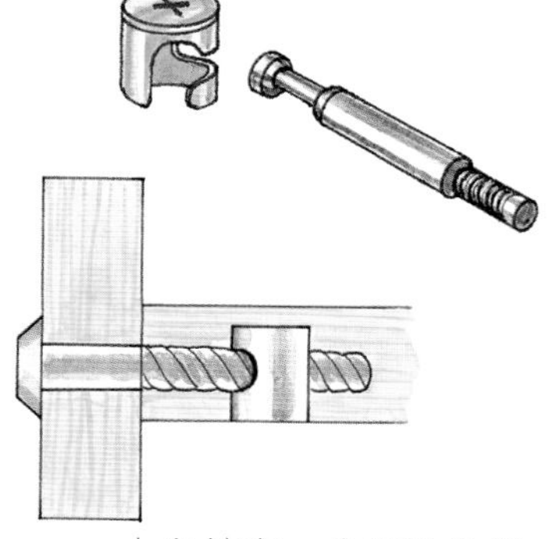

许多系统通过将一种特殊螺丝的凸出头部固定在偏心螺母中来模仿带有销孔的榫卯结构，把螺母拧紧就可以拉动接合件进入指定位置。

十字销有一个特殊的螺母，可以从下面插入部件并进行调整，通过螺丝螺纹与孔螺纹的啮合把接合件拉紧。

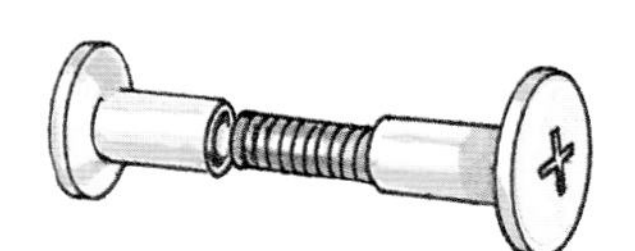

作为十字销的近亲，两件式连接器螺栓有两个长度，通过从相邻橱柜的内部发出的螺纹件连接在一起来固定它们。

“定位销钉”使用 32 mm 的孔系统，将其螺纹拧入一个部件中，并与一个紧固在定位销头部上方的配对封装螺母对齐。

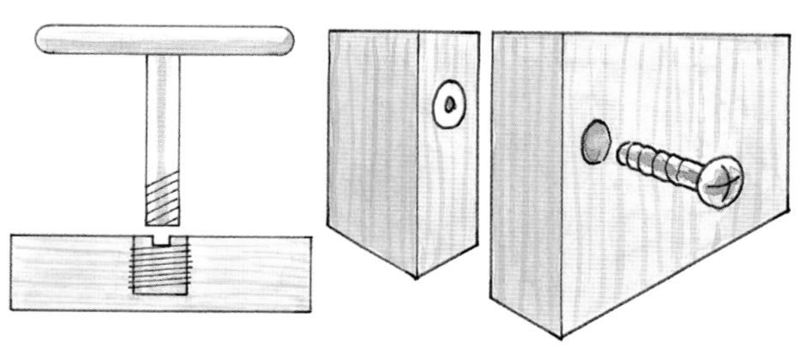

一种 T 形工具或钢制和黄铜的内外丝螺母可以提供强大的内部机械螺纹。

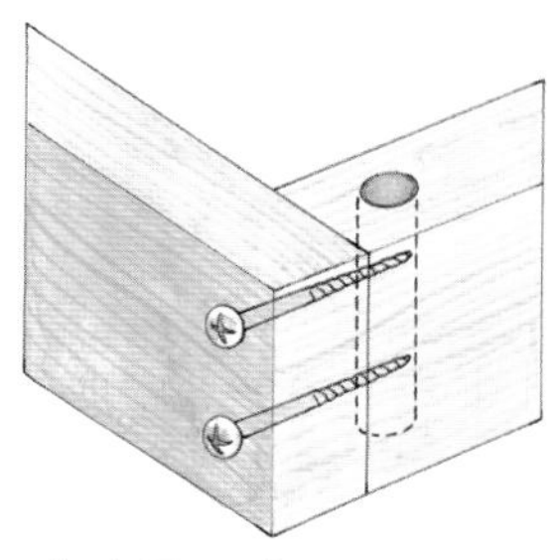

如果脆弱的端面区域被圆木榫的长纹理区域带来的更好的螺丝固定能力所取代，那么由普通木工螺丝拧入木板端面形成的接合会有更好的效果。

桌面紧固件

商店购买的或自制的桌面按钮螺丝可以拧入桌面下方，并随着实木板的膨胀在挡板的凹槽中滑动，而圆形的桌面紧固件适用于胶合板（最右边）。

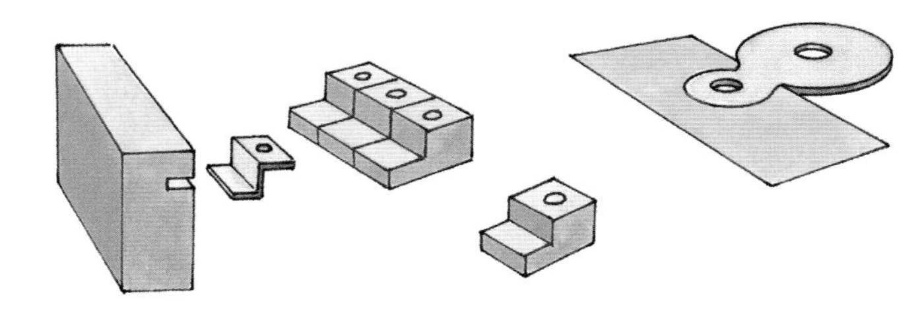

橱柜吊轨

轻型壁橱可以通过互锁钢制五金件或安装在螺丝头上的黄铜锁眼进行安装，以最大限度地减少墙壁的损坏。对于较重的橱柜，需要使用木头或金属吊轨进行安装。

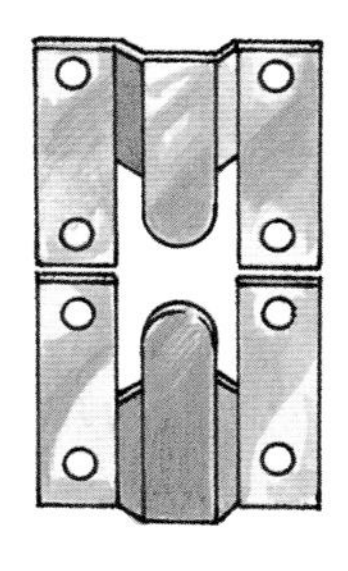

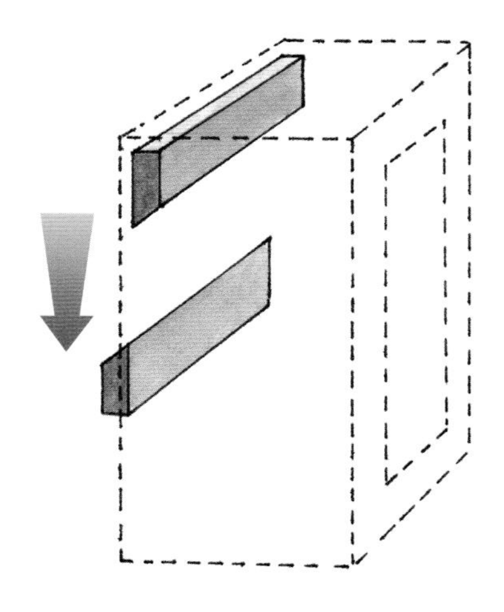

床栏紧固件

在传统的家具中，一个方头栏杆螺栓与榫接入床栏内部的螺母构成一对接合件，其外侧被金属盖盖住，用来提供装饰效果和隐藏检查孔。

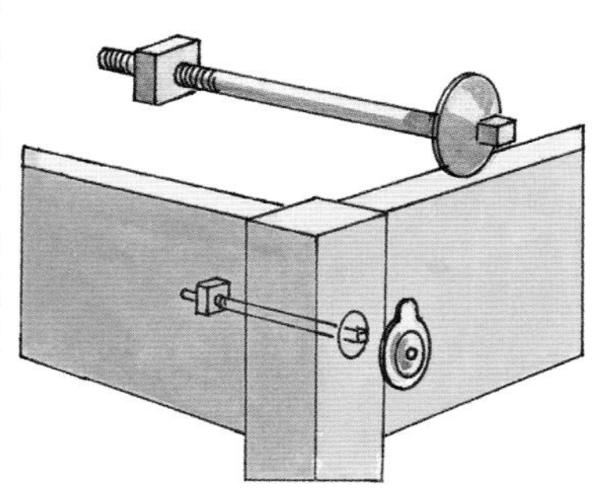

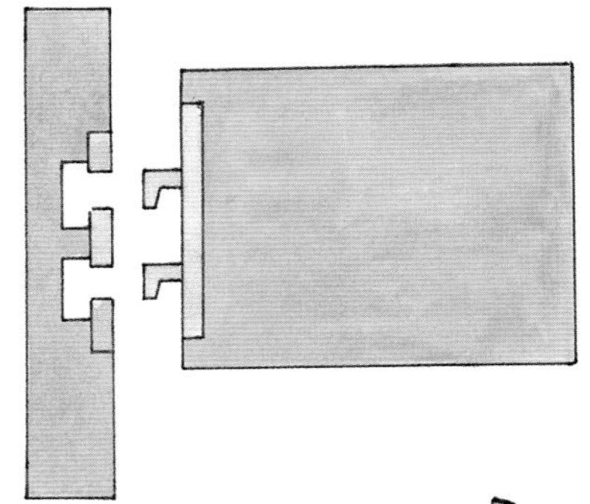

锥形可滑动的或钩形的床栏挂钩在被榫接到栏杆的末端时效果最好，这样它们不会暴露在外边，并可以用来悬挂沉重的橱柜。

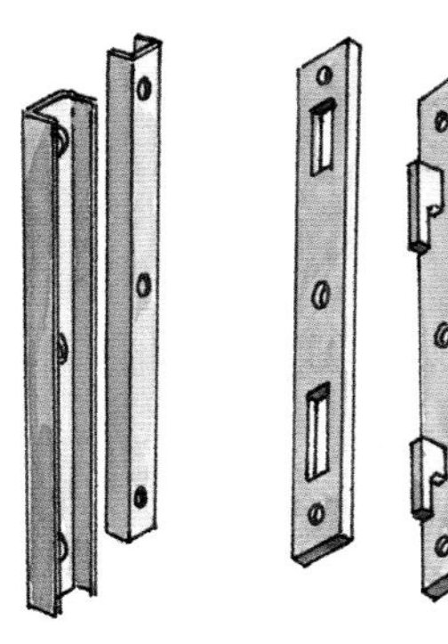

边角加固件

大多数五金店都销售塑料、钢制或黄铜的加固件，它们适用于各种类型的接合件。

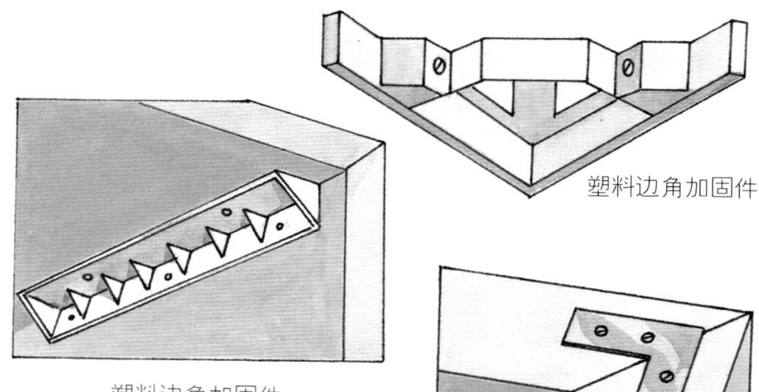
塑料边角加固件

塑料边角加固件

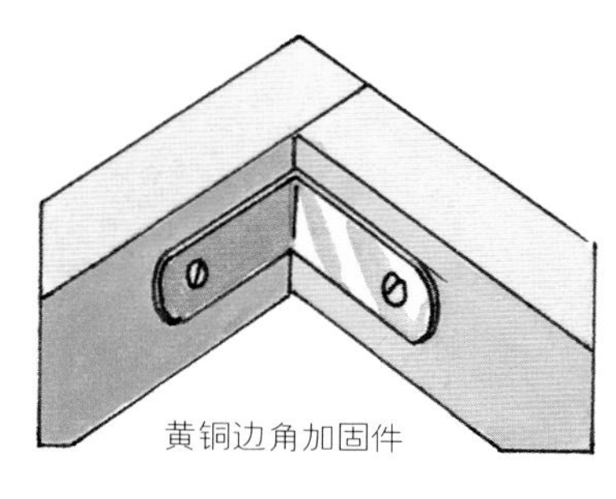
黄铜边角加固件

钢制平角加固件

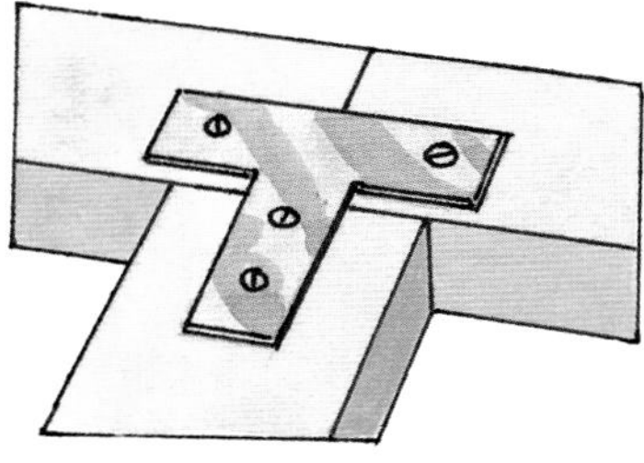
T 形钢加固件

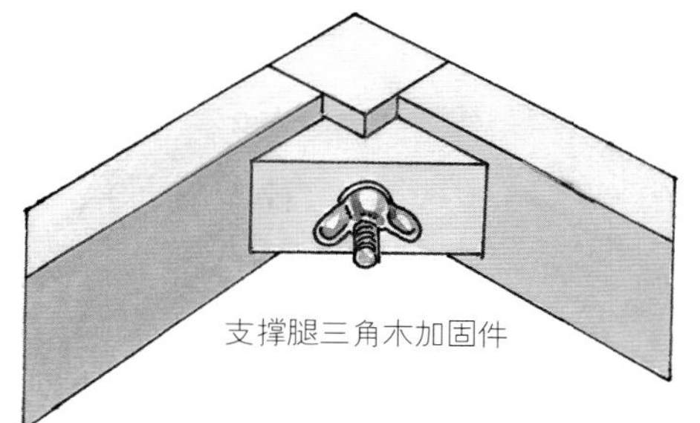
支撑腿三角木加固件

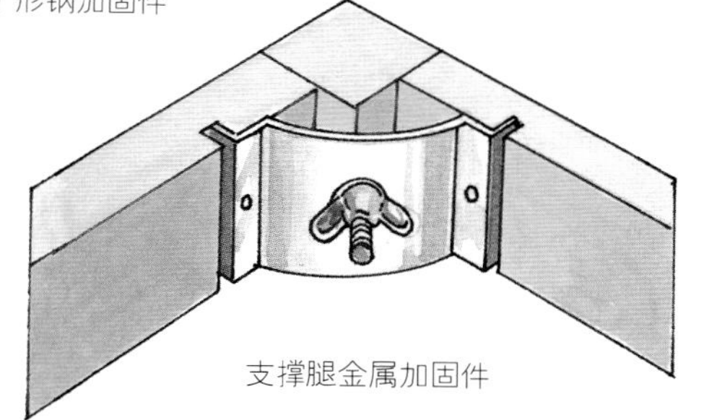
支撑腿金属加固件

将配有双螺母的吊挂螺栓拧入木料中固定，然后用蝶形螺母在三角木或金属加固件的表面拧紧。

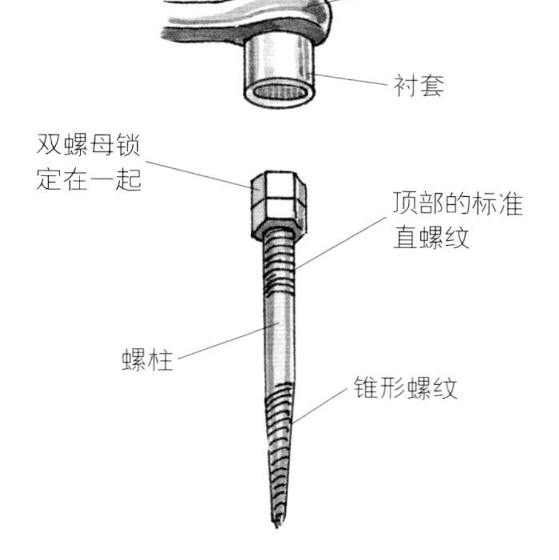

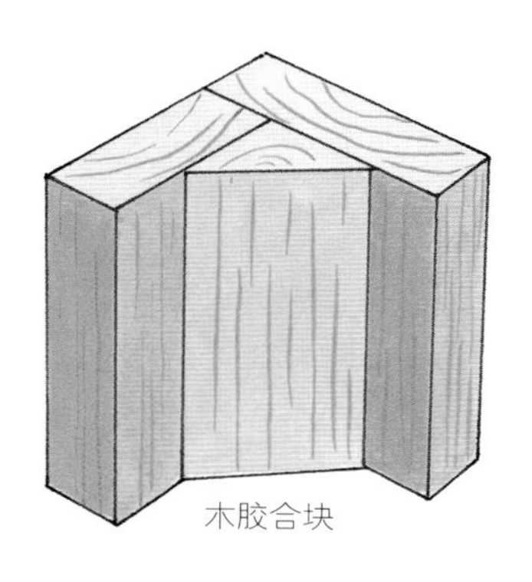
木胶合块

传统的木质加固胶合块可以匹配任何边角，但最好的切割方式是使胶合块的纹理平行于加固部分的纹理。

可拆卸的木楔加固榫

可分解为组成部件的家具同样是传统家具的组成部分，其中包含罗马式的军用活动家具和用于“旅行”的中世纪栈桥桌，它们是基于每天都要移动的需要设计的。很多木匠喜欢制作可分解为小型和轻型部件的全木结构家具，你会发现那些老式可拆卸无胶接合件在今天仍然很有用。通过木楔加固的贯通榫或加劲凸榫是一种牢固的、可见的接合件，可以抵抗挤压，但必须与整体设计融为一体。一种滑动燕尾榫机械互锁结构可以隐藏接合部件，并且易于拆卸和重新组合，特别是当它经过打蜡处理的时候。

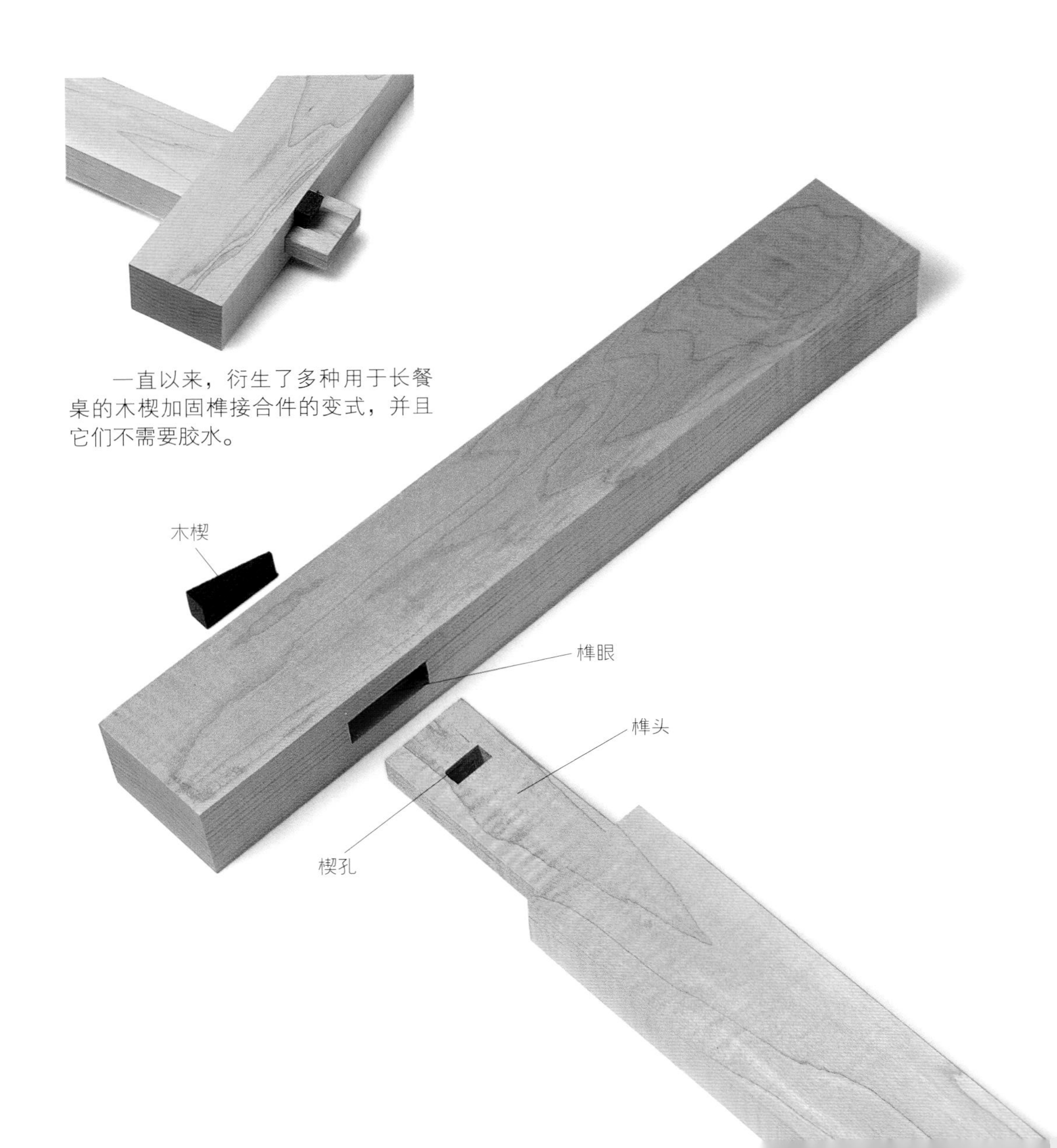

一直以来，衍生了多种用于长餐桌的木楔加固榫接合件的变式，并且它们不需要胶水。

制作步骤

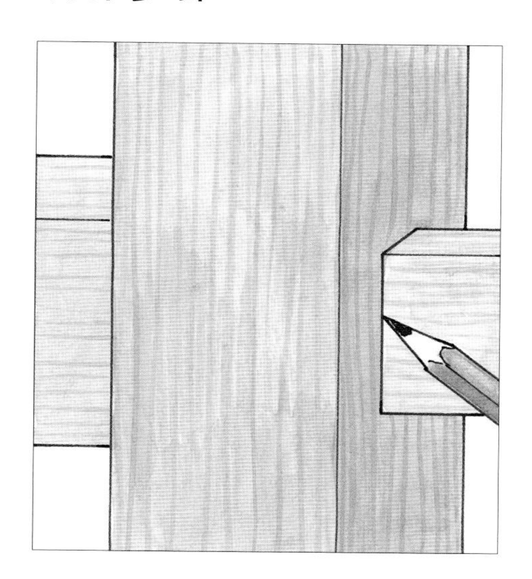

1 制作一个超长的贯通榫头，这样它才能提供超出榫眼部分的材料。将榫头插入榫眼，并在其穿过榫眼的位置画线。

2 在榫头表面为楔孔画线，楔孔应从榫头画线稍向内的位置起始，并留出足够的材料，防止切割楔孔时产生短纹理区域。

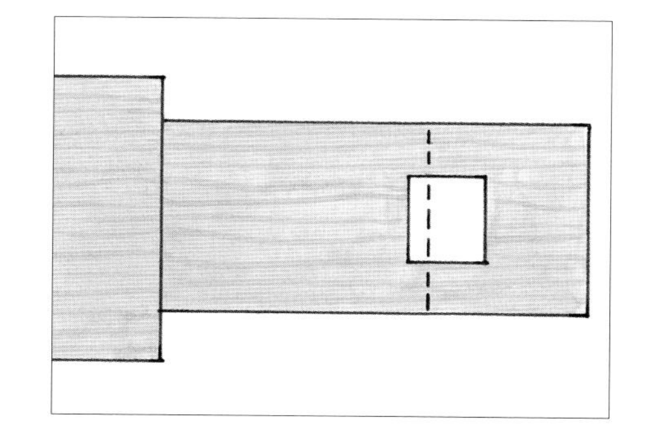

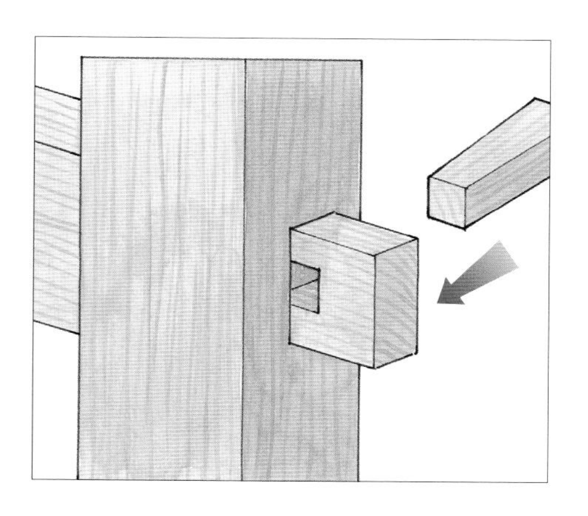

3 制作一个外部轮廓略有锥度的木楔，然后将其插入榫头的楔孔中，这样它就可以顶住垂直部件，然后拉紧榫头。

制作技巧

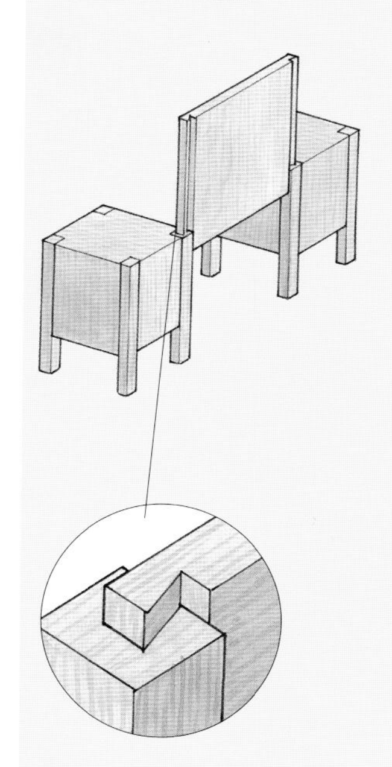

滑动燕尾榫

为了便于移动以及运输，可以使用无胶的滑动燕尾榫将笨重的家具拆分成各个组件，比如把桌子拆分成侧板、橱柜和桌面。

半燕尾榫接合

说到构建易于拆卸和重新组装的结构，燕尾榫是具备这种功能的接合件之一（见第 179 页变式）。榫头是用传统的方式切割的，但是只保留了单侧榫肩。榫眼的宽度仍要按照完整榫头的尺寸切割，然后从端面起始，按照燕尾榫榫头的角度画出延长线。当最后插入木楔时，如果所用的木料较宽，榫头与榫眼能够紧密匹配获得良好的侧向支撑，整个接合结构会表现出很强的刚性。

木楔会迫使榫头成角度的一侧沿榫眼的角度与之贴合，确保在将木楔拆下之前，接合件不会分开。

制作步骤

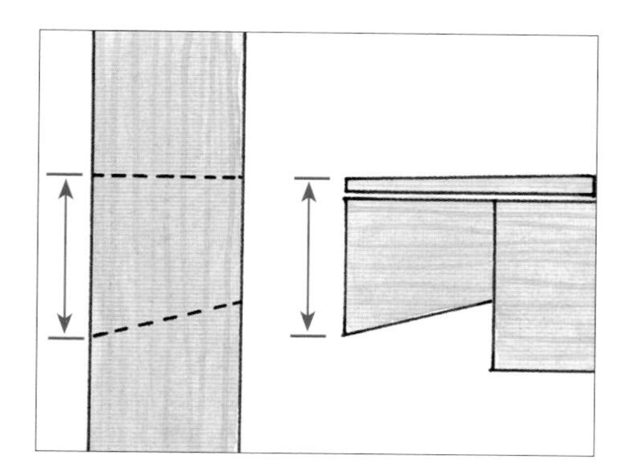

1 为半燕尾榫的贯通榫眼画线，使其底端角度与燕尾榫的角度一致，同时保证出口侧的宽度尺寸足够长，包含木楔的厚度尺寸和燕尾榫的前端宽度尺寸。

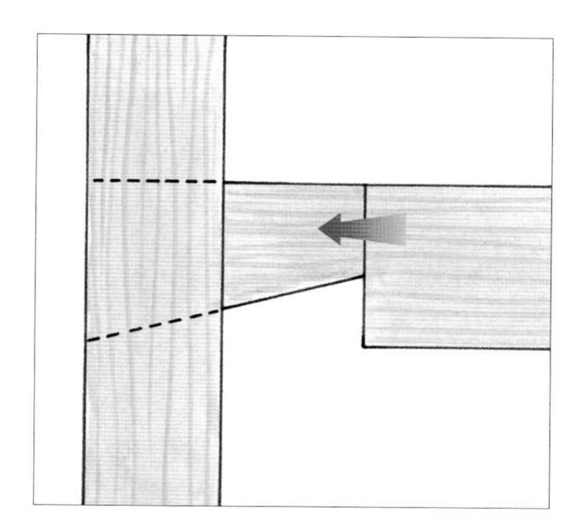

2 确保当榫头的直边与榫眼的直边对齐时，榫头可以进入榫眼中。

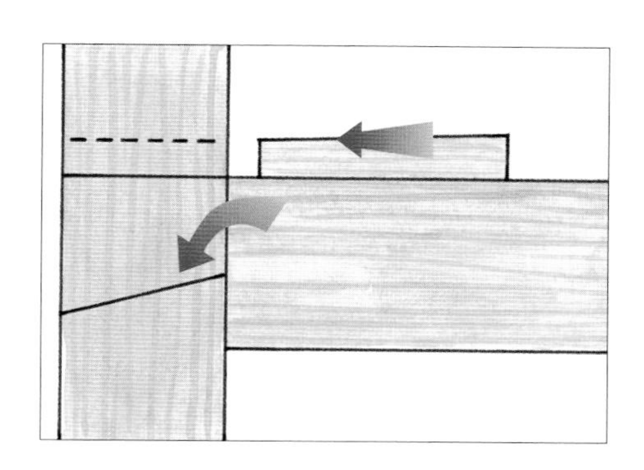

3 插入榫头，使其与榫眼的角度贴合，然后滑入锥形木楔，并根据需要将木楔刮薄，直到它的前端停在与榫头末端平齐的位置。

变式

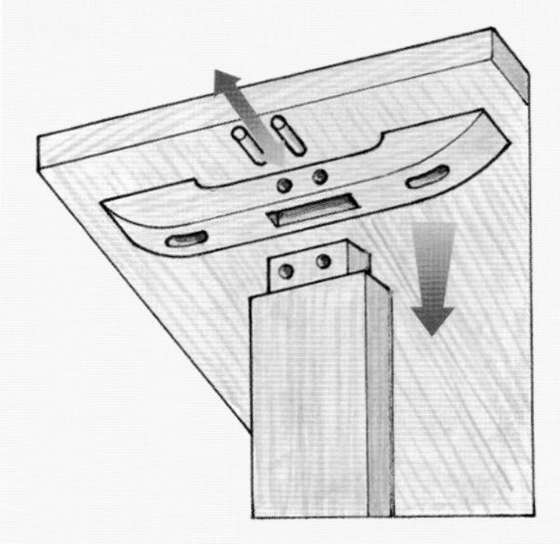

暗榫

暗榫通过可拆卸的销钉进行固定，并允许把家具拆开处理。

加劲凸榫

如果水平部件足够厚，可以用一块垂直的木楔固定榫头，其制作流程与可拆卸的木楔加固榫的流程相同。

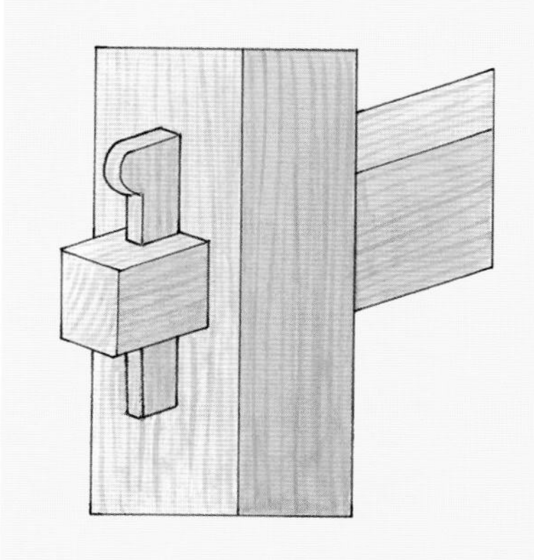

术语表

划线锥（Awl）

一种用于画线的尖头工具。顺纹理使用时效果很好，但横向于纹理画出的线边界容易模糊。

主干（Beam）

直角尺或斜角尺的“把手”（不是刀片），或者划线规固定钢针的部分。

弯曲度（Bending）

木材弯曲的程度，或者是接合部件在一个作用于假想支点对侧的力的作用下彼此远离的趋势。

斜面（Bevel）

与木板参考面不成90°的切口，或者是以这样的切割方式留下的切面。

饼干榫（Biscuit）

一种薄的、椭圆形的压缩山毛榉制成的木片，通过插入由饼干榫机制作的、位于两块木板之间的配对插槽中发挥作用。

弓弯（Bowing）

由干燥引起的木材缺陷。它使木料表面像摇臂那样沿长度方向向上弯曲。

箱式接合（Box joint）

指接接合的另一个名字，由互锁的直边指状结构搭接在一起形成的结构。

托榫接合（Bridle joint）

一种融合了搭接接头、榫卯接合特征的结构，在木板的端面有一个U形的榫眼。

对接（Butt joint）

没有互锁结构，配对部件的两个平面平齐地匹配在一起的方式。

框体（Carcass）

一个柜子的主体或框架结构。

中央搭接（Center lap）

在一个部件的中央位置切掉一半厚度，切出一个宽大的横向槽，形成的半框架搭接结构。

龟裂（Check）

由干燥引起的木材裂缝，无论是出现在木料表面还是端面，木纤维都已分离。

颊部（Cheek）

榫头、中央搭接或端面搭接件的宽大表面，榫眼的长纹理壁，或者燕尾榫及其销件或指接榫的长纹理配对面。

夹紧垫块（Clamping blocks）

当尺寸正确时，有助于将夹紧力分散到接合件的胶合表面的木块。

组合驱动（Combi drive）

一种螺丝驱动系统，它在螺丝头中包含了多种驱动刻痕，因此可以由不同的螺丝刀驱动。

组合角尺（Combination square）

一种全金属的工程角尺，可以用来验证90°和45°角。它的刀片能够在主干中来回滑动，并可以安装定心头或量角器这样的附件。

复合斜切（Compound miter）

一种刀片的切割路径没有垂直于木板的端面或侧面，同时刀片以一定角度倾斜，没有与木板正面成90°的切割方式。

压缩（Compression）

施加于木料上的力把木纤维挤到一起，或者把接合件挤紧的趋势。

家具螺丝（Confirmat）

一种用于人造板制品的装配螺丝。

压顶（Coping）

在一件作品中锯出一个负片的轮廓，以匹配正向轮廓的处理方式，通常用于线脚。

沉孔（Counterbore）

一个直边钻孔，可将螺丝头埋入木料表面之下，可以用木塞盖住。

埋头孔（Countersink）

锥形钻孔，其倾斜角度与平头螺丝头部下方的角度相匹配，并使螺丝头与木料表面平齐。

钩形弯曲（Crooking）

一种木材干燥缺陷，导致木板横向弯曲。

翘曲（Cupping）

一种干燥缺陷，导致木板的一面比另一面收缩幅度更大，使木板像槽一样卷曲。

切削规（Cutting gauge）

一种带有小刀的工具，可以平行于木板的边缘进行深度画线，或者将木皮切割成条。

横向槽（Dado）

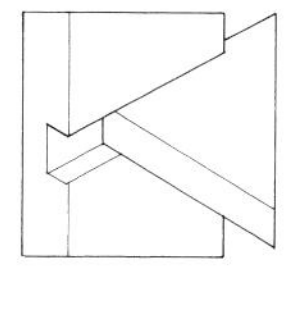

用平底U形铣头铣削得到的凹槽，可以有不同的宽度和深度，但总是横向于纹理的。

空间冲突（Dimensional conflict）

在接合部件的长纹理区域被垂直胶合或固定时，木料横向于纹理方向的自然波动受到限制的情况。

双直角尺（Double square）

一种直角尺，它的内角和外角可以用来验证90° 角，其刀片有时会在金属主干中滑动，因此可用作深度计或划线规。

燕尾榫（Dovetail joint）

一种传统的接合方式，通过燕尾形和指状榫头与插口的互锁实现接合。这种接合方式具有出色的抗拉性能。

圆木榫（Dowel pin）

一种小圆柱件，通过插入并胶合在配对部件的配对孔中发挥作用，以完成接合或加固接合件。

圆木榫夹具（Doweling jig）

任何可以用来协助相关设备定位和钻取圆木榫孔的工具。可以定制。

钻销孔（Draw-boring）

当木楔被钉入接头部件上略微偏置的孔中时，接合件被固定到位的一种技术。

修整（Dressing）

将粗糙的木材变成上下表面彼此平行且平整、侧面彼此平行且垂直于上下表面的光滑木板的过程。

边缘搭接（Edge lap）

以木板宽度尺寸的一半在其侧面切割缺口形成的搭接结构。

元素（Element）

接合件的基本组成形状，可以是横向槽、半边槽、凹槽、插口，也可以是垂直角度或其他角度的切口，以及这些结构的组合和变式。

端面纹理（End grain）

可以将木板端面的纹理比作一束经过横向切割的稻草；它可以从不同角度显示树木的生长年轮，具体取决于用圆木切割木板的方式。参阅术语表“弦切”和“径切”。

端面搭接（End lap）

在木板的端面横跨基准面切割的半边槽，以L形取向或T形取向形成的框架搭接结构（不要与首尾搭接或嵌接接合混淆）。

正面（Face）

木板横向于纹理方向最宽的部分。

指形搭接（Fingerlap）

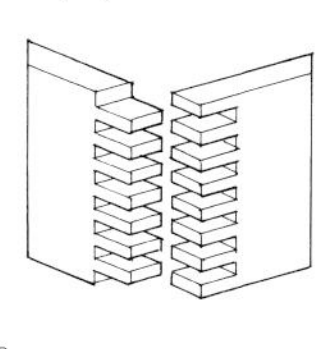

一种特殊的搭接方式，具有类似手指交叉的平直结构。也叫作箱式接合。

弦切（Flatsawn）

最常见的木材切割方式，年轮横向贯穿木板的端面，形成其特有的纹理样式。

纹理样式（Grain pattern）

木料纹理的视觉外观。纹理样式的类型包括平直的、卷曲的、斑驳的、菱形的、叉状的、蜂翼状或鸟眼形的。

顺纹槽（Groove）

由平底U形铣头铣削得到的凹槽，其深度和宽度皆可变化，且总是顺纹理运行的。

半搭接（Half lap）

搭接的另一个名字。

半销件（Half pin）

燕尾榫结构中位于销件部件外侧的两个销件，其名字不是因为它们的宽度只有标准销件宽度的一半，而是因为它们只有一侧成角度。

半接榫（Halving）

切入木板厚度的一半制作宽大的半边槽或横向槽，或者以一半宽度切入木板侧面形成缺口进行接合的方式；也是搭接接合的另一个名字。

硬木（Hardwood）

来自阔叶落叶乔木的木材，无论密度如何（比如，轻木是一种硬木）。

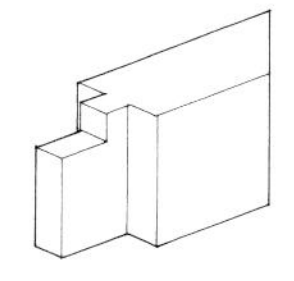

拱腋（Haunch）

在榫头侧面切割形成的次级榫肩。

封装件（Housed）

一个部件被另一个部件或某类特定的接合件全部或部分包围的情况。

封装（Housing）

一个铣削的切口——通常是一个半边槽、横向槽或者顺纹槽，也可能是一个插口，全部或部分包围配对部件的状态。

引导（Index）

用于定位切割操作或钻头的参考面、标记或靠山，也可以指对齐的操作。

夹具（Jig）

任何定制的或市售的，用来协助定位，以及稳定木材或工具的设备。

切口（Kerf）

锯片锯切留在木料上的可见路径。

楔榫（Key）

一种插入式的接合锁紧装置，通常由木料制成。

锁孔铣头（Keyhole bit）

一种特殊的T形铣头，它可以在木料的厚度内切割出T形路径，这种形状允许螺丝头进入木料中，且其柄部可沿木料表面的凹槽滑动。

可拆卸接合件（Knockdown joint）

一种无须胶水组装的接合件，必要时可以拆卸并重新组装。

搭接接合（Lap joint）

一种通过将成对部件沿厚度或宽度方向切去一半并相互扣在一起形成的接合结构。

长度接合（Length joint）

端面对端面将两块较短的木板连接成一块更长木板的方式。

封边条（Lip）

黏合或悬垂在木板边缘的类似边框的结构。

长纹理（Long grain）

平行于木纤维的走向，就像一束稻草沿长度方向的走势，通常与木板的长度方向平行。

划线规（Marking gauge）

一种带有钢针或刀片的可调节装置，用来标记与木料边缘平行的单一画线。

划线刀（Marking knife）

适合画线的任何刀具或特殊样式的刀具。

铣削（Milling）

去除部分木料以留下所需的正向或负向轮廓的过程。

斜切（Miter）

是指横向于正面纹理成角度的切割，或者专指横向于正面、端面或者顺纹理方向的45° 切割。参见“斜面”。

斜角规（Miter gauge）

一种在台式槽中平行于台锯或带锯锯片滑动，并配有旋转式量角器头和靠山，便于以不同角度进行横切切割的装置。

榫眼（Mortise）

通常为矩形或圆形的插槽，用来匹配插入的榫头，可以是非贯通的、贯通的或者是位于端面的插槽式的。

榫规（Mortise marking gauge）

具有两个钢针的装置，用来标记两条平行于木板边缘的画线。

缺口（Notch）

切入木板侧面的横向槽，如果其延伸到木板宽度一半的位置，那么它就成了边缘搭接部件的一部分。

插槽式榫眼（Open slot mortise）

一种在木板端面制作的榫眼，用于托榫接合。

取向（Orientation）

接合结构中各部分之间的位置关系——平行的、首尾相接的或者I形、交叉、L形、T形和成角度的。

菲利普斯式驱动（Phillips drive）

一种借助螺丝头的十字形凹口，使螺丝刀啮合与之配对的螺丝头的方式。

引导孔（Pilot hole）

一个小孔，用于引导螺丝插入并释放应力，或者为诸如埋头孔和沉孔这样额外的钻孔工作提供定位。

销件（Pin）

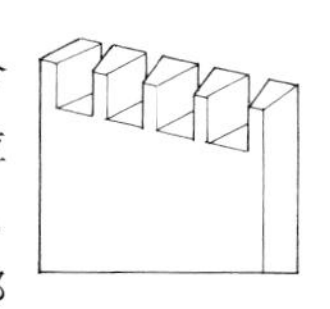

燕尾榫接合件的一部分，位于木板的端面，与尾件配对的部分；也可以指用来加固接合件的螺丝或圆木榫。

饼干榫机（Plate joiner）

一种便携式电动工具，用于在饼干榫接合结构中制作弧形插槽或切口。

插槽（Pocket）

各种形状的孔或插口，用来安装成对的接头部件。

径切（Quartersawn）

一种切割方式，以此获得的木板性能较为稳定，年轮更倾向于横向于木板的端面垂直延伸，其在木板正面呈现平直延伸的纹理样式，也被称为直纹切割或四开切割。

半边槽（Rabbet）

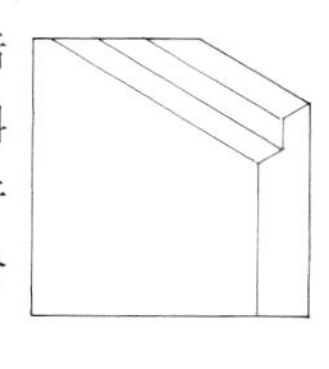

经过铣削后留下的仍与木料正面平行但低于正面的平坦的阶梯式槽口。

扭曲（Racking）

接合件松动和角度发生改变的趋势，通常与补偿其他接合部件变化的结构有关，比如一个矩形结构变成一个平行四边形结构。

冒头（Rail）

门或其他框架结构的水平部件的名称。

耙式方正锯齿（Raker tooth）

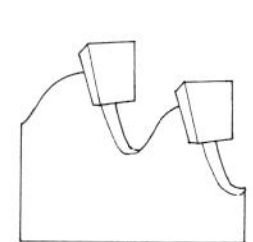

圆锯锯片的一种锯齿类型，其顶部是平的，可以用来锯切平底凹槽或切除废木料，甚至可以重复锯切。

螺纹区基部（Root）

位于螺丝头下方的、带有螺纹的螺杆长度部分。

嵌接接头（Scarf joint）

通过连接两个部件的端面，胶合沿正面或侧面延伸的长斜面来增加木板整体长度的接合方式。

画线（Scribe）

用划线刀或划线锥制作切割参考线或引导标记的过程。

螺丝柄（Shank）

位于螺丝头下方的没有螺纹的长度部分。

剪切力（Shear）

拉或推胶合线的，或由于过载导致部件断裂的力。

短纹理（Short grain）

长纹理木纤维被横向切断，在很短的区域内横向于部件长度方向的纹理。短纹理区域的木料很脆弱，很难固定在一起。

榫肩（Shoulder）

像半边槽那样垂直于木板正面的阶梯式切口，通过顶住配对部件的相应表面来稳定接合件。

滑动斜角规（Sliding bevel）

一种刀片和主干之间角度可变的工具。刀片的长度是可以调节的。

槽驱动（Slot drive）

一种螺丝驱动系统，可以将驱动器与螺丝头部的直槽刻痕匹配在一起。

插槽式榫眼（Slot mortise）

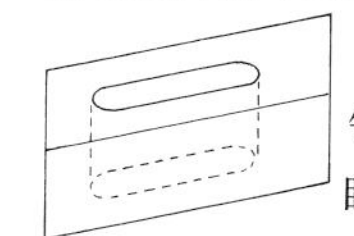

一种由机器钻头制作的榫眼，通常具有倒圆的端面（也可以是方正的）。

软木（Softwood）

来自常绿针叶乔木的木料，无论密度高低（比如，红豆杉是一种软木）。

方栓（Spline）

一种扁平的薄木条，用来插入两个部件的配对凹槽之间，以加固它们之间的连接。

开裂（Split）

木材沿纹理方向的碎裂情况。

弹性接头（Sprung joint）

一种被略微刨削出凹陷的边缘接头或宽度接头，以补偿木板端面将来因为水分损失导致的榫眼收缩。

方头驱动（Square drive）

一种加拿大的螺丝驱动系统，通过将其驱动器与螺丝头中的方孔配合来啮合螺丝。

限位环（Step collar）

安装在钻头上的木制或金属装置，用于确定孔的深度。

梃（Stile）

门或其他框架结构的垂直部件的名称。

直纹（Straight grain）

木料径切时端面的纹理样式。

尾件（Tail）

燕尾形的燕尾榫部件，与销件配对的部件。

锥形（Taper）

顺纹理方向切割的燕尾榫部件，其两侧与木板边缘成一定角度而不是平行于它。

榫头（Tenon）

榫卯接合件的凸出部分，通常为矩形或圆形。但不仅限于这些形状。

张力（Tension）

作用于接合件或木料上的拉动方向的力。

三角形标记（Triangle marking）

一种标记系统，使用一个简单的三角形来标记木料，以便于作品部件的组装。

斜角尺（Try miter）

一种用于验证 45° 角的木工工具。

直角尺（Try square）

一种木工用 90° 角的验证工具，有时根据规格要求，只需要其内角是方正的。

扭曲（Twisting）

木材的干燥缺陷导致木板的每一端处在不同的平面上。

木楔（Wedge）

通常是一块薄木板，用来插入并胶合到贯通榫头的切口上。

宽度接合（Width joint）

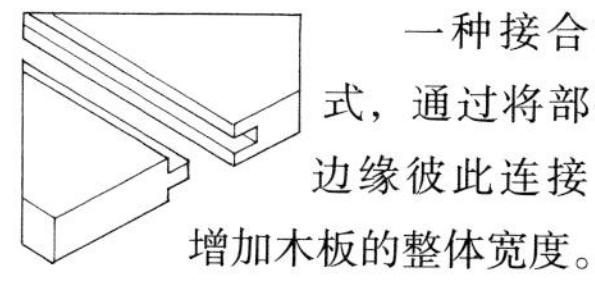

一种接合方式，通过将部件边缘彼此连接以增加木板的整体宽度。

木材形变（Wood movement）

木材的水分含量随着环境相对湿度的变化波动性变化，导致木料横向于纹理膨胀和收缩的一种永不停止的自然趋势。

木工家具制作
全面掌握精细木工技术的精髓
THE COMPLETE ILLUSTRATED GUIDE TO FURNITURE & CABINET CONSTRUCTION
合作发行

美国木工车削经典教科书
木旋全书
从零开始真正掌握木工车削技艺
合作发行

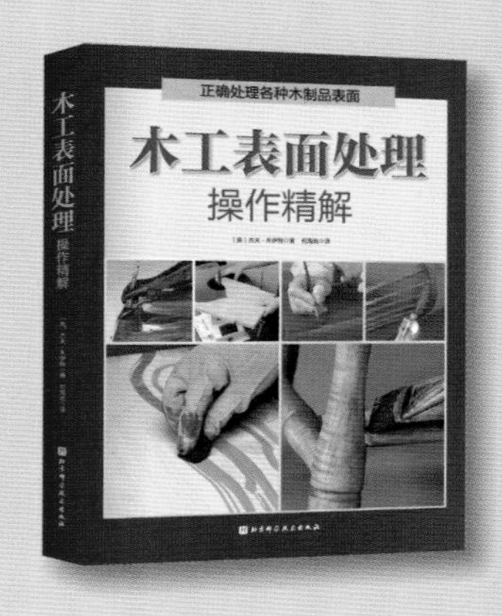
正确处理各种木制品表面
木工表面处理
操作精解
木工表面处理 操作精解

正确选择和使用木工工具
木工工具全书
Using woodworking tools
木工工具全书

木工学习第一书
彼得·科恩
木工基础
掌握木工技艺的精髓
美国
"家具手工艺中心"
校长平生力作
2003年度木工类
畅销第一名
合作发行
彼得·科恩 木工基础

DK WOOD WORK
木工全书
一步一图全程指导木工制作
29种榫卯技巧、25款家具制作实例
英国木工字典级教科书
NO.1
合作发行
木工全书

柯林斯木工全书
柯林斯
Collins
COLLINS COMPLETE WOODWORKER'S MANUAL
木工全书
一本从设计讲起的木工技艺指南

手工小木作
15件精巧易做的日式玩具
自分で作る 木のおもちゃ
手工小木作 15件精巧易做的日式玩具

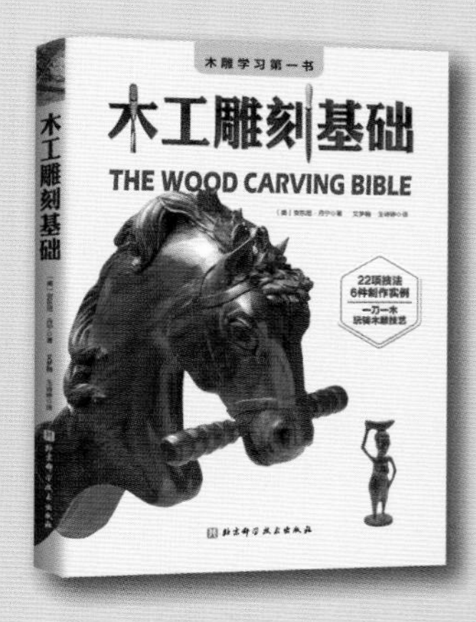
木雕学习第一书
木工雕刻基础
THE WOOD CARVING BIBLE
22项技法
6件制作实例
木工雕刻基础

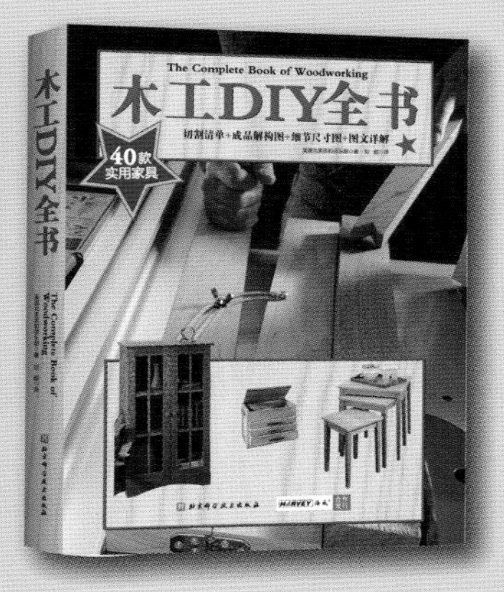

北科出品，必属精品；北科格木，传承匠心。